북핵 외통수

비핵화에서 핵균형으로

박휘락(朴輝洛, Park Hwee Rhak)

전 국민대학교 정치대학원 교수
전 국민대학교 정치대학원장

육군사관학교 졸업(제34기, 1978)
대대장, 연대장, 주요 정책부서 근무
고등군사반 · 육군대학 · 합동참모대학 수석 졸업
미국 National War College 졸업(석사)
경기대학교 정치전문대학원 졸업(정치학 박사)
예비역 육군대령

『비핵화협상: 위험한 실험』(2020), 『국가안보론: 이상과 현실의 균형』(2020)
『북핵 억제와 방어』(2018), 『북핵위협과 안보』(2016)
『북핵위협시대 국방의 조건』(2014), 『평화와 국방』(2012)
『자주국방의 조건』(2009), 『한국군사전략 연구』(1989) 등 10여 권
안보 관련 논문 100여 편

E-mail: hrpark5502@hanmail.net

북핵 외통수

비핵화에서 핵균형으로

2021년 05월 10일 초판 인쇄
2021년 05월 15일 초판1쇄 발행
2022년 10월 17일 초판2쇄 발행

지은이 박휘락 | **펴낸이** 이찬규 | **펴낸곳** 북코리아
등록번호 제03-01240호 | **전화** 02-704-7840 | **팩스** 02-704-7848
이메일 sunhaksa@korea.com | **홈페이지** www.북코리아.kr
주소 13209 경기도 성남시 중원구 사기막골로 45번길 14 우림2차 A동 1007호
ISBN 978-89-6324-762-5(93390)
값 23,000원

* 이 저서는 2019년 대한민국 교육부와 한국연구재단의 지원을 받아 수행된 연구입니다(NRF-2019S1A5A2A01036749).

북핵 외통수

비핵화에서 핵균형으로

박휘락 지음

북코리아

들어가며

위기

북한은 수소폭탄 시험과 대륙간탄도미사일(ICBM) 시험발사에 성공한 후 "비핵화(denuclearization)"하겠다면서 기만하여 시간을 벌었다. 그러면서 핵무력 증강을 가속화하여 미국이 군사적 타격을 가할 수 없을 정도의 핵무기를 생산하여 도처에 은닉하게 되었다. 그런 연후 2020년과 2021년 초 두 차례의 열병식을 열어 미국을 공격할 수 있는 신형 대륙간탄도미사일(ICBM)과 신형 잠수함발사탄도미사일(SLBM)을 공개하였다. 한국을 포기하지 않을 경우 미 본토를 공격할 수 있다는 위협이다. 더욱 확실하게 하고자 북한은 핵잠수함과 다탄두 ICBM까지 개발하여 대미 공격력을 강화하고, 한국 공격용으로 전술핵무기를 개발하고 있다. 이제는 대놓고 남북통일을 앞당기겠다고 공언하고 있고, 2020년 9월에는 김정은이 결심만 하면 언제든지 핵무기를 사용할 수 있다는 소위 "핵무력 정책"을 법령으로 만들기도 했다.

국제정세도 심상찮다. 러시아는 국제사회의 우려에도 불구하고 이웃 우크라이나를 무력으로 공격하여 비인도적인 공격과 살상을 서슴지 않았다. 중국은 미국의 패권에 도전하고 있고, 미국은 '인도-태평양 전략(Indo-Pacific strategy)'을 강화하면서 인도, 일본, 호주와의 4개국 안보협력(QUAD)을 강화하여 중국을 봉쇄하고자 한다. 다수의 학자들이 예상해온 '투키디데스의 함정(Thucydides' trap)'이 점점 구현되고 있다. 중국이 대만을 침공할 수도 있지만, 북한을 부추겨 한반도에서 핵전쟁이 일어나게 만들 수도 있다. 약육강식의 정글로 국제정치가 회귀하고 있고, 비핵국가인 한국은 바늘방석에 앉은 것처럼 불안할 수밖에 없다.

객관적으로 보면 현재 한국은 역사상 가장 심각한 안보위협에 직면해 있는 상황이다. 국가의 생존이 위태로운 것은 물론이고, 다수의 핵무기가 사용되어 민족의 영속 자체를 위협할 수도 있다. 한 · 미동맹이 조금만 균열을 보이면 북한은 핵무기로 한국을 위협하거나 공격하여 1950년에 실패한 무력통일을 재시도할 것이다. 중국이 북한을 사주하여 한반도를 미 · 중대결의 대리전쟁(proxy war) 장소로 만들면 핵무기 없는 한국은 멸망할 수밖에 없다.

바람

이러한 위기의 극복에는 당연히 정부가 적극적으로 나서서 필요한 조치를 강구하고 국민을 선도해야 한다. 대한민국 헌법 제66조 2항에서 대통령의 책무로 "국가의 독립, 영토의 보전, 국가의 계속성, 헌법의 수호"를 명시하면서 대통령에게 국군통수권자로서의 자격과 권한을 부여하고 있듯이, 국가안보에 관해서는 정부와 대통령이 직접적인 책임을 진다. 한국 역대의 정부는 막중한 책임감 하에 국가안보에 만전을 기해왔고, 세계 대부분의 정부도 그렇게 하고 있다.

그러나 문재인 정부 이래로 정부의 모습이 이상해졌다. 이와 같이 심각한데도 북핵에 관한 사항은 별로 논의되지 않는다. 최악의 상황에 대한 대비는 강조되지 않는다. 북한과의 대화에만 노력한다. 북한의 자발적 핵무기 폐기만을 기원한다. 군대도 북핵 대비 노력을 등한시하고, 지도층 인사들도 안보위기를 크게 우려하지 않는다. 객관적으로 보면 잠을 제대로 이루지 못할 정도로 위급한 상황인데, 대한민국은 조용하고 평안하다. 위기를 감지조차 못하고 있다.

자유민주주의 국가의 주인은 국민이기 때문에 정부와 군대가 국가안보에 미흡하다면 그 근원적인 책임은 국민에게 있다. 국민이 안보위기 상황을 냉정하게 이해하여 정부와 군대에게 그 대비를 요구하지 않아서 그렇게 되었을 것이기 때문이다. 외교적 비핵화를 통하여 아무런 성과를 달성하지 못해도, 최악의 상황을 가정한 북핵 대비태세 강화에 소홀해도 정부를 질책하거나 시정을 요구하는 국민이 많지 않다. 국민들마저 안일에 빠져서 안보를 걱정하지 않고자 하고, 정부의 낙관적 주장을 믿고 싶어 한다.

결국 한국이 처한 현 안보의 현실과 그에 대한 대응방법을 국민이 정확하면서도 충분하게 알아야 한다. 그래야 정부와 정치인들에게 그것을 해소해줄 것을 요구할 것이고, 그래야 그들이 그 방향으로 노력할 것이기 때문이다. 머슴은 주인이 시키는 대로, 주인이 요구하는 바 내에서만 열심히 하는 체할 뿐이다. 머슴들의 나태를 꾸짖고, 분발하도록 하려면 주인이 나서야 한다. 그동안 머슴이 해온 바를 냉정하게 평가하여 꾸짖을 것은 꾸짖어야 한다. 필요하다면 머슴을 교체하기도 해야 한다. 현대의 국가에서는 국민 민주의식 수준만큼의 민주주의가 발전되고, 국민 안보의식 수준만큼의 안보상태가 보장될 것이다.

국민들에게 북핵을 중심으로 하는 한국의 안보상황과 바람직한 대응방법을 조금이나마 알리고 싶었다. 관심있는 국민이 읽은 후 안보상식을 확대하고, 주변의 다른 국민들에게 독서를 권유해주기를 바라는 마음이다. 안보를 담당하고 있는 공무원들에게도 유용한 참고가 되기를 바란다. 안보분야에 다소 생소한 다른 분야의 전문가나 지식인들에게도 도움이 되었으면 좋겠다. 국가안보를 포함하여 정부의 중요한 정책을 결정하는 정치인들이 읽어 본다면 더 바랄 나위가 없다.

구성

이 책은 4개의 부로 구성되어 있다. 제1부는 안보위기의 현실 즉 북핵 위협과 그에 대한 한국의 미흡한 대응태세를 있는 그대로 기술하였다. 제2부는 외부의 안보환경 즉 주변국 정세에 대하여 미국, 중국, 일본을 중심으로 분석하였다. 제3부는 최근에 집중적으로 전개되었던 북한의 비핵화를 위한 협상을 반성 차원에서 분석하였다. 제4부는 북핵을 중심으로 하는 현재의 안보위협에서 국민을 보호하기 위하여 국가가 노력해야 할 바 중에서 가장 핵심적이라고 생각하는 몇 가지 과제를 제시하였다. 그리고 본문에는 포함되지 않았지만, 현재의 안보상황을 이해하는 데 필요하다고 판단되는 몇 가지 사항을 부록으로 수록하였다.

이 책에서 포함하고 있는 글은 거의 대부분 이전에 논문으로 발표한 것이다. 주로 2019~2021년에 발표한 내용으로서, 이것을 현 상황에 맞도록 필요한 내용은 추가하면서 중복되는 내용은 삭제하였으며, 전반적 내용을 최신화하였다. 독서하기 좋도록 문장 등을 평이하게 교정했다. 이 책의 전개 순서에 맞춰 사용된 발표논문의 목록을 제시하면 다음과 같다.

• "북한의 대(對)미국 핵전략 분석: 최소억제 전략을 중심으로". 『신아세

아』 제27권 2호, 2020.

- “전략무기 증강에 따른 북한 핵전략의 분석”. 『한국군사학논집』 제77권 1호, 2021.
- “북핵 위협 하 북한의 기습공격 가능성과 한국의 대응방향”. 『전략연구』 제26권 제2호, 2019.
- “한국과 일본의 북핵 대응태세 비교와 함의”. 『한국동북아논총』 제24권 제1호, 2019.
- “미국과 중국 간 ‘투키디데스의 함정’과 한국 안보에 대한 함의”. 『통일전략』 제20권 2호, 2020.
- “미국과 중국 간 세력경쟁에 따른 한반도에서의 대리전쟁 가능성 분석”. 『21세기정치학회보』 제30권 3호, 2020.
- “트럼프 행정부 시대 한 · 미동맹 분석: 자율성 양보의 요구와 저항”. 『국가정책연구』 제35권 1호, 2021.
- “한중 “전략적 협력 동반자 관계”의 기대와 현실 간 격차 분석”. 『아시아연구』 제23권 4호, 2020.
- “한반도 ‘핵균형(nuclear balance)’과 한일 안보협력”. 『한일군사문화연구』 제30호, 2020.
- “한일 지소미아 논란 분석: 국제적 요소와 국내적 요소의 충돌”. 『의정논총』 제15권 1호, 2020.
- “북한 비핵화 협상에서의 전략적 기만 분석”. 『국제정치연구』 제23권 4호, 2020.
- “북한 비핵화 협상 분석: ‘선(先)회담 후(後)쟁점타결’ 방식의 한계”. 『동북아연구』 제35권 1호, 2020.
- “북핵 고도화에 대응하기 위한 예상자위권의 적극적 적용 분석: ‘차단타

격' 개념을 중심으로". 『국제관계연구』 제25권 2호, 2020.

- "한반도 '핵균형(Nuclear Balance)'에 대한 탐색적 검토". 『통일전략』 제20권 3호, 2020.
- "나토 "핵공유(nuclear sharing)" 체제의 현황과 동북아시아 도입에 관한 시론적 분석". 『국가전략』 제27권 1호, 2021.
- "한국과 일본의 대탄도미사일 방어(BMD) 비교: 대미협력 수준 차이를 중심으로". 『세계지역연구논총』 제38권 2호, 2020.
- "북한 급변사태 시 독일식 합의통일의 적용: 당위성과 과제 검토". 『입법과정책』 제12권 2호, 2020.

양해

이 책의 내용은 전문적으로 보일 수 있다. 그러나 의학 지식이 없어도 개인의 건강에 관한 사항은 상식적으로 이해할 수 있듯이, 국민 모두를 걱정하게 만들고 있는 안보에 관한 내용이라서 조금만 관심을 가지면 금방 이해할 수 있을 것이다. 일부 전문용어나 일상적이지 않은 내용은 쉽게 읽어서 이해할 수 있도록 문장과 용어를 평이하게 조정하였고, 지나치게 전문적이거나 특수한 용어는 가급적 사용하지 않고자 노력하였다. 처음에는 진도가 다소 느릴 수 있으나 조금만 읽어가면 이해도가 높아지면서 흥미도 높아질 것이라고 생각한다.

일반 독자들이 걸림 없이 읽을 수 있도록 논문에 있는 주석이나 참고문헌은 꼭 필요하다고 판단하는 것 이외에는 대폭 축소하였다. 논문과 달리 책은 읽어나가는 흐름을 중시해야 한다고 생각하기 때문이다. 주석도 본문 내에 포함시킴으로써 독서 흐름에 맞추고자 노력하였다.

괄호 속에 표시된 학자의 이름, 연도, 쪽수이외에 더욱 자세한 문헌정보를 알려면 참고문헌에서 찾아보면 된다. 책자 중에 수치, 날짜, 발언 등의 근거가 생략되어 있는 부분은 필자가 충분히 점검한 사항임을 밝힌다.

내용 중에는 독자들이 알고 있는 바와 다른 부분이 적지 않을 수도 있다. 그러할 경우 필자를 신뢰해주기를 부탁드린다. 필자는 31년 (생도생활까지 합하면 35년) 군 생활을 하면서 다양한 부서를 근무했고, 군사이론 공부에 개인적으로 흥미를 가져서 꾸준히 공부했으며, 모든 군사학교 교육과정을 수석으로 졸업하기도 했다. 또한 이 책에 포함되어 있는 주장이나 내용은 논문으로 발표된 내용이라서 어느 정도 검증되었다고 볼 수 있다. 나아가 독자들이 평소에 생각하던 것과 다른 부분이 많다는 것은 그만큼 읽어볼 가치가 있다는 것이다. 이 책이 국민들의 인식과 생각을 다소나마 바꿔서 현 안보위기 해소를 요구하는 견해를 갖게 만들고, 그렇게 형성된 견해들이 정치가들에게 영향을 주어서 더욱 안전하고 번영된 대한민국으로 변화시켜 주기를 바랄 뿐이다.

차례

제 1 부

북핵 위협과 대응

1 북한의 핵전략

북한은 2013년 2월 제3차 핵실험을 통하여 핵무기 개발에 성공하였고, 2017년 9월 제6차 핵실험으로 수소폭탄까지 개발한 이후 지속적으로 핵무기를 생산하여 100개 또는 그 이상도 가능할 것으로 추정되고 있다. 나아가 북한은 이를 투하하기 위한 다양한 미사일의 개발에도 진력하여 2019~2020년에 남한공격용 첨단의 단거리 미사일을 다수 시험하였고, 미 본토 공격능력도 강화하고 있다. 북한은 2020년 10월 10일과 2021년 1월 14일 열병식에서 신형 대륙간탄도미사일(ICBM)과 신형 잠수함발사탄도미사일(SLBM)을 과시하였고, 앞으로 핵잠수함, 다단투의 고체연료용 ICBM을 개발하여 미국에 대한 직접적이면서 확실한 공격 능력을 구비하고자 노력하고 있다. 북한이 어떤 핵전략을 가지고 있기에 이와 같이 엄청난 능력을 구비하고자 노력할까?

1. 핵전략 이론

기본적으로 억제전략은 응징적 억제(deterrence by punishment)와 거부적 억제(deterrence by denial)로 구분된다. 전자는 적에게 공격할 경우 그보다 훨씬 극심한 피해를 끼칠 것을 약속함으로써, 후자는 공격하더라도 실패할 것이라는 점을 인식시킴으로써 적의 행동을 자제시키는 방법이다. 최근 미국의 집중적인 노력에 의하여 직격파괴(直擊破壞, hit-to-kill; 공격해오는 상대 미사일의 몸통을 직접 타격하여 파괴시키는 방법)가 가능한 탄도미사일 방어(BMD: Ballistic Missile Defense)가 가능해짐으로써 거부적 억제가 다소 구현되고는 있으나, 100% 확신하기는 어렵고, 아직 핵억제에는 응징적 억제가 주류를 이루고 있다. 세부적인 억제의 방법은 해당 국가의 역량에 따라서 다양한 형태를 띄게 된다.

1) 핵강대국의 핵전략

핵무기는 최초에는 미국이 독점하다가 냉전시대에는 미국과 소련이 과점(寡占)하였다. 지금은 다수 국가가 핵무기를 보유하고 있으나 그 기술이나 양에서 미국과 러시아(소련을 계승)에 비교가 되지 않고, 러시아의 경우 핵전략에 관한 이론적 토의와 공개가 미흡하기 때문에 핵전략은 미국 주도로 발전되었다.

소련이 핵무기를 개발하자 미국은 이로부터 자신의 안전을 보장하기 위한 방법을 고심하게 되었는데, 핵미사일에 대한 유효한 방어가 불가능하다는 결론을 바탕으로 "대량보복전략(massive retaliation strategy)" 즉 응징적 억제를 채택하였으며, 이것이 세계적 핵억제전략의 주류를 이루게 되었다. 즉 상대방이 기습적으로 '선공(先攻, 제1격, the first strike)'하더라도 상당한 핵전력이 생존하여 더욱 강력한 '반격(제2격, the second strike)'을 가할 수 있다면 상대방의 핵공격을 억제할 수 있다는 개념이었다.

이러한 전략은 상대방의 도시를 초토화시키겠다는 위협으로서, 학자들은 군사력에 대한 직접적인 공격을 위주로 하는 전략 즉 대(對)병력전략(counter-force strategy)과 구분하여 대가치전략(counter-value strategy)이라고 불렀다. 미국이 대량보복전략을 천명하자 소련도 그렇게 하지 않을 수 없었고, 결국 양국은 상대방의 선공 또는 제1격을 허용하더라도 충분한 반격 또는 제2격 능력을 확보하고자 노력하였다. 당연히 서로가 서로의 핵군비경쟁을 자극하게 되었고, 결국 양국은 전 세계를 몇 번이나 파괴시킬 수 있는 엄청난 핵전력을 구비하게 되었다.

응징적 억제는 상대방이 합리적일 경우 대량보복을 두려워할 수밖에 없을 것이라는 가정 하에 수립된 억제의 방법으로서 상대방이 합리적이지 않을 경우 작동하지 않을 수도 있다. 냉전시대 미국과 소련이 '핫 라인(hot line)'을 만들어서 실수나 일부 과격분자에 의해 핵미사일이 발사될 경우 경쟁적인 보복을 방지하고자 노력하였듯이, 응징적 억제는 약점이 적지 않다. 소련의 경우 국토가 광활하면서 도시에 대한 집중도가 적어서 상호 핵공격을 교환할 경우 피해가 적을 수 있고, 특히 소련은 대규모 핵대피호를 구축하거나 핵피해 관리를 위한 전담부대를 창설하는 등 적극적인 핵대피 활동 즉 '민방위(civil defense)'를 시행함으로써 상호 핵교환 시 유리한 환경을 조성하고 있었다. 결국 1983년 미국의 레이건(Ronald W. Reagan) 대통령은 대량보복전략이라는 기존의 전략적 공격에 '전략적 방어(strategic defense)'를 추가하는 것으로 결정하였는데, 그 방향은 상대방의 핵미사일을 공중에서 파괴시키는 것이었다. 이것이 오랫동안의 노력이 투입되고 나서 2004년 부시(George W. Bush, 아들) 대통령에 의하여 구현되기 시작하였고, 이로써 기존의 응징적 억제에 거부적 억제도 가미되게 되었다.

냉전시대에 대량보복으로 서로를 위협하는 응징적 억제의 방법은 인류의 종말까지도 두려워해야 할 정도로 핵전력을 상호 경쟁적으로 증강시켰기 때문에 식자들의 엄청난 비판을 받았다. 이들은 미국과 소련의 노력이 핵전력의 균형을 추구하는 것이 아니라 "공포의 균형(balance of terror)"(Edwards 1986: 238)을 추구한다고 비판하였고, '미친(mad)'을 의미하는 "상호확증파괴전략(Mutual Assured Destruction: MAD)"이라 불렀다(Brennan 1971, 31). 이에 따라 미국과 소련 양국은 쌍방 간 핵무기의 감축을 협의하기 시작하였고, 동시에 핵무기가 다른 국가로 더욱 확산되는 것을 방지하고자 노력하였다. 이들은 1969년부터 전략무기감축회담(Strategic Arms Limitation Talks)을 시작하여 1972년 최초로 합의하였고, 동시에 핵확산금지조약(NPT: Nuclear Non-Proliferation Treaty)을 1970년 발효시켰다.

핵확산금지조약을 추진하면서 미국은 '확장억제(extended deterrence)'라는 명칭으로 자신이 적용하고 있는 억제의 방식을 동맹국에게 '확장'하여 적용한다는 개념을 개발하였다. 즉 동맹국이 핵무기 공격을 받을 경우 미국이 대신 대규모의 핵보복을 감행해주겠다고 약속함으로써 이들의 핵무기 개발 동기를 없애고자 노력하였다. 그래서 미국은 냉전시기에 다수의 동맹국들에 핵무기를 배치하였고, 소련도 일부 그렇게 하였다. 냉전 이후 동맹국들에 배치된 대부분의 핵무기는 철수되었지만, 예외로 유럽에 150발 정도의 핵무기가 아직도 배치되어 있는 상태이다.

2) 핵약소국의 핵전략

미국과 러시아를 제외하고 소규모의 핵무기만을 보유한 핵약소국의 경우에는 응징이나 거부를 위한 능력 모두가 부족하고, 따라서 더욱 창의적인 억제 방법을 사용하지 않을 수 없다. 핵전력과 함께 비핵전력 결합도 고려해야 할 것이다. 이런 점에서 핵약소국의 핵전력은 핵강대국과 같은 응징과 거부가 아니라 응징과 '확전(擴戰, escalation)'으로 구분해볼 수 있다.

(1) 응징 위주의 핵전략

핵약소국의 대표적인 응징 위주 억제전략은 '최소억제 전략(minimal deterrence strategy)'이다. 이것은 미국이 "파리를 위하여 뉴욕을 희생시키지 않을 것"이라는 의심에 근거하여 프랑스가 핵무기를 개발하면서 창안한 논리로서, 소련이 핵무기로 선공하더라도 프랑스가 소련의 몇 개 도시만 확실하게 파괴시킬 수 있는 보복능력을 보유하고 있으면 소련이 프랑스를 공격할 수 없다는 개념이었다. 소련의 입장에서는 프랑스가 초토화되는 것보다 자신의 도시 몇 개가 초토화되는 것이 더욱 큰 피해라고 생각할 것이기 때문이다. 핵무기는 워낙 위력이 커서 한두 개로도 치명적인 피해를 끼칠 수 있고, 그렇다면 핵약소국의 모든 핵무기를 한 번의 기습적인 공격으로 모두 파괴시킬 확신이 없을 경우 핵강대국이라도 핵공격을 감행하기 어렵다. 이러한 점에서 최소억제 전략은 충분한 합리성을 갖고 있다.

프랑스의 논리는 영국도 채택하였고, 시간이 지나면서 유효한 핵억제전략으로 인정받기 시작하였다. 따라서 핵강대국 간에 적용되는 기존의 억제 논리는 '최대억제 전략(maximum deterrence strategy)'이라고 말하고, 프랑스와 영국이 적용하고 있는 억제를 위한 논리는 '최소억제 전략'으로 구분하여 설명하게 되었다. 프랑스와 영국은 이 전략에 근거하여 200~300개 정도의 핵무기에 만족하고 있는데, 그의 대부분을 상대의 선공에 취약하지 않은 SLBM 형태로 만들었다. 그리고 각각 4척 정도의 핵잠수함(SSBN: submarine + ballistic missile + nuclear powered, 핵미사일을 탑재한 핵추진 잠수함을 말한다)을 보유함으로써 정비, 훈련, 휴식을 감안하더라도 최소 1척은 언제나 대양에 항행하여 어떤 상황에서라도 핵보복 공격이 가능한 태세를 유지하고 있다.

약소국이 사용할 수 있는 응징 위주 억제전략의 또 다른 형태는 '삼각반격억제(triangular second strike deterrence)' 또는 줄여서 '삼각억제'라고 불린다. 이것은 핵강대국의 핵공격을 억제하기 위한 약소국의 고육지책(苦肉之策)으로서, 핵무기가 없는 제3국을 공격하겠다고 위협함으로써 핵강대국의 핵공격을 억제하겠다는 접근이고, '간접억제(indirect deterrence)'라고도 불린다. 이것은 펜실베이니아 주립대학의 하카비(Robert E. Harkavy) 교수가 창안하였는데, 핵강대국을 직접 공격할 능력(기술이나 거리)을 구비하지 못한 핵약소국이 자신과 인접하고 있는 핵강대국의 동맹 또는 우방국을 인질로 삼아서 핵강대국의 공격을 억제하겠다는 주장이다(Harkavy 1998, 64). 냉전시대에 이스라엘이 소련의 핵공격 시 친소련 성향의 주변 아랍국들에게 이러한 삼각억제를 구현하겠다는 입장을 표명한 적이 있다. 1991년 걸프전쟁에서 미국을 중심으로 한 다국적군의 공격에 직면한 이라크가 미국 대신 이스라엘에 대한 미사일 공격을 위협 및 실행하기도 했고, 걸프전쟁 이후에도 미군들은 이라크나 이란이 미국 대신 중동의 미국 동맹국들을 공격할 가능성을 우려하여 대비계획을 검토하였다고 한다(Harkavy 1998, 66-75).

삼각억제는 미국의 확장억제와 직접적으로 관련된다. 미국과 적대적인 관계에 있는 국가가 미국의 동맹국이나 우방국을 공격하겠다고 위협하면, 미국의 확장억제 이행을 차단할 수 있다는 논리가 되기 때문이다. 이런 점에서 삼각억제는 확장억제를 명분으로 어떤 지역의 위기에 개입하려는 미국에 대하여 군사적 '열세국(underdog power)'이 선택할 수 있는 억제방법이다(Harkavy 1998, 65). 즉 삼각억제를 통하여 핵약소국은 미국의 개입을 억제하거나 지역 내 미국 동맹국을 협박할 수 있고, 미국이 체제전복 활동 등 공세적으로 나오는 것을 차단할 수 있다. '불량국가(rogue state)'라고 불리는 국가들은 어떤 비합리적인 방법도 선택할 수 있다는 점에서 충분히 삼각억제의 개념을 활용할 수 있고, 그렇게 되면 그 효과는 작지 않을 수 있다.

(2) 확전 위주의 핵전략

응징을 위한 능력을 충분히 갖추지 못한 약소국이 사용하는 대표적인 전략은 '신뢰적 최소억제(credible minimum (minimal) deterrence)'이다. 이것은 현재 인도와 파키스탄이 적용하고 있는 핵전략으로서, 최소억제 전략의 구현에 필요한 SSBN을 보유하고 있지 못하기 때문에 핵무기의 적극 사용 의지와 계획을 과시함으로써 최소억제와 같은 효과를 거두고자 한다. 이들은 현재 150~160개 정도의 핵무기를 보유하고 있는데, 그의 사용에 대한 문턱이, 공인된 핵보유국보다는 훨씬 낮다.

다만, 동일한 '신뢰적 최소억제'라는 말을 사용하면서도 국력의 차이로 인하여 인도와 파키스탄의 핵전략 내용은 다소 다르다. 인도는 핵무기의 '선제 불사용(no-first use)'을 공언하는 가운데, 불가피한 경우에 즉각적인 핵보복이 가능하도록 지휘통제, 핵무기 저장소의 안전, 실질적인 작전계획 수립, 훈련, 준비, 적극적인 연구 및 개발 노력을 강조 및 과시한다(Kulkirni and Sinha 2011, 2). 반면에 파키스탄은 '선제 불사용'의 원칙을 공언하기를 거부하면서 재래식 공격을 비롯한 인도의 모든 공격에 대하여 필요할 경우 핵무기를 사용할 수 있다는 점을 강조 및 과시한다(Tasleem 2016). 파키스탄은 인도에 비해서 상대적인 약자이기 때문에 확전의 의지와 핵무기의 적극적 사용을 강조할 수밖에 없다고 할 것이다. 인도는 대가치전략, 파키스탄은 대병력전략에 중점을 두고 있다고도 할 수 있다.

핵약소국의 핵전략에 관한 논의에서는 나랑(Vipin Narang)이 분류한 바가 빈번하게 사용되고 있다. 나랑은 핵강대국의 억제전략은 소규모 핵보유국에게 적절하지 않다면서 '촉매태세(catalytic posture)' '확증보복태세(assured retaliation posture)' '비대칭 확전태세(asymmetric escalation posture)'의 세 가지로 핵무기 사용의 형태를 구분하였다. 그에 의하면 촉매태세는 반격을 위한 타격능력도 없고, 핵무기와 비핵무기의 통합적 사용을 위한 교리도 구비하지 못한 국가가 자신의 생존이 위협받은 상황에서 핵강대국의 지원을 강요하기 위한 방편으로 사용하는 형태인데, 우방국인 핵강대국이 자신들을 지원해주지 않으면 상대에 대하여 핵무기를 사용할 것이라고 위협한다. 확증보복태세는 핵공격을 받으면 반격하겠다는 태세로서, 이를 위해서는 생존성이 높은 핵무기를 증강하면서 그 핵능력을 적극적으로 공개하게 된다. 비대칭 확전태세는 상대방의 재래식 전력이 우세할 경우 핵무기를 선제적으로 사용하겠다는 의지를 밝힘으로써 분쟁의 확전을 억제하거나 실제로 그렇게 함으로써 패배하지 않겠다는 태세이다(Narang 2014, 14-21). 나랑은 〈표 1〉과 같이 함축하여 이 세 가지를 구별하고 있다.

〈표 1〉을 보면 이스라엘, 파키스탄이 중복적으로 거론되어 있듯이 핵무기의 용도를 하나로만 구분하기는 어렵다. 촉매태세는 이스라엘, 남아공, 파키스탄이 사용하였는데, 모두 미국의 개입을 강요하기 위한

〈표 1〉 핵무기의 운용 태세

	촉매태세	확증보복태세	비대칭 확전태세
주요 구상	제3국의 지원 촉발	선공 허용 후 핵으로 보복	선제적 핵무기 사용
능력	소수의 핵무기	생존성 높은 제2타격력	선제적 사용능력
투명도 수준	모호성 견지	능력은 공개, 배치는 불투명성 유지	능력과 배치 모두 공개
해당 사례	이스라엘(1967~1990) 남아공(1979~1991) 파키스탄(1986~1997)	중국(1964~현재) 인도(1967~현재) 이스라엘(1991~현재)	프랑스(1960~현재) 파키스탄(1998~현재)

출처: Narang. 2014, 22.

용도였다. 확증보복태세는 중국, 인도, 이스라엘이 현재 채택하고 있는 방법으로서 핵무기의 생존성을 중요시하고, 능력 정도는 공개하지만 배치 등 세부적인 사항은 비밀로 유지한다. 중국의 경우는 핵능력을 지속적으로 강화할 뿐만 아니라 핵탑재가 가능한 다양한 중거리 및 장거리 미사일을 개발하고 있어서 확증보복은 물론이고, 비대칭 확전태세도 사용할 가능성이 크며, 앞으로는 핵약소국에서 벗어나 핵강대국으로서의 핵전략을 구사할 것으로 예상된다. 비대칭 확전태세를 전형적으로 사용하는 국가는 파키스탄으로서, 핵능력과 태세를 적극적으로 공개할 뿐만 아니라 선제 불사용도 약속하지 않고 있다.

3) 핵전략의 북한 적용

핵약소국의 억제이론에서 강조되고 있는 사항은 핵무기와 재래식 전력과의 결합이고, 핵무기를 사용할 필요나 가능성을 부정하지 않는다는 점이다. 인류의 공멸이라는 최악의 상황보다는 자신의 생존이 더욱 중요하다고 판단하기 때문이다. 신뢰적 최소억제나 비대칭 확전태세는 최후의 수단으로 핵무기를 남겨둬서 패배할 필요없이 초기부터 적극적으로 사용할 것을 강조하고 있다. 삼각억제는 핵강대국의 보복을 단념시키기 위하여 주변에 있는 해당 핵강대국의 동맹국이나 우방국을 핵무기로 공격할 수 있다는 논리로서, 이 정도로 처절해져야 핵전쟁에서의 생존을 보장할 수 있다는 엄중함을 나타내고 있다. 따라서 상호 공멸이 두렵다거나 인류애나 동족애가 우선할 수 있다는 인식은 핵전략의 현실과는 다르다고 할 것이다.

핵강대국도 그러하지만 핵약소국의 핵전략 형태를 좌우하는 가장 결정적인 요소는 핵능력의 수준이다. 미국이나 러시아와 같이 대규모 핵전력을 구비하는 국가는 최대억제전략을 추구하고, 그에 미치지 못하는 국가는 최소억제 전략을 선택한다. 최소억제 전략도 구현하기 어려운 국가들은 핵약소국이라고 할 수 있는데, 기본적으로는 신뢰적 최소억제 전략이나 비대칭 확전태세를 지향하고, 그것도 여의치 않을 경우에는 삼각억제라도 추구하게 된다. 핵무기 보유만으로도 억제효과를 달성할 수 있다는 "존재적 억제(existential deterrence)", 유사시 신속한 핵무기 개발 잠재력만으로도 억제효과를 달성할 수 있다는 "휴식 억제(recessed deterrence)" 또는 "비무기화 억제(non-weaponized deterrence)"의 개념도 존재한다. 따라서 핵약소국과 대치하고 있는 비핵국가의 입장에서 상대방의 핵전략을 정확하게 파악하고자 한다면, 상대방의 핵능력을 있는 그대로 냉정하게 평가하는 노력이 최우선시되어야 할 것이다.

다만, 한반도의 경우에는 남북한 이외에 미국이 '확장억제'를 약속하여 남한에게 핵억제력을 제공하고 있다. 따라서 북한의 핵전략은 남한을 대상으로 하는 것이 아니라 미국의 확장억제를 대상으로 하는 것이고, 북한은 미국의 확장억제를 어떻게 약화 또는 무력화시킬 것인가를 중심으로 핵전략을 수립하고, 핵능력을 강화하게 된다. 그래서 북한은 핵무기 개발과 동시에 미 본토 공격이 가능한 ICBM과 SLBM을 개발해왔고, 그것이 어느 정도 고도화됨으로써 상당한 자신감을 갖게 된 것이다. 즉 북한은 최소억제의 개념처럼 미국이 한국에게 확장억제를 제공하고자 할 경우 미 본토의 어느 도시에 북한의 핵미사일 공격을 가하겠다고 위협할 수 있게 되었고, 이것이 북한 핵전략의 핵심적인 요소를 구성하고 있다.

2. 한반도 핵균형 변화

1) 김일성에서 김정일까지

1993년 유엔 산하의 국제원자력기구(IAEA)가 북한의 핵활동에 대한 특별사찰을 요구하자 북한이 핵확산금지조약(NPT) 탈퇴를 선언함으로써 핵무기 개발 의도를 노출하고 말았지만, 북한의 핵무기 개발 시작은 6 · 25전쟁 직후로 분석되고 있다. 북한은 1955년 3월에 핵무기 개발을 위한 연구소를 설치하였고, 1956년에는 핵기술을 습득하기 위하여 과학자들을 소련에 보냈으며, 1959년에는 소련과 협정을 체결하여 관련 기술을 공식적으로 도입하였고, 1963년에는 소련으로부터 연구용 원자로를 도입하여 1965년부터 이를 가동하였다. 이를 기초로 북한은 자체적인 핵 관련 기술을 향상시켜 1980년 7월 영변지역에 5MWe

용량의 원자로 건설을 시작하여 1986년 완공함으로써 핵연료를 확보할 수 있게 되었다(구본학 2015, 3). 1985년 12월에 핵확산금지조약에 가입하였으나 이것은 소련으로부터 핵무기 제조 관련 기술을 전수받기 위한 용도였다. 북한의 핵무기 개발은 6 · 25전쟁의 연장선에 있고, 기본적인 제조능력은 1980년대에 완료되었다.

냉전시대에 북한의 핵무기 개발 노력은 한국에게는 큰 위협이 되지 않았다. 북한이 핵무기 개발에 성공하지 못한 상태이기도 했지만 '핵우산'으로 표현되는 미국의 확장억제 공약이 워낙 확고하였기 때문이다. 미국은 심지어 1958년경부터 1991년까지 한국에 전술핵무기를 배치하여 1970~1980년대에는 야포와 미사일 등으로 투발할 수 있는 다양한 종류의 핵무기가 660~686기에 이르기도 했다(장철운 2015, 479). 북한은 한편으로는 '조선반도 비핵지대화'라는 개념을 통하여 미국의 핵우산과 주한미군 철수를 주장하였고(전성훈 2019, 208), 동시에 핵무기 개발을 추진한 것이다. 이 당시 한반도의 핵균형은 미국 확장억제의 압도적 우위였다고 할 것이다.

1991년 미국이 한반도에 배치되어 있던 핵무기를 모두 반출하고, 12월 18일 한국 정부가 '한반도 핵부재 선언'을 발표하였지만, 북한의 핵무기 개발은 지속되었다. 1993년 핵무기 개발의 의도가 국제사회에 노출되었지만, 북한은 카터(Jimmy Carter) 전 미국 대통령을 중재자로 활용하여 1994년 10월 '제네바 합의(Geneva agreement)'를 맺어 미국을 기만하는 데 성공함으로써 핵무기 개발을 지속할 수 있었다. 2002년 고농축 우라늄을 이용한 핵무기 개발이 폭로되어 미국과의 합의가 붕괴되면서 미국, 러시아, 중국, 일본, 한국, 북한이 참여하는 '6자회담'(six party talks)이 시작되었다. 여기에서도 북한은 2005년 '9 · 19 공동성명'을 통하여

"현존하는 모든 핵무기와 핵프로그램을 포기"하기로 합의한 후 그 이행을 지체시킴으로써 핵무기 개발을 지속할 수 있었고, 그 결과 2006년 10월 9일 제1차 지하 핵실험을 실시하였다. 이 핵실험은 그다지 성공적이지 않았으나 2009년 5월 25일 제2차 핵실험을 실시하여 계획했던 위력을 산출하는 데 성공하였고, 이로써 핵무기 개발에 대한 자신감을 갖게 되었다.

2) 김정은 등장 이후

2011년 12월 김정일의 갑작스러운 사망으로 북한의 지도자가 된 김정은은 핵무기 개발에 전력을 집중하였다. 그 결과 1년여 만인 2013년 2월 12일 제3차 핵실험을 실시하였고, 핵무기 개발에 성공하였다. 당시 북한은 "소형화 · 경량화된 원자탄"을 사용하여 그 성능을 "물리적으로 과시"하는 데 성공하였다고 발표하였고, 한국의 국방부는 TNT 6~7킬로톤의 위력으로 평가하였다. 이로써 북한은 핵무기를 보유하게 되었고, 한반도의 핵균형도 변화하기 시작하였다.

북한은 원자폭탄의 성공에 머물지 않고 수소폭탄 개발까지 추진하였다. 그 결과 2016년 1월 6일 제4차 핵실험, 2016년 9월 9일 제5차 핵실험을 실시한 후, 2017년 9월 3일 제6차 핵실험을 통하여 수소폭탄 시험에 성공하였다. 위력에 대해서는 다양한 평가가 있었지만(당시 한국, 미국, 일본의 정부는 각각 50kt, 120kt, 160kt 정도로 평가하였다), 미국의 북핵 추적단체인 '38 North'에서는 그 위력을 108~250킬로톤으로 정리한 바 있다(Zagurek 2017). 이로써 북한은 미국과 유사하게 1개 핵무기로 1개의 대형도시를 초토화시킬 수 있는 능력을 보유하게 되었다.

북한은 핵실험과 함께 미사일의 사정거리를 연장하는 데도 집중적인 노력을 경주하였다. 북한은 2017년 5월 14일 '화성-12형'을 시험발사하여 대형 출력의 미사일 엔진을 과시하였고, 7월에는 두 차례에 걸쳐 더욱 개량한 '화성-14형' 시험발사를 실시하는 등 2016년에는 22회의 미사일 시험발사, 2017년에는 17회의 미사일 시험발사를 실시하여 그 성능을 향상시켜 왔다. 특히 11월 29일 '화성-15형' 시험발사를 통하여 북한은 미 본토 공격 잠재력을 과시한 후 "국가 핵무력 완성"을 선언하였다. 이에 대하여 미 국방부는 2018년 2월 발표된 "핵태세 검토보고서(Nuclear Posture Review)"에서 북한이 "수개월만 더 노력하면(only months away)" ICBM을 개발할 수 있는 수준으로 평가하기도 했다(Department of Defense 2018, 11). 또한 북한은 SLBM의 개발에도 노력하여 2014년 10월 육상에서 첫 번째 시험발사를 실시한 데 이어 2016년 4월 23일과 8월 24일 해상에서의 시험발사에도 성공하였다. 이로써 북한은 미국의 확장억제를 위협할 수 있는 능력을 구비하게 되었고, 한반도에서의 핵균형을 능동적으로 변화시킬 수 있는 역량을 보유하게 되었다.

3) 비핵화 협상 기간

2018년 2월 평창올림픽에 북한의 선수단과 고위인사들이 참여한 데 대한 감사의 표시로 남한이 사절단을 북한에 파견하여 2018년 3월 5일 북한의 김정은을 만났다. 이들은 김정은의 "비핵화 용의"를 확인하였고, 바로 남한 국민과 미국 정부에게 통보하였다. 그리고 이를 계기로 세 번의 남북 정상회담과 두 번의 미북 정상회담이 개최되었지만, 북한은 핵무기를 폐기하기는커녕 증산을 계속했다. 또한 북한은 비핵화 협상이 진행되는 2019년부터 2020년 전반기까지 다양한 단거리 미사일 시험발사를 총 17차례에 걸쳐 실시함으로써 한국에 대한 핵미사일 공격능력을 개선하였다.

동시에 북한은 미국 공격을 위한 ICBM과 SLBM도 지속적으로 개량하여 2020년 10월 10일 노동당 창건 제75주년 기념 열병식에서는 다탄두 운반능력까지 구비하였을 것으로 평가되는 새로운 ICBM과 '북극성-4ㅅ'이라는 새로운 SLBM을 공개하기도 했다. 2021년 1월 14일 열병식에서는 '북극성-5ㅅ'이라는 또 다른 신형 SLBM을 과시하기도 했다. 그리고 당시 개최된 제8차 당대회(2021. 1. 5~12)에서 북한은 핵잠수함을 개발하고 있고, 다탄두미사일을 개발할 것이며, 전술핵무기도 개발하고 있다고 공언하기도 했다. 비핵화 협상을 하는 동안 북한은 핵전력을 상당할 정도로 강화시켰고, 특히 미 본토 공격을 크게 향상시킨 셈이다.

북한은 SLBM을 탑재할 수 있는 잠수함도 개발하여 2019년 7월 23일에는 북한 스스로 SLBM 수직발사관 3개를 수용할 수 있을 것으로 추정되는 3,000톤급의 잠수함 건조 사진을 공개한 적이 있고, 이것을 2021년에 완성한 것으로 평가되고 있다. 북한이 지향하는 바는 핵잠수함 즉 SSBN을 확보하는 것으로서, 만약 이에 성공하게 될 경우 북한의 핵미사일이 태평양에 은밀하게 위치한 상태에서 미 본토를 언제나 공격할 수 있는 상황이 되고, 프랑스나 영국이 러시아에 대하여 채택하고 있는 최소억제 전략을 미국에 대하여 적용할 수 있게 된다. 그렇게 되면 미국의 확장억제는 북한의 최소억제 전략에 의하여 역(逆)으로 억제되고, 결과적으로 미국은 본토에 대한 심각한 핵공격을 각오하지 않을 경우 한국에 대하여 확장억제를 제공할 수 없게 된다.

4) 평가

핵무기 균형 차원에서 북한의 핵전력 증강을 분석해보면 냉전시대에는 미국이 한국을 위하여 '핵우산'을 제공하겠다고 철저하게 약속했을 뿐만 아니라 한국에 전술핵무기까지 배치하고 있는 상황이었다. 그러나 북한은 소련의 핵우산이 묵시적으로 있었을 수도 있지만 그 강도는 크지 않았을 것이고, 자체 핵무기는 보유하고 있지 않았다. 따라서 당시 한반도 핵균형은 미국의 확장억제 즉 한 · 미 양국이 절대적인 우위를 유지하고 있었다. 그러나 북한이 수소폭탄, ICBM, SLBM을 보유하게 됨으로써 이제 한반도 핵균형은 미국과 북한이 상호 위협할 수 있는 수준으로 변화되었다. 당연히 북한이 핵전력에서 절대적으로 열세하지만 북한은 핵전략의 선택지를 증대시켰을 뿐만 아니라 더욱 공세적인 형태를 채택할 수 있게 되었다. 북한이 체제유지 등 자신의 생존만을 보장할 목적으로 핵무기를 개발했다면 인도와 파키스탄도 개발하지 않은 ICBM과 SLBM까지 추진하여 미 본토 공격을 위협할 필요는 없다. 핵무기 개발 이후 북한은 "조국통일대전"이라는 용어를 더욱 적극적으로 사용하면서 "단숨에 남조선 전 지역과 제주도까지 타고 앉는 벼락같은 속전속결전"을 강조한 것으로 볼 때, 북한이 더욱 공격적인 핵전략을 수립하였을 가능성이 크다.

북한이 아무리 많은 핵무기를 개발하더라도 세계 최강의 핵전력을 보유하고 있는 미국의 핵전력과는 비교가 되지 않지만, 북한이 자신의 초토화를 각오하면서 미 본토를 공격하겠다고 위협할 경우 미국도 약속했다고 하여 확장억제를 고민 없이 이행하기는 어렵다. 북한을 초토화해봐야 미국이 얻는 이익은 그다지 없지만 미국의 어느 도시가 북한의 자살적 핵무기 공격을 받을 경우 그 피해는 너무나 클 것이기 때문이다. 미국이 확장억제 이행을 포기하게 되면 핵보유국인 북한과 비핵보유국인 남한 간의 1 : 1 상황이 조성되고, 그렇게 되면 모겐소(Hans J. Morgenthau)의 말처럼 한국은 북한의 상대가 될 수가 없다(1985, 141). 북한은 미 본토를 공격할 수 있는 핵능력을 구비함으로써 미국의 핵전략 선택지를 무척 제한할 수 있게 된 것이다.

더욱 우려가 되는 것은 북한 체제의 비인도성, 일사불란함, 불안정성이다. 북한의 김정은은 국민들의 희생이나 국제사회의 비난을 개의하지 않은 채 핵무기 사용을 결심할 수 있고, 그렇게 되면 군도 주저없이 따르게 되는 체제이다. 즉 북한은 능력만 구비될 경우 목표달성을 보장하는 최적의 전략을 망설임 없이 적용할 것으로 판단된다. 북한은 "핵전략의 미숙함, 핵기술 고도화의 부족, 오판, 민족주의와 감정에 기반한 핵무기 위험에 대한 과소평가, 경쟁국가와의 지리적 근접성으로 인한 경보시간의 제한, 정치적 불안정성" 등 핵문턱을 낮추는 속성을 모두 갖추고 있고, 따라서 핵무기 사용의 가능성도 다른 어느 국가보다 높다(김태현 2016, 6). 북한이 선택 가능한 전략에 대한 적극적인 논의가 절실한 이유이다.

북한의 핵능력에 대해서는 정확한 정보가 없다는 점이 심각한 불안요소이다. 기술정보로는 한계가 있을 수밖에 없고, 외부와 단절한 사회인 북한에 대한 인간정보 수집은 거의 불가능한 상황이라서 북한 핵무기의 정확한 수준을 가늠하기가 어렵다. 북한 핵무기의 위력도 북한이 지하갱도에서 폭발시험을 한 것을 지진파의 크기로 평가한 것이라서 그 성공 여부와 위력이 정확하지 않고, 미사일의 경우에도 장거리 비행이 가능한 엔진을 개발한 것은 사실이나 재진입 기술은 입증되지 않았다. 그러나 국가안보는 최악의 상황까지 고려해야 할 뿐만 아니라 안전여유(safety margin)까지 감안하여 만전지계를 기하지 않을 수 없다. 이것이 북한과 같이 정보를 철저하게 통제하는 국가가 갖게 되는 전략적 이점일 수도 있다.

3. 북한이 채택 가능한 핵전략 분석

파키스탄이나 인도와 달리 북한은 그들의 핵전략에 관하여 어떤 내용도 발표하고 있지 않다. 또한 북한에 관한 자료의 수집도 거의 불가능한 상황이다. 따라서 현재 북한이 보유하고 있는 핵능력을 기준으로 핵약소국이 채택 가능한 핵전략, 즉 응징 위주의 핵전략과 확전 위주의 핵전략 중에서 북한이 채택 가능한 것을 살펴볼 수밖에 없다. 그리고 국가안보는 최악의 상황까지 상정하여 대비하는 것이기 때문에 당연히 한국은 북한이 채택 가능한 최선의 전략에 근거하여 대비태세를 구비해야 할 것이다.

1) 응징 위주의 핵전략

(1) 최소억제 전략

남한은 핵무기를 보유하고 있지 않기 때문에 북한이 남한에 대한 핵전략을 고민할 필요는 없다. 필요한 상황이 도래하면 핵무기 사용으로 위협하거나 실제 사용하여 공격하면 되기 때문이다. 그런데 한국은 미국의 확장억제에 의존하고 있다. 따라서 북한의 핵전략은 미국이 한국을 위하여 확장억제 공약을 이행하지 못하도록 하는 것일 수밖에 없다. 이 경우 북한에게 필요한 것은 최소억제 전략으로서, 미국이 한국을 위하여 확장억제를 제공할 경우 미 본토의 도시들을 핵미사일로 공격하겠다고 위협하는 것이다. 실제로 북한은 지금까지 수소폭탄, ICBM, SLBM을 개발하여 미 본토 공격능력을 확충하는 데 중점을 두었고, 그러한 능력이 구비될 때마다 미국에게 공격능력을 과시 및 엄포하였다. 그리고 이제는 핵잠수함, 다탄두 핵미사일을 개발하고 있다. 이렇게 볼 때 북한은 '최소억제 전략' 개념에 근거하여 미국의 확장억제 또는 핵우산을 역으로 억제하려는 의도라고 평가하지 않을 수 없다.

현재 북한은 최소억제 전략 구현에 필요한 상당한 능력을 구비하고 있는 상태이다. 북한은 2017년 11월 29일 '화성-15형'의 시험발사에 성공하면서 미 본토 공격의 잠재력을 과시하였고, SLBM도 꾸준히 개발해 왔을 뿐만 아니라 이것을 탑재할 수 있는 3,000톤, 4,000~5,000톤 규모의 잠수함을 건조하고 있다. 2020년 열병식에서는 신형 ICBM과 신형 SLBM을 과시하기도 했다. 미국이 구비하고 있는 탄도미사일 방어체제(BMD)가 북한의 ICBM을 요격할 수 있다고 하더라도(이것도 100% 장담할 수는 없지만), SLBM을 요격하는 것은 불가능하다. 만약, 북한이 SLBM을 장착한 잠수함, 즉 SSB나 SSBN을 태평양에 진입시키는 데 성공할 경우 미국의 서해안 도시들은 북한의 핵공격에 무방비로 노출될 수밖에 없다.

북한이 SSB나 SSBN을 구비하더라도 태평양으로 진출할 수 있을 것이냐에 대해 의문이 제기될 수 있다. 북한의 잠수함들은 대한해협과 일본의 좁은 해협을 통과해야 하고, 한국, 미국, 일본의 대(對)잠수함 작전 능력이 뛰어나서 태평양으로의 진출이 어렵거나 진출 과정에서 격파당할 수 있기 때문이다. 그러나 잠항한 잠수함을 찾는 것을 "사막에서 바늘 찾기"에 비유하고 있듯이(이인균 2014, 158; 최양선 2016, 2), 대잠수함 작전은 쉽지 않다. 실제로 1982년 4월 포클랜드에서 영국 해군이 5척의 핵추진 잠수함, 1척의 디젤 잠수함, 다수의 대잠전 수상함과 헬기를 동원하여 200발 이상의 대잠무기를 사용하였지만 아르헨티나의 디젤 잠수함 1척을 탐지 및 격침시키지 못했다(이인균 2014, 168). 대한해협에서의 대잠수함 작전을 위해서는 지형을 잘 아는 한 · 일 간의 공조가 절대적으로 필요한데 이것이 미흡한 상황이다. 또한 동해는 수심이 깊으면서 한류와 난류가 교차할 뿐만 아니라 물 소용돌이도 있고, 음파탐지기의 오작동이 잦아서 "잠수함의 천국"으로도 불리기도 한다. 더군다나 북한이 누구도 예상하지 못하는 어떤 창의적 방법을 사용하여 태평양으로 진출할지 알 수 없다. 따라서 편도(片道) 자살공격 임무를 부여받은 북한의 핵무기 탑재 잠수함이 태평양으로 진출하여 미국의 서해안을 핵미사일로 공격할 가능성은 낮게 볼 수 없다.

미국 본토 공격을 위한 ICBM과 SLBM이 완성되지 않은 상황에서도 북한은 어느 정도의 최소억제가 가능하다. 한국 내 최대 미군기지인 '캠프 험프리스'는 휴전선으로부터 100km를 조금 상회하는 거리라서 북한은 단거리 핵미사일로 이 기지를 쉽게 공격할 수 있고, 미군 밀집지역인 일본 오키나와는 평양에서 1,500km, 미군의 영토인 괌은 3,400km, 알래스카는 6,000km, 하와이는 7,600km로서 모두 북한의 중거리 및 '화성' 계열 장거리 미사일의 사정거리 내이다. 비록 미 본토 공격보다 충격이 작고, 캠프 험프리스 이외에는 미국의 SM-3 요격미사일이 방어해줄 수 있지만, 완전한 방어를 장담할 수는 없다는 점에서 이들에 대한 북한의 핵공격 위협도 미국을 난감한 상황에 빠뜨릴 수 있다.

미국의 트럼프 행정부가 북한과의 두 번 정상회담을 통하여 핵무기 폐기를 시도한 것이나 북한이 수소폭탄과 '화성-15형'을 과시한 2017년 11월 이후부터 군사적 옵션을 강조하지 않은 것은 최소억제에 근접한 북한의 핵능력이 이미 미국의 적극적인 대응을 자제시키고 있기 때문일 수 있다. 국가안보는 안전여유(safety margin)까지 고려하여 만전을 기하는 것이기 때문에 미국으로서는 북한의 미 본토공격 가능성을 고려하지 않은 채 북핵 정책을 입안 및 시행할 수 없다. 북한의 ICBM이나 SLBM 능력이 향상되는 만큼 북한 최소억제 전략의 위력은 커질 것이고, 미국에 대하여 북한이 갖는 레버리지도 커질 것이다.

(2) 삼각억제

미국이 북한을 공격하겠다고 할 경우 북한이 남한을 공격하겠다면서 미국의 공격을 억제할 수도 있다는 삼각억제는 핵무기 개발 이전에도 북한에게 가용했던 방안이다. 북한은 남한을 공격할 수 있는 대규모 재래식 전력을 보유하고 있고, 2,500~5,000톤의 다양한 화학무기와 탄저균, 천연두, 페스트 등의 생물학무기를 보유하고 있기 때문이다(국방부 2021, 29). 핵무기 증강으로 북한의 이러한 삼각억제는 더욱 강력해졌고, 이제는 일본에 대한 공격으로도 위협할 수 있게 되었다. 북한이 한국과 일본을 공격하겠다고 위협할 경우 미국은 자신의 동맹국들이 당할 막대한 피해를 의식할 수밖에 없고, 따라서 북한에 대한 핵공격을 쉽게 결정하지 못한다. 1994년 클린턴 행정부에서 영변 핵시설을 정밀타격하는 방안이 제기되었지만 결국 시행하지 못한 이유에 관해서도 당시 실무 차원에서 이를 기획했던 카터(Asheton Carter, 2015~2017 미 국방장관) 당시 미 국방부 차관보는 북한이 남한을 보복공격함으로써 발생할 수 있는 대규모 사상을 우려했기 때문이었다고 기술하고 있다(Carter and Perry

1999, 128). 1998년 미국이 1994년 제네바 핵합의에 근거하여 북한을 사찰하자고 하자 북한은 이를 거부하면서 강행할 경우 일본을 포함한 동북아 지역의 미국 동맹국들을 공격하겠다고 위협한 바도 있다(Wesley 1999, 77).

남한이나 일본을 공격할 경우 북한의 존망도 위태로워질 것이기 때문에 손쉽게 결심할 수는 없지만, 미 본토 공격보다 더욱 용이한 것은 사실이다. 실제로 북한은 남북한 간에 긴장관계가 고조될 때마다 서울에 대한 공격의 가능성으로 위협하였다. 핵무기 개발에 성공한 직후인 2013년 3월 6일에는 노동신문을 통하여 "정밀 핵타격"으로 서울과 워싱턴을 불바다로 만들겠다고 위협한 적이 있고, 2017년 8월과 2020년 6월에도 "서울 불바다"라는 말로 위협한 적이 있다. 북한의 입장에서 보면 "한국과 일본을 핵인질로 삼는 것"은 매우 편리할 뿐만 아니라 위험이 적은 방안일 수 있다(김태현 2016, 23). 특히 한국은 북한과 인접하여 미사일 방어의 구축이나 효과가 제한될 수밖에 없고, 전반적인 북핵 억제 및 방어태세가 미흡하여 한국을 이용한 북한의 삼각억제효과는 높을 수 있다.

2) 확전 위주의 핵전략

(1) 신뢰적 최소억제

북한은 최소억제 능력을 상당할 정도로 구비하고 있기 때문에 당연히 신뢰적 최소억제 전략을 적용할 수 있다. 실제로 최소억제 전략의 이행을 위한 능력을 구비하는 과정에서 북한은 신뢰적 최소억제 전략의 특성에 부합되는 언행을 하였다. 미 본토 공격 능력이 충분히 입증되지 못하였지만 북한은 2017년 5월 14일 '화성-12형'을 시험 발사한 후 "미 본토와 태평양 작전지대가 우리의 타격권 안에 들어 있다"면서 미국이 북한을 "섣불리 건드린다면 사상 최대의 재앙을 면치 못할 것"이라고 공언한 바 있다. 2017년 7월에 두 차례에 걸쳐 '화성-14형'을 발사한 후에도 유사한 경고 발언을 하였고, 트럼프 대통령이 유엔총회 연설에서 북한을 비난하자 2017년 9월 21일 김정은은 "사상 최고의 초강경 대응조치 단행을 심중히 고려할 것"이라면서 "미국의 늙다리 미치광이를 반드시, 반드시 불로 다스릴 것이다"라고 노골적으로 위협하기도 했다. 이러한 측면에서 전문가들도 북한의 현 억제전략을 '신뢰적 최소억제'로 구분하고 있다(문순보 2019, 12-15).

파키스탄과 유사하게 북한도 핵무기 선제 불사용의 원칙을 공언하고 있지는 않다. 2013년 핵무기 개발에 성공한 후 4월 1일 제정한 "자위적 핵보유국의 지위를 더욱 공고히 할 데 대한 법"에서 "적대적인 핵보유국"과 그에 야합하는 비핵국가에 대한 핵무기 사용 의지를 제시하고 있고, 2018년 신년사에서도 김정은은 "침략적인 적대세력이 우리 국가의 자주권과 리익을 침해"할 경우 핵무기를 사용할 수 있음을 시사하였다. 즉 북한이 핵무기를 불가피한 최후의 수단으로 간주하고 있는 것은 아니다.

(2) 비대칭 확전

나랑이 제시한 촉매, 확증보복, 비대칭 확전의 세 가지 태세를 적용할 경우 현재로서 그중에서 북한에게 가장 가까운 것은 '확증보복'이라고 할 수 있다. 북한은 미국에 대한 핵무기 공격 능력을 지속적으로 강조하고 있기 때문이다. 북한은 생존성을 강화할 수 있도록 핵무기의 숫자를 계속 증대시키고 있고, 산간지역에 분산하여 배치하고 있으며, 생존성과 보복성이 높은 SLBM의 개발에 매진하고 있다. 또한 그들의 핵실험이나 미사일 시험발사의 성공 여부나 내용을 공개함으로써 보복능력을 과시하여 억제태세를 높이고 있다. 북한이 선제 불사용의 원칙을 분명하게 천명한 것은 아니지만 최고사령관의 지시에 의해서만 사용할 것이라면서 제한하고 있다는 점에서 확증보복태세라고 평가받고 있다(김재희 · 남궁영 2018, 100).

그러나 이제 북한은 상당한 핵전력을 구비한 상태라서 수세에서 벗어나 공세로 전환할 수 있고, 그렇게 되면 비대칭 확전전략을 사용할 수 있으며, 실제로 최근 선제적 사용 의지를 강조하고 있다(김재희 · 남궁영 2018, 100). 핵무기의 적극적 사용태세를 과시함으로써 평시에 한반도에서 미국의 영향력을 축출하거나 전략적 주도권을 확보하고, 극단적으로는 1950년에 실패한 남한에 대한 무력 적화통일을 완성하고자 시도할 수 있다는 것이다. 그렇게 되면 북한은 핵무기의 실전배치를 확대함은 물론, 그의 운용 및 관리 권한 중 일부를 군 지휘관에게 위임하는 등의 조치도 강구하게 될 것이다(이상규 2020, 128). 만약 미국이 한국에 대한 확장억제 이행을 주저하는 모습을 보일 경우 북한은 확증보복 자체가 불필요하여 남한에 대한 비대칭 확전전략을 더욱 강화할 것이다. 그렇게 되면 북한은 "한국 또는 일본을 대상으로 '핵인질 위협 → 제한적 핵공격'을 가하거나" 미국을 상대로 직접 공격을 가할 수 있다(김태현 2016, 29).

3) 종합 평가

현재 북한이 채택하고 있는 핵전략의 기본적인 방향은 미국의 확장억제 또는 핵우산을 역으로 억제하는 최소억제 전략이라고 할 수 있다. 그래서 북한은 수소폭탄을 개발한 상태에서 ICBM과 SLBM을 지속적으로 개량하고 있다. 한국과 미국의 전문가와 언론도 북한이 SLBM을 탑재한 잠수함을 보유하게 되는 것을 '게임 체인저(game changer)'로 평가하기도 한다. 남한에 대한 삼각억제는 북한이 마음만 먹으면 가능한 상황이다. 북한은 아직은 응징 위주의 핵전략을 채택하고 있다고 봐야 할 것이다. 한국은 비핵국가이고, 주한미군의 규모가 그렇게 큰 것도 아니며, 미국의 확장억제를 차단하는 것이 최우선적인 과제이기 때문이다.

그러나 북한은 이제 상당한 핵전력을 보유하게 되었기 때문에 신뢰적 최소억제나 비대칭 확전태세와 같은 확전 위주 전략도 마음만 먹으면 구현할 수 있다. 더군다나 북한이나 북한의 지도자는 통상적인 국가나 국가지도자에 비해서 합리성이 낮기 때문에 핵무기를 선제적으로나 비합리적으로, 또는 예측 불가능한 방법으로 사용할 가능성도 작지 않다. 한국이나 미국이 합리성에 근거한 분석을 통하여 북한의 핵무기 사용 가능성이 작다는 평가결과를 갖게 되었다고 하더라도(홍우택 2017, 110) 누구도 그것을 100% 확신 또는 보증할 수 없다. 남북관계가 나빠지거나 미국이 북한에 대하여 적극적인 군사적 옵션을 사용하고자 할 경우 북한은 확전 위주의 핵전략으로 전환하게 될 것이고, 그렇게 되면 한반도의 긴장과 전쟁 발발의 가능성은 갑작스럽게 상승할 수 있다.

북한이 비대칭 확전태세를 추구할 경우 중국과 러시아의 지원을 모색할 가능성이 무척 크다. 6 · 25전쟁 때도 북한은 중국과 러시아의 지원을 모색하였고, 양국은 그에 동의하였다. 북한이 미국과 비핵화 협상을 하는 동안에 시진핑 주석과 네 번, 러시아의 푸틴 대통령과 한 번 만났다는 점을 상기하면, 이러한 시도의 가능성과 중국과 러시아의 북한 지원 가능성은 낮지 않다. 북한 단독으로의 확전이라면 미국이 충분히 통제할 수 있지만, 중국과 러시아가 개입하거나 그러할 가능성이 있다고 판단되면 미국은 더욱 큰 위험을 각오하지 않을 수 없고, 그렇기 때문에 북한의 확전전략 사용 가능성은 더욱 커진다.

4. 결론

한국과 국제사회가 인정하든 인정하지 않든 북한은 사실상의 핵보유국이 된 상태이다. 수소폭탄을 포함한 수십 개의 핵무기를 보유하고 있고, ICBM과 SLBM을 거의 완성하여 전략적 수준의 핵능력을 구비하게 되었기 때문이다. 이제 북한은 서태평양 상의 미군기지와 미국 영토를 공격할 수 있고, 본토 공격도 가능하여 최소억제 전략을 상당 부분 구현할 수 있다. 북한은 재래식 전력과 생화학 무기에 추가하여 다수의 핵무기를 보유하게 되었기 때문에 필요할 경우 남한을 공격하겠다고 위협하거나 실제로 공격함으로써 삼각억제도 효과적으로 구현할 수 있다.

북한은 응징 위주의 전략뿐만 아니라 확전 위주의 전략도 충분히 구현할 수 있다. 북한은 이미 신뢰적 최소억제 전략을 위한 능력을 구비하고 있고, 간헐적이지만 그의 사용 의지를 강조하고 있으며, 나름대로 사용을 위한 구체적인 계획을 수립해두었을 가능성이 크다. 남북관계가 악화되거나 미국이 군사적 옵션으로 위협할 경우 북한은 핵무기 위협 또는 사용을 통하여 확전시키다가 핵무기를 선제적으로 사용할 수 있다.

실제로 북한은 2021년 1월의 제8차 당대회에서 지금까지 형식적으로나마 유지해오던 남북한 합의를 통한 통일 달성에 관한 내용을 삭제하는 대신에 "강력한 국방력으로 근원적인 군사적 위협들을 제압하여 조선반도의 안정과 평화적 환경을 수호한다"는 내용을 포함시켰는데, 북한의 노동신문은 이것을 남북통일을 앞당겨야 한다는 당의 입장이라고 설명하였다. 북한 최고인민회의는 2022년 9월 8일 핵무력의 "중대한 사명을 책임적으로 수행하도록 하기 위하여"라는 제목 하에 ① 핵무력의 사명, ② 핵무력의 구성, ③ 핵무력에 대한 지휘통제, ④ 핵무기 사용결정의 집행, ⑤ 핵무기의 사용원칙, ⑥ 핵무기의 사용조건, ⑦ 핵무력의 정상적인 동원태세, ⑧ 핵무기의 안전한 유지관리 및 보호, ⑨ 핵무력의 질양적 강화와 개선, ⑩ 전파방지, ⑪ 기타에 관한 사항을 명시하였다. 특히 북한은 핵무력은 전쟁억제를 기본사명으로 하지만, "적대세력의 침략과 공격을 격퇴하고 전쟁의 결정적 승리를 달성하기 위한 작전적 사명을 수행한다"고 명시하고 있고, 핵무기는 작전적 필요에 따라, 북한에 대한 공격이 임박하다고 판단될 경우 사용할 수 있다고 법제화하였다. 북한은 핵무기를 군사적으로 사용하여 재통일을 이룩하겠다는 의도라고밖에 해석할 수 없다.

2

북한의 도발 양상

북한의 입장에서도 핵무기 사용은 그들의 존망을 걸어야 하는 중요한 사항이다. 태평양 전쟁에서 사용된 이후 아직까지 한 번도 사용되지 않을 정도로 핵무기의 실제 사용은 어렵다. 그럼에도 불구하고 북한은 워낙 독특한 체제라서 그의 사용 가능성을 배제하기 어렵다. 북한은 한반도 적화통일을 그들의 당=군대=국가의 목표로 설정해둔 상태이고, 개방과 개혁을 선택하지 않는 한 남한 병합 이외에 장기적 생존을 위한 대책이 없는 상태이다. 실제로 2021년 1월 당대회에서 핵무력을 포함한 국방력을 강화하여 통일을 앞당기겠다고 언급하기도 했다.

더욱 중요한 것은 오판에 의한 전쟁 가능성도 무시할 수 없다는 사실이다. 국제정치에서 오판은 빈번하게 발생할 뿐만 아니라 북한은 세계에서 가장 비합리적인 국가이고, 지도자들도 그러할 가능성이 커서 오판의 가능성을 더욱 우려하지 않을 수 없다. 북한과 같은 권위주의 사회에서는 지도자 1명의 오판으로도 전쟁이 발발할 수 있고, 국가안보는 최악의 상황까지 상정하여 대비하는 것이라는 점에서 북한의 기습공격 가능성에 대해서도 충분히 검토하고, 대비해야 한다.

1. 오판전쟁과 핵무기의 사용

1) 전쟁발발 원인과 오인식

미국의 국제정치학자들이 연구를 주도함에 따라 전쟁의 발발에 관한 국제정치 이론의 대부분은 강대국을 연구의 대상으로 삼은 채 발전되었다. 전쟁은 국가 간의 세력이 균형을 상실하였을 때 발발한다는 세력균형 이론(balance of power theory), 당시 국제질서를 불만족하게 생각하는 국가가 지배적인 국가에게 도전할 때라는 세력전이이론(power transition theory), 세력전이이론에 포함될 수 있지만 패권국가가 도전국가의 부상을 차단하기 위하여 예방전쟁을 감행한다는 패권전쟁이론(hegemonic war) 등이 그의 대표적 논의라고 할 수 있다.

제1, 2차 세계대전에서 보듯이 약소국의 대부분은 강대국의 전쟁에 연루되어 부차적인 입장에서 전쟁을 수행하게 되지만, 독자적 판단에 의한 전쟁수행이 전혀 없는 것은 아니다. 이스라엘과 아랍국가 간의 전쟁을 강대국 정치의 산물로 보기는 어렵고, 6 · 25전쟁처럼 강대국 정치와 특정 국가의 전쟁발발 의도가 결합된 경우도 있다. 대체적으로 전쟁을 발발하는 국가는 국제정치상의 세력관계 계산과 함께 승전했을 때 기대되는 이익, 패전했을 경우 부담해야 할 비용, 승전과 패전의 확률, 전쟁이 아닌 다른 대안을 선택했을 경우의 이익과 비용 등을 고려하여 긍정적 결론에 도달하였을 경우 결단을 내리게 될 것이다(Bueno 1985, 156-177). 이러한 시각은 국익(national interest)에 대한 냉철한 계산과 판단에 근거하여 전쟁이 시작된다는 시각으로서 정책결정자들의 합리성을 전제로 한다.

반대로 비합리적 요소에 의한 전쟁 발발의 가능성을 주장하는 학자들도 적지 않다. 예를 들면, 에베라(Stephen Van Evera)는 전쟁 발발 원인으로 공격의 이점, 세력의 변화, 자원 확보 가능성, 정복의 용이성이라는 합리적 요소와 함께 전쟁결과에 대한 잘못된 낙관론(false optimism)을 포함시키면서, 이것이 합리적 요소보다 더욱 빈번하게 작용하였다고 주장하였다(1999, 10-11). 스퇴싱어(John G. Sotessinger)는 제1, 2차 세계대전, 한국전쟁, 베트남 전쟁 등 최근 주요 전쟁의 발발 원인을 분석한 후 "전쟁 발발에 있어서 가장 중요한 단일의 촉진요인은 오인식(the most important single precipitating factor in the outbreak of war is misperception)이다"라고 평가하였다(2011, 402). 그는 전쟁은 '오인식(誤認識)'으로부터 발발하여 올바른 인식으로 전환되어 가는 과정이고, 오인식과 현실 사이의 격차가 큰 쪽이 전쟁에서 패배하게 된다고 주장하였다. 국제관계에서 내려지는 결정의 상당부분이 오인식에 근거한다는 주장이(Jervis 1976) 상당한 공감대를 형성하고 있는 실정이라는 점에 비추어보면 전쟁에 관련하여 오인식이 발생할 소지는 낮지 않고, 비밀유지로 인하여 정보유통이 제한됨에 따라 전쟁과 관련하여 오인식이 발생할 소지가 더욱 클 수 있다.

국가지도자들도 다양한 한계를 갖고 있는 인간이라서 개인적인 약점이 있을 수 있고, 모든 사안에서 필요한 모든 정보를 충분히 수집하여 체계적으로 분석한 후 결정을 내릴 수 있는 것은 아니기 때문에 오인식에 의하여 전쟁 발발을 결정할 개연성은 충분히 존재한다. 전쟁에 관한 합리적인 요소 즉 국제적인 세력 분포, 공격의 이점, 성공의 가능성, 자신의 역량에 관해서도 대부분의 국가들이 정확하게 계산하지 못하여 오판이 일어나는 것도 사실이다(Evera 1999, 6). 전쟁의 예방은 너무나 중요하기 때문에 우선은 합리적인 원인으로 발발하는 전쟁의 억제와 예방에 노력해야 하지만, 오인식에 의한 전쟁 발발 가능성까지도 고려하여 차단하거나 대비하지 않을 수 없다.

2) 기회주의 국가와 상호주의 국가

오인식에 의한 전쟁예방 노력과 관련해서는 '상호주의 국가(reciprocator)'와 '기회주의 국가(opportunist)'로 구분하여 설명하는 스타인(Arthur Stein)의 주장이 유용할 수 있다(1982, 506). 그에 의하면 상호주의 국가는 상대방이 단호하게 나오면 단호하게 대응하고, 상대방이 협력적으로 나오면 협력을 추구한다. 반면에 기회주의 국가는 상대방이 단호하게 나오면 협력하고, 상대방이 협력적으로 나오면 오히려 단호하게 나간다. 기회주의 국가는 대부분 공격의 기회를 노리기 때문에 방어형의 상호주의 국가가 적극적으로 대응하지 않을 것이라고 판단되면 전쟁을 발발하게 된다(Stein 1982, 510-512). 스타인에 의하면 제1차 세계대전도 기회주의 국가인 독일이 상호주의 국가인 영국이 협력적일 것(적극적으로 대응하지 않을 것)으로 오인식함으로써 시작되었고, 1950년의 한국전쟁도 기회주의 국가인 북한이 상호주의 국가인 한국이 적극적으로 대응하지 않을 것이라고 오인식한 결과이며, 1962년 쿠바사태도 기회주의 국가인 소련이 상호주의 국가인 미국의 대응의지를 과소평가함으로써 발생하였다.

이렇게 보면 상호주의 국가는 평화 애호와 선의에 근거하여 상대방에 대한 적대성을 약화시키거나 대비태세 강화에 주저하지만, 기회주의 국가는 그것을 오히려 공격에 유리한 기회로 오인식하게 된다. 상호주의 국가의 선의가 오히려 기회주의 국가의 도발을 조장하는 결과가 되는 셈이다. 그래서 제2차 세계대전 전 영국과 프랑스가 히틀러의 침략 의도를 자각하여 더욱 단호한 태도를 보였다면 독일이 전쟁을 발발하지 못하였을 것이라고 평가되기도 하는 것이다(Jervis 1976, 683). 6 · 25 전쟁의 경우에도 한국이 확고한 방어의지와 철저한 군사대비태세를 구비하였더라면 북한이 침략을 생각하지도 않았을 것이고, 중국이나 소련이 허용하지도 않았을 수 있다. 상호주의 국가의 평화를 위한 노력이 기회주의국가의 공격을 유혹하는 결과가 될 수 있다는 것이다.

3) 핵무기의 사용

핵무기의 사용은 당연히 쉽지 않지만, 불행히도 핵무기는 전쟁에 사용되기 위하여 개발되었고, 실제로 사용되기도 했다. 미국은 독일이 핵무기를 개발할지도 모른다는 우려에 근거하여 제2차 세계대전을 수행하는 도중인 1942년 핵무기 개발에 착수하였고, 1945년 8월 이의 개발에 성공한 직후 일본에 2발을 사용하여 일본의 항복을 받아냈다. 냉전시대에 미국과 소련은 사용보다는 억제에 중점을 둬서 어느 쪽이든 핵무기를 사용할 경우 다른 쪽이 대규모로 응징하겠다는 '대량보복전략'을 구사하였고, 그 덕분인지 확신할 수는 없지만 어쨌든 지금까지 핵전쟁은 발생하지 않았다. 그러나 이들 간에 아직까지 핵전쟁이 일어나지 않았다고 하여 앞으로 핵전쟁이 일어나지 않을 것이라고는 누구도 단정할 수 없다.

실제로 냉전시대에도 군대는 핵무기의 사용 계획을 수립하고 있었다. 소련은 131개의 핵무기를 사용하여 나토군을 파괴시킨 다음에 9일 만에 프랑스 남동부의 해안까지 돌파한다는 계획을 수립한 적이 있다

(Samuel 2007). 소련이 개혁 · 개방노선을 추진하는 과정에서도 바르샤바 동맹군은 핵무기(78~90개)를 사용하여 서독을 점령한 후 스페인 국경까지 13일 내에 도달하는 전쟁 계획을 연습하였다(Boll 2010). 어차피 전쟁을 발발하는 것 자체가 국제법을 위반하는 것이기 때문에 불법적인 전쟁을 발발하는 핵무기 보유국이 핵무기 사용에 크게 주저할 것이라고 가정하는 것은 합리적이지 않다. 공산주의 국가나 독재국가가 숭고한 이념 구현을 위한 수단으로 전쟁을 발발할 경우 핵무기에 의한 피해는 더욱 큰 선(善)을 달성하는 데 어쩔 수 없이 소용되는 작은 악(惡)이라고 생각할 수도 있다.

핵강대국을 억제해야 하는 핵약소국의 입장에서는 핵무기의 적극적인 사용 의지를 과시하는 것이 억제전략의 핵심이다. 그래서 파키스탄은 핵무기의 선제 불사용 원칙을 약속하지 않고, 인도가 재래식 전력으로 공격해올 경우에도 핵무기를 사용할 수 있다는 태세를 과시하고 있다. 이러한 과시 자체는 억제의 목적으로 해석할 수 있지만, 억제는 그것이 붕괴되었을 경우 엄포했던 대로 시행한다는 전제가 포함되어 있다. 특히 핵무기와 같이 치명적인 무기의 경우 먼저 사용하여 상대방에게 대규모 피해를 미리 끼치는 것이 유리하다는 점에서 일단 전쟁과 같은 극한의 무력충돌이 발생할 경우 서로가 먼저 사용하여 기습적 효과를 달성해야겠다는 압박감을 가질 수 있다.

4) 평가

자신들의 이념을 확산시키려는 공산주의의 속성이나 지금까지 남한을 대하는 행태를 보면 북한은 기회주의 국가로 봐야 한다. 북한을 창건한 김일성의 전쟁관 자체가 공산주의 혁명전쟁론에 기초한 민족해방전쟁을 수행하여 승리하는 것이고, 북한은 1950년에 이를 실천하기 위하여 전쟁을 발발하였을 뿐만 아니라 현재도 그 전쟁의 휴전상태이다. 정전협정 체결 이후 2020년 11월 30일까지 침투 2,002건, 국지도발 1,118건으로 총 3,120건의 도발을 자행하기도 했다(국방부 2020, 319). 나중에 공개된 중국 외교문서에 의하면 김일성은 1965년을 남침 시점으로 잡은 후 1962년부터 본격적으로 준비하기도 했고, 1975년 4월 중국을 방문하여 남침문제를 협의했다고도 한다(금원섭 · 황대진 2013, A3).

북한은 그들 주도의 통일을 위한 조건을 '3대 혁명역량'이라고 하여 북한, 남한, 국제적인 혁명역량을 강화해야 한다고 강조하고 있는데, 전쟁을 발발하기 위해서는 자신의 혁명역량은 어느 정도 구비되었다고 볼 것이기 때문에 남한과 국제적인 여건의 성숙도가 전쟁 발발의 핵심 요소가 될 수밖에 없다. 이 중에서 우선 북한은 국제적 혁명역량을 고려할 것인데, 그의 핵심은 미국의 개입 여부이다. 미국은 세계 최강의 군대를 보유한 상태에서 수만 명의 주한미군을 전진배치하고 있고, 한국이 공격받을 경우 즉각적으로 대응하여 지원한다는 태세이기 때문이다. 두 번째로 북한은 한국의 저항 정도를 평가할 것인데, 한국이 적극적으로 대응할 경우 전쟁은 장기전이 되면서 경제력, 인구, 국제적 지원이 미흡한 북한이 불리해질 것이기 때문이다. 6 · 25전쟁 때도 김일성이 소련의 스탈린이나 중국의 마오쩌둥과 깊게 상의했던 핵심내용은 미군의 개입 가능성과 남한의 저항 수준에 대한 평가였다(서주석 1997, 26). 따라서 이 두 가지 요소가 긍정적이라고 오판하면 북한은 전쟁을 발발할 수 있다.

첫째 요소인 미국 개입의 경우, 미국은 세계 최강의 핵전력과 군사력을 보유하고 있을 뿐만 아니라 28,500명 규모의 주한미군을 주둔시키고 있고, '핵우산(nuclear umbrella)'과 '확장억제(extended deterrence)' 개념에서 보듯이 유사시 한국을 보호해주겠다는 안보공약을 적극적으로 천명하고 있다. 6 · 25전쟁에서도 북한은 미국이 개입하지 않을 것으로 판단하였고, 실제로 미국은 1950년 1월 12일 애치슨(Dean Acheson) 국무장관이 한국을 미국의 서태평양 방어선에서 제외한다고 발표까지 하였지만, 실제로 미국은 개입하였고, 결국 북한은 승리하지 못하였다. 그러나 북한이 수소폭탄, ICBM, SLBM을 보유하게 되어 한국에 개입할 경우 미 본토의 주요 도시에 핵공격을 가하겠다고 위협한다면 미국의 태도는 달라질 수 있다. 이러한 점으로 인하여 그들이 남한을 공격하더라도 미국이 개입하지 않을 것으로 북한이 오판할 개연성은 충분하다고 할 것이다.

두 번째 요소인 한국의 대응 정도의 경우 한국은 그동안의 괄목하게 성장한 경제력을 바탕으로 군사력의 질을 크게 향상시켰고, 전투준비태세의 수준도 낮지 않다. 그러나 그것은 재래식 전력일 뿐 북한의 핵전력을 상쇄할 수 있는 전력은 아니다. 북한이 최초 재래식 무기로만 공격한다고 하더라도 북한은 공격에 가장 유리한 시간과 장소를 선택할 수 있다는 공격자로서의 이점을 보유하고 있고, 불리해지면 핵무기를 사용할 수 있다는 복안이 있다. 휴전선에서 수도 서울이 근거리에 있어서 재래식 전력으로도 서울은 충분히 점령할 수 있다고 판단할 수 있다. 장기전이 지속되면 경제력이 우세한 한국이 유리하겠지만, 북한이 단기전으로 한국의 수도 서울을 점령한 후 항복을 받아 내거나 협상할 경우 한국의 이점이 발휘될 시간이 부여되지 않을 수도 있다. 국방부에서도 북한은 "기습전, 배합전, 속전속결전을 중심으로 하는 군사전략을 유지한 가운데 다양한 전략 · 전술을 모색"할 것이고, "유사시 비대칭 전력

위주로 기습공격을 시도하여 유리한 여건을 조성한 후 조기에 전쟁을 종결하려 할 가능성이 크다."고 분석하고 있다(국방부 2020, 23).

이렇게 볼 때 북한의 오판전쟁 가능성은 낮지 않다. 트럼프 행정부 시대에 방위비분담이나 한 · 미 연합훈련 등을 둘러싸고 한 · 미동맹에 관하여 적지 않은 불협화음이 존재한 것이 사실이고, 미국이 한국을 어느 정도로 긴밀한 동맹으로 생각하는지도 확실하지 않으며, 무엇보다 북한의 다양한 도발에 대한 한국군의 준비태세가 과거에 비해서 미흡해진 부분이 많이 노출되고 있다. 결국 그중에서 북한의 지도부가 어떤 측면을 중점적으로 인식하느냐에 따라서 전쟁의 발발 여부가 결정될 것인데, 나중에 패배하게 되면 오판으로 비난되겠지만 성공하게 되면 천재적인 전쟁기획으로 평가될 것이다.

2. 남북한 군사력 비교와 북한의 도발 가능성

1) 남북한 군사력 평가

남북한 군사력은 대체적으로 양은 북한이 우세하고, 질은 남한이 우세한 것으로 평가된다. 질의 측면은 국방비가 좌우하게 되는데, 필자는 ① 국방비를 투입(input)으로 판단하여 50%의 비중을 부여하면서, ② 현역군인, ③ 예비역, ④ 전차, ⑤ 대포, ⑥ 전투함, ⑦ 잠수함, ⑧ 전투기 등 군사력 구성에 핵심적인 7가지 요소를 산출(output)을 대표하는 요소로 간주하여 남북한 군사력을 비교한 후 남한이 다소 우세한 것으로 평가한 적이 있다(박휘락 2018a, 242). 그리고 세계화력지수(GFP)에서는 50개의 다양한 요소를 복합적으로 고려한 후 군사력 순위에서 남한은 세계 6위, 북한은 28위라고 평가하기도 했다(GFP 2021).

그러나 북한은 공격의 시간, 장소, 공격방법을 결정할 수 있는 이점이 있기 때문에 재래식 전력의 경우 양적인 비교는 물론이고, 질적인 비교라도 실제와는 상당한 차이가 있을 수 있다. 특히 6 · 25전쟁의 사례에서 보듯이 한반도의 전쟁에서는 지상군의 규모가 다른 무엇보다 중요하다. 또한 대부분의 군사력 비교에서는 경제력이 차지하는 비중이 매우 높은데, 인건비로 대부분을 사용하는 남한의 국방비와 군대경제를 보유하여 자급자족하는 북한의 국방비를 단순한 숫자만으로 비교하는 것은 어렵고, 단기속결전에서는 경제력이 결정적인 중요성을 갖지 못할 가능성이 더욱 높다. 북한은 지도자로부터 말단 병사들에 이르기까지 일사불란한 지휘체제가 보장되어 있고, 군기도 높은 가능성이 큰 데 반하여 남한의 경우 최근 군인정신이나 군 기강에서 문제점이 많이 발견되고 있어서 무형전력에서 상당한 부족함이 있을 수 있다.

그러나 가장 결정적인 문제는 지금까지의 군사력 비교에서는 핵무기를 포함시키지 않고 있다는 것이다. 북한이 도발하면 핵무기를 사용할 가능성이 낮지 않고, 핵무기를 사용하지 않더라도 여차하면 사용할 수 있다는 것만으로도 상당한 효과를 야기할 것인데, 이것을 군사력 비교에서 제외하는 것은 현실적이지 않기 때문이다. 북한이 핵무기를 보유한 상태에서 전쟁이 발발할 경우 한국은 북한의 핵무기 사용의 가능성을 고려해야 하기 때문에 반격과 같은 과감한 공세적 행동이 어렵고, 부대들을 분산시킴으로써 유사시 집중운용이 곤란하며, 핵사용에 대비한 방호조치나 장비로 인하여 전투효율성이 저하될 수밖에 없다. 대신에 북한은 유사시 핵무기로 보복하면 되기 때문에 과감한 공세행동이 가능해진다. 즉 태평양전쟁에서 4년 가까이 온갖 재래식 무기를 총집중해서도 이룩하지 못했던 일본의 항복을 2발의 핵무기가 달성했고, 지금도 '절대무기(absolute weapon)'이라고 불리듯이, 핵무기는 다른 모든 무기를 다 결집한 위력보다 클 수 있는데, 그것을 제외한 남북한 군사력 비교가 의미가 있기는 어렵다.

이러한 점에서 필자는 시론 차원이지만 북한이 자체 개발한 핵무기와 한국이 제공받을 것으로 예상되는 미국의 확장억제를 함께 고려하여 핵과 비핵전력을 통합한 남북한 군사력 비교를 도출해본 적이 있다. 이때 핵무기 자체의 효과는 고려하지 못하고 재래식 전력의 효과를 극대화하는 '승수효과(multiplier)'로 기능한다고 판단하여 적용하였고, 북한이 자체 보유한 핵무기의 승수효과가 동맹국의 핵무기를 활용해야 하는 한국의 확장억제 승수효과보다 2배 정도 크다고 판단하였다. 이와 같은 방식을 적용하여 남북한 군사력을 비교해본 결과 북한이 단기속결전략을 사용할 경우 핵과 재래식 전력 전체적으로 북한이 2배 정도 우세한 것으로 평가되었다(박휘락 2018a, 242).

2) 북한의 전쟁 발발 가능성

북한은 성공의 가능성이 확실하거나 어떤 요인에 의하여 다른 마땅한 방법이 없을 때 한국을 공격하게 될 것인데, 전자를 위해서는 주한미군이 철수하거나 한 · 미동맹이 철폐되어야 한다. 그래서 지금까지 북한은 평화협정이나 종전선언의 체결을 요구하면서 장거리 미사일을 개발하여 미 본토 공격력을 구비해온 것이다. 그런데, 대부분의 주한미군이 평택 지역으로 이동함에 따라서 북한은 미군을 공격하지 않은 채 서울을 공격할 수 있게 되었고, 따라서 서울 정도는 기습적으로 공격하여 점령할 수 있다고 판단할 수 있다.

특히 한국의 미흡한 대비태세는 북한 공격의 성공 가능성 판단을 지원하고 있다. 북한과의 비핵화 협상이 시작된 이후부터 한국의 정치 지도자는 물론이고 군 수뇌부도 북한에 대한 경계심을 낮춘 상황이고, 북한의 핵공격 가능성에 대한 대비태세는 미흡하다. 한국은 '9 · 19 군사합의'를 준수한다면서 전방지역 감시 및 즉각 대응 능력을 약화시키고 있고, 현 정부의 친북한 정책과 비핵화에 대한 기대로 인하여 일반 국민들의 안보의식도 낮아졌다. 북한의 입장에서 전쟁 발발에 영향을 주는 국제정세, 국내정세, 군사력, 기타 국력, 주민 측면 등을 적용하여 1950년 6 · 25전쟁 발발 당시와 현재를 비교한 후 북한에게는 현재가 더욱 전쟁 발발에 유리한 여건이라는 평가가 발표된 바도 없지 않다(김기호 2019, 30-31).

북한에게는 전쟁 이외에 대안이 없는 불가피한 상황도 발생할 가능성이 있다. 핵무기를 보유하려니 미국을 중심으로 한 유엔의 경제제재가 지속되고 있어서 국가의 발전을 도모할 수가 없다. 그렇다고 하여 핵무기를 포기하면서 개방과 개혁을 선택할 경우 과거 동구권의 사례처럼 내부에서 심각한 분란이 일어날 뿐만 아니라 경제발전에 성공할지 확신하기도 어렵다. 이러한 상황에서 북한이 선택할 수 있는 유일한 탈출구는 한국을 정복하여 그 부를 탈취하는 것이라고 판단할 수 있다.

나아가 전쟁은 오인식을 비롯한 다양한 비합리적인 요소에 의하여 발생하는데, 북한이나 북한 지도자의 합리성이 상대적으로 높다고 보기는 어렵다. 북한체제의 폐쇄성과 경직성을 고려할 때 최선의 의사결정에 필요한 정확하고 충분한 지식과 정보의 유통이 가능하지 않을 것이고, 최선의 대안을 자유롭게 선택하거나 선택한 방향을 융통성 있게 변경할 수 있는 합리적 환경이기도 어렵다. 즉 북한이 현실을 잘못 평가하여 합리적이라면 하지 않아야 할 전쟁을 발발할 가능성도 낮지 않다.

3) 북한의 핵무기 사용 가능성

국민들의 상당수는 동일민족이라는 점을 고려하거나 미국의 응징에 의하여 북한이 파멸될 것이 두려워서 북한이 핵무기를 좀처럼 사용할 수 없을 거라고 생각하지만, 북한은 한반도 공산화를 달성해야 한다는 이념적 사명감을 느끼고 있을 뿐만 아니라 이념이 다른 남한 국민을 동족으로 생각하지 않을 가능성도 낮지 않다. 또한 미국 본토를 위협할 수 있는 ICBM과 SLBM을 보유하게 된 상태라서 미국의 응징보복 가능성을 낮게 평가할 수도 있다. 북한이 미국의 응징보복을 두려워하지 않는 수준에 이를 경우 핵무기를 '먼저 사용(first use)'하여 한반도를 조기에 석권하려는 전략을 선택할 수도 있다는 것이다(Wit and Ahn 2015, 29-30). "북한과 같이 상대적으로 약하지만 핵 무장된 국가는, 교착상태를 만들고 처참한 군사적 패배를 막기 위해 재래식 전쟁에서 강압적으로 핵무기를 사용해야 할 압박을 느끼게 된다(Press 2013, 64-65)".

실제로 핵무기를 개발한 이후 북한은 핵무기 사용 가능성을 언급하고 있다. 2014년 11월 유엔에서 대북인권 결의안이 통과되자 북한은 "핵전쟁 터지면 청와대 안전하겠나"라고 협박한 적이 있고, 김정은은 2016년 3월 당시 배치되어 있는 핵무기를 "임의의 순간에" 쏠 수 있도록 준비할 것을 요구하기도 하였다. 태영호 전 영국주재 북한대사관 공사는 "김정은(노동당 위원장)은 한국 국민에게 정말로 핵을 쓴다. … 2013

년 채택한 핵 · 경제 병진 노선은 핵무기와 같은 대량 살상 무기를 만들어 한국이라는 실체 자체를 불바다로 만들어 한국군을 순식간에 무력화시키려는 것"이라고 주장하기도 했다. 2017년 8월 25일 백령도에 대한 상륙작전을 지도하면서 김정은은 "서울을 단숨에 타고 앉으며 남반부를 평정할 생각을 해야 한다"고 지시한 바 있다.

실제로 북한의 전쟁수행 계획은 핵무기와 재래식 무기를 결합시키는 방향이다. 북한과의 비핵화 협상으로 현 정권에서는 관심을 갖지 않았지만, 이전 정부까지는 북한의 남침 계획이 다수 분석되었는데, 핵무기 위협이 포함되어 있다. 즉 북한이 핵미사일로 미국과 일본을 위협하여 개입을 저지한 상태에서, 수십만의 특수전 부대로 남한의 핵심시설을 타격한 후, 제1 제대와 제2 제대의 군대들을 통합하여 한국군 방어지대를 조기에 돌파하는 기동전을 수행하여 3~5일 만에 부산을 점령한다는 소위 "3일 전쟁" 계획을 수립하였다고 보도된 바도 있었고, 유사한 방법으로 "7일 전쟁" 계획을 만들었다는 주장도 있었다(홍우택 2016, 98).

실제로 북한은 2022년 9월 그들 핵무력의 사용에 관한 사항을 법령으로 공표하면서 핵무기를 사용할 수 있는 5가지 경우를 제시하고 있다. 첫째, 핵무기를 비롯한 대량살상무기로 북한이 공격당했거나 공격이 임박했다고 판단되는 경우, 둘째, 국가 지도부나 국가 핵무력지휘기구를 대상으로한 적대세력의 핵 또는 비핵공격이 감행됐거나 임박했다고 판단되는 경우, 셋째, 국가의 주요 전략적 대상이 치명적인 군사적 공격을 받았거나 공격이 임박했다고 판단되는 경우, 넷째, 유사시 전쟁 확대 및 장기화를 막고 전쟁 주도권을 쥐기 위해 작전상 불가피하게 필요한 경우, 다섯째, 기타 국가의 존립과 인민의 생명 안전에 파국적인 위기를 초래하는 사태가 생겨 핵무기로 대응할 수밖에 없는 불가피한 상황이 조성됐을 때이다. 결국 북한은 그들이 승리할 수 있다고 판단될 경우 언제든지 핵무기를 사용할 것이고, 이것으로 그들 방식의 남북통일을 이룩하고자 시도할 것이다.

3. 북한의 도발 각본

핵무기를 보유하게 된 북한은 평시에도 암묵적으로나 명시적으로 핵무기의 사용 가능성으로 위협하면서 한국에게 정치적 · 경제적 양보를 요구할 수도 있다. 또한 미국이나 미군에 대하여 핵무기를 사용하겠다고 위협함으로써 주한미군 철수와 한 · 미동맹 철폐를 강요할 수 있다. 또한 북한은 실제로 한국의 어느 도시에 핵무기 공격만을 가한 후 한국을 혼란하게 만들거나 그러한 위협을 통하여 그들의 통일방안을 한국이 수용하도록 요구할 수 있다. 이 모든 것이 심각하지만 더욱 심각한 것은 실제 군대를 사용하여 무력통일을 시도하는 것이다. 즉 북한군은 핵무기의 공격 가능성을 시사하면서 6 · 25 전쟁과 유사하게 지상군을 사용하여 남한의 일부 또는 전부를 점령하려고 시도할 수 있다. 이에 관한 몇 가지 각본을 살펴보면 다음과 같다.

1) 핵위협 하 국지도발

북한은 핵무기를 배경으로 한국과 미국의 대응 의지를 시험한다는 차원에서 다양한 형태의 국지도발을 검토할 가능성이 크다. 2010년의 경우와 같이 한국의 군함을 공격하거나 한국의 영토에 포격 등을 가할 수도 있지만, 백령도를 비롯한 서북 5개 도서를 기습적으로 공격하여 점령하는 각본도 배제하기는 어렵다. 북한은 백령도로부터 30분 거리에 있는 고암포에 대규모 상륙정들을 보유하고 있고, 악천후에 서북도서가 공격을 받을 경우 한국이 이에 지원세력을 즉각 투입하는 것이 쉽지 않기 때문이다.

한국 정부나 한국군은 북한이 공격하기 이전에는 단호하게 대응하겠다는 의지를 표명하겠지만, 실제 사태가 발생하였을 경우 그렇게 할 가능성은 크지 않다. 핵무기의 개발에 확실하게 성공하지 못한 2010년 북한이 백주 대낮에 연평도에 포격을 가했을 때도 강구하지 못한 단호한 조치를 대규모의 핵무기를 보유하게 된 현 상황에서 시행할 것으로 추정하는 것은 합리적이지 않다. 서북 5개 도서는 유엔군 또는 한 · 미 연합사령관이 관리하는 지역이 아니라는 점에서 미군이 나서기도 쉽지 않고, 이러한 이유로 북한이 서북도서를 국지도발의 대상으로 삼을 가능성이 크다. 한국이 적극적으로 대응하더라도 북한이 핵무기를 사용하겠다고 위협할 경우 한국이 선택할 수 있는 대안은 많지 않다.

2) 핵위협 하 수도권에 대한 제한적 공격

현 상황에서 북한이 감행할 수 있는 가장 현실적인 각본은 핵무기의 사용 가능성으로 위협하면서 수도 서울에 대한 제한적인 공격을 감행하는 것이다. 서울은 휴전선으로부터 40km밖에 이격되지 않을 뿐만 아니라 최근 다양한 자동차 전용도로가 남북으로 발달되어 있어서 북한이 마음을 먹을 경우 밤 사이에 점령할 수 있다. 북한으로서는 정치, 경제, 사회의 중심지인 서울만 점령할 경우 나머지 남한을 통합하는 것은 시간문제일 뿐이라고 생각할 수 있다.

더군다나 남북한 군사합의서로 인하여 한국군은 휴전선 근처에 대한 적극적인 정찰은 물론이고, 훈련도 충분히 할 수 없는 상황이라서 북한의 기습적 도발을 제대로 파악하지 못하거나 알았다고 하더라도 효과적으로 대응하기 어려울 가능성이 크다. 특히 철원 지역에는 6 · 25전쟁으로 인한 유해발굴을 위하여 지뢰를 제거한 후 12미터 폭의 도로를 개설해둔 상태이고, 김포 지역의 경우에도 하상을 조사하여 남북이 정보를 공유한 상태이기 때문에 이 두 지역을 활용하여 서울을 포위할 수 있다. 파주-문산 지역에서는 전방지역 한국군에게 비(非)지속성(持續性) 화학작용제를 사용할 가능성이 크다. 북한은 다양한 특수전부대들을 서울의 도처에 침투시켜 극도의 혼란을 조장할 것이고, 사이버전 역량을 최대한 동원하여 한국의 기간산업 및 행정망을 마비시킬 것이다. 수도권은 수많은 아파트 건축으로 도시화되었기 때문에 북한군이 그 속으로 진입할 경우 공군작전은 불가능해지고, 축차적인 방어나 예비대 투입도 어려워진다.

북한이 서울을 점령하는 데 성공하면 모든 군사적 활동을 중지시키면서 협상을 요구할 가능성이 크다. 휴전과 협상을 제안할 것이고, 점령지역에 민주적인 정부를 수립한 다음에 금방 철수하겠다는 의도를 발표할 것이다. 동시에 한국군이나 한 · 미연합군이 반격할 경우 핵무기로 한국의 주요 도시를 타격할 수도 있다는 점을 언급할 가능성이 크다. 한국과 미국이 협상에 응하면 북한은 시간을 끌게 될 것이고, 그 사이에 서울 시민들에게 체제와 사상을 강요하게 될 것이다. 미국은 북한에 대한 대대적인 반격, 제한적인 응징보복 등 다양한 가능성을 검토하겠지만, 북한이 핵무기 사용으로 위협함에 따라 어느 것도 시행하지 못할 수밖에 없다. 이러한 상황에서 한 · 미 양국 군은 장기전에 대비하여 방어선을 후방으로 이동할 것이고, 북한은 남한의 굴복을 종용하면서 기회가 포착될 경우 전국적으로 점령 범위를 확대하고자 시도할 수 있다.

3) 핵위협 하 전면공격

북한이 핵무기를 사용하거나 사용 가능성을 언급하면서 6 · 25전쟁에서와 같이 전국적인 범위에서 남한에 대한 기습공격을 감행할 가능성도 배제할 수는 없다. 북한은 사전에 수 개의 핵무기를 한국의 주요 도시에 투하하여 극도의 혼란을 조성할 수도 있다. 핵무기 공격을 가하겠다고 단순히 위협하는 데 그칠 수도 있지만, 전면공격을 의도할수록 핵무기의 초기 사용 가능성은 높아진다. 북한은 소형 핵무기나 미사일을 활용하여 한국의 발전소나 변전소, 전산망의 허브, 식수공급체계, 물류 및 교통센터, 중요 군수시설 등 핵심시설을 타격할 수도 있다. 또한 북한은 그들의 특수전 부대를 대거 침투시켜, 요인암살, 행정관서 접수, 기간산업 파괴 또는 통제, 주민혼란 등의 다양한 임무를 수행하게 할 것이고, 사이버전 역량도 최대한 동원하여 한국의 기간산업 및 행정망을 마비시킬 것이다.

북한의 지상군은 파주-문산 지역에서는 치열한 포격전을 전개하거나 일부 전진하더라도 기만작전에 머물 가능성이 크고, 오히려 철원 축선과 김포 축선에서 집중적인 돌파와 도하를 감행한 후 서울을 우회하여 남방으로 진격함으로써 평택을 조기에 위협할 가능성이 크다. 북한군이 야포 사정거리 내에서 평택의 미군기지를 위협할 경우 미군이

기지를 포기할 가능성이 크기 때문이다. 북한군은 다양한 특수전 부대들을 평택 항을 제외한 지역에 투입하여 혼란을 조성함으로써 평택항을 통한 철수 이외에는 대안이 없다고 미군이 판단하도록 유도할 가능성이 크다. 이 경우 미군은 더욱 남쪽으로 이동하여 축차적 방어진지를 점령할 수도 있지만, 선박을 통하여 일본으로 철수할 가능성도 배제할 수 없다. 동시에 북한군은 동해안의 7번 국도 상으로도 상당한 규모의 군대를 투입하여 집중적인 돌파를 감행한 후 부산을 향하여 빠르게 진격할 것이고, 이를 통하여 한국이나 미국으로 하여금 북한이 지향하는 목표를 제대로 파악하지 못하게 만들 수 있다.

북한은 미군만 철수하면 서울은 물론이고 나머지 지역에 대한 석권 작전은 그다지 어렵지 않다고 판단하면서 추가적인 작전수행보다는 한국 정부에게 협상을 제의할 가능성이 크다. 한국 정부는 휴전과 원상회복을 조건으로 회담에 응하게 되겠지만, 결국 북한 주도의 통일을 수용하지 않을 수 없을 것이다. 그 과정에서 일부 남한 국민의 산발적인 저항이 없지는 않겠지만, 6 · 25전쟁에서처럼 낙동강 방어선을 형성하는 등의 조직적인 저항이 전개될 가능성은 높지 않다.

4. 결론

당하기 이전에는 그 여부와 정도를 알지 못하기에 기습이 되듯이, 전쟁에서는 모든 가능성을 열어두고 생각해야 하고, 최악의 상황까지 고려해야 한다. 북한이 단순히 과시용으로만 핵무기를 개발하지 않았을 것이라고 한다면, 그것을 사용할 가능성이 크고, 그것을 사용한다면

1950년에 실패한 남한의 공산화를 달성하기 위한 목적일 가능성이 크다. 핵무기와 같은 절대무기일수록 결정적인 목표를 위하여 사용할 것이기 때문이다. 특히 북한이 최근 수소폭탄, ICBM, SLBM을 개발함으로써 미국의 확장억제 이행이 다소 불안해지고 있어서 북한이 도발할 가능성은 점점 커지고 있다. 특히 남한의 대비태세나 대북 경각심이 현저하게 낮아진 상태라서 북한으로서는 승리의 가능성을 크게 평가할 수 있다.

특히 북한이 2022년 9월 핵무기 사용에 관한 구체적인 사항들을 법제화하였다는 점을 고려할 때 북한의 핵무기 사용 가능성은 매우 높아졌다. 북한의 핵무기는 김정은이 마음만 먹으면 언제 어떤 상황에서라도 사용 가능한 상태이고, 북한에 대한 외부의 공격이 "임박"한 상황이라고 김정은이 판단하거나, 김정은이 "작전상 필요로 하는 경우"이거나 "기타 국가의 존립과 인민의 생명 안전에 파국적인 위기를 초래하는 상황"이라고 판단할 경우 핵무기는 사용될 수 있다. 북한은 이제 핵무기 개발이나 집중적인 증강의 단계에서 벗어나 핵무력의 운용(employment) 단계로 진입한 상태라고 할 수 있다. 실제 냉전시대 소련도 "핵전쟁은 생각할 수 없는 사태가 아니고(Nuclear war is a not inconceivable event), 핵전쟁으로 인한 파괴가 인류의 종말은 아니다(nuclear weapons destruction would not be the end of the world)라면서 핵전쟁 수행(nuclear warfighting)을 위한 교리를 발전시킨 바가 있다. 당연히 북한도 냉전시대 소련의 핵전쟁 수행교리를 도입하였을 것이고, 이에 근거하여 남한에 대한 핵전쟁을 고려하고 있는 것으로 평가하고, 대비하지 않을 수 없다.

북한이 6 · 25전쟁 때처럼 전국 석권을 목표로 공격을 할 가능성도 배제할 수는 없지만, 수도 서울에 대한 제한적 기습공격의 가능성이 더욱 우려된다. 이곳은 하룻 밤 사이에 점령할 수 있을 정도로 가깝고, 도로가 잘 발달되어 있으며, 일단 북한군이 돌파에 성공하여 도심으로 잠입하면 한국군의 공군력이 피해를 끼칠 수 없기 때문이다. 특히 9 · 19 군사합의로 인하여 한국군의 전방지역 감시 및 즉각대응능력이 약화된 상태이다. 이러한 점에서 필자는 다수의 예비역 장성들과 함께 남북한 군사합의의 문제점을 지적하면서, "북한이 6 · 25전쟁처럼 철원(유해발굴지역), 파주(화학탄 사용), 김포(민간공동이용을 틈탄 한강하구 도하)로 기습공격, 당야(當夜)에 서울을 점령한 후 기정사실화"하는 시나리오를 걱정하기도 한다(박휘락 2018b, 48).

북한이 전쟁을 발발하도록 하는 가장 결정적인 요소는 남한 국민들의 총력안보 의식 약화일 수 있다. 현재 남한 국민들의 대부분은 전쟁을 걱정하지 않은 채 북한, 북핵, 김정은에 대한 경각심도 상당할 정도로 약화된 상태이며, 총력안보 태세는 더 이상 찾아보기 어려운 수준이기 때문이다. 6 · 25전쟁 때 남로당 20만 명 당원이 적극 봉기할 것으로 믿은 바와 같이 북한은 그들이 공격하기만 하면 남한 국민들 중 상당수가 적극 협력할 것으로 생각할 수 있다. 특히 북한 내부에서 남침의 성공 가능성에 관한 집단사고(Groupthink)가 발생할 경우 최근 정부, 언론, 일부 국민들이 취하고 있는 북한에 대한 우호적인 태도는 도발을 선동하는 요소로 작용할 수 있다. 이러한 점에서 북한의 전쟁도발 가능성은 점점 커지고 있고, 북한의 입장에서 전쟁 발발이 오판이 아니라 수십년 동안 성공시키지 못한 전 한반도 공산화를 삽시간에 완료한 '신의 한 수'가 될 수도 있는 것이다.

3
한국의 대응태세

비록 핵무기는 없지만, 한국은 북한의 핵위협에 대하여 나름대로 필요한 대비조치를 강구해왔다. 2013년 2월 북한이 제3차 핵실험으로 핵무기 개발에 성공하자 선제타격, 탄도미사일 방어, 재래식 응징보복이라는 '3축 체계'를 입안했고, 지금까지 그를 위한 역량을 구비해왔다. 다만, 2018년부터 북한과의 비핵화 협상이 진행됨과 더불어 북핵 대응태세에 대한 정부와 군의 관심은 급격히 떨어졌다. '경항모사업'이나 '4차 산업시대 군대로의 변모' 등 북핵과 직접적인 관련이 없는 분야로 전력증강의 중점이 두어졌고, 북핵에 관한 사항은 적극적으로 토의하지 않았다. 반면에 북한은 그동안 핵무기를 지속적으로 증강하였고, 결국 북한의 핵위협과 한국의 대응태세에 상당한 격차가 발생한 상태라고 평가하지 않을 수 없다.

한국의 북핵 대응 또는 대비의 수준은 절대적인 기준으로 평가할 수도 있지만 유사한 상황에 있는 국가의 대비태세와 비교하는 것도 효과적일 수 있다. 최대유사체계분석기법(MSSD: The Most Similar Systems Design)이라고 할 수 있는데, 한국과 유사하게 북핵으로부터 직접적인 위협을 받고 있을 뿐만 아니라 미국과의 동맹을 공유하고 있는 일본과 비교해보는 것이다. 한국이 일본보다 북핵 위협에 더욱 직접적이면서 심각하게 노출되어 있다면 최소한 일본보다 낮은 군사대비태세를 갖추어서는 곤란할 것이다.

1. 비핵 미국 동맹국의 핵대비 방법

핵위협에 대한 가장 효과적인 대비는 핵무기를 개발하여 핵균형을 달성하는 것이지만, 핵확산금지조약(NPT)으로 인하여 자유민주주의 국가에서 이를 추진하기는 쉽지 않다. 특히 미국은 동맹 및 우방국들의 핵무기 개발을 자제시킨다는 입장으로서, 대신 '확장억제' 나아가 '핵우산'이라는 용어로 동맹국을 보호해 주겠다고 약속하고 있다. 따라서 '비핵'과 '미국 동맹국'이라는 공통요소를 가진 국가들의 핵대응 방법은 일반적인 형태와 다를 수밖에 없다.

1) 억제: 핵우산 + 자체 재래식 보복

핵무기는 워낙 위력이 클 뿐만 아니라 핵미사일을 요격(邀擊, interception)할 수 있는 수단의 개발이 어렵다고 판단하였기 때문에 미국과 소련이 핵무기를 보유하여 서로 위협할 수 있게 된 시기부터 지금까지 가장 기본적이면서 공통적으로 적용되어온 방법은 '억제'였다. 상대방에게 공격할 경우 엄청난 피해를 입을 각오를 해야 한다는 점을 알려서, 공격을 단념하도록 강요한다는 것이다. 동시에 미국과 소련은 핵확산금지조약을 만들어 추가적인 핵확산을 막으면서, '확장억제'라는 개념을 만들어 자신이 적용하는 억제의 개념을 그들의 비핵 동맹국들에게도

'확장'하여 적용해주겠다고 약속하였고, 핵무기에 의한 보복과 보호의 의지를 분명히 하고자 이를 '핵우산'이라고 불렀다. 비핵국가의 입장에서는 불공평한 처사라고 불평할 수도 있지만, 미국과의 동맹 파기를 각오하지 않는 한 핵무기 개발을 추진하기는 어려운 상황이 되었다.

그럼에도 불구하고 국가안보는 최악의 상황까지 상정하여 대비해야 하는 것이기 때문에 미국의 동맹국인 비핵국가 입장에서 미국의 확장억제에만 의존할 수는 없다. 미국이 아무리 보장을 해도 유사시에 핵우산이 제공될 지는 불확실할 수밖에 없기 때문이다. '최소억제 전략'이 표방하듯이 재래식 전력으로라도 상대방이 소중하게 생각하는 어떤 표적을 공격할 수 있다고 할 경우 상대방의 핵공격 의지를 억제시킬 수 있기 때문이다. 예를 들면, 핵보유국이 독재국가일 경우 핵공격을 감행하기만 하면 재래식 전력이지만 가용한 모든 방법을 사용하여 그 지도자를 살해하겠다고 위협할 경우 그 지도자가 핵공격 결정을 망설일 가능성이 있다(박휘락 2019a, 70-96). 핵전략의 '신뢰적 최소억제 전략'이나 '비대칭 확전' 태세를 재래식 전력으로 구현하겠다면서 결연한 의지를 표방한 경우 핵보유국은 예상되는 피해를 더욱 크게 생각해야 할 것이고, 그렇게 되면 이해득실이 달라져서 공격을 자제할 수도 있다.

2) 공세적 방어

억제가 실패하거나 실패할 가능성이 커질 경우 비핵국가가 선택할 수 있는 방안은 상대방의 핵무기를 사전에 타격하여 제거하는 것이다. 이러한 조치의 정당성에 대해서는 논란이 많을 수밖에 없지만, 비핵국가가 핵공격을 받아버리면 유엔 헌장 제51조에서 보장하고 있는 자위권(right of self-defense), 즉 국가가 "생존을 계속할 권리"(김정건 외 2010, 193)가 보장되지 않는다는 점에서 불가피성은 없지 않고, 그래서 '예상자위(Anticipatory Self-defense)'개념이 국제적으로 논의되고 있다. 공격을 받은 후 자위권을 행사하는 것이 의미가 없는 상황에서는 사전 행사도 허용되어야 한다는 주장이다.

군사적 핵대응과 관련하여 현재 국제사회에서 거론되고 있는 것은 적의 공격이 임박했다는 명백한 증거에 기초한 타격인 선제타격(preemptive strike)이다. 그러나 선제타격은 적의 공격이 임박했다는 분명한 증거를 수집하기도 어렵지만, 그것을 확보하고자 지체함으로써 공격의 시기를 놓칠 우려가 낮지 않다. 특히 고체연료를 사용하여 발사대만 거치하면 바로 사격할 수 있는 이동식 핵미사일의 경우 선제타격을 위한 시간 자체를 허용하지 않고, 증거를 확인하고 나서 실제 공격이 감행되기 전까지의 짧은 시간에 타격하여 성공하기가 어려우며, 실패하면 엄청난 후과(後果, consequence)가 따를 수 있어서 위험하다.

이러한 점에서 현실에 있어서는 대부분 "임박하지는 않지만 무력충돌이 불가피하고, 지체될 경우 상당한 위험이 있을 것이라는 믿음" 하에서 타격의 시점을 앞당기려고 노력하는데, 이것을 예방타격(preventive strike)이라고 한다(Lykke 1993, 386). 이스라엘이 1981년에 이라크의 핵발전소를 공격한 것이나, 2007년 시리아의 핵발전소를 공격한 것은 모두 예방타격이었고, 미국이 북한에 대하여 '군사적 옵션'이라면서 거론한 것도 겉으로는 '선제타격'이라고 말했지만, 실제로는 '예방타격'을 지향한 것이었다. 이와 같이 정당성을 중심으로 선제와 예방 사이에 논란이 발생하고 있기 때문에 그 구분에 얽매이지 않으면서 필요한 상황에서 미리 위협을 제거해야 한다는 점을 강조하여 "차단자위

(interceptive self-defense)"(Dinstein 2011, 205) 또는 "사전주의 자위(precautionary self-defense)"(Louka 2011, 409)라는 말도 사용되고 있다.

선제타격, 차단타격, 사전주의타격, 예방타격의 경우 타격을 결행하는 상황이나 시점만 다를 뿐 그 수단은 동일하다. 따라서 대부분의 국가들은 선제타격이라는 명분으로 유사시 적의 핵무기를 제거하기 위한 능력을 구비하면서, 실제 상황에서는 성공의 가능성이 보장되면서도 국제사회의 지지도 어느 정도 보장받을 수 있는 적절한 시점에서 타격을 결행하게 된다.

3) 미사일 방어

공격하려는 상대의 핵미사일을 사전에 타격하여 제거하지 못하여 발사되면 그것을 공중에서 파괴하는 수밖에 없다. 이것은 항공기에 대한 요격을 미사일에 적용하는 방식으로서, 개념은 단순하지만 기술적 실현 가능성이 가장 문제이다. 특히 핵약소국의 핵무기 운반수단으로 사용하고 있는 탄도미사일은 음속의 수십 배로 비행하여 요격 시간이 제한되고, 레이더 반사면적(radar cross section)이 작아서 탐지와 요격이 무척 어렵다. 그럼에도 불구하고 핵공격에 대한 방어는 워낙 중요하기 때문에 미국은 1980년대부터 이를 추진하여 2000년대 초에 공격해오는 상대방의 미사일을 정면충돌하여 요격하는 "직격파괴(hit-to-kill)" 기술을 개발하였고, 이로부터 미사일 방어가 핵대응의 중요한 요소를 차지하게 되었다. 다만, 미사일 방어의 경우 아직은 요격확률이 100%가 안 되기 때문에 "다층방어(multi-layered defense)"를 통하여 수 회 요격으로 파괴의 확률을 증대시키고 있다.

미사일 방어에 관한 선도국은 미국으로서, 미국은 본토를 공격하는 ICBM 요격을 위하여 캘리포니아와 알래스카에 수십 기의 요격 미사일을 배치해두고 있고, 해외에 배치되어 있는 미군을 중 · 단거리 미사일로부터 보호하기 위하여 종말 단계 상층방어(upper-tier defense)인 지상용 사드(THAAD)와 해상용 SM-3, 그것이 실패하였을 경우의 최후방어를 위한 종말 단계 하층방어(lower-tier defense)로 PAC-3 요격미사일을 개발하여 배치 및 활용하고 있다. 러시아와 중국도 나름대로의 요격미사일을 개발 또는 배치하고 있고, 다수의 미국 우방국들은 미국이 개발한 상층방어 및 하층방어 요격무기를 구매하여 배치 및 활용하고 있다.

4) 핵민방위

핵미사일의 요격에 실패하면 대피하는 방법밖에 없다. 핵무기 공격을 받을 경우 그 피해가 엄청나게 클 것은 분명하지만, 그래도 생존자를 증대시키기 위한 노력은 필요하고, 견고한 시설에 대피하면 생존이 가능하기 때문이다. 핵미사일 공격의 원점(ground zero)에서는 어쩔 수 없더라도 그 이외의 지역에서는 방사능을 함유한 먼지 즉 낙진(落塵, fall-out)으로부터 보호할 수 있는 조치만 강구하면 사망자를 상당할 정도로 줄일 수 있다. 이것은 국민 스스로가 취해야 하는 조치라는 점에서 '민방위(civil defense)'라고 불렀고, 원래는 재래식 전쟁에도 적용되지만 핵무기가 도입된 이후부터 전략적 차원의 과제로 격상되었다.

민방위는 기본적으로 핵공격에 대한 경보와 안내(warnings and commu nications), 그리고 소개(疏開, evacuation, 개인 차원에서는 '이탈')와 대피(shelter)의 조치로 구성된다. 핵무기가 낙하되지 않을 지역으로 소개시키는 것은 현실적으로 어렵기 때문에 대부분 대피소를 구축하게 되는데, 방사선의 경우 30cm의 콘크리트벽이나 90cm 이상의 흙으로만 막으면 99%를 차단할 수 있고(Federal Emergency Management Agency 1985, 18), 낙진의 강도도 2일이 지나면 원래 위력의 1/100, 2주 후에는 1/1,000 수준으로 떨어져서 전반적인 활동이 가능할 수 있기 때문에(Kearny 987, 11-12), 지하에 대피소를 만들어서 2주 동안 생존할 수 있는 준비를 갖추게 된다. 그래서 미국, 러시아, 유럽국가들은 냉전시대부터 지금까지 나름대로의 핵민방위 태세를 구비해왔고, 핵위협 정도에 따라 그 태세를 격상시키게 될 것이다.

5) 토의

핵무기는 워낙 대량살상을 초래할 뿐만 아니라 국가의 존속 자체를 위협하기 때문에 핵위협에 직면하고 있는 국가의 경우 이로부터 안전을 보장하는 것보다 더욱 중요한 사항은 없다. 따라서 가용한 모든 방법을 총동원해야 하고, 하나의 방법이 실패하면 다음 방법을 사용할 수 있도록 복합적으로 준비되어야 한다. 다시 말하면, '억제 → 공세적 방어 → 미사일 방어 → 민방위'의 순서로서, 억제가 실패하면, 상대방의 핵미사일이 발사되기 전에 지상에서 파괴시켜야 하고, 그것도 실패하면 공중에서 요격해야 하며, 요격도 실패하면 국민들을 대피시켜 생존률을 향상시켜야 한다.

미국과 동맹관계를 맺고 있는 비핵국가의 입장에서는 미국과의 협력이 매우 중요하다. 확고한 미국의 확장억제 이행태세를 과시하는 것이 가장 효과적이면서 비용도 저렴한 방법이기 때문이다. 따라서 확장억제가 확실하게 제공되도록 미국과의 협조체제를 구축 및 강화해야 한다. 또한 방어와 같은 다른 핵대응 방법도 미국이 선도하고 있다는 점에서 미국과의 협력은 전반적인 핵대응태세 향상에 긴요하다. 다만, 확장억제의 경우 본질적인 불확실성이 존재하고 있다는 점에서 비핵 미국 동맹국들은 자체적인 억제책도 고민하지 않을 수 없다.

2. 일본의 북핵 대비태세

1) 억제

대부분의 미국 동맹국과 같이 일본은 기본적으로 미국의 확장억제에 의존하여 북한의 핵위협을 억제하고 있다. 일본은 미국과 연례적으로 외교 및 국방장관 회담 즉, "2+2 회담"을 개최하는데, 그 회의 결과를 발표하는 공동성명에서 미국은 "재래식 및 핵전력을 포함하는 모든 범주의 군사력을 통하여 일본을 방어"하겠다는 공약을 언제나 재확인하고 있다. 그렇기 때문에 일본은 무엇보다 미 · 일동맹 강화에 주안을 두고 있고, 2015년에는 미국과의 "방위협력지침"을 개정하면서 '동맹조정메커니즘(alliance coordination mechanism)'을 설치하여 양국의 공동방위를 위한 협력을 제도화하고 있다. 일본에는 5만 명 정도의 주일미군이 주둔하여 이러한 안보공약의 이행도를 높이고 있다.

그럼에도 불구하고 일본은 미국의 확장억제를 100% 신뢰할 수 없다는 인식하에 자체적인 핵억제로서 핵무장의 가능성도 완전히 배제하고 있지는 않다. 예를 들면, 2016년 일본 정부는 핵무기를 포함하여 "자위를 위한 필요 최소한도의 실력 유지"가 "국제분쟁의 수단으로서 전쟁이나 무력행사를 포기한다는 헌법 제9조를 위반하는 것은 아니다"라고 해석한 적이 있다. 특히 일본은 플루토늄의 재처리와 우라늄 농축을 위한 시설을 보유하고 있을 뿐만 아니라 2018년 기준으로 일본 내 9톤을 포함하여 45.7톤의 플루토늄을 보유하고 있고(International Panel on Fissile Materials 2020), 원자력에 관한 기술이 발달되어 있어서 결심할 경우 단기간에 핵무기 개발에 성공할 수 있는 잠재력을 갖고 있다. 아직은 소수의 견이지만 북한이 노골적으로 핵무기 공격으로 위협하고 미국의 확장억제를 신뢰하기 어렵다고 판단할 경우 국민정서도 변화될 수 있고, 그러할 경우 일본이 자체 핵무장에 나설 가능성도 배제할 수는 없다.

2) 공세적 방어

일본은 북한의 핵무기 개발이 노출된 이후부터 '적지(敵地) 공격' 또는 '적기지(敵 基地) 공격'이라는 용어를 통하여 핵무기가 사용되기 이전에 제거하는 방안을 논의하여 왔다(남창희 · 이종성 2010, 80). 억제가 실패할 경우 가용한 대응방법 중에서 가장 효과적인 것이 이것이기 때문이다. 북한의 핵능력이 점점 강화되자 최근에도 이러한 공세적 조치의 필요성이 강조되고 있고, 이 목적으로만 그렇게 하는 것은 아니지만 헬기탑재 호위함 2척을 전투기 이착륙이 가능한 항공모함으로 개조하거나, 수직 이착륙이 가능한 F-35B 42대와 F-35A 105대를 구매하기로 하는 등 필요시 이를 시행하는 능력을 구비해 나가고 있다.

일본은 '평화헌법' 등으로 인하여 기본적으로 수세적 방어에 중점을 두고 있지만 최근 미사일 방어에서 문제점이 발생하자 공세적 방어를 강조하는 경향을 보이고 있다. 미국으로부터 지상용 SM-3를 구매하여 미사일 방어를 더욱 보강하겠다는 계획이 무산되자 2020년 6월 여당인 자민당에서는 항공기와 미사일을 통한 적기지 공격 능력 강화를 촉구한 것이다. 이미 일본은 2019년 42대의 F-35를 도입한 상태에서 총 147대의 F-35 스텔스 전투기를 확보하도록 되어 있어서 엄청난 선제타격력을 동원할 수 있다. 이것 외에도 일본은 더욱 효과적인 선제타격을 보장할 수 있도록 다양한 첨단의 장거리 정밀유도탄을 구매한다는 계획이고, 토마호크 순항미사일(사거리 1,300km)의 구매도 검토하고 있다. 이러한 공세적 방어 능력은 북한뿐만 아니라 중국에 대해서도 유용성이 크다는 점에서 지속적으로 강화될 것으로 판단된다.

3) 미사일 방어

평소에 지속적으로 능력을 보강할 수 있고, 평화헌법의 정신에도 부합되며, 선도국인 미국의 개념과 장비를 도입하면 된다는 점으로 인하여 일본은 1990년대부터 미사일 방어 능력 강화에 적극적으로 노력하였다. 일본은 미군과의 공동연구를 통하여 그들 상황에 부합되는 미사일 방어 청사진을 정립한 다음에 2003년에 이를 확정하여 2007년 최초의 PAC-3 미사일과 SM-3를 배치한 후 지금까지 보강해왔다. 무엇보다 일본은 미국과의 긴밀한 협력을 통하여 일본에 적합한 미사일 방어 청사진을 조기에 정립하였고, 또한 장기적인 기술개발과 운영에 있어서도 긴밀한 협력관계를 유지함으로써 미사일 방어를 효율적으로 구축해왔다.

미사일 방어 능력을 보면, 일본은 미사일 요격용 PAC-3 7개 포대를 보유(PAC-2는 20여 개 포대)하여 주요 도시 방어를 위하여 배치해둔 상태이고, SM-3 요격미사일을 탑재한 이지스함 8척을 보유하고 있다. 일본은 SM-3 요격미사일로 먼저 요격한 다음에 실패하면 PAC-3로 두 번째 요격한다는 계획이다. 일본은 PAC-3를 개량한 PAC-3MSE(Missile Segment Enhancement)도 2019년부터 배치하기 시작하여 성능뿐만 아니라 사거리도 2배 증대시켰다(Japan Ministry of Defense 2020, 259). 다만, 일본은 SM-3 지상용을 구매하여 해상 SM-3의 상시배치에 따른 어려움을 해소하고자 했으나 2020년 6월 기술적 문제, 구매가 상승, 민간피해 가능성으로 인하여 이를 취소하였다. 그리고 일본은 2005년부터 SM-3보다 더욱 사거리와 성능이 향상된 SM-3 BlockIIA를 미국과 공동개발을 추진하여 성공하였고, 2021년부터 획득할 계획으로서, 이렇게 되면 일본 미사일 방어의 사거리도 증대되지만 요격회피 기동을 하는 미사일의 요격 등 성능도 향상될 것으로 기대하고 있다.

특히 일본은 미사일 방어 작전에 대한 지휘통제를 JADGE(Japan Aerospace Defense Ground Environment)로 일원화하였고, 그 예하에 일본군 방공사령관을 중심으로 하는 '미사일 방어 합동특수부대(Joint Task Force-BMD)'를 구성하여 실제적인 요격작전을 시행하도록 하고 있다(Japan Ministry of Defense 2020, 256-257). 또한 일본은 주일미군과 미사일 방어에 관한 제반 작전을 통합적으로 수행할 수 있도록 2005년부터 미 · 일 통합운용조정소(BJOCC: Bilateral Joint Operation Coordination Center)를 만들어서 연합 미사일 방어 작전을 보장하고 있고, 미군의 연합훈련과 함께 자체적인 훈련도 활발하게 실시하고 있다.

4) 민방위

제2차 세계대전의 경험을 가진 일본은 핵폭발 시 대피를 위한 민방위도 지속적으로 강화해 왔다. 2004년 무력공격 시 "국민보호법(Civil Protection Law)"을 제정하였고, 2005년에는 사이렌 등 그를 이행하는 데 필요한 세부지침을 발전시켰으며, 지방자치단체와 기관별로 그 이행계획을 만들도록 하였다(Narushige 2009, 38-39). 2017년 북한이 빈번하게 미사일 시험발사를 실시하자 대피에 대한 국민들의 관심이 높아졌고, 2018년 1월에는 동경에서 최초의 주민대피훈련을 실시하기도 했다. 그 이후 일본은 민방위에 대한 관심을 높여서 문제점을 발견하여 시정하는 방법으로 그 질을 지속적으로 향상시켰다.

경보전파의 경우 일본은 무선통신인 전국순간 경보 시스템(J-Alert)과 행정망인 긴급정보네트워크(Em-Net)를 통하여 위기상황을 국민에게 전파하도록 되어있다. 그리고 2004년 제정된 국민보호법에 근거하여 내각관방(Cabinet Secretariat) 장관이 책임을 맡아서 핵미사일 공격을 포함한 무력공격이 발생하였을 경우 국민들을 어떻게 대피시키고, 구호할 것인가에 관한 지침을 만들고, 관련 부서들이 협조하는 체제도 구축하여 그 태세를 지속적으로 향상하고 있다. 국가 차원에서 대피소를 본격적으로 준비하고 있지는 않지만 2017년 북한의 연속적인 미사일 시험과 핵실험 이후 개인별 대피소 확보 노력이 전개되기도 했다.

3. 한국의 북핵 대비태세

1) 억제

한국도 일본과 마찬가지로 미국의 확장억제에 전적으로 의존하여 북한의 핵위협을 억제하고 있다. 미국은 매년 개최하는 국방장관 회담(SCM) 공동성명에서 "핵, 재래식 및 미사일 방어능력을 포함한 모든 범주의 군사능력을 운용하여 대한민국에 확장억제를 제공할 것"이라는 공약을 재확인한다. 그리고 이러한 확장억제의 보증책으로 28,500명 규모의 주한미군을 유지하고 있을 뿐만 아니라, 한 · 미연합사령부(CFC)를 구축하여 한 · 미 양국군의 일사불란한 연합작전을 보장하고 있고, 위기 시마다 중요한 전략자산을 전개하여 확장억제 이행태세를 과시하기도 한다. 또한 확장억제의 효과적인 이행을 위하여 한 · 미 양국 국방부 간에 "한 · 미 억제전략위원회(deterrence strategy committee)"를 구성하여 필요한 사항을 협의하도록 하고 있다.

당연히 한국도 미국 확장억제의 불확실성을 이해하고 있다. 2019년 10월 자유한국당(국민의힘 전신)이 '민평론(民平論, 국민중심평화론)'이라는 정책제안 속에 미국과의 '핵공유 협정'을 포함시켜 주장하였듯이 보수층을 중심으로 자체 핵무장, 또는 냉전시대와 같은 미국 전술핵무기의 재배치를 주장하는 여론이 제기되기도 했다. 다만, 정부 차원에서 검토한 바는 없다. 대신에 이전 박근혜 정부에서는 '대량응징보복(KMPR: Korea Massive Punishment and Retaliation)'이라는 명칭으로 "북한 전쟁지도본부를 포함한 지휘부를 직접 겨냥하여 응징보복"하는 개념을 정립하였고, '참수부대(decapitation unit)'를 지정하면서 필요한 능력을 보강한 바가 있다(국방부

2016, 60; 김진명 2017, A4). 다만, 문재인 정부 들어서 이 개념은 '전략타격'이라는 명칭으로 선제타격과 결합되면서 더 이상 논의되지 않는 상황이 되었고, 현 윤석열 정부도 아직 본격적인 구현노력은 드러내지 않고 있다. 현재 한국이 추진하고 있는 자체적인 북핵 억제책은 없는 상태라고 보지 않을 수 없다.

2) 공세적 방어

북한이 핵무기 개발에 성공할 가능성이 커졌을 때 한국군이 가장 먼저 제기한 대응방법은 선제타격이었다. 북한이 제3차 핵실험을 감행할 징후가 예고되던 2013년 2월 국회에서 당시 정승조 합참의장이 적이 핵무기를 사용한다는 "명백한 징후"가 존재할 경우 "자위(自衛)권 차원에서 선제타격하겠다"고 답변한 것이다. 이 개념은 그 후에 발사 징후 30분 이내에 "탐지 → 식별 → 결심 → 타격"의 '킬 체인(kill chain)'을 완성한다는 개념으로 발전하였다(권혁철 2013, 38).

한국군은 공군을 중심으로 선제타격력 확보에 집중적인 노력을 경주하였다. 기존 보유하고 있는 F-15K 60대와 KF-16(F-16 포함) 170여대 이외에 스텔스 전투기인 F-35를 2019년부터 도입을 시작하여 2011년까지 40대 확보하게 되어 있고, 공중급유기 'KC-330' 4대도 전력화하였으며, 고고도 무인정찰기인 글로벌호크(Global Hawk)도 도입하였고, 관통력이 30m에 이르는 GBU-28을 200발 정도 보유하고 있다. 또한 한국군은 현무-2A(사거리 300km), 현무-2B(500km), 현무-2C(800km) 탄도미사일과 현무-3(1000km) 순항미사일을 보유하고 있을 뿐만 아니라 2020년 7월 탄두중량 2톤, 사거리 800km 수준의 현무-4의 개발에 성공하여 2021년부터 생산 및 배치하고 있다. 이 외에도 공군은 다양한 정밀타격력을 확보하고 있어 북한의 핵미사일 기지를 성공적으로 타격할 수 있는 능력은 충분할 수 있다.

문제는 북한이 5분 이내에 발사가 가능한 고체연료용 단거리 미사일들을 개발함에 따라 기존 액체연료 주입에 소요되는 30분을 기준으로 개발한 '킬 체인'이 적용되기가 어렵다는 사실이다. 사거리가 1,200~1,300km에 달하는 북한의 '북극성-2형(KN-15)'은 고체연료를 사용하면서 이동식발사대(TEL)를 사용하고 있고, 북한이 2019년과 2020년에 집중적으로 시험발사한 400~600km 사거리로 추정되는 'KN-23'과 'KN-24' 지대지 미사일 역시 고체연료와 이동식발사대를 사용하고 있다. 따라서 북한과 인접하여 요격에 필요한 공간을 확보하기 어려운 한국은 '예방타격'의 개념을 더욱 적극적으로 수용하여 타격의 결심시점을 당기지 않을 경우 북한의 핵미사일을 지상에서 파괴시킬 수 있는 시간을 확보하기 어려울 수 있다.

3) 미사일 방어

일본에 비해서 한국이 매우 미흡한 분야는 미사일 방어이다. 한국은 1990년대에 걸프전쟁에서 미사일의 위력을 본 후 미사일 방어를 적극적으로 추진하였으나 김대중 정부 출범으로 북한과의 화해협력 정책을 추진하면서 우선순위가 낮아졌고, 2000년대 들어서는 "한국의 미사일 방어=미국 MD(그들은 미사일 방어를 이 약칭으로 불렀다) 참여"라는 일부 시민운동가들의 의혹을 적극적으로 해소하지 못하여 일본과 달리 미국과 협력하지 못하였고, 하층방어에만 치중하고 말았다. 한국은 탄도미사일이 아니라 항공기 요격용인 PAC-2 지상 요격미사일과 SM-2 해상 요격미사일을 구매하기도 했다.

다만, 이명박-박근혜 정부에서는 종말 단계 상층방어를 추가하여 다층방어를 지향하면서 장거리 대공무기(L-SAM)와 중거리 대공무기(M-SAM)를 개발하기 시작하였고, 항공기 요격용인 PAC-2를 미사일을 직격파괴(直擊破壞, hit-to-kill)할 수 있는 PAC-3로 개량하기로 결정하였다. 그러나 문재인 정부에서 북한의 '비핵화'를 둘러싼 협상을 진행하면서 미사일 방어 노력은 약화되었고, 관련된 무기체계의 개발도 계속 지체되고 있다.

현재 한국은 종말 단계 하층방어 무기로 PAC-2와 PAC-3으로구성된 8개 포대를 보유하고 있다. M-SAM의 경우에도 자체 개발이 완료되었으나 아직 전력화는 이루어지지 않고 있으며, L-SAM도 개발시기가 늘어지고 있다. 그리고 PAC-2/PAC-3도 서울 이외에는 도시가 아닌 공군부대 방어를 위하여 배치되어 있고, M-SAM과 L-SAM 역시 기본적으로 항공기 요격용으로 개발된 것이어서 미사일 방어에는 한계가 있을 가능성이 크다. 종말 단계 상층방어 무기인 미군의 THAAD 1개 포대가 성주에 배치되어 한국 영토의 1/3~1/2에 이르는 지역을 방어할 수 있을 뿐이다. 이렇게 볼 때 한국은 아직 전국의 도시 모두에 대하여 미사일 방어를 제공하지는 못하고 있는 실정이다.

4) 민방위

한국은 북한의 재래식 공격에 대해서는 1975년 '민방위법'을 제정하여 대비해왔으나 북한의 핵위협에 맞도록 이를 조정하지는 않았다.

북한이 빈번하게 미사일 시험발사를 실시하자 2017년 8월 행정안전부에서 핵폭발 시 국민들의 행동요령을 팸플릿으로 제시하면서 핵대피를 강조하려고 한 적은 있었으나 그 이후에 다시 소극적인 태도로 환원하였다. 당시 김부겸 행정안전부 장관은 국회 답변에서 "정부가 나서서 위험을 조장하는 오해와 불안감이 있을 수 있고", "부담과 파장이 큰 문제"라면서 핵위협에 대한 민방위를 강화하지 않겠다는 방침을 확인하기도 했다. 따라서 북한의 핵위협이 강화되어 오는 동안 한국은 핵미사일 공격을 가정한 민방위 훈련을 한 번도 실시하지 않았고, 정부가 유사시 대피계획을 발표한 적도 없었다. 핵민방위는 무시되고 있는 수준이라고 할 수 있다.

4. 한 · 일 북핵 대비태세 비교

한국과 일본은 세계의 모든 국가 중에서 북핵과 관련하여 공통점이 가장 큰 두 국가이다. 북한과 가장 큰 적대관계를 갖고 있고, 가장 가까이에서 북핵에 노출되어 있으며, 미국과의 동맹을 공유하고 있기 때문이다. 앞에서 살핀 일본과 한국의 북핵 대비태세 중에서 유사점과 상이점을 도출하고, 한국에 대한 함의를 제시하고자 한다.

1) 유사 측면

북핵 대응과 관련하여 한국과 일본 간 유사성이 가장 큰 사항은 양국이 모두 미국의 확장억제 즉 핵우산에 의존한다는 사실이다. 미국은 한 · 일 양국에게 북한이 공격할 경우 대신하여 대규모 응징보복을 가할 것이라고 약속하고 있고, 이것이 북한의 핵공격을 억제하고 있다. 양국 모두 미국의 동맹국이기 때문이다. 확장억제의 신뢰성을 강화하기 위하여 미국은 기회가 있을 때마다 그 이행을 반복하여 약속하고 있고, 상당한 규모의 지상군을 양국에 주둔시켜 이를 실체적으로 보증하고 있다. 확장억제의 이행을 협의할 수 있도록 한 · 일 양국은 미국과 매년 국방장관급 협의회의를 개최하고 있고, 연합훈련을 실시하며, 유사시에는 대규모 전략자산을 직접 전개하기도 한다.

다만, 한국과 일본은 이러한 미국의 확장억제에 내재하고 있는 근본적인 불확실성도 이해하고 있다. 미국도 자국의 국익을 최우선시할 수밖에 없고, 북한이 ICBM과 SLBM을 개발해 나갈수록 미국에게 확장억제를 이행하는 것이 부담이 될 수밖에 없기 때문이다. 따라서 확장억제가 약속대로 이행되도록 미국에게 지속적으로 요구하면서도 한편으로는 그것이 약속대로 이행되지 않을 때를 대비하여 일본은 자체 핵무기 개발을 거론하고 있고, 한국은 'KMPR'이라는 명칭으로 재래식 전력을 활용한 '한국형 응징보복'을 북핵 대응방안의 하나로 논의했던 것이다.

한국과 일본은 억제가 실패할 경우 최선의 방책은 북한의 핵무기와 미사일을 지상에서 파괴하는 것, 즉 '선제타격'이라는 것도 이해하고 있고, 이를 위한 능력을 지속적으로 확충해왔다. 한 · 일 양국은 F-35 스텔스 전투기는 물론이고, 다양한 정찰기와 정밀유도탄을 확보하고 있다. 다만, 두 국가는 북한의 대규모 핵전력 증강으로 인하여 선제타격이 갖는 위험성이 증대되었다는 점도 이해하면서, 더욱 신중한 모습을 보이고 있다. 한국의 경우 2013년 북한이 핵무기를 개발하는 데 성공하였을 때는 '킬 체인'이라는 공격적인 용어를 사용하였지만, 북한의 핵능력이 확충되자 '전략타격체계'라는 중립적인 용어로 전환하였고, 일본의 경우에도 정부와 군은 신중한 태도를 보이는 가운데 여당 수준에서 필요성을 강조하는 수준에 그치고 있다.

한국과 일본 모두 처음부터 미사일 방어의 필요성은 충분히 인식하고 있었다. 한국은 1991년 걸프전쟁에서 미사일의 엄청난 공격력을 본 이후 미사일 방어를 위한 무기체계를 조기에 획득하고자 노력하기도 했다. 비록 "한국의 미사일 방어=미국 MD 참여"라는 시민운동가들의 주장에 압도당하여 하층방어 위주로 추진하는 데 그쳤지만, 미사일 방어의 필요성을 일찍부터 인식한 것은 사실이다. 일본은 1990년대부터 미군과 함께 일본의 상황과 여건에 부합되는 미사일 방어의 청사진을 구축한 후 그대로 이행하여 현재는 미국 다음으로 가장 체계적인 미사일 방어를 구축하고 있는 국가가 되었다.

이렇게 보면, 한국과 일본은 북핵 대응에 관한 기본적인 방향에서는 상당한 일치성을 보이고 있다. 북한의 핵위협을 공유하고 있고, 양국 모두 미국이 발전시킨 핵대응 이론과 실제를 도입 및 학습하였기 때문이다. 그래서 양국은 평소에는 미국의 확장억제를 이용하여 북한의 핵위협을 억제하고, 그것이 실패할 경우 선제타격하여 파괴시키며, 그것도 불가능하면 미사일 방어를 통하여 요격한다는 유사한 대응개념을 보유하고 있고, 이를 구현할 수 있도록 무기 및 장비를 증강하여 왔다.

2) 상이 측면

한국과 일본의 북핵 대응의 경우 그 기본방향은 유사하지만 세부적인 사항에 있어서는 적지 않은 차이점을 보이고 있다. 그리고 이것이 수년 동안 지속되면서 양국의 북핵 대비태세에 있어서도 상당한 차이가 발생하게 되었다.

한국과 일본 양국은 미국과의 동맹을 중요시하는 것은 동일하지만, 그 정도에서는 다소의 차이를 보이고 있다. 일본은 미국과의 동맹에서 불협화음이 발생하지 않도록 최선의 노력을 경주해온 데 반하여 한국은 북핵 위협 상황에서도 미국으로부터의 자주성 강화라는 의제를 포기하지 않고 있기 때문이다. 근본적으로 미국과 중국 간의 경쟁에 관하여 일본은 미국의 편입을 숨기지 않으면서 '인도-태평양 전략'에 적극적으로 참여하고 있지만, 한국은 모호한 태도를 취하고 있다. 방위비분담에 있어서도 한국에 비해서 일본은 훨씬 적극적이면서 원만하게 타결해 나가고 있다. 특히 일본은 동맹조정매커니즘을 창설하는 등 미·일 양국 군 간의 연합방위태세를 강화하는 데 반하여, 한국은 현재 미군이 담당하고 있는 한·미연합사령관을 한국군으로 대체해야 한다는 주장이 사라지지 않는 등 한·미 연합방위태세 의존도를 줄이고자 노력하고 있다. 결국 미국은 2019년 6월 발표한 '인도-태평양 전략서'에서 한국과 일본을 '중심축(linchpin)'과 '주춧돌(cornerstone)'로 모두 중요하게 평가면서도 그 범위를 한국은 "한반도와 동북아시아"로 일본은 "인도-태평양 지역"으로 차별하여 기술하고 있다(Department of Defense 2019, 22-25).

한·일 양국 모두 미국의 확장억제가 유동적일 수밖에 없다면서 나름대로의 대책을 강구하고 있지만, 일본은 핵무장을 고려하고 있는데 반하여 한국은 재래식 응징보복을 생각하고 있어 방향이 다르다. 일본은 상당한 플루토늄과 농축우라늄은 물론이고, 그것을 생산할 수 있는 시설도 보유하고 있지만, 한국은 그렇지 못한 여건이기 때문일 것이다. 실제로 핵무기 개발과 관련하여 일본은 잠재적이거나 사실상의 핵보유국으로 평가되고 있지만(원승종 2018, 123-124), 한국은 플루토늄 재처리나 우라늄 농축을 위한 시설 구축이 필요하여 상당한 어려움이 있을 것으로 평가되는 수준이다(노병렬 2017, 188). 따라서 한국은 고육지책으로 'KMPR'이라면서 북한이 핵무기를 발사할 경우 김정은을 비롯한 북한 수뇌부를 사살하겠다고 위협하는 방안을 선택하였던 것이다.

한국과 일본의 북핵 대응과 관련하여 가장 현저한 차이를 보이는 것은 미사일 방어의 수준이다. 동일한 시기에 동일한 북핵 위협을 대상으로 착수하였음에도 수십 년이 지난 지금의 양국 미사일 방어 수준을 비교해보면 양국의 수준차는 크다. 일본은 전국적으로 2회의 요격을 보장하고 있는 상태에서 SM-3 BlockIIA를 미국과 함께 개발함으로써 더욱 장거리에서 요격이 가능한 수준이지만, 한국은 미군의 THAAD가 국토의 1/3~1/2를 1회 방어해주고 있고, 서울과 주요 공군기지를 보호할 수 있는 PAC-2/PAC-3를 구비하고 있는 수준에 불과하기 때문이다. 북한과 인접하여 한국의 미사일 방어 추진이 어려운 여건이기는 하지만, 이렇게 큰 격차가 발생한 데는 한국이 명확한 청사진을 마련하지 못한 상태에서 미사일 방어를 시작했고, 미사일 방어 선도국인 미국을 충분히 활용하지 못하였으며, 간부들의 전문성이 미흡하였기 때문이다(박휘락 2020b, 197-198).

민방위의 경우는 한 · 일 양국 모두 충분한 수준이 아니다. 다만 일본은 이중의 경보체계를 구비한 상태에서 훈련까지 실시하였지만 한국은 핵공격에 대한 민방위를 전혀 고려하고 있지 않다는 점에서 내부적인 수준의 차이는 적지 않다. 일본은 2004년 국민보호법을 만들어 관방장관이 관련 부처들의 노력을 통합하도록 체제를 정비하였지만, 한국은 그동안 북핵 위협 대응 차원에서 민방위에 관한 조치를 도입한 것은 없다. 한국이 북한과 더욱 강한 적대관계이면서 인접해 있기 때문에 민방위는 일본에 비해서 더욱 체계적이라야 하지만, 오히려 그 반대인 것이다.

북핵 대응 전반에 관한 사항으로서 일본은 북한과의 비핵화 협상 추진과 상관없이 기존의 억제 및 방어태세를 지속적으로 강화해왔지만, 한국은 외교적 비핵화가 진행되고 있다는 핑계로 기존의 억제 및 방어 노력을 상당수 중단하였고, 비핵화 협상이 실패하였음에도 중단된 노력을 필요한 수준으로 강화하지 않고 있다. 한국은 2018년부터 북한의 비핵화를 위한 협상을 추진하면서 이전 정부에서 추진해오던 '3축 체계'를 사실상 폐지하였고, F-35 스텔스기 등 이전 정부가 준비해둔 북핵 대응 무기 및 장비 이외에 새롭게 추진한 것은 없다. 오히려 '경(輕)항모'나 '핵추진잠수함' 등으로 지역적 수준의 군사력 증강에 중점을 두는 모습을 보이고 있다. 따라서 시간이 흐를수록 북핵 대비태세에 있어서 한국과 일본의 수준차는 더욱 커질 수밖에 없다.

3) 함의

북핵 대응을 위하여 일본이 노력하고 있는 사항이 반드시 이상적이라고 말하기는 어렵지만, 한국의 북핵 대응 보강을 위한 유용한 참고자료가 될 수 있는 것은 분명하다. 북한과 휴전상태로 대치하고 있어서 한국이 일본에 비해 더욱 확실한 북핵 대비태세를 구비해야 한다고 하면, 일본에 비해 미흡한 부분이 있다면 즉각 시정되어야 한다. 그러한 몇 가지는 다음과 같다.

미국의 확장억제는 원초적으로 불안하고, 재래식 응징억제의 경우 그 효과를 기대하기 어렵다는 점에서 이제 한국은 남북한 간의 직접적인 '핵균형'에 더욱 큰 비중을 두어 추진할 필요가 있다. 실제 실행 여부는 북핵 위협의 심각성과 미국의 확장억제 보장성에 따라서 달라지겠지만, 필요시 신속한 핵무기 개발을 보장할 수 있는 잠재력은 준비하고 있을 필요가 있다. 한국의 정치지도자들부터 이러한 필요성을 충분히 인지하면서 기술적인 측면에서 한국의 현 능력을 정확하게 파악하고, 미국 등 국제적인 반대를 극복하는 대가로 치러야 할 희생을 식별하여 각오를 다지면서, 이 방법 이외에 다른 방법은 없는지도 계속하여 생각해 나가야 할 것이다.

그 일환으로 한국은 미국의 핵무기를 한반도 또는 근처에 전진배치시키는 '핵공유(nuclear sharing)'라는 문제도 진지하게 검토할 필요가 있다. 이것은 미국이 수용해야 구현이 될 수 있지만, 구현만 된다면 자체 핵무기 개발보다 위험성도 적고, 유럽의 나토에서 지금도 실시하고 있기 때문이다. 세부적인 내용에서는 다소 간의 차이를 보이고 있지만, 현 야당의 다수 국방의원들도 핵공유의 추진을 요구하고 있고, 미국의 실무자들이나 안보전문가들도 나토의 핵공유 체제를 동북아시아에 이식하는 방안을 제기하고 있다(Kort 2019). 동북아시아 핵공유체제는 한국과 일본을 함께 포함시킬 것이기 때문에 이의 추진을 위해서는 한 · 일 양국의 협의와 협력이 매우 중요해진다.

한국은 지금부터라도 미국과 적극적으로 협력하여 미사일 방어 수준을 조기에 향상시킬 필요가 있다. 원점에서 한 · 미 양국 군이 한국의 상황과 여건에 부합되는 미사일 방어 청사진을 다시 수립하고, 그것과 현재의 차이점을 식별한 다음에, 미흡한 부분을 최우선적으로 보강해 나감으로써 이론에 부합되는 미사일 방어를 구축해 나가야 한다. 이를 통하여 미사일 방어에 존재하는 중복을 제거하고, 공백을 채워야 할 것이다. 한국군의 미사일 방어와 주한미군의 미사일 방어를 통합해야 할 것이고, 미군과 한국군의 미사일 방어 무기와 장비, 임무와 배치지역을 조정하여 전체적인 방어효과를 증대시켜야 할 것이다. 당연히 미국과 미사일 방어 훈련을 실시함으로써 임무수행 역량을 강화하고, 서로 간의 보완 효과를 강화해 나가야 할 것이다. 현재 개발하고 있는 M-SAM과 L-SAM에 관해서도 미국과의 기술협력을 강화함으로써 이들의 성능을 향상시켜야 할 것이다. 일본이 미사일 방어에 관한 한 한국보다 앞서 있다는 점에서 일본 미사일 방어의 구축 실태를 파악하여 교훈을 도출하고, 미사일 방어의 운영에 관해서도 정보와 기술을 적극적으로 교환하는 등으로 협력을 확대해 나갈 필요가 있다.

한국은 재래식 위협을 대상으로 하고 있는 민방위를 핵위협을 포함하는 수준으로 격상시키지 않을 수 없다. 휴전상태의 북한이 사실상의 핵보유국이 된 상태임에도 북핵 공격이 가해질 경우의 국민 보호책을 강구하지 않는다는 것은 잘못된 것이다. 정부는 민방위의 중점을 핵민방위로 전환하고, 핵무기 폭발 시 국민들이 조치해야 할 사항을 적극적으로 개발하여 교육시키며, 현재 구축되어 있는 재래식 대피시설을 보강 · 추가 · 신설하여 핵대피소로 전환시켜야 한다. 유사시 북한의 핵미사일 공격 사실이나 대피 명령이 국민들에게 즉각적으로 전달되도록 전 국민을 위한 경보체제를 정립하고, 평소에도 위협의 수준에 맞춰 훈련을 실시함으로써 국민들을 숙달시킴과 동시에 미흡한 부분을 발견하여 지속적으로 개선해 나가야 할 것이다.

어떤 경우에도 외교적 비핵화 노력을 포기할 수는 없지만, 한국은 외교적 비핵화의 진행과는 상관없이 북핵에 대한 억제 및 방어태세는 지속적으로 강화한다는 자세를 가질 필요가 있다. 그래야 외교적 비핵화 노력이 성과를 거두지 못해도 크게 취약해지지 않기 때문이다. 이로써 최상의 결과를 위하여 노력하되 최악의 상황에도 대비한다는 방향을 정착시켜야 할 것이다.

5. 결론

한국과 일본은 북핵 위협에 공통으로 노출되어 있지만 한국이 북한과 휴전상태이면서 인접하여 북한의 위협에 더욱 심각하게 노출되어 있다. 그런데, 한국의 북핵 대비태세는 일본에 비해서 미흡한 부분이 많다. 상식적으로 볼 때 한국이 일본에 비해 낮은 수준으로 대비하는 것은 부적절하고, 따라서 일본의 대비태세 내용을 보면서 그중에서 수용할 것은 수용함으로써 북핵 대비태세를 개선해 나갈 필요가 있다.

현 상황에서 한국이 중점적으로 보강해 나가야 할 분야는 미사일 방어와 민방위 등 방어적인 태세이다. 예를 들면, 미사일 방어와 관련하여 한국은 현재 적용하고 있는 청사진부터 타당한 것인지를 재점검하고, 주한미군의 미사일 방어와의 통합적 운영을 추진하며, 상호의 임무 및 담당지역을 조정함으로써 방어 효율성을 극대화할 필요가 있다. 핵민방위에 관해서도 재래식 민방위를 핵민방위로 전환하고, 정부 차원에서 필요한 지침을 만들어 국민들에게 전파하며, 위협이 심각해짐에 따라 정부 차원에서 보강해 나가야 할 소요를 파악하여 적절하게 시행할 필요가 있다. 외교적 비핵화 노력을 전개한다는 핑계로 북핵에 대한 억제 및 방어태세 노력을 소홀해서는 곤란하다.

한국은 북핵 대응을 위한 일본과의 협력도 주저하지 말아야 한다. 북핵위협으로부터 국가를 보호하는 것이 최우선인 상황에서 과거사나 감정에 지나치게 구속되어 있어서는 곤란하기 때문이다. 미국이 확장억제를 제공하지 않을 경우 서로 도울 수 있는 국가는 한국과 일본밖에 없다는 냉정한 현실을 인정할 필요가 있다. 특히 미사일 방어와 관련하여 한국이 일본으로부터 학습해야 할 사항이 적지 않고, 선제타격의 경우에도 정찰 및 정보역량을 공유해야 할 부분이 크다. 상황이 극단적으로 악화되어 핵무기를 개발해야 할 경우 일본과의 협력은 절대적으로 유용할 수 있다. 미국과의 동맹을 공유하고 있는 한 · 일 양국이 공통의 위협인 북핵의 억제와 방어에 적극적으로 협력하지 않는다는 것이 오히려 이상한 것이다.

제 2 부

북핵 위협시대 외교

4

미 · 중대결

'중국의 부상(rising China)'을 내면적으로는 경계하면서도 겉으로는 협력관계를 모색했던 이전 행정부들과는 달리 2017년 1월 출범한 트럼프(Donald J. Trump) 행정부는 중국 경계론을 노골화하였다. 2021년 1월 바이든 행정부로 교체되었으나 이러한 방향은 그대로 지속되고 있다. 냉전시대에 미국과 소련의 대결이 국제정치를 지배하였던 것처럼 미국과 중국 간의 경쟁이 향후 국제정치를 지배할 것으로 예상되고 있다. 일부에서 '신(新) 냉전'을 언급하고 있기도 하다.

미국과 중국의 대결이 숙명이라고 인식하는 시각이 적지 않다. 현재의 지배국인 미국에게 중국이 도전하면 전쟁을 통하여 진정한 지배국을 가리게 되는 것이 국제정치의 일반적 현상이기 때문이다. 이러한 점에서 미국 하버드 대학의 앨리슨(Graham T. Allison) 교수는 2017년 『운명지워진 전쟁: 미국과 중국은 투키디데스의 함정을 벗어날 수 있을까?(*Destined for War: Can America and China Escape from Thucydides' Trap?*)』라는 제목의 책을 발간하여 미 · 중 양국의 충돌을 기정사실화하면서 이를 회피하기 위한 방안에 관한 논의를 촉구하고 있다. 약소국들은 앞으로의 상당기간 동안 미국과 중국의 경쟁과 대결이라는 환경 속에서 자국의 안전을 도모할 수밖에 없다.

1. '투키디데스의 함정'과 약소국

1) 세력전이 이론

미 · 중 대결과 관련하여 상식적으로 언급되는 국제정치 이론이 '세력전이 이론(power transition theory)'이다. 이것은 오간스키(F. K. Organski)가 1950년대에 발표하여 확산된 이론으로서, 그의 핵심적인 주장은 국제사회는 지배국가(dominant nation), 강대국들(great powers), 중견국가들(middle powers), 약소국들(small powers)의 위계질서로 조직되는데, 현상에 불만인(dissatisfied) 강대국 중 하나가 지배국에 도전함으로써 전쟁이 발생하고, 그 결과로 지배국이 바뀐다는 주장이다(Organski 1958; Kugler and Organski 1989, 172-175). 도전국이 빠르게 성장함으로써 지배국과 유사한 힘을 갖게 되면 지배국은 공포를 느끼게 되고, 이로 인하여 불안정이 증대됨으로써 분쟁이 발생한다고 주장한다.

세력전이 이론에서 오간스키는 국가들의 성쇠(盛衰)는 장기간을 두고 분석해야 한다면서 경제력을 무엇보다 강조했고, 국민총생산(GDP)을 가장 유용한 유용한 지표로 인정하였다(Kugler and Organski 1989, 190-191). 경제력의 지속적인 지원 없이 강한 군사력을 오래 지탱할 수 없다고 생각하였기 때문이다. 다만, 세력전이 이론에서 중요한 것은 도전국이 현 질서에 만족하지 않아야 하는데, 그것을 측정하는 것이 계량적으로 어렵다는 한계가 있다. 다수의 학자들이 다양한 척도를 동원하여 불만의 정도 측정을 시도하였지만, 공감성이 큰 척도를 제시하지는 못한 상태이다. 그럼에도 불구하고 세력전이 이론이 제시하는 바는 강대국 간의 국제정치를 이해 및 분석하는 데 유용하게 사용되고 있고, 큰 방향을 손쉽게 이해할 수 있는 유용한 틀을 제공하고 있다고 볼 수 있다.

2) 공격적 현실주의

미국과 중국의 충돌을 분명하게 제시한 국제정치학자 중 한 사람은 미어샤이머(John A. Mearsheimer)로서 그는 2001년 발간한 『강대국 정치의 비극(*The Tragedy of Great Powers*)』이라는 책자를 통하여 미 · 중 간 대결의 불가피성을 인정하였다. 그 책에서 미어샤이머는 '공격적 현실주의(offensive realism)'를 주창하였는데, 세력전이 이론과 유사하게 강대국들은 협력보다는 경쟁을 추구하여 승리를 달성하고자 노력하게 된다는 주장이었다. 그에 의하면 ① 국제체제는 국가를 보호해줄 수 있는 상위기관이 없고, ② 다수 국가들은 공격 가능한 수준의 군사력을 보유하고 있으며, ③ 상대방의 의도에 대하여 확신할 수 없고, ④ 각국의 가장 중요한 목표는 생존이며, ⑤ 이들은 합리적 행위자라는 이 다섯 가지 요소가 결합되어 강대국들은 공격적으로 생각 및 행동하게 된다는 것이다(Mearsheimer 2001, 29-32). 그는 "강대국들은 언제나 서로를 두려워하고, 세력을 더 차지하기 위해 경쟁한다. … 강대국들의 궁극적 목표는 패권국(hegemon), 즉 국제체제에서 유일한 강대국이 되는 것이다"라고 설명하고 있다(Mearsheimer 2001, 2).

미어샤이머는 2014년 증보판에서 미국과 중국의 대결 가능성을 더욱 높게 전망하고 있다. "중국은 평화롭게 부상할 수 있을까?"라는 제목의 장을 증보하여 그에 관한 사항을 더욱 자세하고 언급하고 있는데, 결국 중국은 공격적 현실주의를 선택하여 세계 차원의 세력을 추구하게 될 것이고, 미국은 봉쇄, 예방전쟁, 경제성장 차단, 중국세력 약화 등의 모든 방법을 통하여 중국의 부상을 막을 것이라고 주장하였다(Mearsheimer 2014, 510-516). 그에 의하면, 중국의 부상은 결국 암울하고 비관적인 결과, 즉 전쟁으로 연결될 가능성이 크다.

3) 투키디데스의 함정

'투키디데스의 함정'은 지배국이 도전국가의 성장을 사전에 차단하기 위하여 전쟁을 선택하게 된다는 의미인데, 그리스의 역사가였던 투키디데스(Thucydides)는 『펠로폰네소스 전쟁사』를 기술하면서 "전쟁을 불가피하게 만든 것은 아테나의 부상과 이것이 스파르타에게 주입한 공포(fear)였다"고 설명하고 있다(Allison 2017, xiv). 2011년 후진타오 중국 총리가 미국을 방문하였을 때 뉴욕타임즈지의 생어(David Sanger) 기자가 '투키디데스의 함정'이라는 용어를 미 · 중관계에 처음으로 사용하였다고 하는데, 그 이후 이 용어는 미 · 중관계를 설명할 때 일상적으로 사용되고 있다. 미 · 중 간의 충돌 가능성에 대하여 그만큼 많은 사람들이 공감하기 때문이라고 할 수 있다.

'투키디데스의 함정'은 2017년 하버드 대학의 앨리슨 교수가 『운명지워진 전쟁: 미국과 중국은 투키디데스의 함정을 벗어날 수 있을까?』를 출간함으로써 더욱 적극적으로 논의되기 시작하였다. 앨리슨 교수는 지금까지와 같은 경로로 미 · 중관계가 진행될 경우 수십 년 내 미 · 중 간에 전쟁이 발생할 수밖에 없다고 주장하였고, 그의 필연성을 설명하기 위하여 이 용어를 사용하였기 때문이다. 앨리슨은 해상에서의 우연한 충돌, 타이완의 독립 추진, 제3자에 의한 도발, 북한 붕괴, 경제분쟁 악화 등 양국의 전쟁을 촉발할 수 있는 요인들을 열거하면서 그러한 것들이 양국의 대규모 전쟁으로 악화될 수 있다고 분석하였다(Allison 2017, 167-184). 그는 15세기 이후 인류역사에서 16번 투키디데스의 함정의 사례가 있었는데, 그중에서 4번을 제외한 12번이 전쟁을 하게 되었다면서 미 · 중 충돌의 가능성을 크게 예측하고 있다. 그는 하버드 대학 케네디 스쿨에 있는 벨퍼센터(Belfer Centre)의 핵심 연구과제로 미 · 중 대결 예방책을 논의해오고 있다.

4) 강대국 충돌 시 약소국의 선택

강대국들이 충돌의 경로로 나아가고 있을 때 약소국이 선택할 수 있는 방안은 크게 두 가지이다. 하나는 편승(便乘, bandwagoning)으로서, 지배국과의 협력관계를 강화하는 방법이고, 다른 하나는 균형(balancing)으로서, 도전국가와 협력하여 강한 국가에 함께 대응하는 방법이다(Walt 1985, 4-8). 두 강대국의 세력균형에 영향을 줄 정도의 국력을 갖지 못한 국가는 균형을 선택하고 싶어도 그렇게 하지 못할 수 있다. 충돌하는 두 강대국 사이에서 특정 약소국의 선택이 최선이었는지에 대한 평가는 지배국과 도전국 간의 경쟁이 어떤 결말을 맺느냐에 따라서 달라지겠지만, 약소국으로서는 선택을 해야 하는 상황 자체가 불편할 수밖에 없다. 따라서 가급적이면 중립을 선택하거나 선택을 미루고자 한다.

그러나 문제는 두 강대국의 충돌이 격화될수록 중립의 선택이 어려워진다는 사실이다. 두 강대국이 선택을 강요할 것이기 때문이다. 또한 약소국은 이미 그중 하나의 강대국과 동맹관계를 체결해둔 상황일 가능성도 작지 않다. 동맹 약속을 중요시하여 동맹국인 강대국을 지원할 경우 약소국은 강대국의 충돌에 연루(連累, entrapment)되고, 동맹국과 운명을 함께해야 한다. 반면에 연루의 위험이 지나치게 크다고 판단하여 다른 강대국을 선택하거나 중립을 표방할 경우 약소국은 동맹국으로부터 방기(放棄, abandonment)되어 안보가 더욱 위험해질 수 있다(Snyder 1984, 471-475). 대체적으로 두 강대국이 충돌할 경우 약소국은 어느 편이든 선택하지 않을 수 없고, 그렇게 되면 약소국의 안보는 두 강대국의 충돌 결과에 의하여 좌우될 가능성이 커진다.

2. 미·중 대결의 형성

1) 단극의 순간과 위기

냉전이 종식되어 미국이 지배국으로 우뚝 서는 상황을 가장 극적으로 설명한 말은 1990년 미국의 정치평론가인 크로더머(Charles Krauthammer)가 *Foreign Affairs*에 기고한 "단극의 순간(The Unipolar Moment)"이라는 글의 제목이었다. 크로더머는 미국 중심의 단극이 상당한 기간 동안 지속될 것으로 전망하였다(Krauthammer 1990-1991, 27). 그는 2002년에도 유사한 내용의 논문을 발표하여 미국에 의한 지배가 더욱 공고해졌다면서 아예 "단극체제(unipolarity)"라고 규정하기도 했다(Krauthammer 2002-03, 5). 실제로 냉전 종식 이후 지금까지 미국은 세계질서의 지배국이었고, 국력이나 군사력의 대부분 지표에서 미국이 세계 1위로 평가되고 있다.

동시에 그동안 단극의 정도가 약해져온 점도 부정할 수 없다. 폴란드의 Powermetric Research Network는 경제력, 군사력, 지정학력

(geopolitical power)이라는 세 가지 범주로 세계 모든 국가들의 세력을 평가하면서 냉전 직후인 1992년과 2017년을 비교한 적이 있다. 그 결과를 보면 1992년에는 모든 측면에서 미국이 우세하여 분명한 단극체계(a clearly unipolar system)이었지만, 2017년의 경우 경제력 분야에서는 미국과 중국의 양극체계(bipolar system)로 변화되어 있었다. 2017년의 경우 미국과 중국이 군사력에서는 225.901 : 100.224이고, 지정력에서는 200.448 : 117.520이지만, 경제력에서는 149.542 : 152.113으로 미국이 오히려 약하다는 것이다(Białskóski, et. al. 2019, 15). 중국의 고도 성장이 지속됨으로써 2010년대 후반에 이르자 경제력 측면에서 중국이 미국을 추월하기 시작한 것에 대해서는 상당한 학자들이 공감하고 있는 것으로 보인다.

세계은행(World Bank)을 비롯한 다양한 기관에서 발표한 국내총생산(GDP) 규모를 보면 아직은 미국이 중국보다 많은 것으로 나타나고 있다. 그러나 중국의 경제성장률이 높아서 시간이 흐를수록 그 격차는 줄어들 수밖에 없고, 구매력지수(PPP)로 환산한 GDP를 보면 2014년에 이미 중국이 미국을 초월했다고 평가하기도 한다(StatisticsTimes 2021). 기술력 등에서 미국이 여전히 앞서고 있는 것은 사실이고, 중국의 계획경제가 한계에 봉착할 수도 있지만, 중국의 대규모 인구와 개인보다 국가를 우선시하는 문화를 고려할 때 시간이 갈수록 중국의 도전이 더욱 거세질 가능성이 크다. 세계 국가들을 대상으로 향후 15년 기간 동안의 경제성장 정도를 전망하는 "World Economic League Table 2021"에서는 2020년 12월 미국이 코로나19로부터 상당한 피해를 입은 데 반하여 중국은 그렇지 않음으로써 경제력 분야에서 중국이 미국을 추월하는 시점이 기존의 2033년에서 5년이 당겨진 2028년이 될 것이라고 전망하는 보고서를 발표하였고(Cebr 2020), 최근에는 2026년으로 더욱 앞당겨질 수 있다는 분석이 나오고 있는 상황이다. 미국이 코로나19와 그 후유증을 얼마나 효과적으로 관리하느냐에 따라서 달라질 수는 있겠지만, 최소한 경제력 차원에서 중국의 미국 추월이 점점 가시화되고 있는 것은 부정할 수 없다. 오간스키의 견해처럼 장기적인 차원에서 보면 경제력이 국력의 가장 결정적인 요소라고 한다면 미 · 중 간의 세력전이가 발생할 가능성도 그만큼 커지고 있는 셈이다.

2) 중국의 도전 1: 일대일로

세력전이가 발생하기 위해서는 도전국이 현 질서에 불만을 느끼면서 현상을 변화시키는 방향으로 노력해야 하는데, 실제로 중국은 시진핑(習近平) 체제 출범 이후 그러한 모습을 보이고 있다. 중국의 경우 1976년 마오쩌둥(毛澤東)이 사망한 후 1989년까지 덩샤오핑(鄧小平)이 집권하면서 자본주의적 요소를 과감하게 도입하여 국력이 성장하기 시작하였지만, "도광양회(韬光养晦)" 즉 "칼 빛을 감추고 힘을 기르라"고 말하면서 공세적인 의도를 전혀 드러내지 않았고, 이것은 장쩌민(江澤民, 1989~2002) 시대까지 지속되었다. 그러나 후진타오(胡錦濤, 2002~2012)는 "화평굴기(和平崛起)" 즉 '평화롭게 우뚝 선다'는 말을 통하여 국력을 과시하기 시작하였고, 급기야 2013년 중국의 지도자로 등장한 시진핑은 "중국몽(中國夢)"을 통하여 미국 중심의 현 체제를 변화시키겠다는 의도를 노출시키기 시작하였다.

시진핑이 시작한 대표적인 도전적 사업은 2013년 취임과 더불어 시작한 "일대일로(one belt one road)"이다. 이것은 중국에서 중앙아시아를 지나 유럽으로 연결하려는 육상 기반의 실크로드 경제벨트(one belt)와 동남 및 서남아시아에서부터 중동과 아프리카를 지나 유럽까지 이어지는 해상기반의 실크로드(one road)로 구성되는데, "경제 · 외교 · 안보 측면에서 세계에 우뚝 서고자 하는 중국의 꿈을 실현하기 위한 국가 주도의 중 · 장기 전략이다"(임경한 2018, 85). 중국은 '일대일로' 상의 국가들과 정책협력을 위한 '정책소통(政策溝通)', 교통시설과 에너지 운송 시설 건설을 중심으로 하는 '인프라 연결(設施聯通)', 자유무역 증진을 위한 '무역 원활화(貿易暢通)', 국가들 간의 자금의 유동성 확대를 포함하는 '자금융통(資金融通)', 유학생 지원이나 관광협력 등의 '민간교류 확대(民心相通)'라는 "5통"을 추진해 오고 있다(허홍호 2019, 342).

중국은 '일대일로' 구상을 성공적으로 추진하고자 금융 플랫폼도 건설하였다. 이것은 '아시아 인프라투자은행(AIIB: Asian Infrastructure Investment Bank)'으로서, 2015년에 법정 자본금 1,000억 달러를 목표로 설립되었다. 2021년 1월 현재 아시아 국가 44개, 비(非)아시아 국가 36개로 80개국이 참가하고 있고, 총 967억 달러를 투자한 상태이다. 아시아가 76%, 비아시아 국가가 24%를 투자하고 있는데, 중국은 31%를 투자하여 27%의 의결권을 보유하고 있다(AIIB 2021). 또한 중국은 2014년 12월 400억 달러를 기부하여 '실크로드 기금(silk road fund)'을 조성하였고, 주변국들과 무역 및 경제 분야의 협력과 연결을 위한 사업에 투자하고 있다(Silk Road Fund 2021).

이러한 중국의 일대일로 전략에는 중국산 물품에 대한 구매력을 강화하여 2010년부터 둔화되기 시작한 경제성장을 견인하고, 서부지역 개발을 통하여 국가의 균형발전을 이룩하겠다는 내부적인 목적이 없지 않다(허홍호 2019, 301-302). 그러나 국외자의 시각에서 이것은 중국의 세력

팽창 조치로 보이고, 미국의 입장에서는 패권에 도전하는 것으로 인식하지 않을 수 없다. 특히 일대일로 중에서 해양을 활용하는 '일로'의 지향방향은 미국이 최근에 주장하는 '인도-태평양 전략'과 충돌될 수밖에 없고, 따라서 미국과의 패권경쟁 전략으로 해석될 수밖에 없다.

3) 중국의 도전 2: 남중국해 영유와 해군력 증강

남중국해에 대한 중국의 영유권 주장과 군사력 증강은 미국에 대한 더욱 직접적인 도전이다. 남중국해는 중국, 타이완, 베트남, 필리핀, 브루나이, 말레이시아의 사이에 있는 약 350만km^2의 넓이의 바다로서 해저에 석유와 천연가스도 매장되어 있는 것으로 알려져 있지만 무엇보다 해상 교통의 요충으로서의 중요성이 크다. 따라서 이에 대한 영유권을 중국이 확보하면 해양국가인 미국의 행동반경은 크게 위축될 수밖에 없다.

중국은 1947년 남중국해를 둘러싸는 11개의 점선을 설정하여 자국의 해역으로 표시된 지도를 발행하였다가 1953년에 11개의 선 중 2개의 선을 제외한 9개의 선을 '남해 구단선'으로 지칭하며 이 남해 구단선 내에 있는 모든 섬에 대한 영유권을 주장하고 있다. 시진핑 정권이 출범한 이후 중국은 남중국해를 국가의 핵심이익 지역으로 지정하였고, 남중국해 행동준칙 초안 합의, 남해함대 · 중국해경 · 남중국해 관할 민병대의 군사력 증강 및 해외기지 건설, 말라카 해협 보호 및 카라운하 건설 원조, 역내 자연보호구역 및 기후관측소 · 해양예보망 추가 설립, 원해 및 심해 해양 탐사 등 공세적인 정책들을 실행하고 있다(안슬기 2019, 84).

중국은 '진주목걸이 전략(SOPS: String of Pearl)'을 통해서도 미국의 제해권을 위협하고 있다. 이것은 미얀마-방글라데시-스리랑카-몰디브-파키스탄-오만-예멘-지부티-케냐-탄자니아-모잠비크 등을 연결함으로써 인도양과 아프리카까지 중국의 영향력을 확대한다는 시도로서, 유사시 중국 해군이 정박할 수 있는 군사기지를 확보하기 위한 의도로 해석되고 있다(장요한 · 박효선 2020, 191).

중국은 해군력 강화에도 노력을 집중하고 있는바, 현재 항공모함을 2척 운용하고 있고, 세 번째 항모를 건조하고 있다. 해군의 경우 전략적 수준의 함정은 중국이 미국에 비해서 현저하게 열세이지만, 전술적 수준 함정의 수는 훨씬 많다. 따라서 미 · 중의 충돌 예상지역이 중국 연안지역이라면 이러한 중국의 수적 우위는 상당한 유리점으로 활용될 수 있다. 미국은 먼 거리에서 중국 근처로 전력을 전개해야 할 뿐만 아니라 대서양 지역에 배치된 함정을 태평양 쪽으로 전환하기는 어렵다. 또한 중국은 미국의 항공모함을 격침시킬 수 있는 강력한 미사일을 보유하고 있어서 미 항모의 중국 연안 접근 자체가 쉽지 않을 수도 있다.

실제로 중국은 도련선(島連線) 개념을 통하여 미국의 접근을 원거리에서 점진적으로 차단한다는 계획을 보유하고 있다. 제1도련선은 일본 규슈-일본 오키나와-대만-필리핀-남중국해를 잇는 선으로서 중국에 대한 주(主) 해양방어선이라고 할 수 있는데, 이를 방어할 수 있도록 단거리 탄도미사일은 물론이고, 중거리 탄도미사일과 잠수함 전력을 배치하고 있다. 제2도련선은 일본 요코스카-사이판-괌-파푸아뉴기니를 잇는 선으로서 전방 해양방어선이라고 할 수 있는데, 이를 위하여 둥펑(DF)-3, 4, 5, 21, 31, 31A 등 다양한 중거리 미사일과 대륙간탄도탄을 보유하고 있고, 특히 DF-31A와 DF-5는 대륙간탄도탄으로서 미국을 직접 타격할 수 있다.

4) 미국의 대응: 협력에서 대결로

오바마(Barack Obama) 행정부 당시 미국은 '아시아로의 축 이동(pivot to Asia)' 혹은 '아시아 재균형(re-balancing toward Asia)'이라는 슬로건을 제시하였지만 중국과의 대결을 강조하지는 않았다. 2013년 6월 캘리포니아에서 열린 미 · 중 정상회담에서 중국은 '신형 대국관계(新型大國關系)'라는 용어를 사용하면서 미 · 중 양국이 '세력전이 이론'이나 '투키디데스의 함정'에서 강조하는 대결관계가 아니라 협력관계로 상생할 수 있다는 점을 강조하기도 했다.

실제로 2014년 미 국방부의 "4년주기 국방검토보고서(QDR: Quadrennial Defense Review Report)"를 보면(2018년에는 '국방전략'으로 대체하여 발표) 중국의 군 현대화와 투명성 및 개방성의 부족에 대하여 우려는 표명하고 있지만, 중국을 위협으로 인식하는 내용이나 표현은 없다. 오히려 해적 대응, 평화유지, 인도적 지원 등에서 중국과 협력하고 있다는 점을 강조하고 있고, 지역적 전략을 기술하는 부분에서도 중국을 언급하고 있지 않다(Department of Defense 2014, 4-17). 2015년 2월에 발간된 국가안보전략의 경우에도 기본방향을 기술하는 부분에서 중국이라는 이름 자체를 거의 언급하지 않은 채 동중국해와 남중국해 사태가 악화될 위험성이 있다는 점만 언급하고 있고, 각론에서는 "안정되고, 평화롭고, 번영된 중국의 부상을 환영한다"는 말로 건설적 관계를 추구하면서 대결의 불가피성, 오해와 오산의 감소 노력을 강조하고 있다(The White House 2015).

다만, 오바마 행정부에서도 군대, 특히 해군은 중국과의 대결 가능성에 지속적으로 대비해왔다. 2015년 "21세기 해양력을 위한 협력적 전략"과 "아시아-태평양 해양안보 전략"을 발간하여 중국의 군사적 위협을 강조하면서 관련 국가와의 협력을 강화하고자 했고, "공해전투(air-sea battle)"를 강조하여 중국의 접근차단 기도를 무력화하기 위한 개념을 설정하기도 했다. 태평양과 대서양에서의 해군력을 5:5에서 6:4 비율로 조정하여 아시아 지역에서의 전략태세를 강화하기도 했다. 또한 남중국에 대한 '항행의 자유 작전(FONOP: Freedom of Navigation Operations)'도 추진하였다.

2017년 트럼프 행정부가 출범하면서 중국에 대한 미국의 인식과 대응은 근본적으로 변화하게 된다. 트럼프 대통령은 중국과의 무역역조 시정에 집중적인 노력을 경주하였고, 결국 2018년 7월 중국산 첨단기계 및 전자전기제품 수입품목 818개에 대해 340억 달러 상당의 25% 관세를 발효하면서 양국 간의 무역분쟁을 시작하였다. 일부에서는 이 무역분쟁을 중국에 대한 '관여'에서 '견제'로 전환하는 정책의 시작으로 해석하기도 한다(이지용 2019, 195-202).

트럼프 행정부에는 해군력 증강의 목표도 상향 조정하였는바, 미국은 2035년을 목표로 현재보다 70~80척을 증대시킨 355척 체제로 증강한다는 계획 하에 12척의 항공모함과 66척의 전략잠수함으로 증강해 나가고 있고, 그 증강을 가속화하여 "중국과의 해양패권 경쟁에서 주도권을 놓지 않겠다는 의지와 행동을 보이고 있다"(박성용 · 최준영 2018, 236-238). 또한 남중국해 지역에서 중국이 미국의 해양 주도권을 위협하고 있다고 인식하면서 순찰 등 군사적 활동을 강화하고 있다.

5) 평가

이렇게 볼 때 냉전 이후 상당한 기간 동안 미국은 중국의 위협을 무시하거나 협력적 관계로 발전시키고자 노력하였지만, 트럼프 행정부 출범 이후부터는 대결로 기조를 전환하였고, 이러한 기조는 지속되고 있다. 가까운 장래에 종합적인 국력에서 중국이 미국을 능가하지는 않는다고 해도, 중국의 경제적 성장은 장기적으로 양국의 세력균형에 상당한 영향을 미칠 수밖에 없고, 따라서 미국은 미리 대비 및 조치하지 않을 수 없다고 인식하고 있는 것으로 보인다. 즉 펠로폰네소스 전쟁에서의 스파르타처럼 미국은 '투키디데스의 함정'으로 들어가고 있고, 중국은 그것에 대응하고자 노력하고 있으며, 이러한 상호 노력이 대결을 다시 강화하는 악순환의 상황이라고 할 수 있다.

세력전이 이론에서 제시하고 있는 것처럼 중국이 미국의 질서에 도전할 수 있는 국력을 구비하게 된 것은 사실이고, 현 질서에 불만인(dissatisfied) 것도 사실로 보인다. 후진타오가 사용한 '화평굴기'라는 단어부터가 도전의 의미를 지니고 있고, 시진핑 주석의 '중국몽'이나 '일대일로'는 현 질서에 대한 변화 의지를 나타내고 있기 때문이다. '신형 대국관계'를 주장하는 이유가 미국을 안심시킨다는 것으로서 마음속으로는 현 체제에 대한 불만이 존재한다는 의미일 수 있다. 특히 중국의 이러한 언행들이 미국에게 이중적으로 인식되면서 양국 사이에 상호불신을 강화시켰다(주용식 2020, 4). 또한 중국은 공산주의 체제를 유지하고 있어서 미국과 같은 자본주의 사회에 대한 근본적인 불만과 적대감이 있을 수밖에 없다.

3. 미 · 중의 충돌 가능성 평가

1) 중국에 대한 미국의 압박

미국은 정책적으로만 중국과의 대결을 선포한 것이 아니라 거의 모든 사안에서 중국을 압박해 왔는데, 트럼프 행정부 시대에 가장 강하게 압박해온 것은 무역 불균형의 해소였다. 트럼프 행정부는 2018년 3월 중국에 대해 '통상법(Trade Act of 1974)' 301조를 발동하는 것을 시작으로, 7~8월에는 500억 달러에 이르는 중국산 수입품에 25%의 관세를 부과하고, 9월에는 추가적으로 2,000억 달러에 이르는 중국산 수입품에 10%의 관세를 부과했다가 이를 25%로 인상하는 등 총 3,600억 달러 규모의 중국산 제품에 최고 25%의 고율 관세를 부과했다. 그 결과로 미국의 대중국 상품수지 적자가 줄고, 미국의 무역에서 차지하는 중국의 비중이 크게 줄었다. 그리고 바이든 행정부는 이 관세를 유지하겠다는 입장이다.

타이완 문제에 관해서도 미국은 중국을 계속 압박하고 있다. 미국은 2019년 타이완에 대하여 M1A2T 에이브럼스 전차와 스팅어 미사일을 판매했고, 최신 개량형 F-16V 66대를 판매하는 계획을 승인하기도 했다. 타이완의 독립을 추구하는 차이잉원(蔡英文) 대만 총통이 2020년 제2기 임기를 시작하자 미국은 이것을 축하하면서 약 1억 8천만 달러(약 2천 212억 원) 규모의 어뢰를 판매하는 계획을 승인하는 등 대만의 군사력 증강을 적극적으로 지원하고 있다. 미국이 이전의 "두 개의 중국 정책(two China policy)"으로 되돌아갈 가능성도 배제할 수 없다.

남중국해에 대한 중국의 영유권 주장에 대해서도 미국은 '항행의 자유 작전'을 강화해 나가고 있다. 미군은 주기적으로 무해(無害)통항권에 근거하여 항행하고 있고, 2020년 5월에도 남중국해 스카버러 암초 연안 22.2km 내 구간까지 진입한 적도 있다. 미군이 이 작전의 목적을 "과도한 해상권 주장에 도전하고 국제법의 지배를 받는 수로에 대한 접근권을 보장하기 위해서였다"라고 설명하듯이 미국은 남중국해에 대한 중국의 영유권 주장을 인정하지 않고 있다.

바이든 행정부가 출범한 후 미국은 중국을 자유민주주의에 대한 도전으로 인식하면서 인권 문제 등 이념적 차원에서 중국을 비판하고 있다. 특히 바이든 행정부는 가치 측면에서 중국을 비판함으로써 다른 국가와의 협력을 강화하고자 노력하고 있고, 트럼프 행정부 때 시작했던 미국, 일본, 호주, 인도 간의 협의인 '4개국 회의(쿼드, QUAD)'를 더욱 강화하는 방향으로 노력하고 있다. 바이든 행정부 출범 이후 미국은 중국을 더욱 장기적이면서 체계적으로 압박하고 있다고 할 것이다. 최근 들어서 중국에 대한 미국인들의 부정적 여론도 지속적으로 증가하고 있다.

이렇게 볼 때 미 · 중대결에서 미국은 오간스키, 미어샤이머, 앨리슨 등이 예언한 대로 '투키디데스의 함정'으로 나가고 있는 것으로 보인다. 여기에 대하여 중국이 반발할 경우 전쟁으로 금방 악화될 수도 있다.

2) 중국의 자제

아직까지 중국은 미국에 대한 적극적인 반발을 삼가는 태도이다. 2020년 1월에 무역의 균형 회복을 위한 조치에도 합의하였고, 미국의 조치에 대한 발언에도 신중한 모습을 보이고 있다. 2020년 5월 미국이 '중국에 대한 전략적 접근' 보고서를 발간하여 양국 간의 경쟁을 노골화하였지만 중국은 이에 대하여 적극적으로 비판하지 않았다. 바이든 행정부 출범 이후에도 중국은 신중한 태도로 접근하고 있다.

미국의 강경한 조치가 지속되면 언젠가는 중국도 반발하게 되겠지만, 현재로서는 반발이 쉽지 않은 상황이다. 전체 경제규모에서는 중국이 미국을 어느 정도 육박한 것은 사실이지만, 일인당 국민소득이나 질적인 측면에서는 부족함이 크고, 시진핑이 추진해온 일대일로 정책의 성과도 미흡하며, 해군력의 질적 차이도 아직 크기 때문이다.

그러나 중국이 미봉책으로 현 상황을 극복할 수는 없다. 미국의 태도가 매우 확고하고, 특히 미국은 "가치"의 문제 즉 중국의 국가이념인 공산주의 자체를 문제 삼고 있기 때문이다. 또한 타이완과 홍콩의 문제도 중국이 양보하기는 어렵다. 남중국해의 경우에는 금방이라도 미국과 중국의 군함이 충돌할 수가 있다. 중국도 충돌을 마냥 회피하기는 어려운 상황일 수 있다.

현재로는 미국이 '투키디데스의 함정'을 각오하는 정책을 수립하였음에도 중국이 이에 맞서기는 쉽지 않은 것으로 보인다. 그러나 중국은 강대국으로서의 지위를 확보해야 한다는 "역사적 관성"이 강하다는 점에서(정차근 2018, 142-143), 언제까지 대결을 회피할 수는 없고, 중국이 도전을 결심할 경우 '투키디데스의 함정'은 현실화될 수밖에 없다.

3) 미 · 중의 군사적 충돌 가능성

미군은 이미 '다(多) 도메인 작전(MDO: Multi-Domain Operations)'이라는 명칭으로 중국 및 러시아 군대와의 전쟁을 가정하여 군사력을 증강해 나가고 있다. 미군은 중국 또는 러시아가 '반(反)접근 지역거부(Anti-

Access Area Denial)' 능력을 통하여 미국의 접근을 방해하는 상황에서도 이들의 군대를 돌파(penetration), 와해(disrupt), 전과확대(exploit)한 후 재경쟁(re-compete) 상태로 회귀한다는 내용으로 미래전 수행개념을 정립한 후, 2028년부터는 이것을 구현할 수 있는 능력을 구비하기 위하여 노력하고 있다(US Army 2018, V).

전체의 군사력은 당연히 미군이 우세하지만, 중국 부근에서 전쟁이 수행될 경우 미 · 중 양국의 군사력이 대등할 수도 있다는 점에서 중국도 미국을 마냥 두려워하지 않을 수도 있다. 랜드연구소(RAND)에서는 핵능력을 제외한 9개의 주요 작전수행능력에 관한 미 · 중 비교에서 중국 본토에서 이격된 장소에서 전쟁이 벌어질 경우 9개 작전수행능력 중에서 미국이 '매우 우세 2개, 우세 3개, 동등 4개'로서 압도적이지만, 중국 근처에서 대결할 경우에는 '미국 매우 우세 0, 우세 3, 동등 4, 중국 우세 2'로 거의 대등해진다고 평가하고 있다(RAND 2020).

이런 사항들을 감안해볼 때 단기적으로 중국은 미국의 압박을 인내하면서 대결을 자제할 것이나 장기적으로 대결을 준비할 가능성이 크고, 타이완이나 한국 등 자신이 유리한 지역에서 대결이 벌어질 경우 물러서지 않을 가능성도 작지 않다. 특히 중국은 타이완의 독립을 좌시하지 않을 것이라서 미국과 중국의 충돌이 갑자기 격화될 수 있고, 남중국해에서의 충돌이 미 · 중 간의 전쟁으로 악화될 수도 있다.

그럼에도 불구하고 중국이 미국과 직접대결을 벌일 경우 중국이 감수해야 하는 위험부담은 매우 크다. 만약 타이완의 독립을 사이에 두고 미 · 중대결이 벌어져서 중국이 패배할 경우 타이완의 독립을 허용해주는 것은 물론이고, 그 후과(後果)로 중국의 공산당 정권이 붕괴하면서 중국이 분열될 수도 있다. 이러한 점에서 중국 수뇌부의 입장에서는 중국과 인접한 위치라서 군사적으로 불리하지 않고, 핵무기까지 보유한 상태에서 미국에 대한 강한 적대의지를 갖고 있는 북한이 주도하는 전쟁을 사주 또는 지원하게 된다면 위험부담 없이 미국을 동요시킬 수 있을 것으로 판단할 수 있다.

4. 결론

이론과 실제 모두가 그러하다고 할 정도로 현재 미국과 중국은 대결의 길, 즉 '투키디데스의 함정'으로 빨려 들어가고 있다. 중국의 도전에 대하여 미국이 좌시할 수 없다고 판단한 것으로 보이기 때문이다. 중국이 공산주의 이념을 포기하지 않고 있어서 과거 미국과 소련 간의 이념대결이 재현될 가능성도 배제할 수 없다.

미국과 중국 간의 충돌과 관련하여 한국의 정부는 물론이고 학계에서 건의하는 대부분의 방향은 '균형외교'이다. 연미화중(聯美和中, 미국과의 동맹을 유지하면서 중국과의 경제협력을 확대하는 것) 또는 안미경중(安美經中, 안보는 미국, 경제는 중국)의 입장이 주류를 형성하고 있다. "지금은 미 · 중 어느 한쪽을 일방적으로 선택할 필요가 없으며, 지정학적 가치를 높이는 데 주력하면서 국가이익을 증진시킬 수 있어야 한다".는 입장이다"(임경한 2019, 102).

그러나 '균형외교'는 개념적으로는 그럴듯하지만, 실제 정책으로의 구체화는 쉽지 않고, 현실적이지도 않다. 두 강대국 사이에서 줄타기 외교는 탁월한 외교역량을 가진 국가들도 성공하기가 어려운 곡예일 수밖에 없기 때문이다. 특히 한국은 미국과 동맹관계이고, 중국은 북한과 동맹관계라서 이미 진영이 선택된 상황이다. 2010년 천안함 피격과 연평도 포격 사태에서 드러났듯이 한국이 아무리 중국과 친해지고자 해도 중국은 한국 편을 들지 않는다. 또한 중국이 공산주의 가치를 포기하지 않는데도 한국이 중립적인 태도를 취하기는 어렵다. 더군다나 한국은 북핵의 위협에 노출되어 있어서 미국이 한국을 방기해버릴 경우 국가의 생존을 걱정해야 하는 상황이다.

미 · 중대결과 관련하여 한국이 진정으로 고민해야 할 사항은 한반도가 미 · 중 대리전(proxy war)의 무대가 될 가능성이다. 미국과 중국이 직접 전쟁을 하는 것에 대한 부담이 클 경우 남북한이 전쟁을 하도록 한 후 양국이 배후에서 지원하는 게 유리할 수 있기 때문이다. 한반도는 미국과 중국 사이의 "전략적 영토"이기 때문에 미국과 중국은 본격적 전쟁 이전에 한반도에 대한 지배권을 둘러싸고 전쟁을 발발할 수 있다. 실제로 동아시아에서 세력전이가 발생할 때마다 한반도에서 각축이 벌어지곤 하였다(정성철 2020, 94). 또한 북한이 핵무기를 개발한 상태라서 중국이 부추길 경우 대남도발을 감행할 가능성도 없지 않다.

결국 한국이 고민해야 할 사항은 미국과 중국 중에서 어느 편을 선택할 것인가가 아니라 미국을 선택하여 한 · 미동맹을 강화할 때 예상되는 중국의 압박을 어떻게 최소화할 것이냐라고 할 수 있다. 또한 대리전쟁의 가능성을 진지하게 검토하여 예방에 노력하는 일이다. 결국 한국은 '균형외교'라는 허상에서 벗어나 한 · 미동맹을 강화하지 않을 수 없고, 이러한 점을 중국에게 분명하게 통보함으로써 중국의 기대치를 낮추는 것이 현실적이다.

5
한 · 미동맹

한국은 미군을 중심으로 하는 유엔군의 참전에 힘입어 1950년 6 · 25전쟁의 위기를 극복하였고, 1953년 미국과 상호방위조약을 체결하여 동맹관계를 시작함으로써 휴전상태에서도 경제적 번영을 구가하여 'G20'의 일원이 되었다. 지금도 한국은 미국의 '확장억제' 즉 북한이 핵무기로 한국을 공격할 경우 미국이 대신하여 대규모 응징보복을 가하겠다는 약속에 의지하여 북한의 핵위협을 억제하고 있다. 한국의 안전과 번영에 한 · 미동맹이 결정적으로 중요하다는 사실은 누구도 부정할 수 없다.

다만, 한국 국민 사이에 오랜 동맹관계에 따른 피로감과 불만이 쌓여온 점도 없지 않다. 한 · 미동맹은 강대국과 약소국 간의 '비대칭동맹(asymmetrical alliance)'인데, 그의 본질은 "자율성-안보 교환(autonomy-security trade-off)" 즉 한국이 어느 정도의 자율성을 양보함으로써 미국의 안보지원을 확보하는 방식이라서, 국민의 자긍심(self-esteem)이 손상받을 수밖에 없기 때문이다. 미국의 안보지원에 부응하여 한국은 미군 주둔을 위한 기지를 제공하였고, 베트남 전쟁에 대규모 군대를 파견하였으며, 미국의 세계 및 지역정책에 적극적으로 협력해왔고, 적지 않은 금액의 주한미군 주둔 비용을 분담(cost sharing)하고 있다. 국가의 안전과 번영을 위한 불가피한 조치라고 하더라도 국민들의 자존심이 손상받을 수밖에 없었고, 따라서 국가안보를 위하여 한·미동맹이 필수적인 것이 분명함에도 낮지 않은 반미사조가 계속하여 존재해온 것이다.

1. 비대칭동맹 이론

1) 비대칭동맹

'동맹(alliance)'은 일반적으로는 다른 국가의 힘을 빌려 전쟁에서 승리하거나 세력균형을 유리하게 만들기 위한 방법 중 하나이다(Morgenthau 1993, 197-202). 그런데, 이러한 동맹의 정의는 냉전 시대에 강대국이 약소국의 안보를 일방적으로 지원하는 동맹의 형태를 설명하지는 못한다. 미국과 소련은 동맹국의 군사력을 빌릴 필요성이 크지 않았음에도 다수의 약소국들과 동맹관계를 맺었기 때문이다. 이러한 점에서 "동맹의 일차적인 목표는 그들 각각의 이해를 증진할 수 있는 방향으로 동맹국들의 능력을 결합하는 것"이라는 월트(Stephen M. Walt)의 정의가(1971, 157) 더욱 현실에 부합될 수 있다. 군사적 지원을 받지 못하더라도 다른 이익이 기대된다면 동맹관계는 성립할 수 있다는 말이 되기 때문이다.

대칭동맹(symmetrical alliance)은 동맹에 관한 일반적 정의처럼 국력이 대등한 국가끼리 유사시 서로의 군사적 지원이라는 대칭적 지원을 교환함으로써 상호지원 효과를 추구한다. 어느 한 국가가 공격을 받으면 다른 국가의 군대가 전쟁에 가담하여 함께 수행하는 것이 동맹의 핵심이다. 반면에 비대칭동맹은 동맹의 당사국들이 강대국과 약소국으로 현격한 국력 차이를 보일 뿐만 아니라 서로가 제공하는 것도 다르다. 즉 강대국은 안보를 제공하는 대신에 약소국은 안보지원 이외 비대칭적인 다른 것을 지원한다. 강대국은 자체적으로 충분한 국방력을 구비하고 있어서 약소국의 안보지원이 필수적이지 않기 때문이다.

냉전 동안에 미국과 소련이라는 핵독점국이 자유민주주의와 공산주의 진영을 대표하여 대치하게 됨에 따라서 현대의 동맹은 대부분 비대칭의 형태를 띠게 되었다. 미국이나 소련 이외의 국가들이 두 강대국 중 하나에 '편승'하지 않은 상태에서 안보를 지속하기는 어려워졌기 때문이다. 동맹은 강대국과 약소국을 하나의 진영으로 결합시키는 도구가 되었고, 그 결과 국제사회에서는 국가 간 계층구조(hierarchy)가 형성되었다(Waltz 1979, 114). 냉전이 종식되었지만 미국을 중심으로 하는 이러한 서열적인 동맹구조는 지속되고 있고, 따라서 비대칭 동맹에 관한 이론을 적용하지 않고는 현대의 동맹을 정확하게 이해하기 어렵다.

2) 비대칭동맹 관계의 유형

비대칭동맹은 현대에만 존재하는 것이 아니라 과거부터 존재하였는데, 그것의 근본적 원리는 강대국이 약소국을 보호해주는 대신에 약소국은 강대국의 말을 듣는 형태, 즉 '자율성-안보 교환'이다. 다만, 그 교환의 정도에 따라서 몇 가지로 구분하게 되는데, 교환의 정도가 가장 큰 것이 '후견-피후견 관계'이고, 그다음이 알트펠드가 주창한 '자율성-안보 교환'이라고 할 수 있으며, 교환관계를 포함하고 있지 않은 것이 중국이 사용하고 있는 '동반자 관계'라고 할 수 있다. 이 세 가지 유형을 설명하면 다음과 같다.

(1) 후견-피후견 관계

'후견-피후견 관계(patron-client relationship)'는 로마시대로부터 유래한 것인데, 로마는 속주(屬州)를 보호해주는 대신에 속주들은 로마에게 충성하는 형태를 지칭한다. 이러한 관계는 로마의 사회에도 적용되어 유력자가 후견인이 되어 전도가 유망한 피후견인인 청년을 지도해주는 방식이 보편화되었고, 이것이 계승되어 영주가 후견인이 되어 소작농(serfdom)들을 보호하는 대신에 소작농들은 영주에게 충성하는 형태로 지속되었다. 이러한 후견-피후견의 관계는 유럽사회에 아직도 적지 않게 잔존하고 있고, '대부(godfather)'라는 이름으로 종교에도 계승되고 있다. 현대에는 법률을 통하여 인간 간의 후견(patronage)과 피후견(clientage)의 관계를 제도화하기도 했다.

국제관계에서도 '후견-피후견 관계'가 적지 않다. 약소국의 자주성을 심각하게 무시하는 용어이기 때문에 대부분이 사용을 회피하지만, 객관적으로 보면 강대국이 약소국을 일방적으로 지원하는 경우 이 관계로 볼 수 있다. 제2차 세계대전 이후 미국의 지원 하에서 일방적으로 안전을 보장받고 경제적 발전을 이룩한 대부분의 자유민주주의 국가들은 미국과 '후견-피후견 관계'였다고 볼 수 있다. 이 '후견-피후견 관계'의 경우 후견국인 강대국은 약소국을 적극적으로 보호해줘야 한다고 생각할 것이고, 의무가 규정되어 있는 것은 아니지만 피후견국은 보호를 받는 대신에 후견국을 존중하면서 다소의 상하적 관계를 자발적으로 수용하게 되는 것이다(박휘락 2020a, 90-91).

그렇기 때문에 '후견-피후견 관계'는 "상호교환적 관계를 유지하는 국력이 동등하지 않은 2개 국가 간에 형성된 쌍무적이고, 자발적이면서, 지속 가능한 관계"라고 정의되고, 이것은 조약 등에 구애받지 않는 비공식적, 자발적, 장기적 협조관계를 강조한다(Helman 2002, 33-35). 자긍심 손상을 우려하여 특정의 국제관계를 '후견-피후견 관계'로 공식화하는 것은 쉽지 않지만, 미국과 소련이라는 두 개의 강대국이 세력을 양분했던 냉전시대부터 지금에 이르기까지 강대국과 약소국 사이의 관계에는 이러한 '후견-피후견 관계'의 요소가 상당할 정도로 포함되어 있었다.

(2) 자율성-안보 교환

비대칭동맹을 설명하는 데 있어서 전형적으로 적용되는 이론이 '자율성-안보 교환' 모델이다. 이것은 명칭에서 쉽게 알 수 있듯이 강대국과 약소국 간의 관계에서 약소국은 자율성을 양보하고, 강대국은 안보를 제공하는 교환관계를 말한다. 이것은 알트펠드가 1984년 발표한 논문에서 제시되었는데, 그는 '국가안보', '국민경제', '자율성'이라는 세 가지 요소를 중심으로 1824~1900년까지 형성된 유럽의 동맹사례를 분석한 후 이러한 결론을 제시하였다. 알트펠드는 비대칭동맹에서 약소국들은 자신의 자율성을 양보하는 대가로 강대국의 안보지원을 확보하여 안전을 도모하고, 이러한 방법을 적용함으로써 절약된 재원을 경제분야에 투자하여 국가를 발전시키게 된다고 주장하였다(Altfeld 1984, 528).

알트펠드를 이어서 모로(James Morrow)는 이 '자율성-안보 교환'을 더욱 발전시켜 모델 수준으로 격상시켰는데, 그는 약소국의 자율성 양보와 강대국의 안보지원 확보를 반비례 관계로 인식하면서 이 두 가지에 대한 비중이나 우선순위를 해당 국가가 어떻게 인식하느냐에 따라서 비대칭 동맹의 내용이 결정된다고 주장하였다. 그에 의하면 약소국은 자율성을 대폭 양보하여 강대국의 안보지원을 강화하든가, 아니면 자율성을 양보하지 않음으로써 강대국 안보지원이 약해지는 것을 감수할 것인가를 선택해야 한다는 것이다(Morrow 1991, 910). 하나를 선택하면 다른 하나는 희생해야 하는 관계로서, 이것을 도식화하면 〈그림 1〉과 같다.

〈그림 1〉은 '자율성-안보 교환'의 반비례적 관계를 설명하고 있는데, 약소국이 A지점을 선택하여 자율성을 증대시키면 강대국의 안보지원은 약해진다. 약소국이 강대국의 안보지원이 절실하여 증대시키고자 한다면 C 지점을 선택해야 하는데, 그렇게 되면 자신의 자율성을 낮출 수밖에 없다. 자율성과 안보지원을 조화시키는 것은 B 지점일 것인

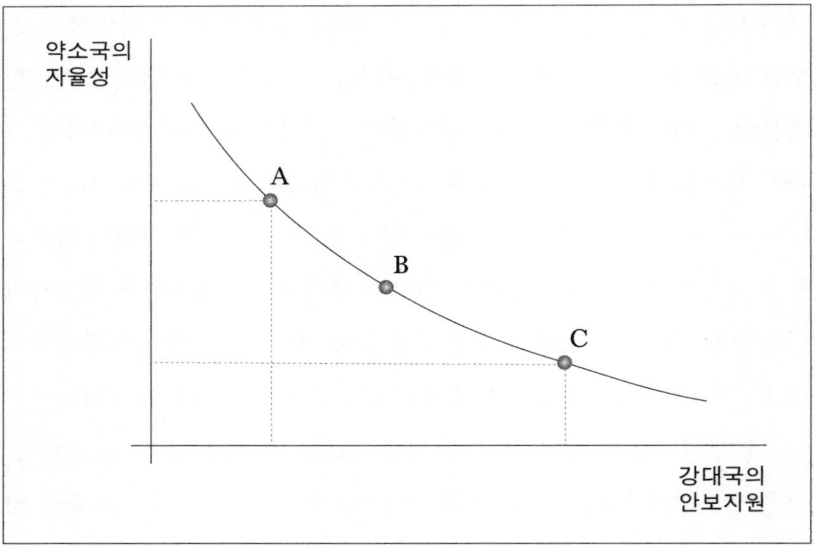

〈그림 1〉 약소국의 자율성-안보 교환

출처: Morrow 1991, 914. A, B, C 지점은 필자가 추가

데, 이 지점을 지향하기는 쉽지만 실제의 상황에서 조화시킨다는 것은 쉽지 않다. 약소국의 입장에서는 자율성 양보가 자긍심 손상으로 받아들여지기 때문에 안보지원은 받으면서 자율성 양보를 줄이려는 경향을 갖게 되지만, 이 모델에 의하면 그것은 현실적이지 않다.

이러한 '자율성-안보 교환'의 관계는 동맹에만 적용되는 것은 아니다. 그러한 교환이 의무화된 것이 동맹이지만, 강대국과 약소국 간의 관계에서는 언제나 이 두 가지 교환의 관계가 어느 정도 작용한다고 볼 수 있다. 강대국은 주변 약소국을 안보적으로 위압함과 동시에 지원할 수 있고, 약소국은 그 강대국의 위압을 완화시키고자 한다면 자율성을 어느 정도 양보하여 강대국의 요구를 수용할 수밖에 없기 때문이다. 강대국과 약소국 간의 관계가 동맹에 가까운 관계일수록 교환성이 강하고, 동맹에 먼 관계일수록 교환성이 약할 뿐이다. 비록 자긍심이 상하기는 하지만, 강대국과의 관계를 통하여 국가안보를 유지해나가야 하는 약소국의 입장에서는 이 '자율성-안보 교환' 모델을 유념하지 않을 수 없다고 할 것이다.

(3) 동반자 관계

동맹보다 약한 협력관계로서 동반자 관계(partnership)가 가끔 사용되는데, 이것은 1990년대부터 국제사회에 등장한 용어로서 명확한 실체를 갖고 있는 내용이라기보다는 선언에 가까운 관계이다. 처음에는 유럽연합(EU: European Union)이 사용하였으나 최근에는 중국이 이 용어를 적극적으로 사용하고 있다. 중국은 2016년 현재 78개국과 동반자 관계를 체결하고 있는데, 그 핵심적인 내용은 상호존중과 대등성이라고 강조하고 있다(Li and Ye 2019, 66).

동반자 관계는 그것을 체결하지 않는 국가에 비해서 관계가 긴밀한 것은 분명하지만, 공통위협을 상정하거나 상대국에 대한 법적인 의무나 책임을 규정하는 것은 아니다. 동반자 관계는 우호와 적대라는 구분에서 벗어나서 협력을 통하여 공통의 목표를 달성하려는 의도에 불과할 수 있다(Blanco 2015, 54-55). 따라서 전략적 협력, 포괄적 협력, 전면적 협력 등의 다양한 용어가 그 앞에 사용된다. 동반자 관계는 양국의 선의와 대등성을 중요시한다. 중국이 강대국이면서도 이와 같은 대등성을 강조하는 관계를 권장하고 있고, 약소국은 '자율성-안보 교환'과 같은 부담을 가질 필요가 없다고 생각하여 동반자 관계에 동의하는 것으로 보인다.

동반자 관계가 갖는 의미를 나름대로 분명히 규정하고 있는 것은 북대서양기구(나토, NATO: North Atlantic Treaty Organization)이다. 나토는 1994년 1월 브뤼셀 정상회담을 통해 과거 공산권에 속했던 국가들의 가입을 바로 허용하기는 어렵다면서 "평화를 위한 동반자 관계(PfP: Partnership for Peace)"라는 범주를 만들었다. 이 동반자 관계는 나토의 다른 모든 활동에 대한 참여는 허용하지만 나토헌장 제5조, 즉 회원국에 대한 무력공격이 있을 경우 나토에 대한 공격으로 간주하여 대응한다는 조항은 적용하지 않는다는 관계이다(이수형 2010, 5). 동맹의 관계를 지향하되 아직 동맹이 갖는 의무조항에는 합의하지 않은 관계라고 할 수 있다. 나아가 나토는 "지구적 동반자 관계(Global Partnership)"라는 개념을 설정하여 전 세계국가와의 관계 개선을 추진하고 있는데, 이것을 보면 동반자 관계는 그 대상이나 지향방향에 따라 천차만별일 수 있다. 다만, 동반자 관계는 대등성을 바탕으로 하기 때문에 약소국의 경우 자긍심이 손상당할 우려는 적다고 할 것이다.

3) 국제정치에서의 국가 자긍심

강대국과 약소국 간의 동맹에서 약소국은 자율성을 양보해야 하는데, 이것은 국가의 자부심(pride) 또는 자긍심(self-eseteem)을 손상시킨다는 위험이 있다. 다른 국가의 요구를 무조건 수용하는 것은 당연히 불쾌한 일일 것이기 때문이다. 타국에 순종하는 정부가 국민들의 지속적인 지지를 받기는 어렵다.

자부심이나 자긍심은 명확하게 구별되기보다는 선호에 좌우된다고 할 정도로 교환적으로 사용되면서 한국에서는 번역어조차 통일되어 있지 않지만, 이론적 토의에서는 후자가 더욱 자주 사용된다. 국어에서는 자존심이라는 말도 일반적으로 사용된다. 다만, 어느 용어를 사용하든 간에 이것은 국가에 관하여 자랑스럽게 생각하는 마음이다. 이것은 국가의 정체성에 대한 확신에 기인하는 것인데, 국가정체성이 "나는 누구인가?"에 대한 인지적(cognitive) 개념이라면, 국가자긍심은 그러한 국가정체성에 대한 애착으로서의 감정적(affective) 개념이라고 할 수 있고, 애국심과도 상당한 유사성을 갖는다(김기동 · 이재묵 2020, 33). 그리고 국가의 정체성과 국가자긍심은 당연히 민족주의(nationalism)와도 연결된다(Spinner-Halev and Theiss-Morse 2003, 523).

국가에 대한 자긍심은 평소에는 국제정치에 크게 영향을 주지 않는다. 그러나 그것이 위협받거나 훼손되었다고 생각할 경우에는 직접적이면서 강력한 영향을 줄 수 있다. 자긍심 손상이 심각해지면 국민들은 그것을 손상하는 국가나 정부에 대하여 반감을 가지게 되고, 공격적인 국제관계를 지향하는 당을 지원하게 될 것이며, 건설적인 외교관계를 방해하기도 하고, 그것이 더욱 심해지면 적대감과 외부인에 대한 공포

(xenophia)로 악화되기도 한다(M. D. R. and Kelley 2002). 민족적 정체성이 크거나 국가의 자긍심에 민감할수록 '외부인 공포'가 커진다는 것이 연구를 통하여 입증되기도 했다(Hjerm 1998, 344-345).

자긍심 손상에 대해서는 약소국이 더욱 민감할 수밖에 없다. 힘이 약한 만큼 손상당할 소지가 많고, 그러한 손상의 역사를 되풀이하지 않아야겠다고 생각하기 때문이다. 약소국들은 그들의 정체성이 위협받는다고 생각할 경우에는 자율성을 강화하고자 의도적으로 노력하고, 다른 국가가 그들을 통제하는 것을 '모욕'으로 인식하며, 자긍심의 상처를 회복하기 위하여 더욱 독립적이고자 노력한다(Spinner-Halev and Theiss-Morse 2003, 517). 당연히 민족주의가 강화될 수 있다. 따라서 "자율성-안보 교환"의 모델을 인정하고, 강대국의 안보지원이 필요함을 인식하더라도, 자긍심 손상은 수용할 수 없다고 생각하여 이성적 요구와 다르게 행동할 수 있는 것이다.

2. 한 · 미동맹에서의 '자율성-안보 교환' 적용

한국과 미국은 약소국과 강대국이기 때문에 당연히 '자율성-안보 교환' 모델에 의하여 동맹을 관리 및 유지하였다. 다만, 그동안 한국이 상당할 정도로 경제성장을 지속하고, 그에 따라 자주국방력도 강화하였기 때문에 그 교환의 정도는 계속하여 변화되었다. 그 과정을 실제적인 내용을 중심으로 설명해보고자 한다.

1) 해방~6 · 25전쟁: 보호국 vs 피보호국

해방에서 6 · 25전쟁에 이르기까지 미국은 한국을 일본에서 해방시켰고, 한국 정부와 한국군 출범의 기초를 만들어준 절대적인 지원자였다. 유엔의 이름으로 한국의 정부를 수립시킨 것은 말할 필요도 없고, 미군은 '뱀부계획(bamboo plan)'을 통하여 한국군을 창설하였고, 철수하면서 많은 장비를 한국군에게 인계하였다. 당시 미군이 한국군에게 이양한 장비는 M1소총과 카빈이 105,000정(탄약 5천만 발), 105미리 곡사포 90문(포탄 108,000발), 수류탄 295,000발, 트럭 5,000대, 함정 79척, 연락기 20대 등이었는데(군사편찬연구소 2013, 34), 규모가 당시 한국군 전체를 무장시킬 수 있을 정도였다고 해도 과언이 아니다.

1950년 북한이 남침하자 유엔군의 일원으로 참전한 미군은 북한과 중공군에 대한 모든 군사작전을 지휘하면서 필요한 모든 전쟁물자를 자체적으로 충당하였다. 비록 대한민국의 영토에서 전쟁이 수행되었으나 그 전쟁은 대한민국이 아닌 미군이 수행했다고 할 정도로 미군이 주도하였고, 그 결과 대한민국을 북한의 침략으로부터 방어하는 데 성공하였다. 6 · 25전쟁 때 미군의 참전규모를 보면 최대로 주둔할 때는 30만 명이 넘었고, 3년의 전쟁 기간에 참전한 미군의 총 인원은 1,789,000명이었다. 6 · 25전쟁으로 인하여 36,754명이 전사하고, 10만여 명이 부상당했으며, 실종자는 8,000여 명이었다(군사편찬연구소 2013, 48). 특히 미군대장이 유엔군사령관으로서 모든 전쟁수행을 지휘하였고, 휴전협정도 주도하였다. 따라서 공식적인 용어는 그렇지 않지만 내용만으로 볼 때 해방에서부터 6 · 25전쟁 때까지 미국과 한국은 보호자와 피보호자였고, 철저하게 일방적인 관계였다고 보는 것이 현실적이다.

2) 6 · 25전쟁 이후~노태우 정부: 후견국 vs 피후견국

1950년 발발한 6 · 25전쟁이 휴전으로 가닥을 잡아가자 극심한 안보불안을 느낀 한국은 1953년 미국과의 상호방위조약 즉 동맹조약을 체결할 것으로 요구하였고, 이에 미국이 마지못했지만 호응함으로써 한 · 미 양국은 동맹관계를 시작하였다. 당시 한국은 군사적으로는 물론이고, 경제적으로도 자립할 수 없는 상황이었고, 미국은 제2차 세계대전 이후 전 세계의 패권을 장악한 상태였기 때문에 당연히 한 · 미동맹은 약소국과 강대국 간의 '비대칭동맹'이었다. 비록 조약상에서는 서로가 지원하는 관계로 명시되어 있지만, 미국이 한국을 일방적이면서 지속적으로 지원하였고, 한국은 미국에 철저히 의존하였다. 따라서 이 당시의 관계는 '후견인-피후견인 관계'라고 봐도 큰 무리가 없다.

실제로 6 · 25전쟁 후 미국은 한국과 한국군의 재건을 적극적으로 지원하였다. 예를 들면, 유엔을 중심으로 1950~1958년까지 20억 달러(환율을 1,000원으로만 계산해도 2조 원)의 무상원조를 제공하였는데, 그의 90% 이상은 미국이 부담한 것이었다(군사편찬연구소 2013, 77). 그리고 1954년 11월 17일 한 · 미 양국은 한국에 대한 군사 및 경제원조에 관한 사항을 '합의의사록'으로 공식화한 후, 이에 근거하여 1955년에는 군사원조 4.2억 달러, 경제원조 2.8억 달러 즉 총 7억 달러(환율을 1,000원으로만 계산해도 7,000억 원)를 제공했고, 추가로 79척의 군함과 100대의 제트전투기를 제공하기도 했다(군사편찬연구소 2013, 79). 1948년부터 1960년대 초반까지 미국이 한국에 제공한 원조는 100억 달러(10조 원)가 넘고, 그의 70% 이상이 군사원조였다는 점에서(군사편찬연구소 2013, 85) 철저한 '후견인-피후견인 관계'였다고 평가할 수밖에 없다.

한국은 자주국방을 위한 노력도 적극적으로 경주하여 미국에 대한 안보 의존도를 약화시킴으로써 '후견-피후견'의 정도를 감소시키고자 노력하였다. 한국군은 특별방위세까지 신설하여 재원을 확보하면서 '율곡계획'이라는 명칭으로 자주국방에 필요한 무기 및 장비를 획득하고자 노력하였다. 미국도 상당한 액수의 무상원조를 제공하였다. 다만, 미국은 해외무기판매(FMS: Foreign Military Sales) 차관의 형식을 통하여 빌려주는 액수를 증대시킴으로써 일방적인 후견인 역할을 점차 감소시키는 모습도 보였다.

그럼에도 불구하고 한국은 미국이 요구하였다는 이유만으로 아무런 이해관계가 없었던 남베트남에 대규모 병력을 파견하였다. 당시 한국은 미국의 동맹국 중에서 가장 많은 병력을 파견하였는데, 그 규모를 보면 1964년 140명, 1965년 20,541명, 1966년 45,606명, 1967년 48,839명, 1968년 49,869명, 1969년 49,755명, 1970년 48,512명, 1971년 45,694명, 1972년 37,438명에 달하였다(군사편찬연구소 2013, 96). 즉 한국은 후견국인 미국의 요청에 피후견국으로서 성실하게 부응했다고 할 수 있다.

이러한 '후견-피후견' 관계는 한국의 경제 및 정치적 성장으로 점차 약해지기는 했지만, 1990년대까지 지속되었다. 다만, 1969년 닉슨(Richard Nixon) 대통령이 '괌 독트린'을 통하여 우방국 스스로에 의한 방위를 강조하면서 주한미군의 철수를 추진하였고, 이후에도 수시로 주한미군 철수 제안이 돌출됨으로써 미국이 후견인 역할을 하지 않으려는 의사는 간헐적으로 드러내었다. 1976년에는 '을지 포커스 레티나 연습'이라는 명칭으로 처음으로 한 · 미연합 지휘소연습을 실시하고, 1978년에는 한 · 미연합사령부(ROK-US Combined Forces Command)를 창설함으로써 한 · 미 양국이 함께 노력하는 모습을 증대시키기 시작하였다. 국력이 신장되면서 한국은 미군대장인 유엔군사령관에게 한국군의 작전통제를 전적으로 위임한다는 것을 불편하게 생각하였고, 결국 1994년 12월 1일부로 한국군에 대한 '평시 작전통제권'을 환수하였다. 따라서 한국과 미국의 '후견-피후견 관계'는 이로써 종료되었다고 평가해도 큰 무리는 아니다.

3) 김영삼 정부~박근혜 정부: 자율성-안보 교환

경제성장으로 한국의 국력이 신장되자 한국 국민들의 자주성 요구가 분출되었고, 이것이 한·미동맹의 변화를 촉구하기 시작하였다. 미국도 한국의 경제가 성장함에 따라서 주한미군 감축을 추진하였다. 그 결과 1953년에 8개 사단 32만 5천 명에 이르던 주한미군은 계속 감소되었고, 특히 1990년에 발표된 "넌 워너 법안"에 근거하여 미군은 3단계로 구분하면서 1992년까지는 7,000명을 감축하고, 1995년까지는 주한미군을 재편하면서 6,500명을 감축한 후 1996년부터는 최소규모만 주둔한다는 방향을 정하기도 했다(군사편찬연구소 2013, 188). 이 방안은 레이건(Donald Reagan) 정부에 의하여 백지화되었지만, 한국에 대한 부담을 감소시키려는 미국의 의도는 잔존하였다.

북한의 위협을 효과적으로 억제하기 위하여 한·미동맹이 필요한 한국은 주한미군의 주둔비용을 지원하기 시작하였다. 한·미 양국은 특별협정을 맺어서 토지와 면세 이외에 1991년 1억 5,000만 달러를 지불하였고, 이후부터 지속적으로 분담금을 증액하였다(김영일·신종호 2008, 3). 이것을 보면 이 시기부터 한국은 자율성을 양보하여 미국이 요구하는 주둔비용을 분담하고, 미국은 안보를 지원하는 전형적인 '자율성-안보 교환'의 관계가 성립되었다고 할 수 있다. 이후부터 방위비분담의 액수와 조건이 한·미동맹에서 차지하는 비중이 커졌고, 이것이 한·미동맹의 본질을 흔들 수 있는 비중으로까지 커지는 상황이 되었다. 지금까지 한국이 제공하는 주한미군 주둔에 따른 방위비분담의 규모는 〈표 2〉와 같다.

〈표 2〉 한국의 방위비분담금 현황

(단위: 달러 이외 단위는 원)

협상	연도	분담금
1차	1991~1993	1억 5,000만 달러(1991) → 1억 8,000만 달러(1992, 20%) → 2억 2,000만 달러(1993, 22%)
2차	1994~1995	2억 6,000만 달러(1994, 18%) → 3억 달러(1995, 15%)
3차	1996~1998	3억 3,000만 달러(1996, 10%) → 3억 6,300만 달러(1997, 10%) → 3억 1,400만 달러(1998, -14%)
4차	1999~2001	3억 3,900만 달러(1999, 8%) → 3억 9,100만 달러(2000, 15%) → 4억 4,400만 달러(2001, 14%)
5차	2002~2004	4억 7,200만 달러(2002, 7%) → 5억 5,700만 달러(2003, 18%) → 6억 2,200만 달러(2004, 12%)
6차	2005~2006	6,804억(2005) → 6,804억(2006, 0%)
7차	2007~2008	7,255억(2007, 7%) → 7,415억(2008, 2%)
8차	2009~2013	7,600억(2009, 2%) → 7,904억(2010, 4%) → 8,125억(2011, 4%) → 8,361억(2012, 3%) → 8,695억(2013, 4%)
9차	2014~2018	9,200억(2014, 6%) → 9,320억(2015, 1%) → 9,441억(2016, 1%) → 9,507억(2017, 1%) → 9,602억(2017, 1%)
10차	2019	1조 389억(8.2%)
11차	2020	1조 389억(2020, 0%) → 1조 1,833억(2021, 13.9%)

출처: 2009년까지는 황인락 2010, 36. 2010년부터는 신문자료를 통하여 보완. %는 전년도 대비 증가율.

한 · 미동맹의 대등성을 더욱 강화한다는 차원에서 2003년 출범한 노무현 정부는 미군 대장인 한 · 미연합사령관이 한국군에 대하여 전시 작전통제권을 행사하는 것을 "군사 주권"에 대한 침해로 이해하면서 이를 환수하겠다고 결정하였고, 그 결과 2012년 4월 17일로 환수의 날짜까지 확정하였다(국방부 2020). 그럼에도 불구하고 이명박 정부와 박근혜 정부에 걸쳐서 두 번이나 연기한 것은 한국 단독으로 안보를 담당할 정도는 아니라고 판단했기 때문이었고, '자율성-안보 교환'의 필요성을 인정한 것으로 볼 수 있다. 그 기간에 북한의 핵무기 개발 성공으로 위협이 더욱 악화됨에 따라 다소의 자율성을 양보하더라도 미국의 안보 지원을 확실히 받아야 한다는 인식은 강화되었다고 할 것이다. 그래서 박근혜 정부에서는 2014년 "① 한국군의 한 · 미 연합방위 주도를 위한 핵심군사능력 확보, ② 북핵 · 미사일 위협에 대한 한국군의 초기 필수 대응능력 구비, ③ 전시 작전통제권 전환에 부합하는 안정적인 한반도 및 지역 안보환경 관리"라는 강화된 조건을 전시 작전통제권 환수의 기준으로 설정하기도 했다(국방부 2016, 132).

4) 문재인 정부: 자율성-안보 교환 거부 또는 동반자 관계 지향

문재인 정부는 노무현 정부의 정책방향을 계승하였다고 할 수 있다. 문재인 대통령이 당시 대통령 비서실장을 역임했고, 대통령 후보로서도 당시 문제가 되었던 미군의 미사일 요격무기인 THAAD 배치에 반대하였으며, 전시 작전통제권을 조속히 환수해야 한다는 입장을 견지하고 있었다. 취임 후 표방하는 이념이나 임명한 정부인사들의 대부분도 노무현 정부와 유사하였다. 특히 '균형외교'라면서 한 · 미동맹과 함께 중국과의 관계도 중요시하였는데, 북핵 위협이 가중되어 2017년 9월 미군의 THAAD 포대 배치를 허용하면서도, 2017년 10월 중국에게 '3불(不)' 즉 THAAD 추가 배치, 미국과의 탄도미사일 방어체제 협력, 한·미·일 군사협력 등을 자제하겠다는 의도를 표명하기도 했다(김진방 2017). 문재인 정부는 북핵 문제가 심각해지는 상황에서도 전시작전통제권의 조기 환수를 적극적으로 추진하여 2018년 10월 한·미연합사령부의 사령관을 한국군이 담당한다는 데 합의하였고, 비록 코로나19로 한국군을 지휘관으로 하는 새로운 체제에 대한 완전운용능력(FOC: Full Operational Capability) 점검이 연기되고 있기는 하지만 초기운용능력(IOC: Initial Operational Capability) 점검은 완료하는 등 조기 구현에 적극 노력해왔다.

3. 트럼프 행정부 시대 한·미동맹

미국의 트럼프 대통령은 2017년 1월 20일 대통령으로 취임하였고, 한국의 문 대통령은 2017년 5월 10일 취임함으로써 4개월 정도의 격차로 거의 함께 임기를 시작하였다. 따라서 트럼프 행정부 기간 동안 한·미동맹에 관한 제반 사안은 모두 문재인 정부와 협의 및 처리되었다.

1) 트럼프 행정부의 대(對)한국 정책

트럼프 행정부가 미국의 다른 행정부와 다른 점은 한·미동맹에 있어서 '자율성-안보 교환' 모델을 노골적으로 강조한 것이다. 트럼프 대통령은 "미국 우선주의(America first)"를 주창하여 당선되었기 때문에 국내문제에 우선을 두고자 하였고, 그 일환으로 국제문제에 있어서 동맹국들의 기여도를 증대시키거나 미국의 비용을 절감시켜줄 것을 요구하였다(민정훈 2017, 13-14). 그는 미국이 부유한 동맹국들을 위하여 일방적으로 희생한다는 점을 노골적으로 불평하였고, 동맹국들에 대하여 미국의 안보지원에 상응하는 조치를 강구할 것을 요구하였다.

트럼프 대통령은 우선 유럽의 나토 동맹국들에게 국방비 지출을 증액하도록 적극적으로 요구하였다. 이것은 이전 행정부에서도 추진되었던 사항으로 나토 국가들은 국내총생산(GDP)의 2% 수준으로 국방비를 증액하겠다고 약속한 상태였다. 역대 대통령들이 점잖게 요구한 것을 트럼프 대통령은 동맹국 지도자들에게 약속한 바를 이행할 것을 촉구하는 서한을 일일이 보내는 등 노골적으로 이를 요구하여 유럽 동맹국들의 자긍심을 상하게 만들었다.

트럼프 대통령의 임기 동안에 5년 만에 재협상하는 방위비분담의 협상시점이 도래하였는데, 트럼프 대통령은 상당한 증액을 요구하였다. 트럼프 대통령은 2015년 10월 12일 뉴햄프셔에서 공화당 대통령 후보 출마자로 유세할 때 이미 한국이 부담하고 있는 1조 원 정도의 방위비분담은 "푼돈(peanut)"이라고 평가절하한 적도 있다. 2018년 말에 한 · 미 양국의 실무자들이 2019~2013년 동안 적용된 방위비분담액을 협상해야 했는데, 트럼프 대통령은 2019년치로 기존(9,602억 원)보다 4,000억 원(약 40%)이 증가된 총 12억 달러 정도를 요구하였고, 그렇지 않을 경우 주한미군이 철수할 수 있다고 암시하기도 했다. 결국 양국은 2019년 치만을 1조 389억 원에 타결하면서 그 이후 액수 협상은 미뤄야 했다.

2000년 치 방위비분담 협상이 시작되자 트럼프 대통령은 명확한 산출기준도 제시하지 않은 채 한국에게 50억 달러(2019년에 비해서 약 5배 이상 인상)를 요구하였다. 한국은 지나친 증액 요구에 반발하였고, 결국 트럼프 행정부가 종료될 때까지 방위비분담 액수는 합의되지 못하였다. 2020년 4월경 한 · 미 실무자들이 13% 증액 선에서 타결하겠다고 건의하였으나 트럼프 대통령이 거부하였다고 한다. 트럼프 대통령은 "자율성-안보 교환"보다도 더욱 강한 "후견-피후견"의 관계로 한 · 미동맹을 인식하였다고 할 정도로 방위비분담을 압박하였다.

북한의 비핵화 협상에 관해서는 트럼프 대통령의 '후견-피후견' 시각이 노출되었다. 전통적으로 미국은 한국 없이 북한과 직접 협상하지 않고자 노력했을 뿐만 아니라 불가피한 경우에도 협상 전이나 후에 한국과 긴밀하게 협의하였다. 그러나 트럼프 대통령은 북한과 비핵화 협상을 하는 과정에서 한국과 긴밀하게 상의하지 않았고, 문 대통령이 희망했음에도 2018년 6월 12일 싱가포르 회담에 문 대통령을 참석시키지 않았다. 한국에서 "코리아 패싱(Korea passing)"이라는 말이 회자되기도 했다. 싱가포르 회담 후 기자회견에서 트럼프 대통령은 한국과의 아무런 상의 없이 한 · 미연합 연습을 중단한다고 일방적으로 발표하기도 했다.

이러한 한국 무시는 하노이 회담에도 그대로 이어졌다. 하노이 회담에서 북한과 어떻게 협상을 전개할 것인가에 대하여 한국과 전혀 상의하지 않았고, 한국 대표들도 참가시키지 않았다. 트럼프 대통령과 참모들은 3차례에 걸친 준비회의를 통하여 이미 결렬시키는 방안을 심도 깊게 논의했으면서도(Bolton 2020, 320-323) 한국에게는 아무런 언질도 주지 않았다. 한국은 후견인이 결정하는 대로 따라야 하는 피후견인과 유사하게 북한의 비핵화를 둘러싼 협상에서 역할을 부여받지 못했다.

동시에 트럼프 대통령은 수시로 주한미군 철수 가능성을 언급하였다. 북핵 위협으로 그것이 쉽지 않다는 것은 알고 있었지만, 트럼프 대통령의 행보가 워낙 예측 불가능하여 한국은 물론이고 미국 내에서도 갑작스러운 주한미군 철수 결정을 우려하는 분위기가 증대되었다. 따라서 미 의회는 해마다 국방수권 법안을 제출하면서 미 의회의 승인 없이 주한미군을 철수하지 말도록 하는 조항을 포함시켜야 했고, 그때마다 한국 언론에서는 이것을 대서특필하여 보도하곤 했다.

이렇게 볼 때 트럼프 행정부는 한 · 미동맹을 '자율성-안보 교환'의 관계로 인식하였을 뿐만 아니라 '후견-피후견'의 관계로까지 생각한 것으로 보인다. 우드워드 기자에게 트럼프 대통령은 "한국은 미국이 허용하기 때문에 존재한다(The US is allowing South Korea to exist)"라고 언급하기도 하였다(Woodward 2020, 191). 본질은 그러하지만 한국의 자긍심을 손상시키지 않기 위하여 역대 대통령과 정부들이 드러내지 않고자 노력했던 '자율성-안보 교환'의 한 · 미동맹 관계를 트럼프 대통령은 노골적으로 강조하였고, 이로써 한국 국민들의 자긍심은 상당히 손상되었다.

2) 문재인 행정부의 대미정책

한국의 전통적인 한 · 미동맹 정책은 "자율성-안보 교환"의 관계를 내면적으로 인정하는 가운데 미국의 요구를 자발적이면서 선제적으로 수용해줌으로써 자긍심을 손상받는 사태로 악화시키지 않는 방식이었다. 예를 들면, 한국은 미국이 요구하자 아무런 관련이 없는 베트남에 대규모 병력을 파견하는 것으로 결정하였는데, 미국의 압박에 강요된 것이 아니라 자발적 결정의 모습을 취하고자 노력했다. 그 외에도 한국은 미국이 주창하는 세계정책을 가급적이면 지지했고, 방위비분담에서도 불협화음이 노출되지 않도록 노력하였다.

다만, 노무현 정부가 들어서자 이러한 '자율성-안보 교환'을 거부하면서 자주를 강조하기 시작하였고, 중국과의 '균형외교'를 추진하기 시작하였다. 미군대장인 한 · 미연합사령관이 전시에 한국군을 작전통제권하는 것을 주권의 침해로 해석하면서 이를 환수하기로 결정한 것도 자주의 맥락이었다. 그러나 이명박 정부와 박근혜 정부는 '균형외교'의 방향은 계승하였으나, 한 · 미동맹에 관해서는 전통적인 정책으로 되돌아왔고, 전시 작전통제권 환수의 시기도 계속적으로 연기하였다. 따라서 한 · 미동맹은 큰 문제 없이 유지되었다.

문재인 대통령이 들어서면서 노무현 정부 당시의 정책을 재추진하기 시작하였다. '균형외교'를 더욱 강화하여 중국에게 THAAD 추가 배치, 미국과의 탄도미사일 방어체제 협력, 한 · 미 · 일 군사협력 등을 자제하겠다는 소위 "3불(不)"을 약속하기도 했다. '혼밥'을 하는 등으로 자존심을 상하면서도 문 대통령이 중국을 방문하여 THAAD 배치 결정에 관한 중국의 반발을 무마하기 위하여 노력하기도 했다. 이러한 상황에서 트럼프 대통령이 '자율성-안보 교환'의 관계를 노골적으로 강조하면서 방위비분담 증액을 요구하자 문재인 정부는 반발하게 되었고, 한 · 미동맹에 관한 제반 협의와 협조도 불편한 방향으로 전개되기 시작하였다.

방위비분담 협상의 경우 무조건 미국의 요구를 수용할 수도 없고, 그렇다고 계속하여 거부할 수도 없는 딜레마가 존재하는 것이 사실이다. 그러나 2020년 치로 트럼프 대통령이 기존 금액의 5배가 넘는 50억 달러를 요구한 것은 그 이전의 협상에서 한국이 지나치게 인색하였기 때문이고, 한국으로서는 위험한 사태였다. 협상용으로 높은 금액을 불렀다는 것은 한 · 미동맹이 거래의 수준으로 격하되었다는 것이고, 그렇다면 유사시 미국의 지원 가능성은 작아졌다고 봐야 하기 때문이다. 2018년 말의 협상에서 미국은 매년 12억 달러를 요구하다가 최종적으로 10억 달러(1조 2,000억 원 정도)까지 낮췄는데, 이때 조금 더 감액하거나 방위비분담 사용 조건을 개선하면서 트럼프 대통령의 체면을 세워주는 방향으로 5년 단위의 방위비분담에 합의했다면(실제 2019년 치로 합의한 1조 398억 원 에 비해서 1,600억 원 정도 많은 액수이다), 한 · 미동맹은 훨씬 덜 불안했을 것이다. 문재인 정부가 방위비분담 증액을 막았을 수도 있으나, 그 사이에 한국 안보에 위기가 발생하였다면 미국이 지원해주지 않았을 수도 있다.

문재인 정부는 북핵 위협이 심각해져가는 상황임을 고려하지 않은 채 전시 작전통제권 환수를 적극적으로 추진하였다. 문 대통령은 후보 시절부터 전시 작전통제권의 조기 환수를 통하여 자주성을 강화할 것을 강조하였고, 당선이 되자 취임 후 추진할 국정과제의 하나로 포함시켰다. 그 후 이를 미국에 요구하여 한 · 미 양국 국방부는 2018년 10월 한국군이 연합방위를 주도하고, 이를 위하여 한국군 대장을 한 · 미연합사령관으로 임명한다는 데 합의하였다. 그리고 현재는 이러한 체제로의 전환을 위한 초기운용능력 점검을 마친 상태에서 완전운용능력 점검을 실시하고자 하는데, 코로나19 등으로 그것이 여의치 않았던 것이다.

문재인 정부의 경우 한 · 미동맹을 "자율성-안보 교환"으로 인식하지 않았고, 따라서 미국에 대하여 양보할 필요성을 느끼지 않았다. 오히려 중국에 대한 균형외교, 전시 작전통제권의 조기 환수 등 한국의 자율성을 강화하여 국민적 자긍심을 고양하는 데 중점을 두었다. 트럼프 대통령의 방위비분담 증액 요구에 대해서도 트럼프 대통령의 체면을 세

워줄 수 있는 다양한 방법을 생각하기보다는 금액을 낮추는 데 치중하였고, 결국 한 · 미동맹 역사상 처음으로 합의된 방위비분담금이 없는 상태에서 2020년이 경과되었고, 2021년 미국에서 바이든 행정부가 출범한 이후 그동안 타결하지 못했던 부분과 함께 향후 5년 동안의 방위비분담 금액에 합의하게 되었다.

3) 평가

트럼프 대통령과 문재인 정부의 조합에 의하여 한 · 미동맹은 전통적인 모습과는 매우 다르게 전개되었다. '자율성-안보 교환'의 관계이지만 서로를 존중하면서 신사적으로 대하던 모습 대신에 압박과 회피가 자리 잡게 되었기 때문이다. 방위비분담에서 보듯이 트럼프 대통령은 당연한 권리인 것처럼 한국에게 자율성 양보를 강압하였고, 문 대통령도 이에 지혜롭게 대응하지는 못하였다. 그렇게 4년이 경과된 결과 한 · 미동맹은 외부적으로는 문제가 없는 것처럼 보이지만, 내실은 상당할 정도로 훼손되었고, 어느 전문가는 이 추세가 계속될 경우 동맹은 "형해화(形骸化)"될 것이라고 우려하기도 했다(김성한 2020).

기간 중에 결정적인 사태가 발생하지 않았기 때문에 실질적인 문제점으로 드러나지는 않았지만, 미국이 '자율성-안보 교환' 모델을 적용하고 한국이 이에 반발하는 모습은 한 · 미동맹과 같은 비대칭 동맹에는 매우 위험한 현상일 수밖에 없다. 미국의 안보지원이 필요한 사태가 발생할 경우 미국이 약속을 준수하지 않을 가능성이 커졌다고 봐야 하기 때문이다. 트럼프 대통령이 북한의 실제적인 핵무기 폐기보다는 김정은과의 개인적 유대관계를 강화하고, 북한과의 경제협력 가능성을 계속 피력한 것은 한국에 대한 실망감이 작용한 결과일 수 있다. 주한미군 철수의 필요성을 공공연하게 주장한 것은 자율성을 양보하지 않는 동맹국에 대하여 안보지원을 제공할 필요가 없다는 논리의 표출이라고 봐야 한다. 다행히 아무런 일이 없었지만, 북핵 위협에 직면하고 있는 위험한 상황의 한국이 채택할 만전지계가 아니었던 것은 분명하다.

북핵 위협이 점증함에도 불구하고 문재인 정부가 전시 작전통제권 환수를 적극적으로 추진하여 한국군을 한 · 미연합사령관으로 임명하려 한 것도 안보상황에는 부합되지 않는 조치였다. 한국군이 한 · 미연합사령관의 직책을 담당한다는 것은 미군이 부사령관으로 격하된다는 의미이고, 그렇게 되면 한반도의 전쟁억제와 유사시 전쟁승리에 관한 미군의 책임의식이 낮아질 것이며, 결국 핵우산을 포함한 유사시 미국의 안보지원이 불안해질 것이기 때문이다. '퍼싱 원칙'으로 불리듯이 외국군 지휘관에 의한 자국군의 통제를 허용하지 않는 미군의 전통에 근거할 때 한국군이 한 · 미연합사령관을 담당하게 되면 미군은 직접통제를 받지 않을 가능성이 커서 한 · 미연합 방위태세가 근본적으로 붕괴될 가능성도 배제할 수 없다. 그래서 이명박 정부와 박근혜 정부에서 이를 계속하여 연기시켰고, 한국군이 북핵을 비롯한 제반 위협에 독자적으로 대응할 역량을 구비하거나 전쟁을 걱정할 필요가 없을 정도로 국제정세가 개선될 때 이를 추진하기로 한 것이다.

트럼프 행정부 동안에 '자율성-안보 교환'의 모델이 제대로 기능하지 않았음에도 불구하고 한 · 미동맹이 결정적으로 붕괴되지 않은 것은 북핵 위협 때문이라고 봐야 한다. 북핵이라는 공통 위협이 워낙 심각하여 미국도 한 · 미동맹을 심각하게 훼손시킬 수는 없었기 때문이다. 대화와 협상으로 북한의 핵위협을 제거한다는 측면에서 트럼프 대통령과 문 대통령이 일치되는 시각을 보이기도 했다. 2018년 6월 싱가포르 미 · 북 정상회담이 종료된 직후의 기자회견에서 트럼프 대통령이 주한미군 철수 필요성을 언급하면서도 장기적 차원에서 그렇게 해야 한다는 단서를 추가하거나 한 · 미 조야의 걱정에도 불구하고 재임기간 중 갑작스러운 주한미군 감축이나 철수 결정을 내리지 않은 것은 북핵 위협의 심각성 때문이었다. 트럼프 대통령이 5배 이상의 방위비분담금 증액을 요구하였음에도 문 대통령이 공개적으로 불평하지 않은 채 협상을 지속하고자 노력한 것이나 미국과 북한 간 비핵화 협상에서 한국을 제외시켜도 불평 없이 수용했던 것은 북핵 위협 대응을 위해서는 미국의 안보지원이 필요함을 어느 정도는 이해했기 때문이다.

트럼프 대통령의 노골적인 방위비분담 요구가 한국인의 자긍심을 상당할 정도로 손상시킨 것은 분명하다. 대부분의 한국 국민들이 한국 안보를 위한 미국의 기여를 높게 평가하고 있고, '자율성-안보 교환'이라는 비대칭 동맹의 성격을 이해하지만, 트럼프 대통령의 태도와 제시한 금액은 너무나 강압적이었기 때문이다. 2019년 12월 미국의 싱크탱크가 조사한 바에 의하면 한국 국민들의 92%가 한 · 미동맹을 지지하면서도 방위비분담 협상과 관련해서는 94%가 부정적 인식을 보였다(임주영 2019). 2020년 11월 바이든 대통령의 당선이 확정된 후 바이든 정부 출범이 한 · 미동맹 관계에 어떤 영향을 미칠 것인가에 대하여 한국 국민들이 긍정 81.7% 대(對) 부정 13.1%로 압도적인 기대를 나타낸 것은(정대웅 2020) 트럼프 대통령 시대의 한 · 미동맹이 그만큼 어려웠다는 인식을 나타낸다고 할 수 있다.

근본적으로 보면 한 · 미동맹은 '자율성-안보 교환'의 성격임에도 미국의 지도자와 관리들이 한국을 불쾌하게 만드는 언행을 자제한 것은 비대칭 동맹관계가 자긍심을 손상시킬 수 있다는 점을 이해하고, 그 손상을 예방하는 것이 미국의 국익에도 유용하다고 판단했기 때문이다. 동시에 한국도 미국이 노골적으로 압력을 넣기 전에 스스로가 결정을 내림으로써 비자주적으로 보이지 않고자 노력했다. 그러나 트럼프 대통령이 노골적으로 한 · 미동맹이 '자율성-안보 교환'의 관계라는 점을 강조하자 한국 국민들의 자긍심이 손상받을 수밖에 없었고, 방위비분담에 협조하지 않거나 전시 작전통제권 환수를 지속하였으며, 결국 한 · 미동맹은 불안하게 되었다. 바이든 대통령이 당선된 직후 동맹 및 우방국 간의 네트워크와 상호 협의의 중요성을 강조한 것은 미국 내에서도 트럼프 대통령의 동맹관리 방법이 매우 잘못되었다고 판단하였기 때문이다.

4. 결론

한 · 미동맹은 비대칭 동맹으로서 한국이 인정하든 하지 않든 그것이 운영되는 기본원리는 '자율성-안보 교환'이다. 미국은 안보를 지원해주고, 대신에 한국은 자율성을 양보하여 미국의 요구를 수용해주는 것이다. 미국이 강대국으로서의 위상을 지속하는 가운데 한 · 미동맹을 계속하여 유지하고, 한국에게 미국의 지원을 필요로 하는 안보위협이 존재하는 한 이런 교환관계는 변할 수 없다. 북핵 위협이 심각해질수록 핵무기를 보유하지 못한 한국으로서는 미국의 안보지원이 더욱 중요해지고, 따라서 이 교환관계는 더욱 강해질 수밖에 없다.

본질적으로는 '자율성-안보 교환'이면서도 전통적으로 한 · 미 양국은 이러한 관계를 강조하지도 않았고, 표현하지도 않았다. 한국의 자긍심이 손상되지 않도록 서로가 주의했기 때문이다. 미국도 노골적으로 압박하지 않으려 했고, 한국도 가급적이면 초기에 미국의 요구를 수용해주고자 노력했다. 그러나 트럼프 대통령은 한국에게 5배가 넘는 방위비분담 증액을 요구하는 등 한국에게 자율성을 양보하도록 노골적으로 강요하였고, 주한미군을 철수 또는 감축할 수 있음도 빈번하게 암시하곤 하였다. 이로 인하여 한국 국민들은 상당한 자긍심 손상을 받았고, 따라서 북핵 위협 상황으로 미국의 안보지원이 절실하다는 점을 알면서도 방위비분담의 타결에 반대하고, 한국군 한 · 미연합사령관 임명도 계속 지지하였다.

다행히 트럼프 대통령이 단임으로 임기를 끝냄에 따라서 한 · 미 양국은 과거의 전통적이면서 신사적인 동맹의 모습으로 복귀할 수 있게 되었다. '자율성-안보 관계'이지만 서로가 내색하지 않는 형태이다. 바이든 대통령도 이러한 방향으로 변화를 시사하고 있다. 그러나 한국의 현 정부는 아직도 자주 지향의 정서가 강하여 바이든 행정부의 신사적 요구를 자발적으로 수용하는 데 주저하고 있는 것으로 보인다. 그렇게 되면 바이든 행정부도 점점 실망하게 될 것이고, 겉으로는 우호적으로 보일 것이나 내면적으로는 한국에 대한 안보지원을 줄이거나 한국에 강압적 요구를 하게 될 것이다.

한 · 미 양국은 양국 국민 간의 유대관계 강화에도 관심을 쏟을 필요가 있다. 트럼프 행정부의 노골적 자율성 양보 요구로 한국 국민들의 자긍심과 양국 국민들의 신뢰가 훼손된 부분이 적지 않기 때문이다. 이러한 상태가 지속될 경우 바이든 정부와 다음의 한국 정부가 한 · 미동맹을 강화하는 데 어려움이 발생할 수 있다. 한국의 정부와 국민은 트럼프 대통령과 같은 태도가 상당히 특이한 경우임을 이해하는 가운데,

6 · 25전쟁과 베트남 전쟁을 거친 혈맹으로서의 유대의식을 강조할 필요가 있다. 한국과 한국인에 대한 미국 국민들의 인식을 더욱 긍정적으로 개선하기 위한 노력도 필요할 것이다.

사실 한 · 미관계에서 가장 위험한 것은 서로 간에 좋은 말을 교환하면서 겉으로는 원만하게 지내지만, 북핵 문제 등 실질적인 안보문제는 진지하게 토론하지 않는 것이다. 이것은 미국에게는 유리하다. 한국 방어에 대한 공약을 분명히 하지 않아도 되기 때문이다. 그러나 평소의 우호적인 태도는 북한의 핵공격과 같은 극단적인 사태에서는 아무런 소용이 없다. 윤석열 정부는 한 · 미 양국 간의 원만한 관계가 아니라 북핵 대응을 위한 실질적인 정책접 협의를 정례화하고, 북핵에 대한 미국의 실질적인 억제 및 방어책을 약속받는 데 주력해야 한다. 국방 특히 핵안보를 외교적 우호관계에만 의존해서는 곤란하다.

6

한 · 중관계

아시아 지역에서 미국의 '인도-태평양 전략'과 중국의 '일대일로(一帶一路)' 전략이 대결하면서 한국은 선택을 강요받고 있다. 한국 정부가 중국과 우호적인 관계를 유지하는 데 지나치게 집착함에 따라서 한미관계에서 불협화음이 잦아지고 있다. 일부에서는 미국과 중국 사이에서 한국의 자주성과 위상이 고양되고 있는 것으로 평가하고 있지만, 실제에 있어서 '균형외교'는 미국과 중국과의 관계 모두를 어렵게 만들고 있다.

냉전시대 자유민주주의와 공산주의의 대결 상황에서 적대적인 관계를 유지했고, 1950년 발발한 6 · 25전쟁에서 맞서 싸웠던 한국과 중국은 노태우 정부의 '북방정책'과 노무현 정부의 '균형외교'를 통하여 보통의 관계를 회복하였다. 냉전질서의 붕괴와 한국의 국력신장으로 인한 자신감이 바탕이 되었을 것이다. 한국에서는 중국과의 관계개선을 통하여 북핵을 포함한 안보문제에서도 중국의 도움을 획득할 수 있을 것으로 기대하였다. 그러나 지금까지 진행된 현실은 그렇지 않다. 한때 활성화되었던 경제 분야에서의 교류와 협력도 기세를 상실하고 있고, 북핵 문제를 비롯한 안보문제에서 중국이 한국을 지원한 바는 별로 없다. 한 · 중관계의 실상에 대한 냉정한 성찰이 필요한 상황이다.

1. 강대국과 약소국 관계

1) '편승'과 '균형'

국제관계는 국내정치와 달리 갈등을 권위적으로 해결해주는 주체 즉 사법권을 가진 세계정부가 존재하지 않기 때문에 단순하게 보면 무정부상태(anarch)로서, 서로의 이익이 극단적으로 상충될 경우 군사력을 중심으로 하는 폭력이 사용될 수밖에 없는 구조이다. 유엔이 세계정부로서의 기능을 수행하고자 하지만, 특정 국가가 유엔 안전보장이사회(안보리)의 결정을 수용하지 않을 경우 마땅한 대책이 없는 것이 사실이다. 제2차 세계대전 전 기능했던 국제연맹(league of nations)과 다르게 유엔은 그 헌장 제42조를 통하여 군사적 제재를 보장하고는 있으나, 이의 발동은 쉽지 않다. 6 · 25전쟁 이후 제42조에 근거하여 다른 국가를 제재하고자 대규모 파병을 결의한 사례가 없고, 안보리 상임이사국들의 합의 자체가 쉽지 않은 구조이다. 약소국의 입장에서 보면 유엔은 거부권을 가진 안보리 상임이사국들의 각축장일 뿐이고, 결국 스스로의 외교 또는 군사적 노력을 통하여 안보를 유지 또는 증진해 나가지 않을 수 없다.

무정부 상태의 국제사회에서 약소국이 생존하는 방법은 '편승(band gonning)'과 '균형(balancing)'으로 대별된다. 전자는 강대국과 동맹관계나 우호관계를 맺어 안보를 의존하는 방법으로서, 안전하지만 다소의 자주성 희생이 불가피하다. 강대국은 보호해주는 대가로 약소국에게 뭔가를 강요할 것이기 때문이다. 후자는 주변 국가들의 세력이 균형을 유지하여 서로가 침략하지 못하도록 영향력을 행사하는 방법인데, 자주성을 강화할 수는 있지만 성공이 쉽지 않거나 자칫하면 모든 국가로부터 경원시될 위험이 적지 않다. 이론적으로는 편승과 균형 이외에 중립(neutrality)도 약소국이 선택할 수 있는 안보의 방법이지만, 이것은 세계의 대부분 국가들이 인정해줘야 하고, 인정해준다고 하더라도 유사시에 무시될 수 있다는 점에서 불안한 방법이다.

강대국 사이에서 자존심을 손상당한 경험이 드물지 않은 약소국의 입장에서는 균형이 매력적인 것은 분명하다. 그러나 균형자(balancer)로서 지역 내의 세력균형을 조종하려면 필요할 경우 동맹이나 안보협력관계를 수시로 바꿀 수 있는 자유로운 외교정책을 보유해야 하고, 지역 내 세력균형을 변화시킬 수 있는 만큼의 국력과 영향력을 가져야 한다. 외교정책의 자유로움은 노력할 경우 가능하다고 하더라도 균형을 좌우할 수 있는 역량의 확보는 마음먹는다고 가능한 것이 아니다. 국토, 인구, 경제력, 군사력이 상당해야 하고, 무엇보다 주변국들이 해당 국가가 비중이 있다고 인정해줘야 하기 때문이다. 그래서 균형은 강한 국가들이 패권국가의 등장을 방지하는 방편으로 사용하고, 약하거나 패배한 국가는 편승을 사용해야 한다고 설명된다(Waltz 1979, 126).

이론적으로는 약소국이 균형을 선택하는 것이 어렵지만, 현대에는 국제질서에서 고정적인 국력이나 군사력이 차지하는 비중이 줄어든 상태라서 약소국들은 편승을 채택하면서도 균형의 개념을 적극적으로 반영하고, 이로써 자주성을 강화하고자 노력한다. 냉전종식 이후 세계적 수준의 대결관계가 줄어들었고, 편승과 균형으로 양분하기 어려운 수준으로 국제관계가 복잡해진 점도 작용하고 있다. 편승과 균형은 양자택일보다는 조화의 개념으로 인식되고 있고, 그러한 조화의 비중과 방법이 약소국 외교정책의 핵심이 되었다고 봐야 한다. 이제 편승은 지도적 국가와 공조 및 협력하여 국익을 증진하는 방법이고, 균형은 다양한 국가들과 제휴함으로써 국익을 증진하거나 손실을 회피하는 방법으로 인식되고 있다(강봉구 2005, 267).

다만, 평시에는 편승과 균형의 조화가 가능할 수도 있지만, 국가안보가 위협받게 되면 편승과 균형이 갖는 원래의 배타성이 부각되지 않을 수 없고, 결국 약소국은 편승을 선택해야만 한다. 균형은 국제사회를 무정부 상태에 더욱 가깝게 만드는 것인데, 무정부의 정도가 심할수록 약소국의 안보는 불안해지기 때문이다. 무정부 상태의 반대는 '계층구조'로서, 편승은 계층구조를 수용하는 것이고, 그것은 무질서나 혼동에서 벗어나는 것을 의미한다(Waltz 1979, 114). 기존의 세력균형이 해체되거나 새로운 질서가 도래하는 등 체제가 불안해질수록 약소국은 편승을 선택할 수밖에 없다(Schweller 1994, 107). 개념적으로는 균형이 유리하거나 편승과 균형의 조화가 가능하다고 말할 수 있지만, 안보불안에 직면한 약소국들의 현실적 선택은 편승일 수밖에 없다.

편승의 가장 기본적인 형태는 '동맹(alliance)'이다. 강대국과 동맹관계를 맺음으로써 유사시에 강대국으로부터 지원받게 된다는 점을 분명히 공표하고, 이로써 다른 국가들이 침략을 시도하지 못하도록 하는 방법이 동맹이기 때문이다. 다만, 이것은 서로가 연루와 방기의 위험을 감수해야 한다는 점에서 부담스럽고, 따라서 특별한 상황이 아니면 좀처럼 체결하지 않는다. 대신에 최근에는 '동반자 관계'(partnership)라는 용어를 통하여 협력은 증진하되 연루(連累, entrapment)와 방기(放棄, abandonment)의 위험은 최소화하는 방법이 확산되고 있다. 약소국이 선택할 수 있는 국제관계의 스펙트럼을 표시해보면 다음 〈그림 2〉와 같다.

〈그림 2〉를 설명하자면, 특정한 약소국에게 가장 우호적인 관계는 동맹이고, 가장 적대적인 관계는 적국이며, 이 사이에 다양한 관계가 존

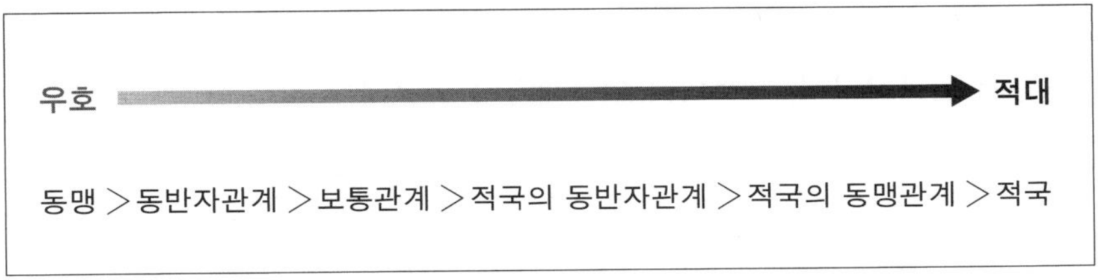

〈그림 2〉 약소국의 국제관계 수준

재한다. 또한 약소국이 적국을 갖게 되면 그 적국과 동맹이나 동반자 관계를 맺은 국가도 있을 것이고, 이들과의 관계는 우호적이지 않을 수밖에 없다. 따라서 특정 약소국은 다른 국가들과 우호적인 관계를 증진시키거나 적대적인 관계를 약화시키는 방향으로 노력할 것이고, 우호적인 관계의 합이 크거나 적대적인 관계의 합이 작을수록 약소국은 안전해진다고 할 것이다.

2) 동맹관계

동맹은 동맹국이 다른 국가로부터 공격을 받을 경우 내가 공격받는 것으로 간주하여 함께 방어해주겠다고 약속한 관계로서, 흥망을 함께하겠다는 약속이고, 가장 강력한 국제적 협력관계이다. 동맹은 동맹국의 군사력을 자국의 군사력처럼 사용할 수 있다는 신뢰를 바탕으로 한다. 최근에는 경제동맹, 가치동맹, 복합동맹 등의 용어를 사용하여 동맹을 포괄적으로 인식하기도 하지만, 기본적으로 동맹은 공통의 위협에 대응하거나 공통의 이익을 추구하기 위하여 군사력을 포함하는 가용한 모든 자원을 투입하여 서로를 보호해주기로 약속하는 유사시 공동방위체이다.

국가안보가 불안한 약소국의 경우에는 다른 국가와의 동맹을 통한 편승이 효과적인데, 그중에서도 강대국과의 동맹이 효과적임은 말할 필요가 없다. 강한 동맹국일수록 적국이나 잠재적국을 억제해주는 효과가 클 것이고, 유사시 지원 여부와 강도도 확실할 것이기 때문이다. 그래서 냉전시대에 대부분의 약소국들은 핵무기를 가진 미국이나 소련과 동맹관계를 체결하였고, 그 결과 동서대립의 현상이 발생하였다. 냉전종식 후 공산권의 동맹은 와해되었지만 미국을 중심으로 하는 동맹관계는 계속되고 있는데, 미국은 세계에서의 패권유지라는 목표를 갖고 있고, 약소국들은 미국이라는 막강한 힘을 가진 국가와의 동맹이 안보에 보탬이 된다고 생각하기 때문이다.

다만, 강대국과 동맹을 맺은 약소국은 유사시에 강대국이 약속한 안보공약을 이행하지 않을 수도 있다는 방기와 강대국의 세계 및 지역관계에 연루될 위험을 감수하지 않을 수 없다. 이 중에서 방기의 위험은 위기가 도래해야만 드러나지만 연루의 위험은 평시에도 노출된다. 또한 강대국과 동맹관계를 유지할 경우 약소국은 자주성 손상의 경험을 겪지 않을 수 없다. 따라서 약소국들은 편승과 균형 중에서 균형을 강화하려는 동기를 갖게 된다. 강대국의 입장에서도 약소국의 국제적 문제에 무조건 연루되지는 않는다는 입장일 것이기 때문에 약소국은 강대국의 안보공약이 불안하다고 생각하게 되고, 결국 동맹의 위험을 감소시키는 방향으로 노력하게 된다.

3) 동반자 관계

동반자 관계는 동맹과 달리 실체보다는 선언의 성격이 큰 개념으로서 주로 '전략적 동반자(strategic partnership)'라는 용어로 사용된다. 이것은 1990년대부터 국제사회에 등장한 용어로서 유럽연합(EU: European Union)이 1998년 재정위기에 처한 러시아를 지원하면서 그 관계를 '전략적 동반자'로 설정하였다. 최근에는 각 국가들이 다양한 국가 또는 단체들과 다양한 의도로 전략적 동반자 관계를 체결 및 유지하고 있다.

유럽연합에서 러시아에 대하여 처음 사용한 전례를 통하여 알 수 있듯이 기본적으로 전략적 동반자 또는 동반자 관계는 우호와 적대라는 구분에서 벗어나서 협력을 통하여 공통의 목표를 달성하려는 의도이다. 이 용어는 복합적인 관계나 무역관계가 활발한 국가들 간에 사용되는 조커(joker) 성격의 용어로서(Blanco 2015, 53), 명확한 정의보다는 협력의 정신을 강조한다. '전략적'이라는 용어에 의미를 부여할 수도 있지만, 이에 대조되는 '전술적' 협력관계가 존재하는 것은 아니다. '전략적'이라는 용어는 좀 더 높은 차원의 공통목표를 지향한다는 의미이고, 관계의 본질을 좌우하는 용어는 아니다.

전략적 동반자 관계 또는 동반자 관계의 의미에 대한 국제사회의 합의된 정의는 아직 없다. 유럽연합의 경우에도 정의는 제시하지 못한 채 "무역과 투자 권장, 다자주의 고양과 국제협력 강화, 안보사안에 대한 부담 분담(burden sharing)"을 주요 요소로 한다고만 설명하고 있다. 정의를 내리는 것 자체가 전략적 동반자 또는 동반자 관계의 의도에 부합되지 않은 점도 있다. 즉 동반자 관계는 서로를 구속하는 체제 없이 보통관계보다는 긴밀한 관계를 추진하자는 의도로서, 양국의 전략적 목표를 달성하기 위한 장기적 협력관계를 지향하고 있기 때문이다. 실제로 동반자 관계의 핵심은 지속성(durability)과 유연성(flexibility)으로서(Czechowska 2013, 51), 오래 지속되거나 정형이 없는 만큼 사용하는 주체와 대상에 따라서 다양한 의미를 가질 수밖에 없다.

동반자 관계는 중국이 적극적으로 사용하고 있는데, 1993년 브라질과 동반자 관계를 시작한 후 2016년 현재 78개국, 5개의 지역조직과 동반자 관계를 체결하고 있다. 공식적인 정의를 제시하고 있는 것은 아니지만 대체적으로 "상호존중, 상호신뢰, 대등성의 기조하에 양국이 협력하여 상생의 상호이익을 추구하고자 노력하는 것" 정도로 설명하고 있다(Li and Ye 2019, 66). 중국은 동반자 앞에 "전면적", "전략적", "전방위" 등 다양한 수식어를 붙여 24개가 넘는 명칭을 사용하고 있는데, 대체적으로 '전면 및 전략적 동반자'가 가장 강하고, 그다음에는 '전략적 동반자' 그리고 통상적 '동반자'로 구분해볼 수 있는데, 포괄 및 전략적 동반자에는 러시아, 파키스탄, 독일, 영국 등 35개 국가가 해당되고, 전략적 동반자에는 덴마크, 스위스, 한국, 캐나다 등 31개국이며, 나머지는 통상적 동반자이다(Li and Ye 2019, 66-70).

4) 토의

국제법이나 유엔의 역할이 없지는 않지만, 기본적으로 국제사회에서는 개별국가의 안보에 관한 사항을 최종적으로 판결해줄 주체나 법이 존재하지 않고, 자국의 안보에 관한 심대한 손해가 되는 결정은 누구도 수용하기 어렵다는 점에서 힘이 차지하는 비중이 결정적일 수밖에 없다. 경제, 문화, 사회 측면에서는 강대국과 약소국 간의 대등한 협력이 가능하다고 하더라도 안보나 군사 측면에서는 대등성이 유지되기 어려운 셈이다. 그래서 초강대국, 강대국, 중견국, 약소국 등의 구분이 여전히 존재하고 있다. 즉 그 정도를 측정하기가 어렵고, 지나치게 단순화하는 위험이 존재하지만 국제사회는 서열(hierarchy)이 존재하고 있고 (MacDonald and Lake, 2008: 171-180), 그 서열에서 강대국은 위에, 약소국은 아래에 존재하게 된다. 강대국은 강력한 힘을 배경으로 약소국을 보호해주거나 지배하고, 약소국은 강대국의 보호를 받으면서 순응하게 된다.

서열적 국제관계에서는 강대국이 약소국과의 관계를 주도하기 때문에 강대국의 태도가 양국관계의 방향을 정하게 된다. 강대국이 권위주의적일 경우 서열관계는 강화될 것이고, 강대국이 약소국을 존중하는 태도를 지닐 경우 서열관계는 줄어들 수 있다. 위급한 상황일수록 강대국이 자국의 국익을 최우선시하게 될 것이고, 그렇게 되면 서열관계의 성격을 강조하게 된다. 국제질서를 지배하는 것은 강대국이고, 약소국은 그 질서에 지혜롭게 적응하고자 노력하지 않을 수 없다.

이러한 서열적인 관계에 대한 반발을 의식하여 중국은 동반자 관계를 사용하여 대등성을 강조하고, 이로써 우호적인 국가들을 확보하고자 노력하고 있다. 그러나 동반자 관계는 선한 용어로 들리지만, 약소국 보호를 위한 의무를 강대국에게 부과하는 것은 아니다. '안보-자율성 교환'의 관계를 적용하여 설명하면 자율성 양보 요구가 없는 만큼 안보 지원의 의무도 없다. 따라서 동반자 관계는 위험한 상황일 때는 작동을 기대하기가 어렵고, 평시에만 작용하는 허울일 가능성이 크다. 특히 중국은 자국의 입장을 한국에게 강요하는 명분으로 동반자관계를 악용할 가능성이 없지 않다.

2. 한국과 중국의 동반자 관계

1) 한 · 중관계의 발전

한국과 중국은 인접하고 있을 뿐만 아니라 역사와 문화를 공유하면서 오랫동안 밀접한 관계를 유지해왔다. 고대에는 양국이 대등하게 투쟁한 적도 있으나, 중국이 통일되어 국력이 강성해진 이후부터는 강대국과 약소국으로 위상이 달라졌다. 특히 조선은 중화(中華)사상을 수용하면서 작은 나라로서 큰 나라를 섬긴다는 "사대(事大)"를 외교정책으로 채택하였고(이상익 2017, 195), 중국은 상국관(上國觀)과 종주국관(宗主國觀)에 의하여 조선을 관리하였으며, 필요시에는 조선의 내정에도 적극적으로 간섭하였다(전세영 2011, 20). 대신에 중국은 1592년 일본이 조선을 침략하자 군대를 보내는 등 안보를 보장하는 역할을 담당하였다.

제2차 세계대전 이후 남북한 분할, 냉전, 공산당의 중국 장악으로 한국과 중국은 대결적인 관계로 전환되었다. 1950년 북한이 한국을 침공한 여파로 유엔군이 북한 지역으로 진격하자 중국은 북한을 지원하기 위하여 대규모 군대를 파견하였고, 결국 한국군과 중국군은 직접 전투를 벌였으며, 이로써 적대관계가 분명해졌다. 중국은 북한과 함께 유엔군사령관과의 휴전협정을 체결한 당사국이기 때문에 법적으로는 한국과 중국이 적대관계이다.

그동안의 경제성장을 배경으로 한국은 1990년대부터 공산주의 국가와의 관계개선을 통해서 동아시아의 안정과 평화를 보장하고, 통일로 나아가기 위한 목적으로 "북방정책(northern diplomacy)"을 추진하였다. 그의 핵심적인 과제가 중국과의 관계개선으로서, 한국은 1992년 중국과 수교하였고, 다양한 분야에서 교류와 협력을 증진하기 시작하였다. 이로써 한 · 중 양국 간의 경제협력과 무역이 활성화되었고, 한국의 기업들이 중국에 투자하기 시작하였다.

북방정책의 성과를 기초로 2003년 출범한 노무현 정부는 '균형외교'를 주창하면서 한 · 미동맹과 대등한 수준으로 중국과의 협력을 확대하려 하였다. 노무현 대통령은 2005년 3월 22일 3사관학교 졸업식 연설에서 "동북아시아 균형자론"을 제기하면서 한 · 미동맹 위주의 외교정책 방향에서 탈피할 것을 주장한 것이다. 이것은 이명박 정부에도 계승되어 2008년 8월 25일 한국과 중국은 "전략적 협력 동반자 관계"를 체결하였다. 그 내용에서 양국은 외교부 간 고위급 전략회의 개최, 국방 당국 간 고위급 상호 방문 활성화 및 상호 연락체제 강화, 다양한 군사영역에서 교류와 협력 추진, 북핵 해결을 위한 협의와 협력 강화 등 안보분야의 협의도 포함하였다(주용중 2008, A1). 그 후임인 박근혜 대통령도 미국의 거부감을 알면서도 2015년 9월 3일 중국의 전승절 행사에 참석함으로써 '균형외교' 방향을 지속하였다.

중국 또한 한반도가 미 · 중 간의 완충지대이고, 한국은 "한 · 미 · 일 3각동맹"의 한 부분이라고 생각하여 한국과의 관계증진을 통하여 동아시아 영향력을 확대하고, 일본을 통제하며, 미국을 돌파한다는 의도로 한국과의 관계개선에 노력하였다(박병광 2019, 37-40). 그러나 한국이 경제분야 이외의 협력에는 적극적이지 않자 불만이 발생하였고, 이것은 주한미군의 THAAD 배치를 둘러싸고 표출되었다. 그러던 차에 2018년 미국과 북한 간에 비핵화 협상이 전개되자 중국은 북한과의 전통적 동맹관계를 복원하면서 북중관계를 우선시하게 되었다. 북한의 김정은이 2018년과 2019년에 걸쳐 네 차례 중국을 방문했고, 중국의 시진핑 주석도 2019년 6월 20~21일 북한을 방문하였다.

한국과 중국은 오랫동안 역사와 문화를 공유해온 인접국가이기 때문에 동반자 관계 정도는 충분히 소화할 수 있다고 봐야 한다. 그러나 미 · 중 간의 대결이나 남북한의 대치상태로 인하여 희망처럼 관계가 진행되기 어려운 상황도 없지 않다. 결국, 한국과 중국은 이러한 외부적 제약이 해결되지 않은 상태에서 성급하게 관계증진을 추진함으로써 서로가 가능한 것보다 더욱 큰 기대를 갖게 되었고, 따라서 진정한 동반자 관계로는 격상되지 못하고 있다. '전략적 협력 동반자 관계'의 '전략적' 이라는 의미에 대해서도 중국은 장기성으로 이해하는 데 반하여 한국은 안보와 군사분야의 협력을 지향하는 것으로 해석함에 따라 차이가 있었다(황재호 2020, 201). 한 · 중관계의 기대와 현실 간에 적지 않은 차이가 발생한 것이다.

2) 안보사례 별 실태

한국과 중국이 '전략적 협력 동반자 관계'를 체결하자 한국의 정치인과 국민들은 한 · 중 간 안보분야에서도 상당한 협력이 추진될 것으로 기대했으나 실제는 달랐다. 한 · 중 간 대표적인 안보 관련 사례라고 할 수 있는 천안함 폭침, 연평도 포격, THAAD 배치, 북한 비핵화를 둘러싸고 드러난 한 · 중관계의 실태를 분석해보면 다음과 같다.

(1) 천안함 폭침

2010년 3월 26일 저녁 9시 22분경 북한은 백령도 인근 해상에서 임무를 수행하던 한국 해군의 군함인 천안함을 어뢰 공격으로 침몰시켜 총 104명의 승조원 중 46명을 전사하게 만들었다. 정부는 국내 및 국제적 전문가들로 합동조사단을 구성하여 조사를 실시하였고, 2개월 이후인 2010년 5월 20일 천안함이 북한의 소형 잠수함이 발사한 어뢰의 수중폭발로 선체가 절단되면서 침몰한 것으로 결론 내렸다(민군합동조사단 2010, 26-34). 그러자 한국은 5월 24일 이를 "대한민국을 공격한 북한의 군사도발"로 규정하였고, 북한 선박의 한국 해역 이용을 금지하였으며, 향후에는 자위권을 발동하여 대처하겠다는 방침과 함께 유엔 안보리에 회부하기로 하였다.

천안함 폭침에 대하여 미국과 일본은 합동조사단의 판단을 근거로 강력한 대북제재를 요구하였다. 미국의 클린턴(Hillary Clinton) 국무장관은 직접 한국을 방문하여 북한의 도발을 용납할 수 없을 뿐만 아니라 책임을 물어야 한다고 주장하였고, 일본의 하토야마(鳩山由紀夫) 당시 총리도 북한의 군사적 도발을 용납할 수 없다는 입장을 표명하였다. 그러나 중국의 원자바오(溫家寶) 총리는 한반도의 평화와 안정을 파괴하는 행동에 반대한다는 애매한 입장을 제시하였고, 메드베데프(Dmitry Medvedev) 러시아 대통령은 자체 조사단까지 보내어 조사했으면서도 그 원인을 폭침으로만 단정할 수 없다면서 조사결과를 발표하지 않았다. 유엔안보리에서도 중국과 러시아는 거부권을 무기로 제재에 찬성하지 않았을 뿐만 아니라 천안함 침몰과 관련이 없다는 북한 측의 입장까지 포함한 '의장성명(Presidential Statement)'에 그치도록 만들었다.

2008년 '전략적 협력 동반자 관계'를 체결하였다는 사실에 근거하여 한국은 중국의 전향적인 입장 변화를 기대하였지만, 과거와 전혀 다르지 않게 중국은 북한을 전적으로 지지하였다. 중국 외교부에서는 객관적인 사건 조사와 각국의 냉정하고 자제하는 태도를 요구하는 정도에 그쳤고, 중국의 언론도 천안함 폭침을 거의 보도하지 않았을 뿐만 아니라 합동조사단의 발표 이후에도 북한의 입장을 보도하였다(유세경 외 2010, 137-138). 이 사건이 발생하기 2년 전에 체결한 '전략적 협력 동반자 관계'로 달라진 바는 전혀 없었던 것이다.

(2) 연평도 포격

2010년 11월 23일 오후 2시 34분부터 시작하여 3시 41분까지 북한은 한국의 영토인 연평도에 170발 정도의 해안포와 방사포 사격을 감행하였다. 그 결과 한국군 해병 2명과 민간인 2명이 사망하고, 해병 16명이 중경상을 입었으며, 133동의 건물이 전파 및 파손되었고, 산불 피해도 발생하였다(국방부 2010, 266-267). 이것은 대낮에 자행되어 텔레비전 영상으로도 생생하게 보도되었기 때문에 조사할 필요도 없이 북한의 소행이었다.

이에 대하여 미국과 일본은 천안함 폭침 때보다 더욱 강력한 언어로 북한을 규탄하였다. 미국은 새벽임에도 백악관 대변인이 나서서 북한의 공격을 강력하게 규탄하면서 정전협정 준수를 촉구하였다. 일본 정부도 긴급 대책을 논의한 후 나오토(菅直人) 당시 총리가 직접 나서서 "용인하기 어려운 만행"이라면서 북한을 강력하게 비난하였다. 러시아 외무장관까지도 북한의 공격 행위를 비난하면서 "응분의 책임"을 물어야 한다는 입장을 표명하였다. 그러나 중국은 천안함 폭침 때와 유사하게 남북의 냉정과 자제를 요청하는 데 그쳤을 뿐만 아니라 한국이 실시한 군사훈련이 포격의 원인이라는 점까지 언급하였다(정재호 2012, 35).

연평도 포격은 누가 봐도 명백한 북한의 도발이었지만 중국은 여전히 북한을 일방적으로 지지하는 태도를 보였다. 양제츠(杨洁篪) 당시 외교부장은 중국은 어느 편도 들지 않을 것이라는 입장을 표명하였고, 남북한 대사를 동시에 초치하여 상호 자제를 주문하였으며, 한국의 해상사격훈련을 반대한다는 논평을 게재하기도 했다(최유식 2010, A4). 연평도 포격의 경우에도 2년 전에 체결한 한 · 중 간 '전략적 협력 동반자 관계'가 변화를 초래한 것은 없었다.

(3) 미군의 THAAD 배치

스캐퍼로티(Curtis Scaparotti) 한 · 미연합사령관은 2014년 6월 3일 미국의 요격미사일인 THAAD를 한국에 배치해주도록 미 국방부에 요청하였다고 언급하였고, 이로써 THAAD 배치 논란이 점화되었다. 한국의 일부 인사들은 THAAD가 배치될 경우 감시당하는 것을 허용할 수 없어서 중국이 이를 파괴시킬 것이며, 그렇게 되면 한국이 미 · 중의 전장이 될 것이라면서 배치를 반대하였다. 이에 따라 한국 정부는 THAAD 배치에 관하여 미국에 요청도, 협의도, 결정도 하지 않았다는 소위 '3 No'라는 애매한 입장을 유지하게 되었다.

중국도 THAAD의 한국 배치에 반대한다는 입장을 개진하였다. 2014년 7월 서울에서 한 · 중 정상회담이 개최되었을 때 시진핑 주석이 박근혜 대통령에게 THAAD를 허용하지 말 것을 요구하였다는 보도도 있었다(이용수 2015, A1). 이후 중국의 관리들은 한국을 방문할 때마다 THAAD 배치에 반대한다는 입장을 적극적으로 표명하였다. 추궈홍(邱國洪) 주한 중국대사는 2014년 11월 26일 국회에서의 간담회에서 THAAD 배치에 반대한다는 입장을 표명하였고, 2015년 2월 4일 서울에서 개최된 한 · 중 국방장관 회담 시 창완취안(常萬全) 중국 국방부장(장관)도 반대 입장을 표명하였다. 그러면서 중국은 THAAD 배치에 반대하는 이유도 제대로 제시하지 않았다.

북한의 연속적인 미사일 시험발사와 핵실험에 안보 위협을 느낀 한국은 2016년 7월 THAAD 배치 방침을 결정하였다. 그러자 중국의 왕이(王毅) 외교부장은 THAAD는 한국의 방어수요를 초과하는 것이라면서 이의 번복을 요구하였다(이길성 2016, A4). 그럼에도 불구하고, 한국은 2017년 2월 롯데가 소유하고 있는 성주의 골프장으로 THAAD 배치 장소를 결정하였고, 2017년 4월 THAAD 포대의 일부를 전격적으로 배치하였다. 그러자 중국은 이에 대한 보복으로 롯데의 중국 내 기업활동을 제약하고, 한국에 대한 단체여행, 화장품 수입, 한국 연예인들의 중국 활동 등을 제약하였다.

기본적으로 THAAD는 공격해오는 적의 미사일을 요격하는 방어용으로서, 중국의 안보에 위협이 되기는 어렵다. 그래서 이의 배치에 대한 중국의 반대는 한 · 미동맹이 강화되는 것을 우려하거나(우정엽 2015), 한국에 대한 중국의 외교적 영향력을 확인하려는 의도라고 해석된다(이기완 2015, 337). 중국의 우다웨이(武大偉) 특별대표는 2016년 3월 미국제가 아니라 유럽이나 이스라엘제 THAAD였다면 문제가 없었을 것이라는 의견을 피력하기도 했다(안용현 · 이벌찬 2016, A3). THAAD 배치의 경우 2008년 체결한 '전략적 협력 동반자 관계'가 오히려 중국의 간섭을 초래한 측면이 있었다.

(4) 북한 비핵화

한국이 중국과의 관계를 중요시한 배경에는 북핵 차단에 대한 도움을 받겠다는 기대도 없지 않았다. 그러나 중국은 북한의 핵무기 개발 단계에서는 나름대로 노력하였으나, 핵무기 개발이 완료된 이후에는 거의 협조하지 않는 모습을 보였다. 2002년 미국과 북한 간의 제네바 합의가 파기되자 중국은 남북한과 미국, 러시아, 일본을 규합하여 6자회담을 주도하였고, 그 결과 2015년 '9 · 19 공동성명'에서 보듯이 북한으로 하여금 모든 핵무기와 핵 프로그램을 포기하는 데 동의하게 만들기도 했다. 그러나 북한이 이를 어겼지만 중국은 경제제재 등의 압박책을 구사하지 않았다.

2018년 4월 27일 남북한이 판문점에서 "완전한 비핵화(complete denuclearization)"를 위하여 노력하기로 합의한 후 6월 12일 싱가포르 회담에서 미 · 북 정상회담이 개최되었을 때도 중국은 관망하거나 오히려 북한을 지원하는 자세였다. 미 · 북 정상회담이 결정된 이후 중국의 시진핑은 2018년 3월 25~28일 북한 김정은의 방문을 허용하여 정상회담을 가지면서 과거의 혈맹관계를 복원시켰다. 2018년 5월 7~8일에도 시진핑은 중국 다롄(大連)에서 김정은을 만났다. 미국은 김정은이 미국에 대한 협상력을 높이기 위하여 시진핑 주석을 만났고, 중국은 이것을 알면서 호응해줬다고 평가하였다(Bolton 2020, 106-107). 트럼프 대통령은 김정은이 시진핑 주석을 만난 후 핵무기 폐기에 관한 생각을 바꾼 것 같다고 불평하기도 했다(노석철 2018, 04). 중국이 북핵 폐기에 협조하였다고 보기는 어렵다.

싱가포르 회담이 종료된 직후인 6월 19~20일에도 중국은 김정은의 방문을 허용하였고, 제2차 미 · 북 정상회담을 앞둔 2019년 1월 8일에도 그러하였다. 회동내용이 공개되지 않아서 알 수는 없으나, 미국과의 비핵화 협상을 전후하여 빈번하게 만났다는 것은 그와 관련된 의제를 논의하였다고 봐야 하고, 북한이 핵무기 폐기를 하지 않은 것으로 볼 때 중국이 북핵 폐기를 종용했다고 보기는 어렵다. 트럼프 대통령의 주장처럼 미국을 힘들게 만든다는 차원에서 중국이 북한의 핵무기 보유를 조장했을 수 있다. 결과적으로 북한의 비핵화 협상에 관해서도 한·중 간의 '전략적 협력 동반자 관계'는 전혀 유용하게 작동하지 못한 셈이다.

3) 평가

2008년 중국과의 '전략적 협력 동반자 관계'를 체결한 이후 한국은 안보 차원에서 중국의 긍정적인 지원을 기대하였지만, 그동안의 사례에서 나타난 실제는 전혀 그렇지 않았다. 천안함 폭침, 연평도 포격, 미군의 THAAD 배치, 북한의 비핵화 문제와 관련하여 중국이 한국의 입장을 지지하거나 한국에 유리한 방향으로 타결되도록 협조한 바는 없다. 북한이 한국의 군함인 천안함을 폭침시켰다는 것이 합동조사단에 의하여 밝혀졌고, 북한군이 연평도에 포격을 가하는 상황이 텔레비전을 통하여 생중계되었으며, 미군의 THAAD가 위협이 된다면 북핵 위협 감소에 노력하는 것이 합리적이다. 그러나 중국은 겉으로는 한반도의 평화와 안정을 바란다고 말하면서도 과거와 전혀 다르지 않게 도발하는 북한의 입장을 지지하였다. 불편한 진실이지만 한·중 간 전략적 동반자 관계는 수사(修辭)에 그쳤을 뿐 협력의 실질적인 성과는 산출하지 못하였다.

기본적으로 동반자 관계는 자발적인 협력을 전제로 할 뿐만 아니라 안보분야 협력을 포함하지 않기 때문에 위와 같은 중국의 태도가 잘못되었다고 보기는 어렵다. 안보분야의 협력까지 기대한 한국이 잘못된 셈이다. 중국과 동반자 관계를 체결한 78개국을 보면 미국의 맹방이라고 할 수 있는 독일과 영국도 전면 및 전략적 동반자에 속해 있고, 한국이 속한 전략적 동반자 관계에는 덴마크, 스위스, 캐나다 등도 포함되어 있다. 중국은 어떤 의무사항을 약속하거나 기대하는 것이 아니라 우호관계를 증진해 나가는 수단이나 과정으로 이 관계를 활용하고 있을 뿐인데, 한국이 일방적으로 한 · 중관계에 특별성을 부여한 셈이다.

실제에 있어서 한국과 중국의 안보 차원 협력은 쉽지 않다. 중국은 한국이 휴전상태로 대치하고 있는 북한의 동맹국이고, 한국은 중국이 세계적 차원에서 경쟁하는 미국의 동맹국이기 때문이다. 즉 "중국이 북한과 맺고 있는 '북중동맹' 그리고 한국이 미국과 맺고 있는 '한 · 미동맹'이라는 각기 상이한 안보동맹 구조는 여전히 한 · 중관계 발전의 한계요인으로 작용"할 수밖에 없다(박병광 2019, 49). 법적으로도 한반도는 6 · 25 전쟁의 휴전협정에 의하여 남북한이 임시적인 평화상태를 유지하고 있고, 그 휴전협정의 서명국 중 하나가 중국이다. 한 · 중관계에 대한 냉정한 분석을 통하여 그 실상을 있는 그대로 인식할 필요성이 적지 않다.

3. 한 · 중관계에 대한 상호 인식

1) 중국의 인식

2008년 한 · 중 양국은 '전략적 협력 동반자 관계'를 체결하였지만 한국의 안보 현안에 대한 중국의 정책방향이 변화된 점은 거의 없었다. 오히려 중국은 북한에 대하여 '후견인-피후견인'의 관계로 인식하는 모습을 보였는데, 그렇게 되면 한국은 중국의 피후견국인 북한의 적국일 수밖에 없다. 천안함 폭침이나 연평도 포격은 북한의 불법적 행위임이 명백한 사건이었지만 중국은 피후견국인 북한을 망설임 없이 지지하여 유엔안보리에서 결의안이 통과되지 못하도록 차단하였다.

'전략적 협력 동반자 관계'를 체결한 이후 중국이 한국에 대하여 고압적인 태도를 보여온 점이 있다. 체결 당시에는 미국 일변도인 한국의 외교방향을 중국 쪽으로 전환하기 위하여 안보협력의 가능성도 합의문에 포함시켰고, 이후에도 시진핑 주석이 박근혜 대통령과의 우호적 관계를 강조하면서 방한하는 등 한국에게 유화적인 태도를 보였다. 그러나 박근혜 대통령이 중국의 전승기념일에 참가하는 등으로 우호관계를 더욱 강화하자 오히려 과거 조공과 책봉 시대와 유사한 일방적인 내정간섭의 형태를 보이기 시작하였다. 미군의 THAAD 배치를 둘러싼 압박이 그의 전형적인 사례로서, 중국은 THAAD의 어떤 성능이 그들의 안보를 어떻게 훼손시키는지 설명하지도 않은 채 일방적으로 그 배치를 허용하지 말도록 압박하였다. 북핵 위협을 먼저 해소시켜 THAAD 배치가 불필요하도록 만들면 상생의 결과가 도출될 수 있는 상황이었지만 이러한 점을 의식하지도 않았고, 북핵 위협이 가중되어 한국이 어쩔 수 없이 THAAD 배치를 허용하였음에도 중국의 요구를 수용하지 않았다면서 경제제재를 가하였다. 문 대통령 취임 후 중국은 한국에게 '3불(不)' 즉 'THAAD 추가 배치 불가, 미국과의 탄도미사일 방어체제 협력 불가, 한 · 미 · 일 군사협력 불가'를 요구하여 관철시켰고, 12월 문 대통령이 중국을 방문하였을 때도 홀대하였다. 중국은 '전략적 협력 동반자 관계' 체결 이후 한국을 오히려 무시하는 모습을 보였다.

한국에 대하여 중국이 기대하는 것은 한 · 미동맹으로부터의 결별이라고 할 수 있다. 2015년 2월 왕이 외교부장은 과거 한(漢)나라 초기의 고사 중 '항우(項羽)의 부하인 항장(項莊)이 칼춤을 추는 것이 결국 유방(劉邦)을 죽이려는 행동'이라면서 미국이 THAAD를 배치하는 것은 북핵으로부터 한국을 방어해주려는 것이 아니라 중국을 견제하기 위한 목적이라고 주장한 바 있다(국기연 2015, 5). 당시 중국인들의 인식을 분석한 결과에서도 왕이 외교부장의 인식이 지배적인 것으로 드러나고 있다(주민욱 2020, 186). 중국은 한국이 한·미동맹에서 이탈하기를 바랐고, '전략적 협력 동반자 관계' 체결로 그것을 요구할 명분이 확보된 것으로 인식한 것으로 보인다. 즉 중국은 한국이 미국보다 자신에게 의존하기를 기대하였다고 할 수 있다(황재호 2020, 196-197).

중국은 '전략적 협력 동반자 관계'를 체결함으로써 과거 조선이 채택하였던 사대주의 즉 중화질서를 수용하면서 중국에 의존하는 외교로 복귀한 것으로 오해했을 가능성도 없지 않다. 조선시대에 중국은 상국관과 종주국관에 근거하여 한국을 속국으로 인식하면서 조공과 책봉권을 행사했고, 필요시 내정간섭에도 나섰는데, 한국의 접근을 그 시대로의 복귀를 원하는 것으로 받아들였을 수도 있다는 것이다. THAAD 배치에 대한 일방적 간섭이나 한국 방문 시 중국 관리들이 보인 고압적 태도를 보면 이러한 측면을 완전 부정하기는 어렵다. 실제로 시진핑 주석은 2017년 4월 트럼프 대통령과의 정상회담에서 한국이 천 년 동안 중국의 속국이었다고 언급했다고 한다(윤완준·구자룡 2017).

2) 한국의 인식

한국은 중국과의 '전략적 협력 동반자 관계' 체결을 한·중관계의 질적인 변화 계기로 인식한 점이 있다. 당시 이명박 대통령 스스로 "경제 · 문화 교류 중심의 양국 관계를 정치 · 안보 분야로까지 확대해 나가기로 했다"고 설명했고, 합의 내용에도 국방 당국 간 고위급 상호 방문 활성화 및 상호 연락체제 강화, 다양한 군사 영역에서 교류와 협력 추진, 북핵 해결을 위한 협의와 협력이 포함되어 있었다. 한국은 동반자 관계의 일반적 용례와 상관없이 중국이 한국의 안보적 입장을 어느 정도 고려해줄 것으로 기대하였다. 국내 학자들이 천안함과 연평도 사건에서 중국이 과거와 똑같이 북한의 입장을 옹호하자 수사와 내용의 차이가 드러났다거나 인식과 기대의 차이(perception gap and expectation gap)가 큰 것을 알게 되어 실망했다고 표현한 것은(이희옥 2011, 49) '전략적 협력 동반자 관계'에 대한 기대가 컸었다는 반증이다.

일반 국민들의 경우 정치인과 달리 '전략적 협력 동반자 관계'를 계기로 중국에 대한 기대가 높아지지 않았고, 오히려 천안함과 연평도 포격을 거치면서 더욱 부정적으로 변한 측면이 있다. 2008년에 중국에 대한 부정적 인식이 55%였던 것이 2010년에는 61%, 2011년에는 64%로서 시간이 지나면서 증대되는 현상을 보인 것이다(차정미 2017, 37). 동반자 관계 체결로 중국에 대한 호감도가 점진적으로 상승해야 했는데, 그렇지 않은 것이다.

노무현 정부가 사용한 '균형외교'라는 말에서 드러나고 있듯이 한국은 미국과 중국을 유사한 수준의 협력 대상으로 인식하면서 그 사이에서 균형자 역할을 수행함으로써 자주성을 증대시킬 수 있을 것으로 생각하였다. 이것은 이명박 정부와 박근혜 정부까지도 지속되었고, 실제로 "한 · 미동맹 일변도에서 미국과 중국 사이의 균형외교 전략으로 전환"하였다는 평가를 받기도 했다(이문기 2016, 116). 그러나 국제정치의 구조를 볼 때 중국의 입장에서는 공산주의 혁명을 함께 추진하고 있고,

6 · 25전쟁 시 '항미원조전쟁'을 수행하여 회생시켜 줬던 북한이 혈맹일 수밖에 없다. 더군다나 한국은 중국이 세계적인 차원에서 경쟁하고 있는 미국의 동맹국이다. 따라서 구조적으로 중국과의 안보적 협력은 불가능한 상황임에도 한국이 일방적으로 기대한 점이 있다.

더군다나 한국은 중국이라는 강대국과 관계를 증진할 경우 서열적인 관계를 수용할 수밖에 없다는 점을 깊게 인식하지 않은 것으로 보인다. 현재와 같은 무정부적 국제사회에서 강대국과 약소국의 관계는 서열적이면서 '후견-피후견' 또는 '자율성-안보 교환'의 성격을 지니고 있을 수밖에 없고, 이런 상황에서 중국과의 관계를 개선하려면 한국의 자율성 양보를 요구하는 중국의 제안을 수용할 수밖에 없는데, 한국이 이 사실을 심각하게 인식하지 않은 것이다. 즉 중국은 서열적인 국제관계로 생각하여 한국에게 THAAD 배치를 허용하지 말라면서 자율성 양보를 요구한 것인데, 한국은 그러한 중국의 요구를 잘못되었다고만 생각한 것이다.

3) 분석

한국은 중국과의 '전략적 협력 동반자 관계' 체결로 안보 차원의 협력까지도 기대하였지만, 현실은 그러한 기대에 부응하지 못하였다. 천안함 폭침, 연평도 포격, THAAD 배치, 북한의 비핵화와 관련하여 중국은 한국의 입장은 거의 고려하지 않았다. 체결할 때부터 한국과 중국 사이에 동반자 관계에 대한 오해가 존재하였다고 판단된다. 중국은 한국이 강대국과 약소국의 관계를 수용한 것으로 이해하였는데, 한국은 이것을 대등하면서도 적극적인 협력관계로 오해하여 안보협력까지도 기대하였기 때문이다. 한국은 '전략적 협력 동반자 관계' 체결로 "중국에 대한 '안보적 이익'을 다소는 기대하였으나 여전히 '안보적 장애와 위협 인식'의 차이가 크다는 점이 드러났다"고 평가되고 있다(차정미 2017, 37).

그런데 한·중 양국은 수교 및 동반자 관계 체결 이후 경제관계가 확대되어 교역량이 상당할 정도도 증대되었다. 동시에 한·중 간의 경제관계가 활성화됨으로써 강대국과 약소국 간 '후견-피후견'의 관계 중 일부가 작동하는 현상도 발생하였다. 경제관계가 양국의 국제정치적 관계에 영향을 받는 것으로 드러나고 있기 때문이다. 2013년까지 높은 증가세를 보이던 대중국 수출의 경우 THAAD 논란이 제기된 2014년에는~0.4%, 2015년~5.6%, 2016년~9.3%로 감소되었다. 2017년 14.2%, 2018년 14.1%에서 보듯이 증가세는 회복되었으나 2019년의 경우는 미·중 간 무역충돌 여파로~16.0%로 감소되고 있다(무역협회 2020). 한국과 중국의 기술격차가 줄어들면서 경쟁적 관계로 변모한 부분도 없지 않겠지만, 한국이 자신의 정책에 순응하지 않기 때문에 중국이 경제관계를 제한한 결과의 측면이 크다. 한·미동맹이 '자율성-안보 교환'의 방식이라면 한·중관계는 '자율성-경제협력 교환'이 작용하는 것으로 볼 수 있다(박휘락 2017, 154).

한국과 중국은 '전략적 협력 동반자 관계'를 체결하였으나 10여 년이 경과된 지금까지 안보분야에 대한 협력은 거의 발생하지 않았고, 경제적 교류와 협력을 활성화하는 데 그쳤다. 한국이 애초에 이러한 정도로 한·중관계를 이해했었다고 한다면, 한·중관계는 잘 진행된 것으로 평가할 수도 있다. 그러나 한국은 안보협력의 가능성까지 기대하였고, 따라서 한·중관계의 진전은 기대에 미치지 못했다고 평가하지 않을 수 없다.

4. 결론

지금까지의 경험과 북핵 위협의 심각성을 고려할 때 한국이 추진해온 '균형외교'는 타당하지 않다. 중국과는 안보분야 협력 자체가 불가능한 상황인데 한국이 일방적으로 '균형'을 추진해왔고, 따라서 기대가 큰 만큼 현실에 대한 실망도 컸기 때문이다. 실제로 중국은 북한의 동맹국이고, 한국은 중국이 세계적 차원에서 경쟁하는 미국의 동맹국이라서 한 · 중 양국은 안보협력을 할 수 있는 처지들이 아니다. 결국 한국은 한 · 미동맹을 강화함으로써 안보를 보장하되, 경제분야에서는 중국과 협력을 지속적으로 증진해나간다는 태도를 가질 필요가 있다. 다만, 이 경우도 안보 때문에 경제를 희생할 수는 있어도 경제 때문에 안보를 희생할 수 없다는 점은 유념해야 할 것이다.

이제 한국은 중국이 한국에 대하여 관심을 갖는 이유에 대해서도 생각해볼 필요가 있다. 중국의 입장에서 보면 한국이 국제정치적으로나 경제적으로 유용한 것은 분명하지만, 한국과 우호적인 관계를 유지하지 못한다고 해도 큰 문제가 될 것은 아니다. 중국이 한국과의 관계를 증진하고자 하는 이유는 그들과 전략적 경쟁관계에 있는 미국과 한국이 동맹관계이기 때문이고, 그 동맹관계를 균열시키는 것이 자신들에게 이익이 된다고 판단하기 때문이다. 그렇기 때문에 한국이 한 · 미동맹을 종료시키는 순간 중국에게 한국이 갖는 가치는 없어질 것이고, 그렇게 되면 한 · 중관계는 더욱 일방적인 관계로 전환될 수 있다. 한 · 중관계 강화를 위해서는 한미관계를 약화시켜야 하는 것이 아니라 오히려 강화시켜 레버리지를 가져야 한다는 역설이 성립하는 셈이다.

한 · 중관계의 발전과 지속을 위하여 가장 중요한 사항은 한국이 한 · 중관계의 한계를 분명하게 식별한 상태에서 적정한 선에서 관리해 나가는 것이다. 이로써 기대와 현실 간의 괴리를 줄여야 한다. 한국과 중국은 안보 차원의 위기가 발생할 경우 협력적인 관계를 유지하기 어렵지만, 그렇지 않은 평시에는 협력관계를 충분히 진전시킬 수 있기 때문이다. 즉 한국은 경제, 사회, 문화 등에 중심을 두어 중국과의 관계를 강화해 나가면서 안보에 대한 기대는 줄여야 한다. 이와 같이 정경분리를 확실하게 준수할 경우 한 · 중 간에 오해나 마찰이 발생할 소지가 적고, 전반적인 관계도 개선될 것이며, 그 결과로 자연스럽게 간접적인 안보협력도 가능해질 수 있다.

7

한 · 일협력

북한의 핵위협에 대응함에 있어서 한국의 제1차적인 협력대상은 말할 필요도 없이 미국이다. 그러나 북한이 ICBM과 SLBM을 개발했다는 점을 고려할 때 한국은 미국이 약속하고 있는 확장억제가 제대로 이행되지 않을 가능성도 고려하지 않을 수 없다. 이러한 경우 한국과 함께 북핵 위협에 대응해줄 수 있는 국가는 일본밖에 없다. 일본은 한국과 같이 북핵 위협에 노출되어 있고, 자유민주주의 이념을 공유하고 있기 때문이다. 최근에는 미국조차 한일관계 개선을 요청함으로써 한일관계는 한미관계와도 연계되어 있는 상황이다. '국제사회에는 영원한 적도 우방도 없다'는 말처럼 현실적인 필요성이 크다면 과거사나 감정적 불편은 극복해야 한다.

그동안 북핵 대응을 위한 한 · 일 안보협력의 필요성은 꾸준히 제기 및 검토되어 왔다. 그러나 문재인 정부에서 반일감정을 부각시킴으로써 한일관계는 극단적으로 훼손되었다. 윤석열 정부가 한 · 일관계를 개선하려는 의지를 보이고 있지만 이제는 일본이 호응하고 있지 않다. 서로가 전혀 소통하지 않고, 전혀 신뢰하지 않는 상황이 된 것이다. 그동안 한국이 일본과의 국제관계에 감정적인 측면을 지나치게 강조해온 결과이다. 북핵 위협이라는 엄중한 상황을 바탕으로 이제 한국은 일본과의 관계에 관한 실태를 있는 그대로 냉정하게 살피고, 합리적인 접근으로 방향을 전환해 나갈 수 있어야 한다.

1. 연계이론과 한 · 일 간 감정의 영향

1) 국제정치와 국내정치의 연계

현대에는 국제정치와 국내정치의 연계가 거의 당연한 것으로 받아들여지고 있다. 이에 관한 대표적인 이론은 로즈노(James N. Rosenau)의 '연계정치(linkage politics)'인데, 그에 의하면 국내정치와 국제정치는 분리될 수 없고, 서로에게 '침투, 반응, 모방'하는 방식으로 영향을 주고받는다(1969, 46). 그에 의하면, 어떤 국가의 국제정치적 결정을 분석하거나 미래의 선택방향을 예측하고자 할 경우 국제정치적인 변수만을 고려해서는 부족하고, 국내 정치체제의 안정성, 기능, 제도, 목표 등도 함께 고려해야 한다(Rosenau 1969, 7).

1980년대 후반 퍼트남(Robert D. Putnam)을 중심으로 하는 캘리포니아 대학의 학자들이 "2개 수준 게임의 논리"(the logic of two-level games: '양면게임'이라는 번역은 '국내적 수준'과 '국제적 수준'이라는 2가지 요소를 제대로 나타내지 못한다)라는 명칭을 통하여 국내정치의 요소를 국제정치의 요소와 동등한 비중으로 격상시켰다. 현대에는 민주주의가 보편화되었기 때문에 특정 국가의 외교정책은 "상대 국가가 수용할 수 있는 범위와 국내 투표자들이 비준(ratify)할 수 있는 범위에 의하여 제약된다"는 주장이었다(Putnam 1988, 436). 국민들의 선거에 의하여 선출되는 국가지도자는 아무리 국제정치적으로 바람직하거나 필요한 결정이라도 국내정치적으로 수용될 수 없으면 채택할 수 없다는 것이다. 즉 현대 국가지도자의 대부분은 국제상황에 의하여 주어지는 외교적 필요성은 물론이고, 다양한 이익집단을 통하여 제기되는 국내의 압력까지 충족시킬 수 있다고 판단되는 방향으로 국제적 사안을 결정할 수밖에 없다(Evans, et al. 1993, 437).

이러한 '2개 수준 게임'과 관련하여 퍼트남은 '윈셋(win-set)'이라는 개념을 제시하고 있는데, 이것은 국제적인 협상의 경우 제1수준 즉 국제정치적 수준에서 임시적인 합의에 이르더라도 쌍방이 제2수준 즉 국내정치적으로 그 임시적인 합의가 비준될 것인가를 판단한 후에야 최종적인 합의 여부를 결정하게 된다는 분석에 근거하여 만들어진 개념이다. 그 1, 2개 수준이 합치되는 부분이 윈셋이라는 설명이다(Putnam 1988, 436). 여기에서 비준은 공식적으로 정해진 절차를 말하는 것이 아니라 국민들에게 수용을 받기 위한 행위와 절차 모두를 포괄적으로 의미하고, 따라서 윈셋은 국제적 요소를 고려하여 도출한 타협방안 중에서 국내적으로 수용될 수 있는(투표를 했을 경우 찬성이 더욱 많은) 방안의 범위이다. 당연히 양국의 윈셋 범위가 넓을수록 합의에 이를 가능성이 커지고, 반대로 윈셋 범위가 좁을수록 결렬될 가능성이 커지며, 결국 서로의 윈셋이 겹치지는 부분에서 합의가 이루어진다(Putnam 1988, 438). 이것은 국제적인 요소가 아무리 강력하다고 하더라도 국내적으로 수용될 수 없는 상황이면 합의에 이를 수 없다는 것으로서, 전통적인 인식과 적지 않은 차이를 지니고 있다고 할 것이다.

2) 국내정치의 영향

특정 국가 간의 안보협력은 당연히 국제정치적인 요소에 의하여 크게 영향을 받는다. 이들 간의 동맹 또는 안보협력은 주변국들의 안보에도 영향을 미치고, 주변국들은 해당 국가들의 동맹 또는 긴밀한 안보협력관계가 초래하는 이익과 손해를 판단하여 찬성과 반대의 입장으로 반응할 것이기 때문이다. 그러나 현대에는 국내적 요소가 오히려 국제적 필요성과 국제여론을 압도할 수 있다. 다른 국가와 동맹 또는 긴밀한 안보협력 관계가 관계가 필요하더라도 국내여론이 지지하지 않으면 추진하기 어렵다는 것이다. 특히 국내여론은 자주성을 중시하여 동맹 등에 부정적으로 반응할 가능성이 크다. 민주주의가 발달된 현대에는 국제정치와 국내정치의 연계성은 상수로 인식되고 있고, 국내정치를 외교

〈표 3〉 국내정치로 인한 동맹의 종료 또는 약화

세부 항목	사례
인구 및 사회적 추세의 변화	- 인종, 문화, 역사적 일체성이 약해질 경우 동맹약화 가능
동맹공격을 통한 국내정치적 입지 강화	- 1967년 프랑스 드골 대통령의 나토 군사기구 탈퇴 - 1985년과 1986년 사이 뉴질랜드 좌파정치인들의 미 잠수함 기항 거부로 미-뉴 동맹 와해 - 필리핀 정치인들의 지속적 요구로 1992년 미군 철수
체제변화	- 혁명 후 프랑스의 대 오스트리아 동맹 파기, 혁명 후 러시아의 대(對) 영국 · 프랑스 연합 탈퇴, 공산화된 중국의 미국관계 중단, - 쿠바(1959), 이란(1979), 니카라구아(1979)
이념적 상이성	- 소련을 중심으로 한 동맹과 이슬람국가 간의 동맹이 강력하지 못했던 이유

출처: Walt 1997, 158-164에서 설명한 내용을 도표화.

정책 결정의 중요한 요인으로 포함시키기도 한다(Gourevitch 1978). 〈표 3〉에서 제시되고 있듯이 특정 국가의 동맹이 국내정치적인 요소에 의하여 종료 또는 약화된 사례도 없지 않다.

3) 반일감정과 반한감정

한일관계라는 국제정치적 요소에 가장 큰 영향을 끼치는 국내정치의 요소는 한국 국민들의 반일감정과 일본 국민들의 반한감정이다. 이들은 상호작용하면서 악화되는 경향이 있는데, 일본이 한국을 침탈한 역사에서 비롯되고 있다는 점에서 한국의 반일감정이 선도하는 측면이 있다. 실제로 한국 국민은 상당한 반일감정을 보유하고 있다. 이러한 반일감정은 일제강점기에 한국 국민들이 겪은 가혹한 일본 통치, 전후 일본 정치인들의 망언, 일본의 독도 영유권 주장 등 근대사 이후의 사건에서 비롯되었다고 생각하지만, 이규배는 임진왜란 이전과 이후에 조선사회가 일본을 표현하는 언어를 연구한 결과를 통하여 반일감정의 시원(始原)을 임진왜란으로까지 확대하기도 한다(이규배 2007, 141-142).

이러한 반일감정은 해방 직후에 폭발적으로 노출되다가 냉전이 시작되면서 미국을 중심으로 한 자유민주주의 진영의 결속과 한국의 경제성장 우선주의로 인하여 노출의 정도가 줄어들었는데, 최근 한국의 경제성장과 민주화 진척을 바탕으로 다시 적극적으로 표출되고 있는 상황이다. 1998년 김대중 정부에서 일본의 대중문화에 대한 제약을 없애면서 한 · 일 양국의 우호적인 이해도가 증진되긴 하였으나 반일감정 자체는 크게 줄어들지 않았고, 최근에 위안부 문제에 대한 합의를 둘러싼 논쟁이 한국 내에서 지속되면서 소녀상 설치 문제 등 반일감정이 더욱 예민해지는 경향을 보이고 있다(전재호 2019, 141). 최근 한국에서는 '토착왜구'라는 말까지 공공연하게 사용되고 있는 상황이다. 다만, 이지원은 2019년 7~8월간에 발생하였던 한국 사회의 '노 재팬' 운동을 분석한 후 현재의 반일감정은 이성과 집단지성에 의하여 어느 정도 조절되는 측면도 있다고 분석하고 있다(2020, 960).

사실상 한 · 일 양국의 반일 또는 반한감정은 개선되는 추세를 보여온 것이 사실이다. 반일 또는 반한감정의 정도는 조사기관에 따라서 다를 수 있지만, 그에 관하여 체계적이면서 지속적인 조사를 해온 것은 한국의 '동아시아연구원(EAI)'과 일본의 '겐론NPO(NGO와 유사)'이 수행해온 것인데, 2019년까지 조사된 결과를 보면 일본 국민들의 반한감정은 50% 선에서 큰 변화를 보이지 않았지만 한국 국민들의 반일감정은

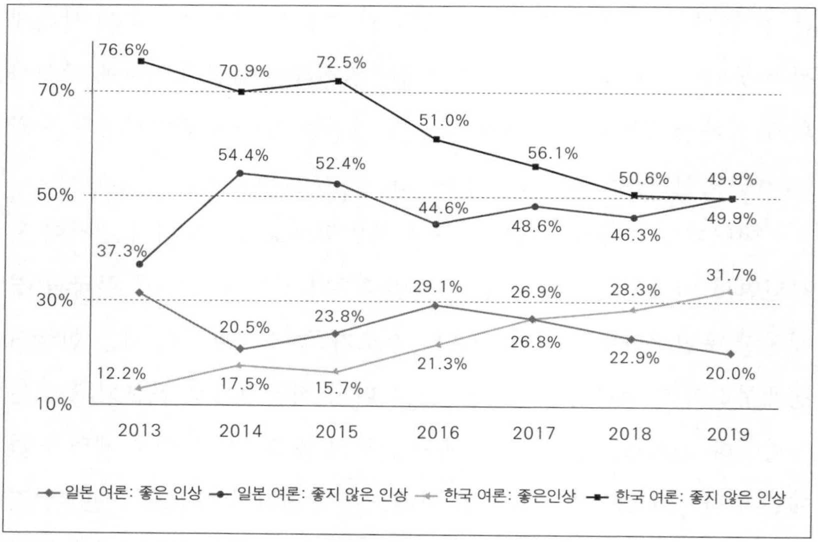

〈그림 3〉 한 · 일 양국의 상호 인식도(2013~2019)

출처: 손열 · 김세영 · 이영현 2019, 2.

70% 이상에서 50%대로 줄어들었고, 특히 일본에 대한 긍정적 인식도 최근 몇 년 사이에 계속 증대되는 양태를 보였다. 조사결과는 〈그림 3〉과 같다.

한국의 반일감정 또는 일본의 반한감정과 관련하여 추가적으로 검토할 필요가 있는 사항은 루머(rumor)의 영향이다. 국민감정이 격양되어 있을수록 루머에 취약할 가능성이 크고, 실제로 적지 않은 루머가 생산 및 유포되기 때문이다. 대부분의 경우 루머는 가십(gossip) 수준에 그치지만, '루머폭탄(rumor bomb)'이라는 용어처럼(Harsin 2006, 84-110) 어떤 경우는 국민들의 여론이나 어떤 상황의 악화에 결정적인 영향을 끼칠 수 있다. 예를 들면, 2008년 미국산 쇠고기를 먹으면 심각한 질병에 걸릴 수 있다는 소위 '광우병 괴담'은 갓 출범한 이명박 정권을 동요시킬 정도로 큰 영향을 끼쳤다. 'THAAD 참외'라는 말에서 나타나듯이 2014년부터 시작된 미국의 미사일 방어체계인 THAAD를 한국의 성주 지역에 배치하는 문제에 관해서도 전자파의 유해성을 둘러싸고 심각한 루머가 형성되어 국민적 갈등을 초래하였고, 언론마저 이념적 성향에 따라서 보도의 방향을 달리함으로써 아직도 완전히 해소되지 못하고 있는 상황이다. 그래서 "우리 사회는 루머가 일상화된 사회이다. 광우병 사태, 천안함 사태, 메르스 괴담 사태에서 확인하였듯이 누군가 그럴듯한 루머를 생성시키면 그 내용이 SNS를 통해 순식간에 불특정 다수에게 확산되는 기제가 형성되어 있다"고도 평가되는 것이다(홍주현 · 손영준 2017, 180).

2. 한 · 일 안보협력의 경과와 사례

1) 경과

1965년 국교를 정상화함으로써 "미국을 중심으로 한국과 일본이 자유진영의 일원으로 결속하여 소련과 중국, 그리고 북한의 공산진영에 대항하는 구도"가 구축되었다(조세영 2014, 14). 한국과 일본은 '반공'이라는 자유진영의 가치 하에서 미국을 중심으로 단결하였고, 한반도의 안전과 번영이 일본의 그것에 중대한 영향을 지니고 있다는 내용의 소위 '한국조항'이 한일관계의 기본인식으로 자리 잡았다. 1966년부터 양국 대사관에 무관들이 파견되었고, 이후부터 양국의 군 수뇌부들이 격을 높여가면서 방문하기 시작하였다.

전두환 정부 시절 한 · 일 양국은 한국조항을 실제적으로 인정하였는데, 이를 이유로 한국은 100억 달러의 차관을 요구하여 40억 달러를 제공받았고, 이를 "안보경협"이라고 불렀다. 노태우 정부와 김영삼 정부 시대에는 일본이 북한과 수교함에 따라 한국 내에서 경계감이 증대되었으나 1993년 한반도에서 북핵 위기가 형성되자 1994년 4월 처음으로 한 · 일 국방장관 회담이 열렸고, 이를 통하여 군 수뇌부 교류와 정기 협의, 군부대 간 교류, 유학생 및 연구교류 등이 활성화되었다. 김대중 정부가 들어서면서 한 · 일 간의 안보협력은 지속되었으나 북핵 대응방향에 있어서 한국의 온건과 일본의 강경으로 격차가 발생하면서 안보협력의 제도화에는 이르지 못하였다.

2005년 8월 26일 당시 한 · 일 국교정상화 교섭 관련 외교문서가 공개됨으로써 한일관계는 과거사에 의하여 좌우되는 방향으로 전개되기 시작하였다. 2006년과 2009년 북한의 핵실험, 그리고 2010년 천안함 폭침과 연평도 포격 이후 한 · 일 양국의 공조관계가 회복되는 모습을 보이기도 했으나 2012년 8월 10일 이명박 대통령이 독도를 방문함으로써 한일관계는 갑자기 경색되고 말았다. 이명박 대통령은 8월 14일 한국교원대를 방문한 자리에서 일왕의 방문에 대하여 "'통석(痛惜)의 염'이니 이런 단어 하나 찾아서 올 것이라면 올 필요 없다고 했다"라고 말하였고, 여기에 일본이 항의 및 분개하게 되었다.

박근혜 정부에서는 북핵 위협이 점점 심각해지고 미국이 한 · 일 간 관계개선을 요청함에 따라서 변화를 모색하게 되었다. 한 · 일 양국군 간의 군사정보 보호협정(GSOMIA) 대신에 2014년 12월 29일 한 · 미 · 일 군대 간의 '정보공유약정'을 체결하였고, 2015년 5월 18일 한 · 미 외교장관 회담과 2015년 10월 16일 한 · 미 정상회담에서 미국이 한일관계 개선을 촉구함에 따라 박근혜 대통령은 2015년 11월 2일 아베 총리와 정상회담을 가졌다. 2015년 12월 28일 한 · 일 외교장관 회담을 개최하여 일본군 위안부 문제에 관한 합의를 도출하였고, 2016년 11월에는 군사정보 보호협정을 체결하였다.

문재인 정부는 선거기간 중 위안부에 관한 한 · 일 합의가 잘못되었다는 입장이었고, 집권 후 이를 재검토하도록 지시하였다. 외교부에서 검토한 결과를 바탕으로 문 대통령은 2017년 12월 28일 기존의 위안부 합의가 "절차적으로나 내용적으로나 중대한 흠결이 있었다"고 밝히면서 파기의 가능성까지 암시하기도 했다. 그러나 2018년 1월 9일 일본 정부가 출연한 화해 · 치유재단 기금 10억 엔을 우리 정부 예산으로 충당하기로 했지만 일본에 대해 재협상을 요구하지 않겠다는 방침을 발표하였고, 따라서 한 · 일 관계는 현상을 유지하게 되었다.

2) 군사정보 보호협정의 사례

한 · 일 양국의 관계는 냉정한 국익의 계산에 따라서 진전 정도가 결정된 것이 아니라 감정적 요소가 지배하였으며, 이로 인하여 루머 등에 의해서도 제반 사안이 심각하게 왜곡되고, 결과적으로 한 · 일 양국의 관계가 악화되기도 했다. 이의 전형적인 사례가 한 · 미 양국의 군사정보 보호협정을 둘러싼 사태였다. 실질에 있어서는 전혀 중요한 사안이 아닌 것이 나라의 주권을 양도하는 중요한 사태인 것처럼 논란이 되었고, 그렇게 난리가 날 것 같던 협정이 연장되어도 아무런 문제가 없는 상황이 전개되고 있는데, 이것은 바로 한일관계 전반의 현실을 가장 함축적으로 나타내는 사례일 수 있다.

(1) 군사정보 보호협정의 실체

이제는 일반화되어 대부분의 사람들이 '지소미아(GSOMIA)'라는 영어로 의사소통하지만 공식적인 한글 용어는 '군사정보 보호협정'이다. 영어로는 'General Security of Military Information Agreement'인데, 직역하면 '군사정보의 보안에 관한 일반협정'으로서 '일반협정'이라는 말은 통상적으로 적용된다는 뜻이고, 군사정보를 교환해야 할 상황이 발생하면 서로가 자신의 비밀처럼 신뢰성 있도록 관리해주겠다고 약속하는 협정이다. 한국과 일본 간에 체결되어 있는 지소미아(이하에서는 이 용어로 설명하고자 함)의 내용을 소개하면 〈표 4〉와 같다.

한국과 일본 간에 체결한 지소미아는 일반적이고 평범한 내용이다. 이 중에서 제6조가 협정의 핵심적인 내용인데, 서로의 군사비밀을 교환할 때 준수해야 할 사항을 열거하는 내용 이외에 특별한 사항은 없

〈표 4〉 한 · 일 군사정보 보호협정 전문

전문: 대한민국 정부와 일본국 정부는 양 당사자 간에 교환되는 군사비밀정보의 상호 보호를 보장할 것을 희망하면서, 다음과 같이 합의하였다.

제1조 목적: 양 당사자는 각 당사자의 유효한 국내법령에 부합할 것을 전제로 여기에 제시된 조건에 따라 군사비밀정보의 보호를 보장한다.

제2조 용어에 대한 정의, 제3조 관련 법령변경 시 통보, 제4조 비밀의 등급, 제5조 보충 약정 체결 권한에 관한 사항

제6조 군사비밀정보 보호의 원칙:

- 접수당사자는 제공당사자의 사전 서면 승인 없이 제3국의 어떠한 정부, 사람, 회사, 기관, 조직 또는 그 밖의 실체에게 군사비밀정보를 공개하지 아니할 것
- 접수당사자는 제공당사자가 부여하는 보호에 실질적으로 상응하는 정도의 보호를 군사비밀정보에 제공하기 위하여 자신의 유효한 국내법령에 따라 적절한 조치를 할 것
- 접수당사자는 제공당사자의 사전 서면 승인 없이 군사비밀정보를 제공된 목적 외의 어떤 다른 목적으로도 사용하지 아니할 것
- 군사비밀정보를 취급하는 각 정부 시설은 개인보안허가를 가지고 있고 그러한 정보에 접근하는 것이 허가된 개인들의 등록부를 유지할 것
- 군사비밀정보의 배포 및 이에 대한 접근을 관리하기 위하여 각 당사자는 군사비밀정보의 확인, 소재, 목록 및 통제를 위한 절차를 수립할 것 등

제7조 군사비밀정보에 대한 인원의 접근에 관한 제안

제8조 한쪽 당사자 대표가 군사비밀정보에의 접근이 요구되는 다른 쪽 당사자 시설을 방문하는 것에 대한 허가는 공적 목적상 필요한 방문으로 한정된다는 등의 내용

제9조 군사비밀정보는 정부 대 정부 간 경로를 통하여 당사자 간에 전달된다는 내용

제10조 시설의 보안, 제11조 보관, 제12조 전달 시 보안 요건, 제13조 파기 방법, 제14조 복사, 제15조 번역, 제16조 계약자 관리, 제17조 분실 및 훼손, 제18조 대표자의 상호방문, 제19조 비용 각자분담, 제20조 분쟁 해결에 관한 사항

제21조 발효, 개정, 기간 및 종료의 날짜와 기간

출처: 국방저널 편집부 2016, 92-95.

다. 예를 들면 "접수당사자는 제공당사자의 사전 서면 승인 없이 제3국의 어떠한 정부, 사람, 회사, 기관, 조직 또는 그 밖의 실체에게 군사비밀정보를 공개하지 아니할 것"이라든지, "접수당사자는 제공당사자의 사전 서면 승인 없이 군사비밀정보를 제공된 목적 외의 어떤 다른 목적으로도 사용하지 아니할 것" 등 제3자에게 유출하지 않겠다는 약속을 서로가 보장하자는 내용이다.

실제로 지소미아는 군사정보 교환이 필요할 경우 서로가 상대의 정보를 잘 관리하자고 약속한 문서이기 때문에 체결해두었다고 하여 군사정보가 자동적으로 교환되는 것도 아니다. 사실 지소미아는 서로가 적대적인 관계가 아니라는 상징 정도로 활용되는 경향도 없지 않다. 그에 관하여 한국 내에서 벌어진 논란이 어이없을 정도로 지소미아의 실제 내용은 평범하다. 비밀의 제3자 유출 방지 등 일상적인 내용에 불과하기 때문이다. 어느 일방이 원하지 않더라도 상대가 요구할 경우 군사정보를 제공해야 한다는 등의 강제적 요소는 전혀 포함되어 있지 않다. 그래서 지소미아는 전 세계적으로 다수의 국가들과 체결하여 활용되고 있고, 한국의 경우에도 일본 이외에도 수십 개의 국가, 특히 러시아, 우크라이나, 우즈베키스탄, 폴란드, 불가리아, 루마니아, 헝가리 등 냉전시대 대립했던 국가들과도 지소미아를 체결하고 있다.

(2) 한 · 일 지소미아 협상과 논란의 경과

한 · 일 양국 간의 지소미아는 북핵 위협이 심각해지면서 체결의 필요성이 대두되었다. 그래서 2011년 1월 10일 일본의 기타자와 도시미(北澤俊美) 방위상이 방한하였을 때 당시 김관진 국방장관은 국가 간 군사협력의 초보적 조치라고 할 수 있는 지소미아와 상호군수지원 협정(ACSA: Acquisition and Cross-Servicing Agreement)을 체결한다는 원칙에 합의한 것이다(장일현 2011, A6). 그리고 이명박 정부는 2012년 6월 26일 '즉석안건'으로 국무회의를 통과시킨 이후, 6월 29일 신각수 주일 한국대사와 일본 겐바 코이치로 외무대신이 양국 정부를 대표하여 서명한다는 일정으로 추진하고 있었다. 그러나 이 사실이 언론을 통하여 공개되자 일부 야당 의원들과 언론은 이 협정이 한국-미국-일본의 삼각 군사협력체제를 구축하는 수단일 뿐만 아니라 "을사늑약의 망령"이라면서 반대하였고, "핵무장 일본에 기밀 갖다 바치는 일"이라는 비판까지도 제기되었다(이경미 · 윤형중 2012, 03). 결국 당시 이명박 대통령은 이러한 반대에 굴복하여 서명 1시간을 앞두고 체결을 중단하고 말았다.

그럼에도 불구하고 북한이 2013년 2월 12일 제3차 핵실험을 통하여 핵무기를 개발하는 데 성공하자 박근혜 정부는 북핵 관련 정보에 대한 일본과의 교환체제 구축이 시급하다고 판단하였고, 따라서 국방부는 2014년 12월 29일 한국, 미국, 일본 3개국 군대 간의 군사정보공유 '약정'을 체결함으로써 실무적인 정보교환체제를 구축하였다. 다만, 이 약정은 정부 간의 정식 협정이 아니어서 정보교환의 범위와 폭이 제한되었다. 따라서 박근혜 정부는 2016년 10월 27일부터 지소미아 체결에 관한 일본과의 협상을 재개하였고, 11월 17일 차관회의를 거쳐서 22일 국무회의에 상정하였으며, 23일에 한국의 한민구 국방장관과 주한 일본 대사의 서명을 통하여 발효되었다.

2018년 11월 20일 한국의 대법원이 일제강점 시대 강제징용과 관련하여 일본 회사에게 배상책임이 있다는 것을 인정한 것을 계기로 한일관계는 악화되기 시작하였다. 일본 정부는 1965년 한 · 일 청구권 협정으로 모든 것이 타결되었다는 입장이었기 때문이다. 한국 정부가 대화에 응하지 않자 일본은 2019년 7월 1일 반도체 제조 등에 핵심적으로 필요한 3개 소재의 행방에 불확실성이 있다는 명분으로 이들의 수출을 규제하겠다고 발표하였고, 8월 2일에는 한국을 수출특혜 국가들의 명단인 소위 '화이트 리스트'에서 제외하겠다고 발표하였다. 그러자 한국 정부는 2019년 8월 22일 지소미아를 연장하지 않기로 발표하였다. 이로써 지소미아는 군사정보 교류의 틀에서 한일관계 흥정의 카드로 전환되었다.

그러나 지소미아 파기와 관련하여 한국 야당과 보수 국민들이 반대하고, 한국과 일본의 공통적 동맹국인 미국까지 유감을 표명하면서 철회를 촉구하자 문재인 정부는 2019년 11월 22일 지소미아 파기를 번복하였고, 지금까지 체결된 상태로 지속되고 있다. 그러나 지소미아를 체결한 목적인 한 · 일 간의 군사정보 교류는 거의 일어나지 않았고, 따라서 지소미아는 거의 사문화된 상태라고 할 수 있다.

(3) 평가

북한의 핵위협이나 미국과의 간접적인 동맹관계를 고려할 때 한국과 일본 모두에게 서로 간의 안보협력은 필요한 상황이다. 특히 북한이 수소폭탄의 개발에 성공한 상태에서 ICBM 개발에 근접하고 SLBM 개발도 추진하고 있어서 미국이 동맹공약을 이행하지 못할 가능성도 우려하지 않을 수 없음에 따라 양국의 협력 필요성은 더욱 증대되고 있다. 이러한 상황이 있었기에 박근혜 정부에서는 일본과 지소미아 협정을 맺었던 것이다. 그런데, 지금까지도 그것을 필요로 했던 상황에는 변화가 없을 뿐만 아니라 오히려 그 필요성이 더욱 커진 상황이고, 따라서 안보적 차원에서 보면 지소미아 파기 결정은 수용되기 어렵다.

그럼에도 불구하고 지소미아의 파기가 거론되었던 것은 일본의 일방적인 수출규제에 대하여 한국 정부에게 단호하게 대응할 것을 요구하는 국민들의 목소리가 컸기 때문이다. 일본의 수출규제에 마땅한 대응책이 없자 이 지소미아 카드가 제기되었고, 이것을 파기할 경우 한국도 불편해지지만 일본은 더욱 불편해진다고 판단하였기 때문이다. 그래서 당시 과반수의 국민들이 지소미아 파기 결정을 지지하였고, 특히 여당의 지지층은 78%가 지지하였던 것이다. 결국 문재인 정부의 윈셋은 무척 좁아진 상태였고, 따라서 2019년 8월 지소미아 파기를 결정하게 되었다.

이 과정에서 간과할 수 없는 사실은 루머의 영향이다. 2012년 6월 예정되었던 서명식이 하루 전에 중단된 것은 그것을 체결하면 '을사늑약'처럼 한국의 자주권이 훼손될 수 있다는 루머를 당시 야당 정치인들이 적극적으로 믿었거나 활용하였기 때문인데, 이 주장은 지소미아가 연장될 때까지도 지속되었다. 2019년 8월에 지소미아의 파기를 결정한 후 11월 그것을 번복할 때까지 3개월 동안 치열한 논쟁이 국내에서 전개되는 과정에서 불구하고 사실과 다른 이러한 루머를 여론주도층까지도 믿고 있었거나 주장한 것을 보면 반일감정에 연계된 루머의 위력을 알 수 있다. 지소미아 체결 이후 5년이 지났지만 한국의 자주권이 훼손된 사례는 전혀 없었다.

더욱 심각한 것은 정치인들이 자신의 정치적 이익을 위하여 국민여론을 악화시키는 현상이다. 이것은 한국과 일본 모두에게 공통적인 현상일 수 있다. 즉 한일관계에 있어서는 양국의 정치지도자들이 국민감정을 악화시키는 경향이 있다(박진우 2014, 122). 이러한 점에서 한일관계의 개선을 위해서는 양국관계를 미래지향적으로 발전시키고자 하는 리더가 다른 어떤 사항보다 중요하고, 리더들의 건전한 의식을 위해서는 언론과 지식인들이 이성에 입각하여 건전한 국민여론을 유도해 나가고, 이로써 리더들의 올바른 판단을 압박하려는 노력이 필요하다고 할 것이다.

3. 북핵 대응 협력

서로가 인접하고 있고, 자유민주주의와 미국과의 동맹을 공유하고 있다는 점에서 한 · 일 양국이 안보적으로도 협력해야 할 필요성은 매우 크다. 그러나 국가의 생존이 좌우되는 심각한 상황이 도래하기 전까지는 국내정치적인 요소로 인하여 안보협력이 제대로 추진되지 못할 수도 있고, 그렇다고 하여 결정적인 문제가 발생하는 것은 아니다. 그러나 북한의 핵무기는 한국에게는 생존을 좌우할 수 있는 중요한 위협이고, 일본에게도 심각한 피해일 수밖에 없다. 따라서 북핵 위협 대응을 위한 한 · 일협력은 감정적인 요소 등으로 유예하거나 회피할 수 있는 사항이 아니다.

1) 일반적인 북핵 억제와 대응

한국과 일본은 북한의 핵위협에 공통적으로 노출되어 있기 때문에 그의 억제 및 방어를 위한 협력의 필요성은 아무리 강조해도 지나치지 않다. 우선 억제에 있어서 기본적으로 두 국가는 미국의 확장억제에 함께 의존하고 있기 때문에 북핵에 대한 미국의 억제력을 강화하는 데 함께 협력하지 않을 수 없다. 북핵에 대한 최선의 억제책은 한 · 미 · 일 협력일 것이라는 점에서 북핵이 더욱 고도화될 경우 미국을 중심으로 한 한 · 미 · 일의 긴밀한 협력은 절대적으로 필요하고, 한국이 가장 적극적으로 노력해야 할 입장이다.

북한이 핵공격을 가하겠다고 위협하는 상황이 되어 북한에 대한 선제타격이 필요할 경우 한국과 일본의 타격력이 협력해야 할 필요성도 적지 않다. 한국도 '킬 체인' 또는 '전략타격'이라는 명칭으로 선제타격의 개념과 능력을 중요시하고 있고, 일본도 '적지(敵地) 공격' 또는 '적기지(敵基地) 공격'이라는 용어를 통하여 핵무기가 사용되기 이전에 제거하는 방안을 논의하여 왔다. 억제가 실패할 경우 사용할 가능한 가장 효과적인 대응방법이 이것이기 때문이다. 한국은 북한과 인접하여 선제타격에 필요한 전방기지를 제공하지만, 일본은 이격되어 더욱 안전한 지역에서 대규모 선제타격을 지속할 수 있는 후방의 핵심기지가 될 수 있다. 일본은 이 목적으로만은 아니지만 헬기 탑재 호위함 2척을 전투기 이착륙이 가능한 항공모함으로 개조하거나, 수직 이착륙이 가능한 F-35B 42대와 F-35A 105대를 구매하기로 하는 등 필요시 이를 시행하는 능력을 구비해 나가고 있다.

미사일 방어의 경우에도 협력의 소지가 적지 않다. 당연히 북한의 핵미사일 정보에 대한 공유는 기본이고, 미사일 작전에 관한 평소의 협력도 중요하다. 일본은 7기의 군사인공위성을 보유한 상태에서 10기를 증대시킨다는 계획이고, FPS-3, 5 레이더 10여 기를 전국에 배치하고 있으면서 더욱 첨단의 FPS-7 레이더 제작에도 착수한 상태여서 북한의 탄도미사일 발사 징후를 사전에 탐지하여 한국에게 통보해줄 수 있다. 대신에 한국은 북한과 비무장지대 4km 사이를 두고 대처하고 있어서 일본을 공격하는 북한의 핵미사일에 관한 제반 정보를 신속하면서도 정확하게 제공해줄 수 있고, 일부에 대해서는 대신하여 요격해줄 수도 있다. 일본은 미사일 요격용 PAC-2/PAC-3 약 30개 포대, SM-3 요격미사일을 탑재한 이지스함 8척 등으로 전국적인 미사일 방어 체제를 구축하고 있다. 일본과 협력할 경우 한국은 일본 미사일 방어의 구축 및 운영사례를 학습할 수 있고, 한 · 미 · 일 3개 국가 간에 정보 및 기술을 적극적으로 교환함으로써 시너지 효과를 기대할 수도 있다.

2) 핵무기 개발

가능하다면 한국이나 일본에게 핵무기 개발은 북핵 억제를 위한 가장 확실한 대안이다. 한국과 일본의 높은 산업능력으로 인하여 금방 북한보다 우세한 핵균형을 확보할 수 있고, 효과적으로 북핵을 억제할 수 있을 것이기 때문이다. 이렇게 될 경우 북한은 모두가 핵무기를 갖지 않는 편이 유리하다고 판단할 수도 있고, 중국이나 러시아의 입장에서도 한국, 일본, 북한의 3개국 모두가 핵무기 보유하지 않는 것이 유리하다고 판단하여 북한의 핵무기 폐기를 종용할 수 있다.

문제는 한국과 일본의 핵무기 개발을 국제사회가 용인하지 않을 것이라는 사실이다. 더 이상의 핵확산을 허용하지 않는다는 것이 국제사회의 입장이고, 특히 중국과 러시아는 결사적으로 반대할 것이기 때문이다. 조약의 규정에 의하면 3개월 전 통보로 핵확산금지조약 탈퇴가 가능하다고 하지만, 중국과 러시아는 합법 및 비합법의 다양한 조치를 통하여 한국과 일본을 방해할 것이다. 미국의 경우 동맹 유지와 세계적인 확산방지 필요성 사이에서 고민하겠지만(Kim 2017, 705), 핵무기 개발을 묵인하면서 반대하지 않을 수는 없다.

능력 자체만으로 보면 한국과 일본의 핵무기 개발은 어렵지 않다. 한국의 경우 월성 원자력 발전소에 있는 4기의 가압중수로(PHWR)에는 사용 후 핵원료가 원자로급으로 26,000kg이 보관되어 있어 이로부터 준무기급 2,500kg의 핵물질을 생산해 낼 수 있고, 대전에 있는 '하나로' 연구용 원자로에서도 플루토늄 239를 매년 11kg 만들 수 있다(노병렬 2017, 187-188). 다만, 다수의 핵무기 생산을 보장하려면 한국은 우라늄 농축시설이나 플루토늄 재처리 시설을 구축해야 하는데, 이것이 최소한 4~6개월이 소요될 뿐만 아니라(노병렬 2017, 188) 국제적인 다양한 제재로 구현이 어려울 수 있다.

일본의 핵무기 개발을 위한 여건은 한국에 비해서 양호하다. 일본은 플루토늄 재처리와 우라늄 농축을 위한 시설을 구비하고 있기 때문이다. 일본은 2018년 기준으로 플루토늄을 45.7톤 보유하고 있는데, 그중 9톤이 일본 내에 보관되어 있다(International Panel on Fissile Materials 2020). 일본은 세계 3대 원자력 에너지 강국으로 평가될 정도로 핵무기 제조에 필요한 대부분의 기술을 보유하고 있어 마음만 먹을 경우 단기간에 핵무기 개발이 가능할 것으로 평가되고 있다.

결국 한국과 일본의 핵무기 개발에서는 국제사회의 압력이 관건인데, 양국이 공동으로 추진한다면 그만큼 극복이 쉬울 것이다. 특히 일본은 9톤 정도의 플루토늄을 본토에 보유하고 있기 때문에 이것을 한·일 양국이 공동으로 활용할 경우 한국의 핵무기 제조 시간은 크게 단축될 수 있다.

3) 미국 핵무기의 공유

한 · 일 양국에게는 미국의 핵무기를 전진배치하여 공유하는 것도 나쁘지 않은 방안이다. 미국 핵무기 배치는 금방 이행될 수 있고, 핵무기 개발 시 예상되는 국제사회의 제재 등을 걱정하지 않아도 될 것이기 때문이다. 나토에서 시행하고 있는 핵공유체제를 이식하면 되는 것이라서 고민할 사항도 많지 않다.

다만, 미국의 핵무기 공유 결정이 쉽지 않다는 것이 문제이다. 북핵에 대한 미국의 연루 위험을 높이고, 중국이나 러시아가 격렬하게 반대할 것인데 미국이 이를 감수하면서 추진하기는 쉽지 않을 것이기 때문이다. 북한과의 비핵화 협상이 제대로 진전되지 않자 미국의 실무 차원에서 핵공유의 필요성을 논의한 적이 있고, 최근에도 유사한 제안이 제기되고 있으나 미 정부가 공식적으로는 검토한 사례는 없다.

다만, 미국이 동의할 수 있는 다양한 핵공유 방법이 존재하지 않는 것은 아니다. 예를 들면, 미국의 함정이나 잠수함에 탑재한 형태로 동해상에 상시 배치한 상태로 공유하거나, 한국과 일본을 위하여 사용할 핵무기만을 괌에 별도로 보관하면서 한 · 미 · 일이 사용계획을 공유하는 등이다. 미국은 이미 'W76-2'라는 소형 핵무기를 그들의 전략잠수함에 배치하고 있어서 한 · 미 · 일 3국이 수척의 미 잠수함을 함께 운영하면서 유사시 핵응징보복 계획을 연합으로 수립할 경우 중국이나 러시아의 반발을 최소화하면서도 나토와 같은 핵공유 효과를 달성할 수 있다.

동북아시아의 핵공유체제를 구축하여 북핵에 대응하게 될 경우 한 · 일 양국은 긴밀하게 협력하지 않을 수 없다. 한 · 일 간의 협력 없이 한 · 미 · 일 핵공유체제가 제대로 기능하기는 어렵기 때문이다. 일본과의 협력을 회피하고자 한국의 일각에서는 미국과 한국의 1:1 핵공유를 요구하고 있지만, 미국이 이에 응할 가능성은 더욱 작다.

4. 한 · 일 양국의 노력 방향

북핵 위협이 가장 심각한 공통의 과제이긴 하지만, 인접 국가로서 다양한 안보협력 소요가 있을 수밖에 없다. 그리고 이것은 어느 한 국가만이 노력한다고 달성되는 것은 아니다. 한 · 일 양국이 상호 안보협력에 대한 필요성을 절감한 상태에서 자발적으로 필요한 노력을 통하여 여건을 형성해 나갈 필요가 있다.

1) 공통

한 · 일 양국의 안보협력을 위하여 시급하면서도 중요한 사항은 한국과 일본의 정부와 국민들이 북핵 위협으로 인한 현 상황의 절박성, 양국 안보협력의 필요성을 있는 그대로 정확하게 인식 및 인정하는 것이다. 북한이 수소폭탄을 보유한 상태에서 ICBM과 SLBM 개발에 성공할 경우 미국이 약속한 확장억제를 이행하는 것은 어렵고, 그렇다면 한 · 일 양국이 협력하여 북핵을 억제 및 방어하는 방법밖에 없다. 한 · 일 양국은 북핵 위협 대응에 관한 한 운명공동체로 생각해야 한다. 특히 한국 입장에서는 미국이 확장억제를 제공하지 않을 경우 지원을 요청하거나 제공해줄 수 있는 국가는 일본밖에 없다. '한국조항'의 정신처럼 일본도 한국을 지원하여 가급적이면 전방에서 북핵을 차단하는 것이 국익에 부합된다.

한 · 일 양국은 양국의 안보협력을 어렵게 만드는 장애물의 유무와 그 강도를 냉정하게 이해하는 가운데 그것을 극복하기 위한 대책을 강구할 필요가 있다. 가장 기본적으로 존재하는 장애물은 양국 국민의 반일 및 반한감정일 것인데, 양국은 그의 정도를 냉정하게 평가하고, 그의 감소를 위한 종합적인 대책을 강구할 필요가 있다. 한 · 일 양국 정부는 서로에 대한 부정적인 감정을 증대시키지 않도록 조심하는 가운데, 북핵으로 인한 양국 안보협력의 필요성을 국민들에게 설명하여 동의를 늘려나가야 한다. 국방전문가는 물론 언론주도층과 민간인 대표들도 망라한 양국 간 '전략대화'의 추진과 활성화도 유용할 것이다(박철희 2019, 141). 특히 정치인들은 "정치적 채널이 갈등의 해소점이 아닌 갈등의 증폭자 역할을 하고 있는 점이 예전의 갈등과 다른 점이다"라는 지적을(박철희 2019, 118) 겸허하게 받아들이고 시정할 필요가 있다.

한 · 일 양국은 핵무기 개발이나 미국의 핵무기 전진배치와 관련하여 적극적인 비용분담의 자세를 가질 필요가 있다. 핵무기의 개발 시에도 비용분담으로 인하여 양국의 협력이 손상받지 않도록 유의해야 할 것이고, 특히 미국의 핵무기를 전진배치할 경우에는 나토와 달리 배치비용을 한국과 일본이 적극적으로 분담함으로써 미국의 부담을 줄여서 전진배치를 쉽게 결심하도록 만들고, 이로써 한 · 일 양국의 권한도 증대시켜 나가야 할 것이다. 다소의 비용분담을 하더라도 북한의 핵공격을 받아서 피해를 입거나 이를 복구하는 것과는 비교가 되지 않을 소액이라는 점을 이해할 필요가 있다.

2) 한국

한국의 정치인들부터 한 · 일 양국의 부정적 국민감정을 허용하거나 조장할 것이 아니라 순화시키고자 노력할 필요가 있다. 북핵 위협으로 인하여 국가의 생존이 좌우되는 위중한 상황에서조차 안보협력의 중요한 대상인 일본과의 협력보다 감정이나 정치적 이해를 우선시해서는 곤란하다. 군사정보 보호협정 파기와 같이 감정이 루머를 촉발하여 중요한 안보협력 요소가 오해에 의하여 손상받지 않도록 주의해야 한다. "군사문제만은 정치적 활용을 하지 않겠다는 '모라토리움 선언'"과 제안을 유념할 필요가 있다(박철희 2019, 139).

정치인과 국민 모두 한국안보에 관한 일본의 중요성을 있는 그대로 인식할 필요가 있다. 주한미군은 그동안 지속적으로 감축된 결과 행정이나 지원병력 위주가 되었기 때문에 주일미군에 의하여 보완되지 않으면 효과적인 전쟁수행이 어렵고, 7개의 유엔사 후방기지 역시 유사시 미군이 한반도 방어를 위한 병력, 장비, 탄약, 식량, 물자의 보급을 보장하는 데 필수적이다. 일본이라는 집결지가 없을 경우 미 본토에서 대규모 지원병력이 한국으로 전개하기가 어렵고, 유사시 일본 자위대가 후방안전 및 지원활동을 전개함으로써 미군이 전투수행에 집중할 수 있다. 한국 안보의 근간인 한 · 미동맹의 강화에는 일본의 역할이 필수적임을 이해하고, 일본을 활용한다는 자세를 가질 필요가 있다.

이러한 점에서 한국도 '일본조항'을 만들어서 모든 정치인, 공무원, 국민들이 한국에 대하여 일본이 갖는 가치와 유용성에 대한 공감대를 가질 수 있도록 할 수도 있다. 그 내용의 방향과 수준은 다수가 논의하여 만들 수 있겠지만, "한국과 일본의 안보협력이 한국의 안전과 평화에 긴요하다"는 내용만으로도 충분할 수 있다. 이러한 원칙을 정립할 경우 정권이나 담당자 교체에 따른 대일정책의 급격한 변화를 예방할 수 있다.

3) 일본

일본 역시 한국의 국민들이 과거사에 집착하게 되는 이유를 이해하는 가운데, 반일감정을 감소시키는 데 필요한 조치들을 적극적으로 모색해 나갈 필요가 있다. 한국 내 일부 극단적 견해에 민감하게 반응하지 않고자 노력하고, 정치인, 경제인, 학자, 일반 국민들의 다양한 수준에서 교류와 친선을 높여 나갈 필요가 있다. 식민지를 겪은 후 바로 분단되어 동족상잔의 전쟁까지 치룬 한국 국민들의 감정적 상처를 공감하고자 노력할 필요가 있고, 독일의 사례를 참고하여 더욱 진실된 사과와 화해의 방안을 찾아서 이행해야 할 것이다.

'한국조항'에 대한 분명한 이해와 강화 노력이 필요하다. 한국이 중국이나 북한과 같은 공산주의 세력에 의하여 점령되었을 경우 일본의 안보는 크게 위태로워질 수밖에 없다는 생각 하에 한국의 가치를 인정해야 한다. 한국이 완충지대로 건재하지 않을 경우 일본의 안보는 무척 위험해지거나 많은 비용을 소요할 수밖에 없다. 핵무기를 개발하거나 미국의 핵무기를 동북아시아에 재배치할 경우에도 단독으로 노력하는 대신에 가급적이면 한국과의 협력을 통하여 함께 추진한다는 자세를 가져야 할 것이다.

5. 결론

한국은 불행히도 북핵 위협이라는 미증유의 위협에 직면하게 되었는데, 그에 대한 효과적 대응 차원에서 일본과의 안보협력은 매우 중요하다. 일본은 북한의 핵미사일 위협에 함께 노출되어 있고, 미국과의 동맹도 공유하고 있기 때문이다. 일본과 협력할 경우 미국의 억제 및 방어력이 갖는 효율성은 매우 높아질 것이고, 일본 자체의 정보력도 매우 유용할 것이며, 무엇보다 한 · 미 · 일 간의 긴밀한 안보협력은 북한에게 강력한 억제력으로 작용할 것이다. "한국과 일본 관계는 뒤를 돌아보면 해결이 어렵고, 앞을 내다보면 길이 보인다. 감정에 호소하면 해결의 길이 막히고, 이성적 판단을 앞세우면 가야 할 길이 보인다"(이상우 2010, 17)는 말을 유념해볼 필요가 있다.

이러한 점에서 한 · 일 간의 안보협력은 효과적인 북핵 억제에 중점을 두어 우선적으로 추진될 필요가 있다. 그래야만 국민들이 거부감을 적게 갖고, 협력의 가시화 및 유용성 입증도 가능할 것이기 때문이다. 그리고 한 · 일 양국이 협력할 경우 당연히 한 · 미 · 일 간의 긴밀한 협력이 가능해질 것이고, 그렇게 되면 3국 간에 긴밀하면서도 체계적인 대북정책 협의와 협조된 시행이 보장될 것이며, 결과적으로 북한의 비핵화를 압박하거나 핵도발을 억제할 수 있다.

일본의 집단자위권 행사 및 보통국가화와 관련한 한국 국민들의 우려를 일본 정부도 유의하여 그의 해소에 노력할 필요가 있고, 미국이 이를 적극적으로 보증할 필요가 있다. 필요하다면 일본의 한반도 침탈을 방지할 수 있는 구속력 있는 문서를 만들고, 미국의 지도자들이 그의 이행을 책임지겠다는 입장을 공개적으로 표명할 필요가 있다. 한국의 승인 없이 일본 군대가 한국의 영토에 진입하지 않는다는 점을 분명하게 포함시켜야 할 것이다.

이러한 점에서 한 · 일 양국의 정부는 국가 간 갈등을 최소화할 수 있는 다양한 방안을 강구하고, 진정성을 갖고 노력해야 한다. 위안부 문제의 경우 현재의 합의를 기준으로 정리해 나가고, 독도의 경우에는 양국 지도자들이 적절한 타협점을 찾아 내거나 서로가 언급을 자제해야 할 것이다. 서로의 감정을 상하게 만들 수도 있는 언행은 자제함으로써 양국 극단적 민족주의자들의 영향력이 크지 않도록 유의해야 한다. 문화 · 인적교류, 경제교류를 더욱 활성화함으로써 양국 국민들의 이해범위를 더욱 넓혀야 할 것이다. 특히 양국 국회의원들을 비롯한 정치지도자와 교수를 비롯한 지식인들이 양국 국민들의 감정적 화해를 위하여 선도적으로 노력해야 할 것이다.

제 3 부

비핵화 협상

8

북한의 전략적 기만

북한에 관한 정보가 워낙 제한되기 때문에 북한이 원래 핵무기를 폐기할 의사가 있었는데 협상의 조건이 맞지 않아서 이행하지 않았는지, 아니면 처음부터 핵무기 폐기의 의도가 없으면서 미국의 군사적 옵션을 회피하거나 핵무기 증강을 위한 시간을 획득하기 위한 기만의 목적으로 협상을 제의하였는지를 확인하기는 어렵다. 특히 공산주의 국가들은 정보를 공개하지 않기 때문에 그 진의를 확인하기 어려울 뿐만 아니라 북한 내에서도 소수의 수뇌부만 진정한 의도를 확인해줄 수 있다. 그래서 남한에서는 북한의 진의를 누구도 확인하지 못하고, 따라서 자신이 편리한 대로 믿으며, 결국 이로써 실패를 거듭하고 있다.

북한과 관련하여 불변적인 사항은 공산주의 국가이고, 전 한반도 공산화를 의도하고 있다는 것이다. 그렇다면 핵무기도 그를 위한 목적으로 개발하였을 것이고, 결국 핵무기 폐기를 전제로 비핵화 협상을 전개하였을 가능성은 매우 낮다. 실제 비핵화 협상과정과 그 이후에 드러난 북한의 제반 의도와 행동으로 평가해보면 비핵화 의도는 북한의 기만이었을 가능성이 크다. 북한을 비롯한 공산주의 국가들은 기본적으로 기만에 능하다. 북한과의 비핵화 협상을 추진하였거나 지지한 사람들은 믿고 싶지 않겠지만, 기만의 차원에서 북한 비핵화 협상을 분석하고, 이에서 교훈을 찾아낼 필요가 있다.

1. 기만의 이론과 사례

1) 기만과 전략적 기만

기만(欺瞞, deception)은 상대방을 속이는 행위로서, 인간사회에서는 벌을 받게 되는 잘못된 행동이지만, 승리라는 결과가 중요한 전쟁이나 군사작전에서는 활용성과 가치가 있는(applicable and valuable) 방법으로 인정받는다. 기만은 "물리적, 사회적, 정치적인 환경에 대한 잘못되거나 왜곡된 내용을 상대방이 수용하도록 유도하여 상대방의 행동을 조종하도록 고안된 정보"로서(Serwehr and Glen 2000, 8), 기만을 통하여 적으로 하여금 우리의 의도, 목표, 전략을 잘못된 방향으로 인식하도록 만든다. 따라서 미국의 중앙정보부(CIA)나 한국의 국가정보원처럼 모든 국가들은 적을 기만하거나 적으로부터 기만을 당하지 않고자 전문적인 기관을 설치하여 운영한다. 미군의 경우는 '군사기만(military deception)'이라는 용어를 통하여 기만의 세부적인 실행방법을 교범으로 정리하여 교육 및 구현하고 있다(Joint Chiefs of Staff 2012).

현대에는 전쟁에 관한 사항을 전략적(strategic), 작전적(operational), 전술적(tactical) 수준으로 구분하는데, 전략적이라는 것은 주체의 입장에서 인식하는 가장 높은 수준으로서, 군대에서는 전체 군대, 국가에서도 국가 전체의 수준을 의미한다. 국가 수준의 전략을 '대(大)전략(grand strategy)'이라고 구분하기도 하기도 하지만(Liddell Hart 1991, 353-360) '대전략적 기만'이라는 말은 사용하지 않기 때문에 다른 국가들을 대상으로 하는 국가의 기만 노력은 '전략적 기만'이라고 봐야 한다. 전략적 기만은 "국가 또는 군사에 관한 의사결정자에게 직접 또는 국가의 정보수단을 통하여 정보를 전달하여 그들의 인식을 나에게 유리하도록 조작하는 조치"이다(Heuer Jr. 1981, 294).

2) 기만-오인식-기습

기만이 지향하는 일차적인 목표는 상대방의 '오인식(誤認識, misperception)'을 야기하는 것이다. 오인식은 실제와 다르게 사람이 인식하는 것인데, 한국에서는 번역부터 오인(誤認), 몰인식(沒認識) 등 다양하지만 국제정치에서는 오래전부터 중요한 주제로 대두되었다. 이것은 실제와 다르게 세상을 인식하는 현상 즉 현실로 존재하고 있는 세상과 사람들이 인식하는 세상 간의 차이이다(Euelfer and Dyson 2011, 75; Levy 1983, 79). 사안마다 필요한 모든 정보가 언제나 가용한 것이 아니고, 고위직의 정책결정자라고 해도 독특한 인간적 특성이나 제약이 있을 것이며, 개인별로 다양한 인식과 관념의 틀을 적용하여 주어진 정보를 수용하기 때문에 오인식이 발생할 수밖에 없고, 그로 인하여 정책결정이 잘못될 가능성도 없지 않다. 이러한 오인식이 적에 의하여 유도되는 것이 기만인 셈이다.

대부분의 오인식은 일단 발생하더라도 시간이 흐르면서 새로운 정보가 유입되어 교정된다. 그러나 반대로 '확증편향(確證偏向, confirmation bias)'으로 악화되어 오인식이 더욱 굳어지기도 한다. 확증편향은 원래의 신념, 기대, 가정(假定)에 치중하여 한 방향으로 해석하거나 증거를 찾아

나가는 경향으로서(Nickerson 1998, 175) 이것이 심해지면 자신이 믿는 바가 틀렸다는 결정적인 증거가 나타나더라도 부정하게 될 뿐만 아니라 어떤 경우에는 자신이 확증편향에 빠져 있는지도 의식하지 못하게 된다(이예경 2012, 4-6). 지속적이거나 성공적인 기만 노력은 상대방에게 확증편향까지 발생시킬 수 있다.

기만이 최종적으로 달성하고자 하는 결과는 '기습(surprise)'이다. 상대방이 제대로 대비하지 못하거나 잘못 대비하도록 만듦으로써 예상 이외의 유리한 성과를 달성하고자 기만을 시도하는 것이기 때문이다. 기습을 달성하는 데는 그 외 다른 방법도 많지만, 기만이 기습의 중요한 방법인 것은 분명하고, 성공적인 기만은 대부분 기습으로 귀결된다(Valenta 1982, 50). 기습은 "적이 준비되지 않은 장소 또는 방법으로 타격하기 위한 목적"을 가진 조치로서 "사용된 노력에 비해 훨씬 큰 성공을 달성할 수 있다"(Joint Chiefs of Staff 2017, A-3). 그렇다면 당연히 기만은 이러한 기습의 중요한 수단이 될 수 있다.

이러한 점에서 '기만 ≤ 오인식 ≤ 기습'의 등식으로 표현할 수 있다. 기만은 상대방의 오인식이나 오판을 초래하고, 그것은 기습적 효과를 야기하여 전쟁에서 승리할 확률을 높이게 되는데, 기습의 범위가 크고, 기만의 범위가 가장 좁다고 보면 된다. 이것을 도식화한 것이 〈그림 4〉 '전략적 기만의 진행과정'인데, 상대방의 신기묘산(神技妙算), 신무기 발명, 우리의 방심 등 기습을 유발하는 다양한 요인 중의 하나가 오인식이고, 정보부족, 인간지능의 한계 등 오인식을 유발하는 다양한 요소 중의 하나가 전략적 기만이다.

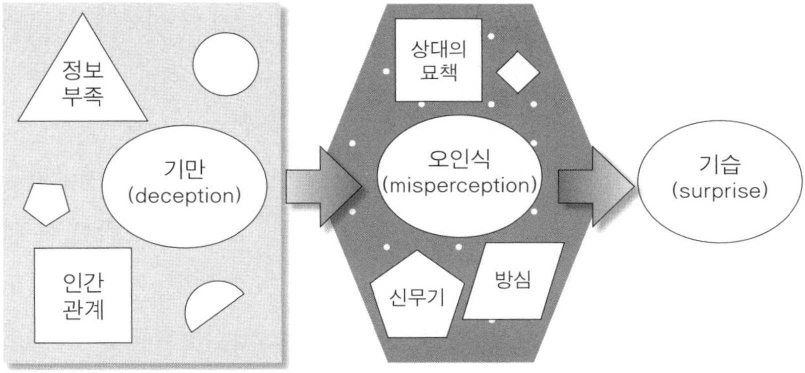

〈그림 4〉 전략적 기만의 진행과정

3) 기만작전의 수행

기만작전(deception operation)은 기만을 더욱 체계적으로 수행하는 활동으로서, 군대에서 중점적으로 사용하지만 당연히 국가의 모든 영역에서 그 내용을 적용할 수 있다. 기만작전이 지향하는 바는 적에게 잘못된 것을 보여주거나 주입시킴으로써 실제를 숨기는 노력인데, 미군은 네 가지 구성요소를 제시하고 있다. 첫째는 기만작전의 목표(objective)로서 적을 속여서 성취하고자 하는 최종적인 결과이고, 둘째는 표적(target)으로서 적의 의사결정자가 해당되며, 셋째는 표적에 이르는 통로(conduit)로서 표적에게 필요한 내용을 전달하는 매체이고, 넷째는 기만의 스토리(story)로서, 표적에게 진실인 것으로 믿도록 만들고자 하는 내용이다(Joint Chiefs of Staff 2012, I-3-I-6). 따라서 이러한 요소들을 원용하면 국가 수준에서도 더욱 성공적인 기만을 달성할 수 있고, 상대방의 기만 내용도 체계적으로 분석할 수 있다.

모든 국가나 군대는 상대방을 기만하기 위한 노력을 전개하면서 동시에 기만을 당하지 않기 위해서도 노력한다. 그래서 서양에서는 '대(對)기만(counter deception)'이라는 개념도 논의되고 있다. 상대방의 의도적인 기만에 속지 않기 위한 제반 노력을 체계화할 뿐만 아니라 적의 기만을 봉쇄하는 임무를 부여받은 조직과 인원을 지정하여 기만 예방활동을 벌이는 것이다(Heuer 1981, 318-324). 각 정부의 정보기관이 당연히 대기만 임무도 수행하는 것이지만, 그를 전담하는 기관이나 인원을 별도로 할당함으로써 대기만 업무를 더욱 체계적으로 담당하도록 할 수도 있을 것이다. 특히 기만을 잘 활용하는 상대에 대해서는 이러한 대기만 노력을 더욱 강조할 필요가 있다.

4) 전략적 기만의 사례

국가 수준의 기만 즉 전략적 기만은 국가 간의 경쟁이 시작되면서부터 사용되었고, 수많은 성공의 사례가 존재한다. 동양에서 가장 저명한 병법서로 평가되고 있는 『손자병법(孫子兵法)』은 제1편 「시계」(始計)에서 "전쟁은 속이는 것이다(兵者 詭道也)"라면서 기만을 당연시하고 있고, 서양의 유명한 전략가인 리델 하트(Liddell Hart)도 손자의 이 경구를 소개하면서 『전략(Strategy)』이라는 그의 책을 시작하고 있다(1991, xi). 기만을 당했는지가 제대로 밝혀지지 않는 경우가 더욱 많을 정도로 기만은 국제사회 특히 전쟁에서 당연히 사용된다.

현대에서 가장 빈번하게 거론되는 전략적 기만의 사례는 1930년대 독일의 전쟁준비 노력이다. 독일은 제1차 세계대전의 패배로 병력 100,000명, 7개 보병사단과 3개 기병사단의 군대만 허용되었고, 단기순환 징집이나 예비부대 보유가 금지되었으며, 탱크나 항공기, '일반참모

(general staff)' 제도도 금지되었다. 이러한 제한 속에서 젝트(Hans von Seeckt) 참모총장을 비롯한 독일군 수뇌부는 그들의 재(再)군비(軍備)를 추진하여 공격적인 전쟁을 수행할 수 있는 군대로 증강하는 데 성공하였고, 이를 기초로 히틀러는 제2차 세계대전을 발발하게 된다. 군사력 증강에서부터 전략적 기만에 성공한 셈이다.

나아가 히틀러는 제2차 세계대전의 발발과 관련해서도 영국과 프랑스 등 유럽국가들을 기만하는 데 성공하였다. 전쟁 전 히틀러는 그의 목적은 체코에 살고 있는 독일인의 보호라면서 수데텐 지역의 할양을 요구하였고, 이에 기만당하여 영국의 체임벌린(Neville Chamberlain) 수상을 비롯한 유럽국가들은 1938년 9월 30일 뮌헨(München) 협정을 체결하여 체코를 할양해주게 된다. 그 후 체임벌린은 "우리 시대를 위한 평화(peace for our time)"를 달성했다고 국민들에게 자랑하기도 했다. 그러나 히틀러는 1년 뒤 폴란드를 기습적으로 공격함으로써 제2차 세계대전을 발발하였고, 영토확장의 범위가 방대함을 드러내었다. 즉 뮌헨 협정에서 히틀러는 독일인의 보호라는 제한적 목표만 추구하는 것으로 유럽국가들을 기만하여 전쟁의 목표를 오인식하게 만들면서 영국과 프랑스를 비롯한 유럽국가들을 성공적으로 기만했던 것이다(Mihalka 1980).

엄청난 국제사회의 간섭과 제약에도 불구하고 북한이 핵무기 개발에 성공한 것 자체가 전략적 기만의 성공사례일 수 있다. 북한은 1994년 미국과의 제네바 합의에서도 핵무기 개발의 동결을 약속하였지만, 2005년 6자 회담국가의 '9 · 19 공동선언'에서는 미국의 한반도 핵부재 선언과 북한에 대한 공격의사가 없다는 점을 명시하는 대가로 "모든 핵무기와 현존하는 핵계획 포기"를 약속하고, "핵확산금지조약(NPT)과 국제원자력기구(IAEA)의 안전조치에 조속히 복귀하기로 합의하였다." 그러나 북한은 핵무기 개발 노력을 지속하여 2006년 10월 제1차 핵실험을 실시하였고, 2013년 2월 13일 제3차 핵실험을 통하여 핵무기 개발에 성공하였다. 그동안 북한이 추진했던 모든 대화나 합의했던 내용은 핵무기 개발을 지속하는 데 필요한 시간을 벌기 위한 기만이었고, 결국 성공한 것이다.

2. 북한 비핵화 협상의 경과

1) 2017년 말 상황

북한은 2013년 2월 12일 제3차 핵실험에서 원자폭탄 개발에 성공한 데 만족하지 않고, 수소폭탄 개발을 추진하였다. 동시에 북한은 '병진(竝進)정책'이라는 명칭으로 핵무기와 경제를 동시에 추진한다는 입장을 정립하였다. 그러면서 북한은 2016년 1월과 9월 두 차례에 걸친 핵실험을 통하여 수소폭탄 개발에 근접한 다음, 2017년 9월 3일의 제6차 핵실험에서 수소폭탄 개발에 성공하였다. 또한 북한은 2016년 22회의 미사일 시험발사, 2017년에는 17회의 미사일 시험발사를 실시하여 핵 공격 수단도 동시에 확충하였다.

그 결과 2017년 말 북한의 핵능력은 상당한 수준에 이르렀다. 당시 20~25개의 핵무기를 보유한 것으로 평가되었고, 수소폭탄 위력도 108~250킬로톤으로 평가되었다(Zagurek, Jr. 2017, 1). 특히 북한이 2017년 11월 29일 발사한 '화성-15형'은 최대 사거리로 비행할 경우 워싱턴과 뉴욕까지도 타격할 수 있는 것으로 추정되었다. 미국도 북한에 의한 본토 공격 가능성을 걱정해야 하는 상황이 되었고, 이로 인하여 미국의 확장억제가 불안해짐에 따라서 한국도 어떤 조치를 강구하지 않을 수 없는 상황이었다.

2) 북한의 비핵화 용의 표명과 판문점 남북 정상회담

북한의 김정은은 2018년 신년사를 통하여 미국 전역이 그들 핵무기의 사정거리 내에 있고, 그것을 발사할 수 있는 핵단추가 그의 책상에 있다는 것이 현실이라는 사실을 인식할 것을 미국에게 경고하면서, 남북 사이에 "군사적 긴장 상태를 완화하고 조선반도의 평화적 환경부터 마련"하자면서 2월에 예정되어 있었던 평창 동계올림픽에 대표단을 파견할 것이고, 이를 위해 당국자들이 만날 것을 제안하였다. 이에 한국이 호응하여 북한 선수단과 김여정을 비롯한 북한 수뇌부들이 남한을 방문하였고, 남한은 나중에 감사사절단으로 정의용 안보실장과 서훈 국정원장을 파견하였는데, 이들은 2018년 3월 5일 김정은을 만나서 비핵화 용의를 전해 들었으며, 그 결과를 3월 6일 언론에 발표하였다.

정 실장은 "북측은 한반도 비핵화 의지를 분명히 하였다"면서 "북한에 대한 군사적 위협이 해소되고 북한의 체제안전이 보장된다면 핵을 보유할 이유가 없다는 점을 명백히 했다"고 전달하였다. 그는 "대화가 지속되는 동안 북측은 추가 핵실험 및 탄도미사일 시험 발사 등 전략도발을 재개하는 일은 없을 것임을 명확히 했다"면서 "북측은 핵무기는 물론 재래식 무기를 남측을 향해 사용하지 않을 것임을 확약했다"고 전달했다. 이 발표 후 정 실장과 서 원장은 바로 미국으로 건너가 3월 8일 트럼프 대통령을 방문하여 북한의 정상회담 요청 사실과 '비핵화 용의'를 전달하였고, 트럼프 대통령은 "5월 내" 정상회담을 개최하겠다고 약속하였다.

2018년 4월 27일 남한의 문 대통령과 북한의 김정은은 판문점 남쪽 '평화의 집'에서 각료들과 함께 정상회담을 개최하였다. 두 정상은 판문점 내에서 장시간 산책하면서 이야기를 나누기도 했고, 그 후 '한반도의 평화와 번영, 통일을 위한 판문점 선언'을 발표하였다. 그 내용은 남북관계 개선과 발전, 군사적 긴장상태 완화, 한반도 평화체제 구축 등 3개 장, 13개 조항으로 구성된 내용이었는데, 그중에서 비핵화와 관련하여 "남과 북은 완전한 비핵화를 통해 핵 없는 한반도를 실현한다는 공동의 목표를 확인하였다"라고 합의하였다.

3) 싱가포르 미 · 북 정상회담과 평양 남북 정상회담

북한의 핵무기를 해외에 반출하는 것이 비핵화라는 펜스(Mike Pence) 미 부통령의 언론 발언을 북한이 비난하면서 한 차례 취소되기도 하였지만, 미국 트럼프 대통령과 북한 김정은 간의 정상회담은 2018년 6월 12일 싱가포르에서 개최되었다. 이 회담 이전 판문점과 이후 싱가포르에서 미국의 성 김(Sung Kim) 주(駐)필리핀 대사와 북한의 최선희 외무성 부상이 실무협상을 가졌으나 합의를 도출하지 못하였다. 정상회담에서도 북미관계 개선, 한반도 평화체제 구축 노력, 유해 송환 등과 함께 판문점 선언과 동일한 내용 즉 "한반도의 완전한 비핵화를 위해 노력할 것을 약속"한다는 애매한 합의에 그치고 말았다.

싱가포르 회담의 후속조치를 위하여 7월 6~7일 폼페이오(Mike Pompeo) 미 국무장관이 방북하였으나 김정은을 만나지도 못하였고, 그가 북한을 떠난 지 5시간 만에 북한 외무성은 대변인 담화를 통해 "미국 측은 싱가포르 수뇌 상봉과 회담의 정신에 배치되게 CVID(완전하고 검증 가능하며 돌이킬 수 없는 비핵화)요, 신고요, 검증이요 하면서 일방적이고 강도적인 비핵화 요구만을 들고 나왔다"면서 "(협상이) 비극적인 결과로 이어지지 않으리라는 담보는 어디에도 없다"면서 비난하였다. "단계적 동시 행동 원칙이 조선반도 비핵화 실현의 지름길"이라는 입장도 포함되었다.

싱가포르 정상회담과 후속 접촉에서 성과가 없자, 한국 정부는 특별사절단을 다시 평양으로 보내어 남북 정상회담에 합의하였고, 2018년 9월 18~20일에 정상회담이 개최되었다. 남한의 문 대통령은 평양 시내 카퍼레이드를 실시하고, 평양 시민들에게 직접 연설하기도 했으며, 양 정상 부부가 백두산을 함께 등정하는 등 한껏 우애를 과시하였다. 판문점 합의 이행을 위한 남북한 군사합의서에 양 국방장관이 서명하기도 했다. 그러나 비핵화 관련해서는 "한반도를 핵무기와 핵위협이 없는 평화의 터전으로 만들어나가야 하며 이를 위해 필요한 실질적인 진전을 조속히 이루어나가야 한다는 데 인식을 같이 하였다."는 합의에 그쳤다. 다만, 북한은 "동창리 엔진시험장과 미사일 발사대를 유관국 전문가들의 참관 하에 우선 영구적으로 폐기하기로 하였고, 미국이 6 · 12 북미공동성명의 정신에 따라 상응조치를 취하면 영변 핵시설의 영구적 폐기와 같은 추가적인 조치를 계속 취해나갈 용의가 있음"을 표명했다.

4) 하노이 회담

싱가포르 회담 이후 미 · 북 협상은 소강상태에 들어갔으나 북한의 김정은 위원장이 2019년 신년사에서 비핵화 의지를 새삼 강조하면서 미국 대통령과의 회담을 원한다는 뜻을 내비치자 트럼프 대통령이 이를 수용함으로써 2019년 2월 하노이에서 제2차 미·북 정상회담이 개최되었다. 이를 위한 실무협의가 2월 6~8일 평양에서 미국의 비건(Stephen Biegun) 특별대표와 북한의 김혁철 전 주(駐)스페인 대사 간에 개최되었으나 역시 합의에 이른 내용은 없었다.

하노이 정상회담은 2019년 2월 27일의 만찬에 이어서 28일에 실시되었지만, 합의 없이 중간에 결렬되었다. 미국은 영변 핵시설 폐기에 몇 가지 추가조치를 요구하였고, 북한은 영변 핵시설 폐기만을 조건으로 대북 제재의 전면 해제를 요구하여 그 간격이 컸기 때문이다. 결렬 이후 2019년 6월 30일 판문점에서 미·북 정상이 회동하기도 했고, 10월 5일 스톡홀름에서 실무회의가 한 차례 개최되기도 했으나 이 또한 결렬되어 지금까지 추가 협상은 진행되지 않고 있는 상태이다.

5) 평가

북한의 비핵화를 위한 협상은 북핵 해결을 위한 새로운 방법의 시도가 필요하다는 한국과 미국의 입장, 그리고 핵능력 강화를 위한 시간과 경제제재 완화가 필요한 북한의 입장이 일치하여 2018년부터 시작되었다. 그러나 협상 과정에서 합의한 것은 "한반도의 완전한 비핵화"라는 애매한 용어에 불과하였다. 북한은 2018년 12월 20일 '조선중앙통신'을 통하여 그들이 합의한 것은 북한의 비핵화가 아니라 '조선반도 비핵화'라면서 그것은 "우리의 핵 억제력을 없애는 것이기 전에 조선에 대한 미국의 핵 위협을 완전히 제거하는 것"이라고 주장하기도 했다(이용수 2018, A1).

북한과의 비핵화 협상은 북한의 핵무기 폐기라는 한국과 미국의 희망을 제대로 구현되지 못하였다. 유일한 성과는 북한의 핵실험장 파괴인데, 그것도 완전한 파괴가 아니라는 분석이 있고, 특히 북한은 수소폭탄 실험까지 마쳤기 때문에 추가적인 핵실험이 필요하지 않을 가능성이 크다. 핵무기 폐기의 의사가 있었는데 조건이 맞지 않아서 협상을 결렬시켰다고 보기에는 북한의 언행이 너무나 애매하고, 사전에 계획된 측면이 크다. 핵무기 폐기라는 용어는 전혀 사용하지 않은 채 '비핵화'라는 용어만 계속 사용한 것만 봐도 알 수 있다. 북한이 말한 비핵화가 그들 핵무기의 폐기가 아니라 북한이 전통적으로 주장해온 미국 핵우산의 철폐와 주한미군의 철수라는 것을 알았다면 한국과 미국의 정부가 김정은과의 협상을 추진했을 것인가를 자문해보면 기만을 당했다고 평가하는 것이 합리적이라고 볼 수밖에 없다.

3. 오인식 여부 평가

1) 한국의 경우

2018년 초 비핵화 협상을 시작하면서 한국 정부는 핵무기 폐기에 대한 북한의 진정성을 믿었을 가능성이 크다. 그랬기 때문에 3월 6일 정의용 실장이 흥분하여 국민들에게 보고하고, 즉각 판문점 회담에 합의하였으며, 바로 미국을 방문하여 전달하였을 것이다. 4월 27일 판문점 회담 직후에도 공동선언에서 합의한 "완전한 비핵화"가 북핵의 폐기라고 설명하였고, 언론에게 더욱 분명한 언질을 받았다고 언급하기도 했다. 한국 정부는 '비핵화 = 북한 핵무기 폐기'라고 인식한 것이다.

그런데, 나중에 드러난 것은 북한이 전통적으로 주장해오던 '조선반도 비핵화'의 의미로 '비핵화'를 사용했다는 것이고, 따라서 핵무기를 폐기할 것이라는 한국 정부의 인식은 오인식이 될 수밖에 없다. 2018년 12월 20일 '조선중앙통신'의 논평을 통하여 북한은 그들이 싱가포르 미·북 정상회담에서 합의한 것은 주한미군과 미국 핵우산의 철폐를 전제로 하는 '조선반도 비핵화'였다고 분명하게 말하였다. 영어로는 "complete denuclearization of the Korean Peninsula"라고 되어 있는데, 이것을 북한말로 번역하면 "조선반도 비핵화"이다. 상식적으로 보면 한국은 핵무기를 갖고 있지 않기 때문에 한반도든 조선반도든 비핵화를 한다는 것은 북한의 핵무기 폐기지만, 북한은 상식이 통하는 국가가 아니다. 실제로 북한은 '핵무기 폐기' 등 분명한 용어는 사용한 적이 없고, 회담 동안 핵무기 생산이나 미사일 개량을 중단하지도 않았다.

북한은 1991년 남북기본합의서 협의 때 "조선반도 비핵지대화"라는 용어를 제시하면서 그 내용으로 주한미군과 핵무기의 철수를 핵심적으로 요구하였다(전성훈 2019, 208). 2009년 2월 북한 총참모부는 '지대'라는 말을 제거하여 '조선반도 비핵화'라고 하면서도 내용의 변화는 없이 "남한과 주변지역에서 북한에 가해지는 핵위협을 근원적으로 제거하는 것"이라고 설명하였다(전성훈 2009, 1). 북한의 김정은이 남한의 정의용 실장에게 비핵화가 '선대의 유훈'이라고 한 것은 이 조선반도 비핵화를 염두에 두었기 때문이라고 봐야 한다. 북한은 '조선반도 비핵화'를 염두에 두면서도 "자신들의 비핵화도 포함하는 것처럼 모호한 태도를 취함으로써 한국과 미국을 협상장으로 유인"한 것이다(전성훈 2019, 211).

남한 국민의 모두가 북한의 비핵화를 핵무기 폐기로 오인식한 것은 아니다. 과거에 북한에 의하여 기만당했던 경험을 가진 상당수 국민들은 처음부터 북한의 진의를 신뢰하지 않았다. 정의용 실장이 북한의 비핵화 용의를 발표한 직후 한국의 언론과 전문가들은 북한이 말하는 김일성의 유훈은 그들 핵무기의 포기가 아니라 주한미군의 핵무기 철수였다면서 북한의 기만을 경고하기도 했다. 2018년 4월 27일의 판문점 공동선언과 5월 24일의 풍계리 핵실험장 파괴 이후에도 남한 국민 중 75% 정도는 북한이 핵무기를 포기하지 않을 것이라고 생각하고 있었다(정동준 외 2019, 86-87).

북한의 핵무기 폐기가 워낙 절실하다고 생각한 나머지 '비핵화 = 북한 핵무기 폐기'로 믿고 싶어 하거나 그렇게 만들어가는 심정을 이해할 수 없는 것은 아니나, 그동안 드러난 부정적 증거들에도 불구하고 한국 정부가 북핵 폐기에 미련을 가진 채 북한의 진면목을 직시하지 못하는 것은 오인식이 확증편향으로 악화되었다는 것이고, 그만큼 북한의 기만작전이 성공적이었다고 볼 수 있다. 싱가포르 회담 이후부터 국내외에서 핵무기 폐기의 진정성에 대한 의심과 회의론이 강화되었지만, 현 정부의 인식과 태도는 전혀 달라지지 않았다. 문 대통령은 9월 19~20일 평양 정상회담의 성과를 국민들에게 설명하면서도 "영변뿐 아니라 여타 핵시설도 영구히 폐기돼야 하고 이미 만들어진 어떤 핵무기나 장거리 미사일이 있다면, 그것까지 폐기하는 수순으로 가야 완전한 핵폐기다"라고 언급하였다. 2018년 10월 15일 게재된 프랑스의 유력 일간지인 『르피가로』와의 인터뷰에서도 문 대통령은 북한이 체제의 안전을 보장받는 대신 핵무기를 포기하는 전략적 결단으로 내린 것으로 생각한다면서, "비핵화의 궁극의 목표는 북한이 모든 핵시설은 물론 현존하는 핵무기와 핵물질을 모두 폐기하는 것"이라고도 설명하기도 했다.

2018년 12월 20일 그들이 싱가포르 회담에서 합의한 것이 '조선반도 비핵화'라고 북한이 설명하였을 때, 정상적인 정부라면 북한의 진의를 의심하거나 북한에게 정확한 추가 설명을 요구하여야 한다. 그러나 한국 정부는 그렇게 하지 않았다. 그만큼 심각한 확증편향에 빠져 있었다고 봐야 한다. 2019년 2월 하노이 미 · 북 정상회담의 경우 시작 전에 트럼프 대통령은 이미 결렬을 고려하고 있었는데(Bolton 2020, 324) 문 대통령은 의미 있는 결과 산출을 전제로 한 3 · 1절 기념사를 준비하였다는 것은 확증편향으로 인하여 냉정한 상황분석이 불가능해졌기 때문으로 봐야 한다. 북한의 그러한 의도를 알고도 더욱 고차원적으로 북한을 관리해온 것이 아니라면, 문재인 정부는 비핵화를 둘러싼 북한의 기만에 완전히 속았다고 평가하지 않을 수 없다.

2) 미국의 경우

미국의 경우에도 최초에는 북한의 핵무기 폐기 의도를 상당할 정도로 믿은 것으로 보인다. 북한이 핵무기를 폐기하지 않는다고 생각하였으면 2020년 3월 8일 정의용 안보실장이 백악관을 방문하였을 때 트럼프 대통령이 그 자리에서 "5월 내" 회담을 약속하기는 어려웠을 것이다. 미국의 핵우산과 주한미군 철수를 요구하는 것이 북한의 비핵화 내용이라는 것을 알면서도 정상회담에 임할 수 있었다고 보기는 어렵다. 4월 27일 판문점에서 남북 정상회담이 개최되어 "완전한 비핵화"에 합의하고, 특히 문 대통령으로부터 북한의 김정은이 1년 내 비핵화를 하겠다고 전달받았기 때문에 북핵을 폐기하겠다는 말로 이해하지 않기는 어려웠다.

북한과의 오랜 협상 경험을 통하여 북한의 말을 액면 그대로 믿을 수 없다는 인식이 미국 내에서 제기된 것도 사실이다. 1994년 제네바 합의, 그리고 2005년 6자회담국과 북한 간의 '9 · 19 공동성명'에서 북한이 핵무기 폐기를 약속하고도 그것을 이행하지 않았음을 기억하고 있는 사람이 많았기 때문이다. 그래서 북한의 비핵화 용의가 전달되자마자 미 언론에서는 2009년 게이츠(Robert M. Gates) 당시 국방장관이 북한과의 핵협상에 관하여 사용한 말, 즉 "같은 말을 두 번 사는 데 지긋지긋하다(I'm tired of buying the same horse twice)"라는 말이 가장 먼저 소개되기도 했다(Choe and Landler 2018).

싱가포르 회담을 하고 난 후 미 정부는 북한이 핵무기를 폐기할 생각이 없다는 것을 자각하기 시작했고, 결과적으로 확증편향까지 이르지 않은 채 오인식에서 벗어난 것으로 보인다. 싱가포르 회담 직후 폼페이오 국무장관이 북한을 방문하였을 때 북한은 "강도적 요구"라면서 비핵화 자체를 논의하기를 거부하기도 했다. 트럼프 대통령은 하노이 정상회담이 결정된 이후에도 "누가 알겠는가"라면서 결과에 대한 회의적인 시각을 드러내기도 했다. 싱가포르 회담 이후 북한이 생각하는 비핵화와 미국이 인식하는 비핵화의 개념에 차이가 있다고 생각하였기에 트럼프 대통령은 볼튼 국가안보보좌관이 정리한 미국의 비핵화 내용을 수용하였고, 그것을 정리하여 하노이 회담에서 김정은에게 직접 전달하기도 했다(Bolton 2020, 327). 그는 영변 핵시설을 폐기하는 대가로 경제제재의 상당부분을 해제해달라는 북한의 제안을 수용하지 않았고, 회담 이후에도 '올바른 합의'와 '빅 딜(big deal)'이라는 원론을 재강조하였다. 그래서 하노이 회담이 북한이 핵무기를 포기하려는 것이 아니라는 '진실의 순간'을 앞당겼다거나, 이 사실에 대한 미국 국민들의 공감대를 형성시켰다고 평가된다(윤지원 2019, 69).

3) 평가

북한의 비핵화를 둘러싼 협상의 분석에서 가장 근본적인 요소는 북한이 핵무기를 폐기하겠다는 생각을 가졌느냐는 것인데, 지금까지의 경과나 2020년 10월과 2021년 1월 열병식에서의 전략무기 과시와 김정은의 공격적인 연설을 고려할 때는 그렇지 않은 것으로 판단된다. 하노이 회담을 통하여 분명해진 것은 북한은 영변 핵시설 폐기와 경제제재 해제를 교환할 생각은 있었으나 그 이상은 고려하지 않았다는 것이다. 따라서 북한이 핵무기를 포기할 수도 있다는 생각으로 세 번의 남북정상회담을 개최한 한국의 문재인 정부나 두 번의 미 · 북 정상회담을 허용한 미국의 트럼프 행정부 모두 북한이 핵무기를 폐기할 의도를 가진 것으로 오인식했고, 결과적으로 북한에게 기만당한 것이다.

한국 문재인 정부의 경우 오인식을 넘어서 확증편향이 되었고, 그 상태는 계속되고 있는 것으로 보인다. 외교적 협상을 통한 북한의 핵무기 폐기가 불가능하다고 판단한다면, 군사적인 억제 및 방어조치를 적극적으로 강구해야 할 것인데, 전혀 그러하지 않고 있기 때문이다. 북한에 기만당하고 있음을 알았다면 북한의 핵무기 폐기를 압박하거나 미국의 확장억제를 보장하기 위한 적극적인 한 · 미 간의 협력이 시행되어야 하는데, 이러한 노력 또한 전혀 추진되고 있지 않다.

다만, 미국은 싱가포르 회담을 경험한 이후 북한이 핵무기를 폐기하지 않으려 한다는 점은 자각하여 오인식에서 벗어났고, 확증편향에 빠지지는 않았으며, 결과적으로 더 이상 북한에게 기만당하지 않을 수 있었다. 싱가포르 회담 직후 트럼프 대통령은 북한의 핵무기 포기와 미국의 경제제재 해제를 교환하는 '빅 딜'을 강조하기 시작하였고, 하노이 회담을 준비하는 과정에서 미국이 생각하는 비핵화의 내용을 토의 및 정리하였으며, 경제제재를 포기하지 않았고, 결렬을 생각한 후 하노이 회담에 임했기 때문이다. 트럼프 대통령의 경우 김정은과는 우호적인 관계를 유지하고자 노력했지만, 그것은 다른 마땅한 대안이 없는 상태에서 북한 김정은이 돌발적인 도발을 선택하지 않도록 하기 위한 노력이었다고 볼 수도 있다.

특히 문재인 정부의 경우 북한의 비핵화와 관련해서는 집단사고(集團思考, groupthink)의 양상도 존재한다. 이것은 특정 집단이 어떤 특정한 인식에 매몰됨으로써 균형감각을 상실하게 되어 정책방향을 조정하지 못하게 되고, 추가적인 정보 획득이나 실패 시를 대비한 예비계획도 수립하지 않게 됨으로써 결국 정책적인 '대실패(fiasco)'를 초래하게 된다는 주장이다(Janis 1982). 문재인 정부 청와대의 경우 학생 및 시민운동권 출신이 주류를 이루도록 구성되었을 뿐만 아니라 이들이 주도권을 장악하면서 응집력도 크다는 점에서 집단사고의 가능성이 작지 않다. 따라서 북한 스스로가 그들이 생각하는 비핵화는 주한미군과 핵우산 철거를 조건으로 하는 '조선반도 비핵화'라고 말하였고, 핵무기 폐기나 동결은커녕 핵전력 증강을 가속화하고 있는데도 북핵에 관한 정책을 전혀 변화시키지 못하고 있는 것이다. 북한의 기만작전은 의도 이상으로 강력한 효과를 거두게 되었다고 평가하지 않을 수 없다.

4. 북한의 기만작전 분석

1) 기만작전의 수행 여부

(1) '잘못된 정보'의 전달 여부

이번 비핵화 협상의 경우 북한은 '비핵화'라는 애매한 용어를 사용함으로써 남한과 미국이 "북한 핵무기 폐기"로 잘못 이해하도록 만든 점이 있다. 북한은 1991년부터 '조선반도 비핵지대화' 또는 '조선반도 비핵화'라는 용어를 사용하면서 주한미군과 핵무기 철수를 요구하였고, '한반도 비핵화'로 용어를 바꾸면서도 그 의미는 동일하게 유지하였다. 2016년 북한은 그 내용을 남한 내 미국 핵무기의 공개, 그 기지에 대한 검증, 미국 핵 타격수단의 한반도 불(不)전개 보장, 북한에 대한 핵 위협이나 핵무기 불(不)사용 확약, 핵 사용권을 가진 미군 철수 선포라고 구체적으로 제시하기도 했다(강채연 2018, 82). 2019년 6월 5일 스웨덴의 스톡홀름에서 실무협의가 결렬된 이후에도 북한은 미국의 핵위협 해결 없이 북핵을 포기하라는 것은 "말 앞에 수레를 놓아야 한다는 소리"라면서 일축하기도 했다(문순보 2019, 21).

북한이 처음부터 핵무기를 폐기할 생각이 없었다는 것은 실무회담의 성과를 봐도 알 수 있다. 만약 북한이 핵무기 폐기 의사를 가진 상태에서 유리한 조건을 획득하기 위하여 협상을 요구하였다면, 정상회담 전의 실무회담에서 구체적 요구조건이 제시되고, 어느 정도 합의에 이르기도 했을 것이다. 그렇지 않은 것은 북한 지도부가 처음부터 핵무기 폐기 의사를 갖지 않았고, 실무회담에 아무런 재량권도 주지 않았기 때문이다.

(2) 고의성의 여부

미국과 북한 간의 상호불신이 서로 간의 양보나 합의를 어렵게 만들고 있는 점도 부인할 수는 없다. 북한의 핵무기 개발 의도가 노출된 이후의 협상 · 합의 · 파기의 과정에서 미 · 북 사이의 불신은 계속 강화되어 왔고, 그 잔상이 이번 비핵화 협상에 상당한 영향을 끼쳤다. 1994년 '제네바 합의'의 경우처럼 미국도 북한과의 합의를 일방적으로 파기한 사례가 없지 않다. 하노이 회담이 결렬된 것도 미국과 북한 양측의 "정치적 상호 신뢰" 부족과 이로 인한 "오해와 인식의 다름(difference)" 때문일 수 있다(박형준 2019, 130). 특히 북한은 핵무기가 폐기되면 자신의 체제가 위협받는다고 생각하여 체제보장을 요구하고 있고, 이것에 대한 미국의 보장도가 약하여 비핵화에 소극적으로 임하였을 수도 있다(윤대엽 2019, 27).

그럼에도 불구하고 북한이 '비핵화'라는 용어를 사용하면서 남한과 미국에게 핵무기 폐기로 해석하도록 만든 고의성을 부정할 수는 없다. 북한의 전통적인 비핵화 개념에 대하여 모르지 않을 정의용 안보실장이나 문 대통령이 2018년 3월 6일 흥분하여 기자회견을 한 것을 보면 어떤 식으로든 핵무기 폐기에 대한 분명한 언질이 있었다고 봐야 한다. 청와대 참모도 그러한 구두 약속이 존재한다고 언급한 바가 있고, 문 대통령도 판문점 회담에서 북한이 1년 내 비핵화할 것이라고 들었다고 했다. 그 방법을 정확하게 알 수 없지만 북핵에 관한 가장 정확하면서도 직접적인 정보를 보유하고 있을 문 대통령에게 북한이 비핵화를 핵무기 폐기로 인식하도록 만든 것은 분명하다고 봐야 한다.

김정은을 비롯한 북한의 인사들은 '비핵화'라는 말을 고집스럽게 사용하면서도 그 내용이 미국의 핵우산과 주한미군 철수를 전제로 하는 것이라고 공개적으로 설명하지 않았다. 만약, 기만하겠다는 고의성이 없었다면 북한은 회담 과정에서 자신들이 생각하는 비핵화의 의미를 제시하고 차이점이 있을 경우 그것을 해소하고자 노력했을 것이다. 볼튼 미 국가안보보좌관이 기록한 싱가포르 회담 회고록을 보면 김정은은 '비핵화'라는 용어를 사용하면서도 그 대가로 국내 강경파 설득을 위하여 한 · 미연합훈련 중지가 필요하다고 요구하는 등으로 트럼프 대통령이 북핵 폐기로 오해하도록 만들고 있다(John Bolton 2020, 109-110). 전 세계에서 가장 복합적인 정보를 수집하는 트럼프 대통령도 오해했다면, 북한 전술의 "영악성"을 인정하지 않을 수 없다(김범헌 2019, 49). 북한이 헌법에 핵보유를 명시하고, 핵무기와 경제의 병진 노선을 선포하였으며, 핵무기 기지들을 은폐시킨 후 비핵화에 나섰다는 것은 핵무기 폐기가 아니라 이를 기만적으로 활용하여 국제사회의 대북압박을 완화시키고, 핵보유국의 지위를 강화하기 위한, "전략적으로 계산된 선택"이라고 봐야 한다(강채연 2018, 80).

북한이 핵무기 폐기와 관련하여 취한 유일한 가시적 조치가 2018년 5월 24일 풍계리 핵실험장을 폭파시킨 것이었는데, 이것도 기만의 요소가 적지 않다. 북한은 서방의 언론인을 초청하여 관람하게 하면서도 실제 폭파 여부를 확인하게 하지는 않았기 때문이다. 2019년 미국의 전문가는 이 핵실험장이 계속 관리되고 있고, 복구가 가능한 상태라는 결론을 내린 바 있다(Bermudez and Cha 2019). 핵무기 보유국의 위상을 확보하는 것은 북한이 절대로 포기할 수 없는 목표일 것인데, 이것을 포기하겠다는 의도를 내비치면서 비핵화 협상을 전개한 것은 기만용으로 보는 것이 자연스럽다.

(3) 오인식 발생의 여부

제3절에서 자세하게 설명하였듯이 한국 정부는 북한의 비핵화를 핵무기 폐기로 오인식하였을 뿐만 아니라 확증편향과 집단사고로 악화될 정도로 일방적으로 신뢰하였다. 반면에 미국은 처음에는 오인식하였으나 싱가포르 회담 이후부터는 여기에서 벗어났고, 하노이 회담을 결렬시킴으로써 핵무기를 폐가하지 않으려는 북한의 진의를 분명하게 확인하게 된 것으로 보인다.

(4) 기습적 성과의 달성 여부

협상이 진행되는 기간 동안에 북한의 핵전력 증강은 지속되었다. 미국 과학자연맹(FAS)의 자료만 보더라도 2020년 4월 현재 35발 수준으로 2019년 5월의 25개에 비해 10개가 증대되었고, 2021년 3월에는 40개 정도로 추정되고 있다.(Kristensen and Korda 2021). 북한은 2019년부터 2020년 전반기까지 총 17차례에 걸쳐 다양한 단거리 미사일 시험발사를 실시함으로써 한국에 대한 핵미사일 공격능력을 개선하기도 했다. 또한 2020년 10월 10일 노동당 창건 제75주년 기념 열병식에서 북한은 다탄두 운반능력까지 보유한 것으로 추정되는 미국 공격용 신형 ICBM과 신형 SLBM '북극성-4ㅅ'을 공개했고, 2021년 제8차 당대회를 기념하는 열병식에서는 또 다른 신형 SLBM인 '북극성-5ㅅ'을 공개하기도 했다. 비핵화를 둘러싼 협상이 북한에게 '작전타임'을 제공했고, 북한은 '시간끌기' 전략에서 성공하였다고 평가하지 않을 수 없다(주인석 2019, 109).

비핵화 협상을 통하여 북한이 얻은 것이 많지 않다고 볼 수도 있다. 미 · 북관계도 개선되지 않았고, 경제제재도 해제된 것이 없기 때문이다. 하노이 회담 이후 협상 관련자들을 처벌한 것만 봐도 북한이 협상 결과에 불만이라는 것을 알 수 있다. 그러나 그것은 북한의 기대가 컸기 때문이고, 객관적으로 보면 협상의 과정을 통하여 북한은 불법적인 핵보유국에서 사실상의 핵보유국으로 인정받게 되었고, 북한 정권과 그 정권 지도자로서 김정은의 정통성도 세계적으로 인정받았다. 비핵화 협상을 하지 않았더라면 단거리라고 해도 아무런 제재 없이 17회에 걸쳐 미사일 시험발사를 하지는 못했을 것이고, 핵능력 강화를 위한 노력이 노출되어 제재가 더욱 강화되었을 것이다. "시간은 언제나 (핵무기) 확산자의 편"이라는 볼튼의 말처럼(Bolton 2020, 98), 비핵화 협상의 기간은 한 · 미 양국에게는 엄청난 기회비용을 야기했고, 그만큼 북한은 핵능력 증강을 위한 시간을 번 것으로 봐야 한다.

당연히 북한은 그동안 핵무기를 계속 증산하여 핵무기 숫자를 증대시켰을 것이다. 열병식에서 신형 ICBM과 신형 SLBM을 계속 과시한 것은 그것을 완성하기 위한 노력을 계속하고 있다는 증거이다. 협상 기간 동안의 노력을 통하여 북한은 미국이 확장억제를 제공할 경우 미 본토 공격으로 반격할 수 있는 능력을 구비하게 되었고, 이로 인하여 미국은 북한에 대한 군사적 옵션을 더 이상 거론하기 어려운 상황이 되었다. 북한은 협상의 기간을 활용하여 그들의 핵무기를 전략적 수준으로 증강하는 데 성공하였고, 이로써 한국은 말할 필요도 없고, 미국의 어떠한 선제적인 행동도 억제할 수 있는 수준의 핵전력을 구비하게 되었다고 할 것이다.

2) 북한의 기만작전 수행내용 분석

비핵화라는 명분으로 시행한 북한의 전략적 기만을 미군이 '군사기만' 교범에서 제시하고 있는 목표, 표적, 통로, 스토리 측면에서 분석해보자. 우선, 북한의 전략적 기만에서 표적은 남한과 미국의 의사결정자 즉 대통령이었던 것으로 보인다. 김정은 자신이 제왕적 권력을 행사하기 때문에 당연히 국가지도자를 표적으로 삼아야 한다고 생각했을 것이다. 그래서 김정은은 실무자들에게 합의할 여지를 전혀 부여하지 않았고, 정상회담에서의 일괄타결을 고집하였다. 특히 김정은은 "your exellency"라는 호칭을 사용하면서 27회에 걸친 친서를 보내어 트럼프 대통령의 마음을 사로잡았는데, 이를 모두 읽은 워싱턴 포스트 신문의 우드워드(Bob Woodward) 기자는 두 사람의 관계가 충성서약을 교환한 원탁의 기사들 수준이라고 평가하기도 했다(Woodward 2002, 107). 그 결과로 북한은 트럼프 대통령으로 하여금 북한이 핵무기를 폐기할 의사가 있다고 오인식하도록 만들었고, 이로써 북한에 대하여 강경한 조치를 예방하였다고 할 수 있다.

북한이 트럼프 대통령이라는 표적에 접근하는 기만작전의 통로로 삼은 것은 남한 정부였다. 남한은 북한과의 대화를 열망하고 있었고, 미국은 동맹국인 남한 정부인사들의 발언을 신뢰할 것으로 생각하였기 때문이다. 그래서 김정은은 정의용 안보실장에게 미 · 북 정상회담을 주선해줄 것을 부탁하였고, 판문점 회담에서 문 대통령에게 1년 내 핵무기를 폐기하겠다고 약속하기도 했다. 또한 북한은 폼페이오 국무장관도 통로로 사용하고자 했고, 그는 실제로 2018년 3월 31일, 5월 9일, 7월 6~7일, 10월 7일 등 4차례에 걸쳐 북한을 방문하기도 했지만, 북한의 의도대로 움직이지 않았는지 2019년 6월 27일 외무성 대변인 담화를 통하여 폼페이오 국무장관의 교체를 요구하기도 했다.

북한이 전략적 기만 차원에서 전달하고자 하는 스토리는 명료하였다. "핵무기를 폐기할 용의가 있다"는 것이었고, 그것을 '비핵화'라는 애매한 용어로 전달한 것이다. 북한은 공식적으로는 핵무기 폐기라는 용어를 한 번도 사용하지 않음으로써 나중에 책임질 일이 없도록 조심하였는데, 남한이나 미국이 '비핵화'의 분명한 의미를 요구하지 않는 바람에 손쉽게 기만에 성공할 수 있었다. 다만, 미국은 싱가포르 회담 이후 북한의 핵무기 폐기 의도를 의심하여 볼튼 국가안보보좌관을 중심으로 비핵화를 위해서는 핵무기 반출이 선행되어야 하고, 생화학무기와 장거리 미사일까지 폐기해야 한다고 정리하였고, 이를 하노이 회담에서 김정은에게 트럼프 대통령이 직접 전달하였다(Bolton 2020, 327).

3) 평가

시각에 따라서 다양한 평가가 나올 수 있고, 누구도 북한에 대하여 단정적인 평가를 내릴 수는 없지만, 지금까지의 분석 결과로 볼 때 북한의 "비핵화 용의"는 전략적 기만책이었다고 평가하지 않을 수 없다. 북한은 핵무기를 통하여 단기적으로는 김씨 정권의 안전을 보장하고, 중장기적으로 북한 주도 한반도 통일에 우호적인 여건을 만들어 궁극적인 통일을 실현함으로써 체제대결에서 승리를 거둔다는 의도이지(전성훈 2019b, 99), 폐기를 전제로 협상을 제안하지는 않았다.

전략적 기만의 이론에 근거하여 북한의 행위를 분석해봐도 잘못된 정보 전달, 고의성, 오인식 유발, 기습적 성과의 달성이라는 네 가지 측면에 모두 해당되는 것으로 평가되었다. 비록 2년 동안의 북한 핵전력 증강 수준이 '기습적'이었느냐에 대해서는 사람에 따라 평가가 다를 수 있으나, 비핵화 협상을 하게 될 경우 자연스럽게 기대하는 동결이나 증강 속도 완화는 전혀 아니었다. 협상의 기간 동안 북한은 아무런 국제사회의 비난이나 제재를 받지 않은 채 핵전력을 증강할 수 있었고, 그 결과 상당한 핵무기 숫자를 확보하였을 것이며, 신형 ICBM과 SLBM 개발에도 성공한 것이다.

전략적 기만의 수행 내용을 분석해봐도 북한은 핵무기의 지속적인 증강 보장이라는 목표를 설정한 상태에서 기만작전의 표적은 미국의 트럼프 대통령으로 선정하였으며, 주된 통로는 남한 정부였고, 기만하고자 했던 스토리는 그들이 핵무기를 폐기할 용의가 있다는 내용이었다. 결국 트럼프 대통령은 북한의 전략적 기만에 넘어가 두 차례나 정상회담을 수용하였고, 퇴임할 때까지도 그동안의 오인식에서 완전하게 벗어나지 못하여 김정은과 좋은 관계를 유지하고 있다고 착각하게 되었던 것으로 보인다.

5. 결론

이번 북한의 비핵화를 위한 한국과 미국의 외교적 협상에서는 '비핵화'라는 용어의 인식부터 근본적으로 달랐다. 한국이나 미국은 이것을 북한의 핵무기 폐기로 인식하였지만, 북한은 미국의 핵우산과 주한미군 철수를 요구하는 전통적 개념으로 사용하고 있었기 때문이다. 북한은 비핵화라는 용어의 애매성을 활용하여 남한과 미국을 협상으로 유인한 다음 협상을 통하여 사실상의 핵보유국 지위를 획득하고, 영변 핵시설 정도의 폐기를 통하여 경제제재 해제를 추구한 것으로 보인다. 그 당시에는 확신할 수 없었지만 그동안의 비핵화 협상을 통하여 달성한 성과의 미흡, 비핵화에 대한 북한의 설명, 그 동안의 핵전력 증강 등을 고려할 때 북한은 애초부터 핵무기를 폐기할 생각이 없으면서 협상을 추진하였다. 그렇다면 협상으로 북핵을 폐기시키겠다면서 세 번의 정상회담을 실시한 한국의 문재인 정부와 두 번의 정상회담을 실시한 미국의 트럼프 대통령은 북한의 의도를 오인식하였고, 북한에게 기만당한 것이다.

북한의 전략적 기만을 회피하고자 한다면 당연히 북한에 대한 정확한 정보의 수집과 분석 능력을 강화하지 않을 수 없다. 정보의 정확성이 강화될수록 기만당할 확률이 줄어들 것이기 때문이다. 특히 전략적 기만과 같은 원모심려(遠謀深慮)는 기술정보(techint)만으로 파악 및 대응이 어렵다는 차원에서 인간정보(humint) 자산의 활용을 강화할 필요가 있다. 북한 지도층의 의도는 그 주변에 신뢰할 만한 인간정보 자산을 침투시켜둬야만 파악이 가능할 것이기 때문이다. 정보의 객관성을 보장하기 위해서는 미국과의 정보 교환, 대응책 협의를 대폭적으로 강화해야 한다.

북한과 같이 적극적인 전략적 기만을 사용하는 국가와 상대하고 있다는 점에서 한국은 이제 '대(對)기만'의 개념을 정립하고, 필요한 조치를 강구하지 않을 수 없다. 청와대, 국정원, 국방부처럼 상당한 대기만 노력이 필요한 조직의 경우에는 내부에 대기만 기능을 수행하는 조직과 인원을 별도로 편성할 수도 있다. 북핵 위협이 심각해질수록 대기만 노력의 비중을 증대시켜야 할 것이고, 전문요원들을 확보 및 효과적으로 활용해야 할 것이다.

9

비핵화 협상방식

북한의 비핵화를 위한 협상은 어떤 측면에서도 실패하였다. 북한은 핵무기 폐기는커녕 핵무력을 더욱 강화해버렸기 때문이다. 실패의 요인은 다양하게 평가될 수 있겠지만, 가장 근본적인 것은 '비핵화'가 무엇을 의미하는지에 대하여 분명하게 합의하지 않은 상태에서 정상회담부터 시작한 것이다. 이로써 북한은 "완전한 비핵화"라는 용어만으로 2년 가까운 기간 동안 협상을 지속할 수 있었다. 2019년 2월 하노이 회담은 미국의 트럼프 대통령이 비핵화가 핵무기의 폐기를 의미한다는 점을 정리하여 김정은에게 제시함으로써 결렬되었고, 그 이후 아무런 협상이나 대화도 진행되지 못하고 있다.

역사를 가정하는 것은 어리석지만, 만약 미국이 싱가포르 회담을 개최하기 전에 북한에게 '비핵화=북한 핵무기 폐기'를 분명하게 인정하도록 압박하거나 핵무기 폐기의 일정을 제시하라고 요구했다면 어떻게 되었을까? 협상이 시작되지 못한 채 한반도의 군사적 긴장은 높아졌을 수 있지만, 북한이 아무런 간섭을 받지 않은 채 핵무기를 증강하지는 못했을 것이다. 국제사회의 제재를 견디지 못하여 북핵 폐기의 의지와 일정을 제시하면서 북한이 진정으로 협상에 응하였을 수도 있다. 2005년 체결된 6자회담 국가와의 '9 · 19 공동선언'에서 "모든 핵무기와 핵 프로그램의 포기"를 약속했던 북한이 이번 비핵화 협상에서 '완전한 비핵화'라는 두 단어로만 버틸 수 있었던 것은 한국과 미국이 잘못된 협상방식을 적용하였기 때문이다.

1. 협상과 점증모형

1) 합리모형 vs 점증모형

합리모형은 달성해야 할 목표나 해결해야 할 문제의 쟁점을 분명하게 설정한 다음 그것을 달성할 수 있다는 확신이 있을 때 필요한 결정을 내리는 방식이다. 명칭에서도 드러나고 있지만 이 모형은 합리적 사고를 최우선적인 기준으로 삼는데, 정책결정자는 의사결정에 필요한 충분한 정보와 지식을 보유하고 있고, 목표달성이 가능한 모든 대안을 충분히 탐색한 다음에 최선의 대안을 선택해 나간다고 가정한다. 합리모형에서 쟁점이 제대로 타결되지도 않은 상태에서 일단 회담부터 시작한다는 결정을 내리기는 어렵다.

합리모형은 사안의 핵심적인 문제를 해결한 다음에 세부적인 문제로 확산해나가기 때문에 '뿌리방법(root method)'이라고 평가된다(노화준 2012, 448). 사안의 본질에 집중하여 문제를 해결해 나가기 때문에 완전하고 안전한 방식이다. 핵무기의 폐기를 협상할 경우 합리모형은 문제의 핵심인 상대방의 핵무기 제거 여부와 개략적인 일정에 합의하는 데 최우선적인 노력을 기울일 것이고, 그것에 대하여 어느 정도 합의를 이룬 다음에 부수적인 사항을 논의하게 될 것이다. 이 방식에서는 실무자들이 장시간에 걸쳐서 진지하게 협의하여 개략적인 방향에 합의한 상태에서 대표들이 회담을 통하여 합의서를 공식적으로 발표하는 형식을 따르게 된다

문제가 되는 것은 합리모형이 이상적이기는 하지만 현실에서 적용하기는 쉽지 않다는 것이다. 합리모형의 적용을 위해서는 정책결정자부터 철저하게 합리적이면서 문제의 해결에 필요한 충분한 정보와 지식을 보유해야 하는데 현실에서는 그렇지 않을 가능성이 크기 때문이다. 그래서 점증모형(incremental model)을 필두로 만족모형(satisfying model), 쓰레기통 모형(garbage can model), 사이버네틱스 모형(cybernetics model), 최적모형(optimal model), 혼합탐사 모형(mixed scan model) 등 다수의 모델이 개발되어 합리모형의 단점을 보완해야 한다고 주장된다(남궁근 2017, 361-390).

합리모형을 보완하는 다양한 모델 중에서 가장 일반적인 것이 점증모형인데, 이것은 인간의 제한적인 합리성과 지적 능력을 인정하면서 실행이 가능한 사항부터 추진하여 점증적으로 성과를 달성해 나간다는 방식이다. 협상에 적용한다면, 점증모형은 쟁점이 해결되지 않은 상태라도 일단 대화를 실시하여 가능한 범위 내에서 합의를 찾아 나가고, 그렇게 하다 보면 쟁점도 해결될 수 있다는 시각이다. 합리모형과 반대로 문제를 부분적 · 순차적으로 해결해 나가고, 주어진 현실에서 구현이 가능한 변화를 조금씩 이행해 나가는 "가지적 방법(branch method)"인 셈이다(노화준 2012, 448). 점증모형은 상황을 그저 "헤쳐 나가는(muddling through)" 방법이라고 할 수도 있다.

점증모형은 쟁점의 해결을 미룸으로써 문제의 근본을 해결하지 못한 채 중단될 수 있는 단점은 있지만, 합의한 만큼 성과가 나오기 때문에 매몰비용(sunk cost)도 줄어들고, 구성원들의 지지도 받을 수 있으며,

안정적인 의사결정을 보장할 수 있다는 장점도 적지 않다(김창수 2018, 93-94). 따라서 대부분의 조직에서는 당위론적으로는 합리모형을 강조하면서도 실제에 있어서는 점증모형을 적용하여 문제를 해결하는 경우가 많다. 점증모형의 옹호론자들은 국가 또는 조직의 의사결정자들이 실제로 점증모형에 의하여 결정을 내리고 있을 뿐만 아니라 그렇게 하는 것이 바람직하다고까지 말하기도 한다. 이러한 합리모형과 점증모형의 대조적인 측면을 요약해보면 〈표 5〉와 같다.

〈표 5〉 합리모형과 점증모형의 정리

요소	합리모형	점증모형
전제	충분한 합리성, 충분한 정보와 시간	인간의 합리성과 지적 능력 제한
핵심개념	핵심사항 해결 후 세부사항 해결	해결 가능한 문제부터 순차적, 부분적 해결
장점	문제의 근본해결 가능	구성원 지지 및 안정적 상황 관리
단점	비현실적, 매몰비용 증대	근본적 문제해결 곤란

2) '선(先)쟁점타결 후(後)회담' vs '선회담 후쟁점타결'

'협상(negotiation)'은 객관적으로 보면 두 당사자가 상호 만족할 만한 합의를 도달해 나가는 과정이지만, 어느 일방의 입장에서 보면 자신이 달성하고자 하는 바를 상대방이 허용해주도록 설득해 나가는 행위이다. 따라서 대부분은 자신이 의도하는 방향으로 상대방을 유도하기 위하여 가용한 모든 지혜와 역량을 동원하게 되고, 그래서 협상에 승리하기 위한 다양한 전략을 사용하게 된다. 동시에 협상은 어떤 국가나 조직이 그 상대역과 필요한 사항을 논의하여 결정해 나가는 과정이기 때문에 수시로 정책결정이 내려지고, 다양한 형태의 의사결정 모형이 적용된다. 예를 들면, 합리모형에 의존할 경우 당사자는 문제의 핵심부터 해결하는 방향으로 협상을 추진할 것이고, 점증모형에 의존할 경우에는 합의가 가능한 사항부터 협의하여 성과를 누적하거나 상호 신뢰를 형성하고자 할 것이다.

그런데 협상에서는 상대방과 협상에 임할 것이냐는 결심도 매우 중요하다. 쟁점타결의 기미가 없는데도 무조건 협상에 임하는 것도 합리적이지 않지만, 쟁점타결만을 고집하다가 협상 자체를 시도해보지 못하는 결과가 되어서도 곤란하기 때문이다. 따라서 대부분의 협상 주체들은 이 중에서 어느 것을 선택할 것인가를 고민하게 된다. 이에 대하여 합리모형과 점증모형을 적용해볼 경우 합리모형에서는 쟁점이 어느 정도 타결된 이후라야 대표자들 간의 회담이 추진될 것이고, 점증모형의 경우에는 대표자들 간의 회담도 문제해결의 과정 중 하나로 간주된다. 그래서 합리모형에 의한 협상의 형태는 '선쟁점타결 후회담'으로 명칭을 붙일 수 있고, 점증모형에 의한 협상의 형태는 '선회담 후쟁점타결'로 명명해볼 수 있다.

그런데 임기가 한정되어 있으면서 단기적인 성과와 적극적인 활동을 높게 평가하는 자유민주주의 국가의 경우에는 '선쟁점타결 후회담'과 같은 엄격한 협상형태보다는 '선회담 후쟁점타결'과 같은 유연한 협상형태를 선택할 가능성이 크다. 전자가 바람직한 것은 분명하지만 협상이 진행되지도 못하여 답답한 데 반하여, 후자는 바로 회담을 하게 되면서 몇 가지 가시적인 변화도 산출하게 될 것이기 때문이다. 다만, 사활적인 사안이거나 상대가 기만할 가능성이 큰 사안일 경우 '선회담 후쟁점타결'의 방식은 위험할 수 있다. 처음에는 화기애애한 분위기로 시작하지만 아무런 성과도 없이 결렬될 가능성이 크기 때문이다. 따라서 '선회담 후쟁점타결'은 적용 가능한 사안과 협상 상대일 때 적용되어야 실패하지 않을 수 있다.

'선회담 후쟁점타결'의 방식을 협상에 적용할 때 나타나는 가장 두드러지는 특징은 쟁점이 되는 사안에 관한 협의는 가급적 미룬 채 서로가 합의 가능한 사항부터 처리하게 된다는 것이다. 서로의 의견 차이를 노출시키지 않음으로써 불협화음의 발생을 줄이고, 합의하는 사례를 누적해서 서로 간의 신뢰를 강화해 나가고자 노력할 것이기 때문이다. 의도대로 진행될 경우 이 모형은 서로가 유연한 협상태도를 가진 상태에서 무리 없이 최종적인 타결에 이를 수 있지만, 최종적인 합의에 이르지 못할 경우 사소한 합의에 지나치게 많은 시간과 노력을 낭비한 결과가 된다.

'선회담 후쟁점타결' 방식의 협상은 시간을 많이 사용할 수밖에 없다. 상대방의 입장을 충분히 존중하는 가운데 가능한 사항부터 차근차근 협상해 나가야 하기 때문이다. 이러할 경우 성과 없이 시간을 소비하여도 불리할 것이 적은 측이 유리할 가능성이 크다. 따라서 시간적으로 불리하다면 '선회담 후쟁점타결'의 모형을 사용하는 것이 현명하지 못할 수 있다. 특히 협상의 상대방이 어떤 책략 하에 협상을 고의로 지체할 경우 이 방식을 사용하면 상대방의 책략에 말려드는 결과를 초래할 수 있다.

'선회담 후쟁점타결' 방식의 협상은 압박수단의 사용을 어렵게 만들 가능성이 크다. 상대방과 대화와 타협을 통하여 가능한 것부터 하나씩 타결해 나가는 것으로 약속한 상태이기 때문이다. '선쟁점타결 후회담' 방식에서는 핵심적인 쟁점에서 타결에 이르지 못할 경우 결렬에 대비하여 만들어둔 '플랜 B'나 협상안 다음으로 유리하다고 판단하여 준비해둔 '배트나(BATNA: Best Alternative to a Negotiated Agreement, 협상이 결렬될 경우 사용할 수 있는 다양한 대안 중에서 가장 유리한 대안을 말한다)'를 사용하겠다고 위협할 수 있지만(Fisher et al. 2011, 102), '선회담 후쟁점타결'에서는 사소한 사항 중 하나에 상대방이 동의하지 않는다고 하여 그러한 '플랜 B'나 '배트나'를 사용하기는 어려울 것이기 때문이다.

3) 협상의 상호 작용

어느 당사자의 입장에서 보면 협상은 상대방에게 나의 방안을 수용하도록 강압하는 노력과 과정이기 때문에 내가 손해 보는 협상은 하지 않을 것이고, 그렇게 되면 서로의 주장이 상충될 수밖에 없으며, 결국 힘의 우열이 결과를 결정할 수밖에 없다. 이러한 점에서 협상은 외부적으로는 대화와 타협이라는 평화적인 모습으로 보이지만 내면에서 쌍방은 서로를 강압하기 위하여 노력하고, 상대의 강압을 회피하기 위한 다양한 방책을 강구하게 된다.

강압이 배경으로 작용하는 심각한 사안을 다루는 협상에서 가장 중요한 것은 쌍방이 위협하는 내용이 실제로 시행될 것인지의 여부, 즉 '신뢰성(credibility)'이다(Shelling 1960, 6). 상대방이 엄청난 위협을 하더라도 신뢰성이 낮으면 그것이 구현되지 않을 것이라고 생각하여 양보하지 않을 것이고, 위협의 강도는 작더라도 분명히 시행될 것 같으면 양보하게 될 것이기 때문이다. 양보하지 않더라도 큰 손해를 볼 것이 없다면 아무리 선의로 접근해도 상대가 양보할 가능성은 크지 않다. 특히 공무원은 국익에 충실하지 않았을 경우 비판은 물론이고, 처벌까지 받을 수 있

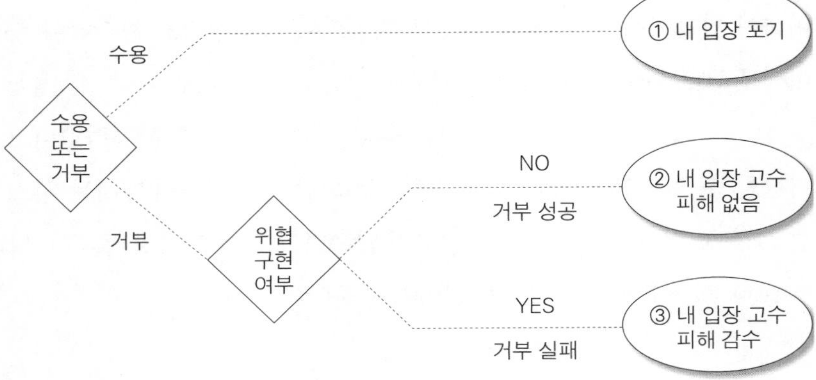

〈그림 5〉 강압에 대한 수용과 거부의 과정

출처: Schaub, Jr. 2004, 391.

다는 점에서 국가 간의 협상에서는 언제나 손익계산에 냉철해야 하고, 협상 결과를 국민들에게 보고할 때 정당한 것으로 인정받을 수 있도록 노력한다. 이러한 판단의 과정을 도식으로 나타내면 〈그림 5〉와 같다.

〈그림 5〉에서 제시하고 있는 바는 간단명료하다. 협상에 임하게 된 당사자는 대부분은 ① 내 입장을 포기하는 것과 ③ 피해를 감수하면서도 내 입장을 고수하는 사이에서 선택해야만 한다. 그렇지만, ② 피해 없이 내 입장을 고수하는 것이 가능하기만 하다면 그것이 최선인 것은 분명하다. 따라서 상대방이 위협하는 것이 실제로 이행될 것인지, 그것을 이행하더라도 그 피해가 정말 심각할 것인지, 즉 상대방의 신뢰성을 평가하는 데 상당한 노력을 기울이지 않을 수 없다. 평가 결과 신뢰성이 높다고 한다면 ①을 선택하여 내 입장을 포기할 것이고, 반대로 신뢰성이 낮다면 내 입장을 고수함으로써 ②의 최선 상황을 기대하게 될 것이다. 따라서 협상에서 쌍방은 위협하는 바가 확실히 이행될 뿐만 아니라 피해가 심각할 것임을 인식시키고자, 즉 신뢰도를 높이고자 노력할 것

이고, 그 과정에서 방법과 수단이 점점 강화될 것이며, 그러다가 전쟁을 포함하여 극단으로 상황을 악화시키게 되는 것이다.

4) 배트나(BATNA)

표방하는 바는 대화와 타협이지만 실제는 상대방에게 나의 입장을 수용하도록 강압해야 이익을 얻을 수 있다는 점에서 협상에서는 강온(强溫)의 다양한 방법들을 동원하게 된다. 그중에서 강성의 방법으로 협상이론에서 개발한 것이 바로 배트나인데, 이것은 말 그대로 협상이 결렬될 경우 내가 선택할 수 있는 대안 중에서 가장 위력적인 방안이고, 그것을 제시함으로써 상대가 나의 제안을 수용하도록 할 수 있다는 주장이다. 내가 제시하는 협상안을 수용하지 않으면 내가 배트나를 선택할 수밖에 없고, 그렇게 되면 상대방은 더욱 큰 손해를 입을 수밖에 없으니 지금 타결하는 게 이익이라는 점을 제시하는 방안이다. 국제정치에서 논의하고 있는 강압의 개념을 협상이론으로 수용한 것이 배트나라고 할 수 있다.

협상에서는 당연히 배트나를 보유하고 있거나 강력한 쪽이 유리하고, 배트나가 없거나 약한 쪽은 불리할 수밖에 없다. 배트나가 있거나 강한 쪽은 협상이 결렬되어도 배트나를 선택하면 되기 때문에 여유를 갖고 협상에 임할 것이고, 배트나가 없거나 약한 쪽은 협상에서 어떻게든 합의를 보는 것이 유리하다고 판단하여 서두르게 될 것이기 때문이다(Fisher, et al. 2017, 102-103). 배트나가 있거나 강하면 양보를 적게 해도 되지만, 배트나가 없거나 약한 상태에서 합의를 이끌어 내려면 양보를 많이 할 수밖에 없기 때문에 배트나의 유무와 강약이 협상력(bargaining power)을 좌우하게 된다(Nyomakwa-Obimpeh 2017, 497). 특히 쌍방이 강력한 배트나를 보유하고 있으면 한편으로는 극단으로 치달을 수도 있지만, 다른 한편으로는 서로가 최악의 사태에 이르지 않도록 조심함으로써 오히려 조기에 원만한 합의에 이를 가능성도 있다. 당연히 협상에서 유리한 결과를 획득하고자 한다면 상대방이 어떤 배트나를 확보하고 있는지, 그 위력이 어느 정도인지도 파악해야 한다(Fisher, et al. 2017, 107). 이러한 점에서 협상은 표면적으로는 협상안을 두고 서로가 절충해나가는 과정으로 보이지만, 이면(裏面)에서는 배트나를 두고 서로가 경쟁하거나 심리적 게임을 진행하는 과정일 수 있다.

성공적인 협상 결과를 도출하고자 할 경우, 협상을 준비하는 과정에서 상대와 타협이 가능한 다양한 협상안을 마련하는 것도 중요하지만, 협상이 결렬될 경우 내가 선택할 수 있는 방안을 준비하는 것은 그보다 더욱 중요할 수 있다. 오히려 후자가 협상의 결과를 더욱 결정적으로 좌우할 수 있다. 따라서 협상에 임하는 당사자는 결렬 시 선택할 수 있는 가능한 대안들을 모두 열거해본 다음에, 그러한 대안들을 평가하여 가치를 매기고, 그중에서 가치가 가장 높은 것을 선택하여 배트나로 설정하여 대비하게 된다(Harvard Law School 2012, 2). 쌍방은 자신의 배트나보다 좋은 협상안이면 수용하지만 반대로 더욱 나쁜 협상안이라면 수용하지 않을 것이다. 이렇게 보면 실제 협상에서는 배트나가 협상의 결과를 결정적으로 좌우한다고도 할 수 있다.

배트나는 서로가 분명하게 제시할 수도 있다. 그렇게 하면 상대방은 그 배트나를 피하기 위한 양보안을 만들어 올 것이고, 결과적으로 원만한 합의에 이르게 될 것이기 때문이다. 동시에 배트나를 서로가 제시하지 않아서 추정하여 판단해야 할 경우도 적지 않다. 상대방에게 나의 입장을 알리는 것이 협상에 도움이 되지 않을 것이라고 판단하거나 협상을 하지 않겠다는 의도로 오해될 수 있어서 서로가 배트나를 분명하게 제시하지 않는 것이 유리하다고 판단할 수 있기 때문이다. 협상의 당사자들이 배트나라는 개념을 모르면서도 무의식적으로 배트나를 사용하여 협상에 성공하기도 한다. 그럼에도 불구하고 배트나 개념을 정확하게 인식하거나 효과적으로 활용할 경우 협상에 성공할 확률이 높아지는 것은 분명하다고 할 것이다.

2. 북한 비핵화 협상에 대한 접근방식

2018년에 시작된 북한의 비핵화를 위한 협상에서는 '선회담 후쟁점타결' 방식이 채택되었다고 할 수 있는데, 그 방식의 특징 — 문제해결의 접근방식, 협상의 속도, 압박수단 사용 여부 — 으로 구분하여 더욱 세부적으로 분석해보자.

1) 문제해결의 접근방식

(1) 실태

북한 비핵화를 위한 남북 또는 미 · 북 간의 협상에서 두드러진 현상은 문제의 핵심에 관하여 분명한 합의를 이루지 않은 상태에서 정상회담부터 개최한 것이다. '비핵화'가 북한의 핵무기 폐기임을 짚고 넘어가고자 할 경우 북한이 대화를 지속하지 않을 가능성을 우려한 것으로 보인다. 또한 문 대통령이나 트럼프 대통령 모두 정상회담에서의 대화를 통하여 북한으로 하여금 핵무기 폐기라는 결정을 내리도록 유도할 수 있다고 판단하였을 가능성이 크다.

한 · 미 양국은 북한과의 대화를 지속하는 것이 워낙 중요하다고 생각했기 때문에 '비핵화' 정의에 관한 북한과의 논의를 의도적으로 회피해온 것으로 보인다. 북한은 김일성 시대인 1991년 남북기본합의서 협의 때 '조선반도 비핵지대화'라는 명칭으로 주한미군과 핵무기의 철수를 요구하였고, 2009년 2월 북한은 '조선반도 비핵화'로 용어를 일부 조정하면서 "남한과 주변지역에서 북한에 가해지는 핵위협을 근원적으로 제거하는 것"이라고 설명하였다(전성훈 2009, 1). 즉 북한은 줄곧 '조선반도 비핵화'라는 의미로 '비핵화'라는 용어를 사용하였지만, 남한이나 미국은 그것이 북한 핵무기의 폐기라고 단정하면서 명확하게 따져 묻지 않은 것이다.

한국과 미국이 비핵화에 대한 정의를 협상의 핵심 쟁점으로 부상시키지 않음에 따라서 정상회담 자체는 손쉽게 화기애애한 분위기로 진행되었다. 서로가 얼굴을 붉히면서 언쟁해야 할 사안을 미뤄두었기 때문이다. 2018년 9월 18~20일 사이에 평양에서 개최된 제3차 남북 정상회담에서 문 대통령은 평양 시내에서 카퍼레이드도 실시하였고, 평양 시민들에게 직접 연설도 했으며, 남북 정상이 백두산을 직접 방문하여 긴밀한 우의를 과시하기도 했다. 미 · 북 간의 싱가포르 회담에서도 양 정상은 시종일관 화기애애한 분위기를 연출하였다. 그러나 2019년 2월 27~28일의 하노이 회담에서 트럼프 대통령이 비핵화가 핵무기 폐기라는 점을 북한에게 분명하게 제시하자 회담은 결렬되었고, 그동안의 화기애애했던 분위기도 모두 사라졌다.

(2) 분석

'선회담 후쟁점타결'의 방식 즉, 핵심사항에 대한 해결 또는 합의 없이 일단 대화를 시작하는 점증모형은 우선은 좋아 보이지만 모래 위에 집을 짓는 것과 같이 회담이 언제든지 결렬될 수 있다는 위험이 있는데, 이것이 이번의 비핵화 협상에서 분명하게 드러났다. 하노이 회담에서야 미국이 비핵화는 핵무기는 물론이고, 미사일과 생화학무기까지 폐기하는 것이라는 점을 북한에게 제시하였으니, 그동안의 회담이 얼마나 공허했는지 짐작할 수 있다. 그 사이에 북한은 핵능력을 충분히 강화함으로써 2020년 6월 13일 북한의 권정근 외무성 미국 담당 국장이 남한을 향해 "비핵화라는 개소리는 집어치우는 것이 좋다"고 말하는 정도에까지 이르게 되었다.

만약, 애초에 남한이나 미국이 북한에게 비핵화가 북핵 폐기라는 점을 분명히 하지 않을 경우 정상회담을 하지 않겠다고 버텼더라면 어떻게 되었을까? 정상회담이 개최되지 못하였을 수도 있고, 남북 또는 미 · 북 간에 상당한 긴장이 발발하였을 수는 있다. 그러나 북한의 핵무기 개발을 아무런 제재조치도 부과하지 않은 채 방치하지는 않았을 것이라서 북한의 핵무기 보유량은 줄었을 것이고, 유엔의 경제제재가 추가되었을 수 있다. 북한이 한국과 미국의 요구를 수용하여 핵무기 폐기를 위한 일정과 방법을 협상했었다면, 핵무기 폐기를 위한 더욱 실질적인 문제를 두고 협상하게 되었을 것이다. 실제로 북한은 6자회담 국가들이 단호한 입장을 표명하자 2005년 9월 '9 · 19 공동성명'을 통하여 "모든 핵무기와 현존하는 핵계획들을 포기"하겠다고 명확하게 약속하기도 했다. 이 합의를 근거로 협상을 시작했었어도 북핵 폐기에 관하여 현재보다는 더욱 실질적인 합의를 도출해낼 수 있었을 것이다.

'선회담 후쟁점타결'의 방식을 사용하여 핵심 사안에 관한 논의를 회피함으로써 압박을 통하여 북한의 핵무기 증강을 자제시킬 명분이 약해진 점이 있다. 대화를 하면서 압박을 할 수는 없는 노릇이었기 때문이다. 그 결과로 북한은 협상이 진행되는 동안 아무런 간섭을 받지 않은 채 핵무기 증강과 그 발사수단의 성능 개량에 전념할 수 있었다. 후견편향(後見偏向, hindsight bias)이지만, 최소한 북한의 핵무기 생산을 동결하는 정도의 약속은 받아낸 다음에 정상회담에 응했어야 했었다.

2) 협상의 속도

(1) 실태

북한의 비핵화를 위한 협상은 처음에는 긴박하게 전개되었다. 2018년 2월 평창 올림픽을 계기로 남북한 간 대화의 물꼬가 트이자, 남한은 감사사절단을 북한에 파견하여 의중을 파악하였고, 정의용 안보실장은 3월 5일 김정은을 면담하여 비핵화 용의를 들은 후 다음 날인 3월 6일 남한 언론에 발표하였다. 4월 27일 판문점에서의 남북 정상회담도 바로 결정되었다. 북한의 김정은이 2018년 신년사에서 "남조선의 집권여당은 물론 각계각층 단체들과 개별적 인사들을 포함하여 그 누구에게도 대화와 접촉 내왕의 길을 열어 놓을 것입니다"라고 언급한 것을 기점으로 잡더라도 2개월여 만에 북한이 비핵화 용의를 표명하고, 이를 위한 회담이 시작된 셈이다.

미 · 북 정상회담의 경우에도 정의용 안보실장은 국내 발표 후 바로 미국을 방문하여 3월 8일 트럼프 대통령을 만나 북한의 비핵화 의지와 회담 요청 의사를 전달하였고, 트럼프 대통령 역시 그 자리에서 "5월 내 미 · 북 정상회담 개최"를 결정하였다. 2018년 4월 27일 남북 정상회담에 이어서 6월 12일에는 미 · 북 정상이 싱가포르에서 만났고, 9월 18~20일에는 문 대통령이 평양을 방문하였다. 김정은이 비핵화 용의를 표명한 3월 5일을 기점으로 잡을 경우 1.5개월 만에 남북 정상회담, 3개월여 만에 미 · 북 정상회담이 개최됨으로써 비핵화 협의를 위한 만남 자체는 매우 신속하게 추진되었다.

반면에 북한의 핵무기 폐기 즉 비핵화의 핵심적인 사안에 대한 협의는 느리게 진행되었다. 2018년 4월 27일 판문점 선언에서 '완전한 비핵화'에 합의하였으나 이후에 이 용어를 반복적으로 강조하는 것 이외에 핵무기 폐기에 관하여 진전된 바는 아무것도 없었기 때문이다. 6월 12일의 싱가포르 미 · 북 정상회담에서도 이 용어가 그대로 사용되었고, 2018년 9월의 남북 정상회담에서도 마찬가지였으며, 결렬된 2019년 2월의 하노이 회담에서도 여전히 애매한 상태가 지속되었다. 2018년 5월 북한이 풍계리의 핵실험장을 폐쇄하거나 동창리 미사일 시험대를 일부 해체했으나 불가역적이거나 핵무기 폐기에 결정적인 조치는 아니었다(전진호 2020, 12). 북한이 제안한 영변 핵시설 폐기의 사안도 다른 곳에 우라늄 농축 공장이 있다면 비핵화와는 거리가 먼 조치이다. 결국 '완전한 비핵화'라는 용어만으로 2018년 2월 하노이 회담까지 1년이 경과되었고, 미국이 자신이 생각하는 비핵화 내용을 제시하자 회담은 결렬되고 말았다.

(2) 분석

비핵화 협상이 장기화됨으로써 북한은 그들의 핵무기와 그 운반수단인 미사일들을 생산 및 개량할 수 있는 시간을 획득하였다. 북한이 1년에 7~10개의 핵무기를 생산할 수 있다고 한 러시아 전문가의 평가를(유철종 2017) 적용해볼 경우 북한은 비핵화 협상을 진행하는 2018년과 2019년 동안에 14~20개, 2020년까지는 21~30개 정도의 핵무기를 생산할 수 있었을 것인데, 여기에 관하여 한국과 미국은 아무런 조치도 강구하지 못한 셈이다. 북한은 2019년과 2020년에 걸쳐 총 17회에 걸쳐 다양한 단거리 미사일 시험발사를 실시하였는데, 만약 비핵화 협상이 전개되지 않았다면 이러한 무기의 개발도 어려웠을 뿐만 아니라 시험발사를 실시할 때마다 한국과 미국은 강력하게 항의하였을 것이고, 그 결과 유엔에서 결의안이 추가로 합의되었거나 미국이 군사적 조치를 강구하였을 수도 있다.

더욱 문제가 되는 것은 북한의 비핵화를 위한 협상이 장기화됨으로써 핵무기 폐기의 모멘텀을 상실한 부분이다. 자유민주주의 국가의 경우 더욱 그러하지만 개인이든 국가든 어떤 하나의 사안에 장기간 동안 집중적인 노력을 기울이기는 어렵기 때문이다. 북한의 비핵화를 위한 협상이 시작된 이후 2년이 넘어가면서 한국 정부와 미국 정부는 물론이고, 세계의 각국도 북한의 비핵화에 관한 절박감을 갖지 않게 되었고, 북한의 핵무기 보유라는 현 상황을 기정사실로 받아들이고 있다. 이것이 바로 북한이 비핵화 협상을 장기화함으로써 노리고 있는 결과이고, 그런 면에서 북한이 성공한 셈이다.

이번 북한의 비핵화 협상에서 나타나는 특이한 현상은 누구도 타결을 서두르고 있지 않았다는 것이다. 한국, 미국, 북한 모두 시간이 자신의 편이라고 주장하였고, 그것을 상대방에게 과시함으로써 협상에서 유리한 위치를 갖고자 노력하였기 때문이다. 북한이 핵무기를 사용하지 않는다는 보장만 있다면 시간은 한국과 미국 편일 수 있다. 그러나 북한이 일정한 수준 이상으로 핵능력을 구비하는 데 성공한 후 미 본토를 공격하겠다고 협박하여 주한미군 철수나 한 · 미동맹 와해를 요구할 수 있다고 예상한다면 시간은 한국과 미국의 편이 아니다.

3) 평가

북한이 애초부터 핵무기를 포기할 생각이 없었을 가능성이 커서 어떤 방식을 적용했더라도 대화를 통하여 북한의 핵무기를 폐기하겠다는 시도는 실패했을 수 있다. 미국과 북한 간의 2개국 협상이든 6자회담이든 지금까지 북한과의 모든 비핵화 협상은 실패한 것이 사실이다. 그럼에도 불구하고 2018년부터 지금까지 진행된 '비핵화 협상'에서 한국과 미국이 '선회담 후쟁점타결'의 방식을 선택한 것이 성공의 가능성을 더욱 낮춘 것은 분명하다.

북한의 비핵화를 둘러싼 협상에 문제해결의 방식과 협상의 속도를 적용해볼 경우 한 · 미 양국이 '선회담 후쟁점타결' 방식을 선택했다는 것이 분명하게 드러난다. 한국과 미국은 북한이 핵무기를 폐기하겠다는 결정을 내렸는지를 확인하지도 않은 채 정상회담부터 개최함으로서 북한에게 핵무기 증강의 시간만 부여하고 말았다. 협상의 속도도 지나치게 느려서 북한의 핵무기 폐기를 압박할 수 있는 기회를 놓쳤고, 북한이 경제제재에 대하여 내성을 갖도록 허용한 측면이 있다.

일반적으로 "선회담 후쟁점타결"의 방식도 충분히 시도해볼 가치가 있다. 대화를 하는 것은 하지 않는 것보다 기대할 것이 많고, 평화적 해결을 전제로 하기 때문이다. 그러나 대화의 기회비용(opportunity cost)을 고려하면 평가는 달라진다. 북한이 아무런 제재 없이 핵무기를 계속 증강하는 것을 방치한 결과가 되었기 때문이다. 만약 한 · 미 양국이 '선쟁점타결 후회담'의 방식을 선택했다면 정상회담이 개최되지는 않았을 수 있지만, 북한의 핵전력 증강도 실제처럼 방치되지는 않았을 것이다. 한국과 미국은 정상회담을 통하여 북핵 폐기라는 중요한 양보를 얻어 내겠다는 허상을 성급하게 쫓느라 북한에게 전략적 핵능력 보유의 수준으로 도약하는 마지막 과정을 너무나 손쉽게 허용하고 말았다.

3. 배트나의 사용

1) 싱가포르 회담

싱가포르 회담 이전에 미국은 강력한 배트나를 보유하고 있었는데, 그것은 군사적 옵션으로서 공군기나 미사일을 활용하여 북한의 핵무기를 제거하는 방안이었다. 이것이 실행되면 북한은 핵무기를 모두 제거당하거나 미국과의 핵전쟁을 수행해야 할 것이기 때문에 분명히 북한이 감당하기 어려운 배트나였다. 미국은 세계 최강의 핵전력과 군사력을 보유하고 있는 국가이기 때문이다. 2017년 북한이 미사일 시험발사와 핵무기 실험을 실시할 때마다 미국은 군사적 옵션의 사용 가능성을 높였고, 대규모 전략자산들을 한반도에 전개시키기도 했다. 미국으로서도 군사적 옵션은 위험성이 많은 방안이었지만, 북한의 입장에서는 결행이 되면 국가의 생존이 위태로워지는 심각한 상황이었다. 트럼프 대통령의 예측 불가능성도 북한의 우려를 강화하였다.

북한의 김정은이 2018년 신년사를 통하여 대화의 필요성을 강조하고, 한국과의 관계를 개선하여 미 · 북회담을 성사시키고자 한 것은 미국의 이러한 배트나를 무력화시키기 위한 노력의 일환일 수 있다. 당시 북한은 핵 · 경제 "병진(竝進)정책"을 추진하고 있었기 때문에 시간을 벌어야 했고, 경제제재를 완화할 필요성도 존재하였을 것이다. 따라서 북한은 2018년 3월 정의용 안보실장이 방북한 기회를 활용하여 미 · 북 정상회담을 중재하도록 하였고, 폼페이오 국무장관을 두 차례나 초청하여 협의하였으며, 5월에는 억류된 미국 국민 3명을 아무 조건 없이 돌려보내는 등 유화책을 강구하여 어떻게든 협상을 성사시키고자 하였다.

김정은은 회담의 성과를 고양함은 물론 미국의 배트나 사용을 예방하고자 트럼프 대통령과의 인간적 관계를 형성하기 위하여 노력하였다. 트럼프 대통령과 김정은은 총 27회의 친서를 교환하였는데, 그 내용이 중세 영국 '원탁의 기사' 사이에 있을 법한 '개인적 충성의 맹세(declaration of personal fealty)' 수준이라고 평가되기도 했다(Woodward 2020, 106-107). 실제 싱가포르 회담 장소에서 트럼프 대통령은 김정은의 의견에 대부분 동의하면서 한 · 미연합훈련을 즉석에서 취소하는 것으로 결정하기도 했다(Bolton 2020, 110-111). 심지어 트럼프 대통령은 싱가포르 회담 후 기자회견장에서 북한이 합의를 어길지라도 군사적 옵션을 사용하는 것이 어렵다는 점을 언급하기도 했다(특별취재단 2018).

북한은 자신의 배트나를 확보하기 위하여 노력하였는데, 그것은 중국과의 관계개선이었다. 북한의 김정은은 미 · 북 정상회담이 결정된 직후인 2018년 3월 25~28일 중국을 방문하여 시진핑 주석과 회담하였고, 5월 7~8일에도 중국 다롄(大連)에서 시진핑 주석을 만나서 미 · 북 대화에 대한 양국의 전략을 협의하였다. 싱가포르 회담이 종료된 직후인 6월 19~20일에도 중국을 방문하여 미 · 북 정상회담 이후 양국의 대응방향을 협의했다. 미국이 강경하게 나올 경우 북한이 중국 편으로 크게 경사될 수 있다는 메시지를 전달하고자 했던 것으로 추측할 수 있다.

미국의 입장에서는 군사적 옵션 이외에 경제제재라는 배트나도 있다고 생각할 수 있다. 트럼프 대통령이 싱가포르 회담이 종료된 이후 경제제재가 지속되고 있다는 점을 강조하고, 추가적으로 경제제재를 강화한 것도 이러한 인식이 바탕이 된 조치일 수 있다. 그러나 자력갱생(自力更生)의 스타일로 경제적 어려움을 견뎌왔고, 주민들의 생활고를 개의하지 않는 북한정권에게 경제제재가 결정적인 배트나가 되기는 어렵다. 중국과 러시아도 다양한 방법으로 북한을 지원하고 있다. 하노이 회담에서 김정은이 2016년 이후 부과된 경제제재를 해제해줄 것을 적극적으로 요구하였다는 이유로 경제제재가 배트나로 기능하고 있거나 기능할 수 있는 것으로 판단할 수도 있지만, 그 이후 코로나19로 인한 피해와 2020년 상당한 수해가 발생하였음에도 북한이 건재하다는 것은 경제적 어려움으로는 북한을 굴복시키기 어렵다는 점을 드러낸다.

2) 하노이 회담

하노이 회담의 경우 미국과 북한은 매우 다른 시각에서 접근한 점이 있다. 북한은 싱가포르 회담에서 획득한 바를 더욱 확대하는 성격으로 생각한 것으로 보인다. 하노이 회담에서 북한이 요구한 것은 경제제재의 해제였기 때문이다. 그러나 미국은 싱가포르 회담에서 성과가 없었을 뿐만 아니라 북한에게 기만당했다는 인식을 바탕으로 회담을 결렬시켜서 싱가포르 회담의 의미 자체를 약화시키겠다고 판단한 것 같다. 그래서 트럼프 대통령은 준비회의를 세 차례나 개최했고, 배트나까지 미리 생각해둔 것이다. 하노이 회담에서 트럼프 대통령이 미국이 생각하는 비핵화의 내용(핵무기와 장거리 미사일 폐기, 추가적으로 생화학 무기도 폐기)을 정리하여 김정은에게 직접 전달한 것도 최후통첩의 성격이 없지 않았다. 따라서 하노이 회담은 기본적으로 합의가 도출되기 어려운 상황이었다.

하노이 회담을 위하여 미국은 하나의 배트나를 검토하였는데, 그것은 북한이 전통적으로 사용해오던 배트나 즉 협상의 결렬이었다. 트럼프 대통령과 볼튼을 중심으로 하는 미 행정부의 참모와 장관들 간 첫 번째 회의였던 2월 12일에 이미 트럼프 대통령은 "회담 무산(I could walk away)"의 필요성을 인식하였고(Bolton 2020, 321), 이러한 입장은 하노이 회담 직전까지 지속되었다(Bolton 2020, 324). 하노이 회담의 결렬은 즉흥적으로 이뤄진 것이 아니라 북한이 핵무기 폐기에 양보하지 않을 것으로 예상하여 미국이 준비한 배트나였다. 이 배트나가 있었기 때문에 미국은 영변 핵시설을 전면적으로 폐기하겠다는 북한의 양보에 만족하지 않은 채 5개의 핵시설 모두를 폐기할 것을 요구하였고(Woodward 2020, 175), 북한이 그것을 수용하지 않자 협상을 결렬시켰던 것이다. 다만, 이 협상결렬이라는 배트나는 잘못된 합의를 예방할 수는 있었지만, 상대방의 합의를 강압하지는 못하였다고 할 수 있다.

하노이 회담이 결렬된 이후 한국의 정의용 안보실장이 북한이 '플랜 B'를 전혀 준비해오지 않았다는 점을 의아해했듯이(Bolton 2020, 332), 하노이 회담에서 북한은 배트나를 준비하지도 않았고, 사용하지도 않았다. 싱가포르 회담의 경험을 통하여 트럼프 대통령을 다루는 데 대하여 상당한 자신감을 가졌고, 영변 핵시설의 포기만으로 경제제재 해제를 얻어낼 수 있다는 확신을 가졌을 가능성이 크다. 그래서 김정은은 결렬의 가능성을 전혀 고려하지 않은 채 70시간 가까이를 소모하면서 북한에서 베트남까지 기차로 이동하였고, 회담 직전 언론과의 접촉에서도 낙관적인 견해를 표명했던 것이다. 하노이 회담 이후 북한이 김혁철 대사를 비롯한 다수의 관련 요원들을 처형하거나 처벌한 것을 봐도 회담 전 북한의 기대가 컸다는 것을 알 수 있다.

하노이 회담에서 합의가 도출되지 못한 채 결렬된 것은 미국이 북한의 전통적인 배트나라고 할 수 있는 협상결렬을 자신의 배트나로 사용한 측면도 있지만 서로가 마땅한 배트나가 없는 상태가 되었기 때문이기도 하다. 미국이 협상결렬을 겁내지 않자 북한이 상용하는 배트나가 없어진 결과가 되었다. 미국의 경우 경제제재라는 대안이 있었지만, 그것은 상당한 시간이 걸릴 뿐만 아니라 자력갱생이라는 북한 경제의 독특한 성격으로 인하여 당장의 배트나가 되기는 어려웠다. 따라서 미국과 북한 모두 상대방의 배트나를 심각하게 고려할 필요가 없었고, 그래서 결렬되고 말았던 것이다.

4. 결론

대화와 협상을 통한 북핵 폐기 노력이 성공하지 못한 요인은 다양하게 분석할 수 있지만, 한국과 미국이 적용한 '선회담 후쟁점타결'의 방식이 기대만큼의 성과를 달성하지 못한 점도 중요한 요인일 수 있다. 북한의 핵무기 폐기라는 결정적 목표를 달성하는 데 노력을 집중하지 못하게 만들었고, 대화를 통하여 누적된 부분적인 성과도 북한의 일방적 대남관계 단절로 대부분 무의미해졌기 때문이다. '완전한 비핵화'라는 말이 '북한 핵무기 폐기'인지를 명확하게 확인하지 않은 채 회담을 추진하였는데, 실제로 북한이 의도하는 바는 미국 핵우산의 제거를 전제로 하여 오랫동안 요구해온 '조선반도 비핵화'였고, 따라서 협상의 진전을 이룰 수가 없었으며, 그 결과 그동안의 시간과 노력만 낭비한 결과가 되었다.

이제 어떤 요인에 의하여 북한과 비핵화를 위한 협상이 재개된다면 한국과 미국은 '비핵화=북한 핵무기 폐기'라는 점은 분명하게 확인해야 한다. 그렇지 않은 상태에서 추가적인 회담을 하는 것은 북한의 의도에 또다시 말려드는 결과가 될 것이기 때문이다. 또한 경제제재를 더욱 강화함으로써 북한이 핵무기 폐기 이외에는 생존할 수 있는 방도가 없다고 판단하도록 만들어야 하고, 동시에 강력한 핵 억제태세를 과시함으로써 북한이 핵무기 사용을 생각조차 못하도록 만들어야 한다. 지금부터라도 '선쟁점타결 후회담'의 원칙에 근거하여 북핵 폐기를 추진해 나가야 한다.

'선쟁점타결 후회담'의 방식을 추진할 경우 북한이 호응하지 않을 것이라는 인식이 광범위하고, 이러한 우려로 인하여 미국이나 북한의 행정부들이 회담을 우선시하지 않을 수 없다고 주장할 수 있다. 그러나 '선쟁점타결 후회담'의 방식에 북한이 쉽게 호응하지 않는다 해도 방법은 이것밖에 없다. 쉬워 보이는 '선회담 후쟁점타결'을 적용하여 실패를 반복하는 것보다는, 어렵더라도 '선쟁점타결 후회담'의 방식을 구현하고자 노력하는 것이 현명한 태도이다. 오랜 경제제재로 북한의 경제난이 심각하고 현 상태로 수년을 지속하기가 어려울 수도 있기 때문에 국제사회와 함께 한·미 양국이 단합하여 압박을 계속할 경우 북한이 정책을 변경할 수도 있다. 상황이 화급할수록 정도(正道)를 선택할 필요가 있다.

외교적 협상을 통한 비핵화는 너무나 중요하기 때문에 지금까지 성과가 없었다고 하더라도 이를 포기할 수는 없다. 그러나, 배트나의 시각에서 보면 북한의 선의에 호소하는 남한이나 미국의 접근은 성공하기 어렵다. 국제사회는 냉엄한 국익 추구 활동의 경연장이고, 선의를 감안해줄 세계정부가 존재하지 않는 무정부 상태이며, 따라서 힘 이외에는 상대방의 행동을 바꿀 효과적인 방법이 없는 것이 사실이기 때문이다. 북한이 수십 년을 경과하여 천신만고 끝에 개발하였고, 두 번의 미·북 정상회담에서 폐기한다는 의도조차 보이지 않았던 핵무기를 남한의 선의에 감복하여 핵무기를 포기할 것으로 기대하는 것은 비현실적이다. 핵무기를 포기하지 않을 경우 국가의 생존이 어렵다는 인식을 주지 않을 경우, 또는 그렇게 인식하게 만들 수 있는 배트나를 확보하여 효과적으로 활용하지 않는 한 북한으로 하여금 핵무기를 포기하게 만들 수는 없다.

이러한 점에서 북한과의 대화를 추진하는 것보다는 북한이 핵무기 포기를 결정하지 않을 수 없도록 만드는 강력한 배트나의 확보가 더욱 우선적인 과제이다. 현재 상황에서 군사적 옵션을 사용하기 어렵다면 가용한 배트나는 경제제재일 것인데 이제는 이것을 철저히 이행하여 북한에게 엄청난 피해를 주는 수밖에 없다. 주민들의 생활이 어려워진다는 것이 약점이지만, 한반도에서 핵전쟁을 예방하는 길이라는 생각으로 한국, 미국, 일본은 북한에 대한 경제제재가 더욱 철저하게 이행되도록 노력해야 할 뿐만 아니라, 중국과 러시아가 이탈하지 않도록 감시를 강화할 필요가 있다. 자력갱생의 의지로 북한이 견디고 있기는 하지만, 그동안 누적되어온 경제제재의 효과가 부분적으로 나타나고 있고, 코로나19의 영향과 겹쳐져서 북한이 상당한 어려움에 처하고 있다. 따라서 어느 순간 북한이 진정한 비핵화 없이는 현 상황을 타개할 수 없다고 판단하여 협상을 제안해올 가능성도 전혀 배제할 수는 없다.

10

트럼프 대통령

2000년에도 북한이 요구하여 클린턴(Bill Clinton) 대통령과의 정상회담이 논의되었으나 결국은 취소되었듯이 지금까지 대부분의 미국 대통령들은 정상회담에 매우 신중하였다. 회담을 허용하는 자체가 북한의 독재체제, 불법적인 핵무기 개발을 묵인해주는 결과가 될 것이라고 생각하였기 때문이다. 그동안의 다양한 실무협상 경험을 통하여 정상회담을 개최할 정도로 북한을 신뢰할 수 없다고 판단하기도 했다. 그렇기 때문에 북한은 미국 대통령과의 정상회담을 지속적으로 요구하여 왔던 것이다.

지금까지의 관행을 전혀 고려하지 않은 채 트럼프 대통령은 한국의 정의용 실장으로부터 김정은의 미 · 북 정상회담 의사를 전달받자마자 즉석에서 회담을 하겠다고 결정하였다. 또한 회담의 과정에서 미국이 10여 년 동안 북한에게 지속적으로 요구해온 "완전하고, 검증 가능하며, 불가역적인 핵무기 폐기(CVID: Complete, Verifiable, Irreversible Dismantlement)"도 강조하지 않았다. 북한 문제 이외에도 트럼프 대통령의 독단적인 외교결정이 잦았다. 북한 비핵화에 대한 그의 영향을 분석해 볼 필요성이 제기되는 이유이다. 다만, 이를 위해서는 트럼프 개인에 대한 내밀한 정보가 필요할 것인데, 다행히 이번 비핵화 회담을 둘러싼 트럼프 대통령의 언행에 관해서는 그 시기에 국가안보보좌관을 역임했던 맥매스터(H. R. McMaster)와 볼튼(John Bolton)이 각각 발간한 회고록이 있고, 워싱턴 포스트 신문의 우드워드(Bob Woodward) 기자도 17회에 걸친 트럼프 대통령과의 개인 면담을 바탕으로 책자를 발간하였다. 이 책자들과 언론에 발표된 기사를 중심으로 트럼프 대통령의 개인적 측면을 분석해보자.

1. 국제정치에서의 의사결정자

1) 국제정치의 분석 수준

월츠(Kenneth. N. Waltz)는 국제정치를 "인간본성, 국가의 내부구조, 국가들로 이루어진 세계체제"라는 세 가지 "이미지"로 구분하면서(1959, 31), 어떤 하나의 이미지로는 국제정치의 제반 현상을 충분하게 설명할 수 없다라고 주장하였다. 그리고 싱어(David Singer)는 월츠의 이미지를 "분석 수준(level of analysis)"으로 명명하면서, '국제체제와 '국가'의 두 개 수준으로 줄이면서 국가 수준 속에 의사결정자와 관련된 조직들을 포함시켰다(1961, 84-85). 국제적 수준과 국내적 수준에 비해서 개인적 수준의 영향이 다소 낮은 것은 사실이지만, 그래도 국제정치 분석의 수준 중 하나임은 분명하다.

국제정치의 세 가지 수준 중에서 인간에 초점을 맞춘 학문적 경향은 '외교정책분석론(FPA: foreign policy analysis)'으로 불리면서 연구되어 왔다. 이것은 국제정치의 제반 현상을 각국 지도자들의 결정 간 상호작용으로 인식하여, 그 의사결정자들의 역할에 주목하는 연구 경향이다(Snyder 1953, 205). 이것은 국가의 외교정책에 있어서 인간 행위자의 역할을 강조하는 경향으로서, 국가들의 외교정책을 "각국 정부 대표자로서 개별적으로 혹은 집단적으로 행동하는 정책결정자들이 내린 대외문제에 대한 정책결정의 결과"로 해석한다(김현 2005, 24).

특히 외교정책분석론은 의사결정, 의사결정자들, 그들이 외교정책에 영향을 미치는 과정과 조건, 그리고 그러한 의사결정의 결과 등을 분석한다(Alden and Aran 2012, 1). 이로 인하여 국가 정책결정 분석의 대상이 추상적인 개념으로서의 국가 대신에 자율성을 가진 인간 행위자로 전환되었고, 결과적으로 심리학 등의 다양한 이론을 통합할 수 있게 되었다. 당연히 이러한 개인 차원의 분석은 체제로서의 국가, 그리고 그러한 국가들의 결정과 활동이 상호작용하는 국제체제 차원의 분석과 결합 및 조화될 때 완성도를 높일 수 있겠지만, 그것 자체만으로도 유용한 분석의 주제인 것은 분명하다.

2) 개인수준의 비중

최근 중국과 러시아 등 강대국에서 장기집권을 하는 강력한 지도자가 등장하고, 미국과 같은 자유민주주의 국가에서도 자신이 생각하는 바를 적극적으로 구현하는 트럼프 대통령과 같은 지도자가 등장함으로써 국제정치에 대한 개인수준의 분석 필요성이 높아지고 있다. 〈그림 6〉에서 시각화하여 설명하고 있는 바와 같이 개인적 요소가 국제정치 추세를 근본적으로 변화시키지는 못한다고 하더라도 그 (1) 진폭(잠시 변화 후 원래의 방향으로 복귀)이나 (2) 수준(방향은 유사하나 수준은 다소 변화)은 어느

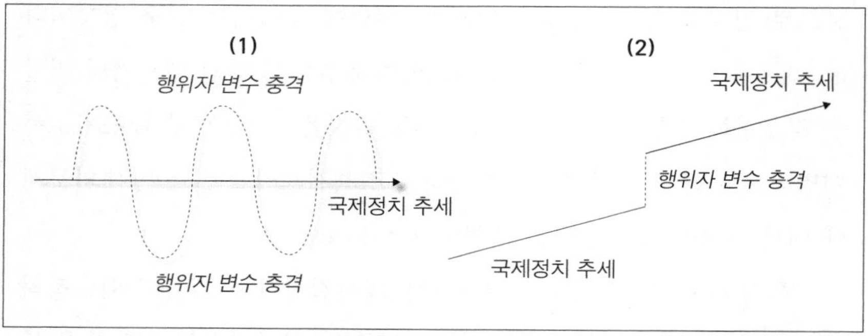

〈그림 6〉 국제정치의 추세에 대한 행위자 변수의 충격

출처: 신동민 2019, 243.

정도 바꿀 수 있다고 볼 수도 있다. 또한 역사는 다른 길을 실험해볼 수 없기 때문에 누구도 단정할 수는 없지만, 현실에 있어서는 국가지도자가 〈그림 6〉의 (1)이나 (2)보다 훨씬 큰 변화를 야기할 가능성도 배제할 수는 없다. 특히 강대국에게는 지도자의 작은 일탈일 수 있는 사항이 약소국에게는 심각한 국제정치적 영향으로 파급될 수도 있다.

일반적으로 대부분의 국가지도자는 국제적인 수준 즉 해당 국가의 국익을 최우선시하여 제반 결정을 내린다고 생각하지만 반드시 그렇다고 단정할 수는 없다. 국익과 사익이 상충될 때 어느 것을 선택하느냐는 것은 사람마다 다를 것이기 때문이다. 선거로 지도자를 선출하는 민주주의 국가의 지도자에게 국익 중심의 결정에만 치중하다가 선거에서 패배하면 직책 자체를 유지할 수 없게 된다는 딜레마가 존재하는 것도 사실이다. 이런 이유로 대부분의 국가지도자는 국제정치적 필요성과 함께 그가 속한 정당이나 그 자신의 정치적 이익이나 국내의 다양한 이익집단이 제기하는 바를 함께 충족시키지 않을 수 없는데, 사람에 따라 자신의 개인적 이익을 중요하게 고려할 수도 있다. 국가지도자를 중심으로 한 의사결정의 과정에 대한 현실적인 이해가 중요해지는 이유이다.

3) 국가지도자의 의사결정

의사결정은 "둘 이상의 대안 중에서 하나를 선택하는 행동"이다(김양렬 2013, 3). 국가의 지도자는 주어진 상황을 해결하기 위한 다양한 국가 차원의 의사결정, 즉 정책결정을 하게 되는데, 공익을 우선시해야 하기 때문에 그의 기본적 의사결정 모형은 '합리모형'이다. 최선의 결정을 내리는 데 필요한 충분한 정보와 지식을 보유한 상태에서, 가용한 대안들을 면밀하게 탐색한 후, 그중에서 최선이라고 판단되는 대안을 선택한다. 실제는 그렇게 되지 않더라도 모든 공직자들은 합리모형을 적용하고자 노력하고, 따라서 특정 국가의 국제정치적 결정 분석 시도 대체적으로는 합리모형을 가정하게 된다.

상식이 될 정도로 보편화된 사실이지만 현실에는 합리적 정책결정을 방해하는 다양한 요소가 존재한다. 대표적인 연구성과로서 엘리슨(Graham T. Allison)은 1962년에 있었던 '쿠바 위기(쿠바에 미사일을 설치하려는 소련과 이를 막으려는 미국과의 대결)'를 처리하는 과정에서 미국 정부가 내린 의사결정을 분석한 후 합리모형 이외에 조직 내에 정립되어 있는 과정과 절차(Organizational Process), 조직을 구성하는 관료 간의 경쟁과 타협(Governmental Politics) 등이 중요한 영향을 가진다고 분석하였다. 그 결과 그는 통상적인 정부가 최선의 대안을 선택할 확률은 10%이고, 특별한 경우라도 50%를 넘지 못할 것이라고 단언하기도 했다(Allison 1971, 267).

국가지도자에게는 심리적 문제도 발생할 수 있다. 그도 사안에 인식, 기존의 신념이나 편견, 정보처리에 관한 인지적 한계를 갖게 되고,

그로 인하여 의사결정을 왜곡하게 되어 잘못된 결과를 초래할 수 있다(Alden and Aran 2012, 20) 다시 말하면, 개인수준의 분석에 들어가게 되면 국가지도자의 개인적 성향은 물론이고, 그의 감정까지 고려할 필요가 있다는 것이다. 실제로 인간의 심리적 요소가 정책결정 과정에 영향을 미치는 바에 관해서도 적지 않은 연구가 진행되어 왔다.

4) 트럼프의 개인적 특성

트럼프 대통령은 국가지도자로서 매우 독특한 특성을 상당 부분 보유하고 있었다. 그로 인하여 그는 4년 임기 동안에 미국 대통령으로서는 처음으로 탄핵을 두 번이나 당하였고, 대부분이 성공하는 연임에도 실패하였다. 바이든의 승리를 끝까지 인정하지 않은 채 부정선거 주장을 계속하였고, 일부 극단주의자들이 미 의회 의사당을 점거하는 것을 오히려 충동한 것은 통상적인 대통령에게는 보기 어려운 독특성이었다. 그 결과 퇴임한 후 존경을 받기는 커녕 상당한 비판에 노출되어 있고, 다수의 소송에 휘말려 있다. 미국의 역사상 가장 독특한 대통령으로 평가될 수도 있을 것이다.

무엇보다 그는 대통령으로서 필요한 기본적인 소양을 충분히 구비하지 못한 상태에서 대통령이 되었다. 호텔 경영과 부동산 개발 위주의 기업인으로서 활동을 하다가 정치에 입문하자마자 바로 대통령에 출마하여 당선되었기 때문이다. 따라서 대통령이 어떤 일을 하고, 의회와는 어떤 관계를 유지해야 하며, 공무원들은 어떻게 관리해야 하는지에 대한 기본적인 인식이 부족한 상태에서 대통령이 되었을 수 있다. 기업가로서 평생을 살아왔기 때문에 이익의 극대화라는 관점에서 모든 사안을 인식하는 경향이었다고 봐야 하고, 공익과 사익을 철저하게 구별해야 한다는 의식도 적었을 수 있다.

기본적으로 트럼프 대통령은 외교를 제대로 습득할 기회가 없었다. 외교에 관하여 학습하거나 경험할 기회가 없었을 뿐만 아니라 세계 및 지역 정세를 중심으로 하는 국제정치에 관하여 제대로 된 경험을 갖지 않은 상태에서 대통령으로 당선되었기 때문이다. 그는 '미국 우선주의'를 슬로건으로 하여 미국의 힘을 과시하거나 사용하기만 했지 다른 국가와의 협력이 어느 정도 중요한지를 제대로 이해하지 못하였을 가능성이 크다. 바이든 대통령이 당선된 이후 가장 먼저 강조한 말이 "미국이 돌아왔다(America is back!)"였고, 가장 먼저 선발한 사람들이 외교분야의 참모였다는 것은 트럼프 대통령의 외교정책에 대한 불만이 그만큼 컸다는 반증이다.

트럼프 대통령은 무엇보다 제반 결정을 독단적으로 내렸다. 대부분의 일을 자신이 직접 결정해야 한다고 생각하였을 뿐만 아니라 통상적인 방향보다는 특별한 방안을 선택하는 것을 선호하였다. 자신의 높은 통찰력을 입증하려는 동기가 작용한 것으로 이해된다. 트럼프 대통령은 참모들이나 장관들의 의견을 존중하지 않았고, 자신과 다른 생각을 갖고 있는 사람은 아무런 미련 없이 트윗을 통하여 일방적으로 해임해 버리곤 했다. 매티스(James Mattis) 국방장관이나 볼튼(John Bolton) 안보보좌관의 해임이 이의 전형적인 사례이다. 따라서 행정부 내에서 트럼프 대통령과 다른 견해를 자유롭게 말하기가 어려웠고, 중요한 사안을 두고 특별한 팀을 구성하거나 그들을 중심으로 준비회의를 하는 등의 사례는 많지 않았다.

도덕적으로도 트럼프 대통령은 적지 않은 결함을 지녔던 것으로 보인다. 그는 사실과 다른 사항을 큰 죄책감 없이 언급하는 경향을 보였고, 자신이 잘못했거나 거짓말을 했다는 점을 절대로 인정하지 않았다. 트럼프 대통령과 함께 일을 했던 다수의 인사들이 회고록을 통하여 트럼프 대통령의 도덕성을 공격했고, 심지어 친척들까지도 트럼프 대통령의 비도덕성을 폭로하였다. CNN 방송에서는 트럼프 대통령이 도처에서 한 말들의 사실 여부를 체크하여 보도하기도 했고, 사실과 일치하지 않은 사례도 많았다. 특히 트럼프 대통령은 숫자를 자주 인용하였는데, 그 숫자의 정확성이 높지 않았다.

무엇보다 트럼프 대통령은 과시욕이 컸다. 어떤 성과보다는 자신이 언론의 집중적인 조명을 받는 것을 가장 중요하게 생각하였고, 언론의 주목을 유도하고자 노력하는 모습을 보였다. 나쁜 뉴스라도 언론의 관심을 받을 수만 있다면 크게 개의치 않는 모습을 보이기도 했다. 회담에서도 쟁점이 된 사항을 해결하는 것보다는 그 과정에서 자신의 역할이 얼마나 부각되는가를 중요시하였다.

북한의 비핵화를 위한 협상에서도 이러한 트럼프 대통령의 개인적 성향은 반영되었고, 이로 인하여 예상하지 못한 결과가 다수 도출되기도 했다. 트럼프 대통령이 가진 이와 같은 독특한 특성이 아니었으면, 미·북 정상회담 자체가 개최되지 못하였을 가능성이 크다. 트럼프 대통령의 독특한 개성이 북한의 비핵화와 관련하여 어느 정도로 어떤 형태로 영향을 주었는지에 대해서는 논란이 있을 수 있지만, 상당한 영향을 준 것을 부정하기는 어렵다.

2. 한 · 미동맹에 관한 트럼프 대통령의 영향

트럼프 대통령 시대의 한 · 미동맹은 필요성만큼 강화되지 못하였다. 여기에는 반미성향을 가진 문재인 정부의 영향도 적지 않았지만, 한 · 미동맹과 같은 비대칭동맹에서는 강대국인 미국의 영향이 더욱 결정적이다. 그렇다면, 월츠가 주장한 대로 그 원인은 크게 국제체제, 미국이라는 국가, 트럼프 대통령이라는 개인으로 구분해볼 수 있다.

1) 국제체제의 요소

트럼프 행정부 기간 한 · 미동맹에 가장 직접적이면서 강력한 영향을 끼쳤던 국제정치적 요소는 북한의 핵무력 증강이었다. 북한은 2017년 9월 3일 수소폭탄 개발을 위한 제6차 핵실험을 실시하여 이에 성공하고, 2017년 11월 29일 잠재적 ICBM 시험발사에 성공함으로써 미국 본토에 대한 핵미사일 공격의 가능성을 과시하였기 때문이다. 미국은 북한의 핵무기를 폐기시키거나 최소한 추가적인 핵전력 증강을 차단해야 했는데, 이를 위해서는 북한과 국경을 맞대고 있는 한국과의 협력이 필수적일 수밖에 없고, 따라서 한 · 미동맹이 중요해질 수밖에 없었다.

중국과의 대결 불가피성도 한 · 미동맹에 관한 중요한 국제정치적 요소였다. 미국은 2018년 6월 30일 '인도-태평양 전략'을 발표하여 냉전시대 소련 봉쇄와 유사한 개념을 추진하였고, 2020년 5월에는 중국과의 '경쟁적 접근(competetive approach)'을 공식화하였는데, 중국과 경쟁하게 된다면 한 · 미동맹이 중요해지지 않을 수 없다. 중국의 산둥반도에서 평택까지는 400km 정도에 불과하여 주한미군 기지가 중국의 재래식 탄도 및 순항 미사일, 군함, 무인 및 유인 항공기 공격 범위 내라서 전략적으로 취약하다는 점이 없지 않지만, 이것은 반대로 평택기지에서 중국을 즉각 공격할 수 있다는 장점이 되기도 한다. 평택에서 중국의 수도인 베이징까지는 980km밖에 되지 않아서 대부분의 항공기가 공중급유 없이 공격할 수 있다.

자주를 중시하는 문재인 정부의 정책방향도 미국의 한 · 미동맹 정책에 어느 정도 영향을 미쳤다. 문재인 정부는 노무현 정부의 '균형외교'를 계승하면서 중국에게 "THAAD 추가 배치, 미국과의 탄도미사일 방어체제 협력, 한 · 미 · 일 군사협력" 등을 추진하지 않겠다는 '3불(不)'을 약속하는 등 친중국의 정책방향을 표방하였기 때문이다. 미국으로서는 한 · 미동맹을 소홀히 할 경우 한국이 중국으로 경사될 가능성을 의식해야 했고, 따라서 한 · 미동맹을 위험하게 만드는 정책에 조심하지 않을 수 없었다.

미국의 입장에서 한 · 미동맹에 관한 국제체제 즉 국제정치적 요소는 한국 정부의 태도 이외에는 대부분의 요소가 한 · 미동맹 강화를 요구하고 있었다. 북핵문제 해결이나 미 · 중대결이 워낙 중요한 과제라서 미국에게 한국과의 동맹은 중요할 수밖에 없었다.

2) 국가적 요소

'미국 우선주의'의 표방으로 트럼프 대통령이 당선되었듯이, 미국의 국가적 방향은 국내문제를 우선시하는 경향이었다. 그래서 트럼프 행정부는 한국, 일본, 캐나다, 유럽국가 등 동맹국들에게 무역불균형을 해소해야 한다면서 기존의 자유무역협정 개정을 요구하였고, 한국과의 자유무역협정도 2018년 1월부터 개정을 위한 협상을 추진하여 9월에 타결시켰다. 이것은 트럼프 대통령이 속한 정당인 공화당의 지지를 받았고, 민주당도 적극적으로 반대하는 입장은 아니었다.

트럼프 대통령이 당선된 기간에 미국 국내여론은 지나친 해외 개입에는 반대하였지만, 동맹까지 경시한 것은 아니었다. 2016년 5월 5일 미국의 퓨연구소(Pew Research Center)에서 발표한 자료를 보면 당시 대외 문제에 대한 미국의 개입에 대하여 찬성 37%, 반대 57%(6%는 무응답)였는데, 반대의 경우 1970년대부터 시작하여 2000년대 초반까지의 평균 30%를 훨씬 상회하는 수준이었다(PewResearchCenter 2015). 그럼에도 불구하고 동맹의 필요성은 충분히 인식하고 있었다. 2019년 나토 70주년 기념 미국 내 여론조사에서 77%(공화당 71%, 민주당 82%)의 미국인들이 미국이 나토 회원인 것이 유익하다고 평가하였다(PewResearchCenter 2019). 한 · 미동맹에 관해서도 2020년 10월 발표된 자료를 보면 미국인들의 62%가 미국에게 이익이라고 평가하였고, 59%가 주한미군의 현 수준 유지, 7%가 증대를 지지하였다(Fang 2020). 미 의회에서는 수시로 트럼프 대통령의 한 · 미동맹 경시를 우려하여 주한미군을 감축하지 못하도록 하는 내용을 국방수권법안에 명시하기도 했다.

대부분의 대통령이 연임하는 것에 트럼프 대통령이 실패함으로써 바이든이 당선되도록 한 데는 코로나19 처리의 부실 등 다양한 요인이 있겠지만, 트럼프 대통령의 원만하지 않은 외교도 하나의 요소로 작용했을 수 있다. 그래서 바이든 대통령은 당선이 발표되자 마자 "미국이 돌아왔다"면서 세계질서를 위한 미국의 역할을 회복하겠다고 약속했고, 동맹 및 우방국과의 협의를 강조하였다. 미국의 국가적 요소도 한 · 미동맹 강화를 요구하는 방향이었다.

3) 개인적 요소

트럼프 대통령은 개인적으로 한·미동맹이 그다지 중요하지 않다는 생각을 갖고 있었다. “한·미동맹의 역사성에 대한 고려가 부족하고 자유민주주의와 시장경제체제 확산, 국제법 준수, 인권 존중 등의 가치를 공유하는 동맹이란 인식이 빈약하다”라고 평가되기도 한다(류제승 2020, 90). 그는 기자와의 개인적 대화에서 “우리는 한국을 북한으로부터 보호하고 있고, 한국은 TV나 선박 등으로 돈을 벌고 있다. … 미국은 호구(sucker)이다”라면서 한국에 대한 불만을 노출하였고, “미국이 허용하기 때문에 한국이 존재하고 있다(we're allowing you to exist)”라고 하여 미국이 한국을 일방적으로 보호하고 있다는 인식을 드러내기도 했다(Wood 2020, 186).

한·미동맹과 관련하여 트럼프 대통령에게 가장 중요했던 사항은 방위비분담이었다. 북핵이나 중국과의 대결 가능성이라는 국제정치적 요소로 인하여 한·미동맹을 폐기하거나 주한미군을 철수시킬 수는 없으니까 돈이라도 많이 받아내어야 한다는 생각이었을 수 있다. 트럼프 대통령은 대통령 후보 시절이었던 2015년 10월 12일 한국이 부담하는 방위비분담금을 “푼돈”(peanut)이라면서 증액 필요성을 역설하였다. 그는 2018년 방위비분담 협상에서 기존보다 40%가 많은 12억 달러를 목표로 제시하였고, 2019~2020년까지 이어진 두 번째의 방위비분담 협상에서는 5배가 넘는 50억 달러라는 목표를 제시하였다. 이로써 트럼프 재임기간에는 방위비분담이 한·미동맹에서 중요한 쟁점이 되었고, 따라서 동맹국 사이에 불신과 불만이 해소되지 못한 채 지속되었다.

트럼프 대통령의 일천한 대외정책 경험과 다른 국가지도자에 대한 순진한 태도도 트럼프 행정부의 대외정책에 부정적인 영향을 끼쳤다. 푸틴 러시아 대통령이나 시진핑 중국 주석과의 관계에서 트럼프 대통령은 아무런 성과를 거두지 못하였고, 김정은에게도 이용당한 부분이 적지 않았다. 외교전문가들은 트럼프 대통령이 개인적 감정을 무분별하게 드러냄으로써 외교정책에 심각한 부작용을 끼쳤다면서 "F" 학점을 매기기도 했다(Blackwill 2019, 66).

4) 평가

트럼프 행정부 기간 미국의 한 · 미동맹 정책에서는 국제적 요소나 국가적 요소에 비해서 트럼프 대통령의 개인적 요소가 영향을 끼친 측면이 가장 컸다고 평가할 수밖에 없다. 국제적으로 북핵이라는 공통의 위협과 미 · 중대결이 본격화되었음에도 한 · 미동맹이 강화되지 않았고, 국민들의 고립주의적 경향을 과장되게 이해한 부분이 있었기 때문이다. 북한과의 비핵화 협상에서 한국을 소외시키거나, 터무니없는 금액의 방위비분담을 요구하거나, 한 · 미연합훈련을 일방적으로 중단시킨 것은 트럼프 대통령 개인의 독특성 때문이라고 봐야 한다.

트럼프 행정부 기간에 방위비분담이 핵심요소가 됨으로써 한 · 미동맹은 자유민주주의 수호라는 가치동맹에서 거래의 차원으로 변모되었다(김성한 2019, 85). 한국이 방위비분담을 제대로 수용하지 않자 다양한 경로를 통하여 주한미군 철수가 암시되기도 했다. 바이든 대통령의 등장으로 어느 정도 회복될 수는 있겠지만, 이의 반향은 작지 않았다. 거래의 동맹이라면 북한이 한국을 공격할 경우 미국이 어떤 위협을 무릅쓰고라도 한국을 방어해주는 것이 어려워질 것이기 때문이다. 비록 주한미군 철수와 같은 결정적인 정책이 제시되지는 않았으나 트럼프 행정부의 한·미동맹 정책은 매우 불안하였고, 여기에는 트럼프 대통령 개인의 영향이 가장 크다고 평가하지 않을 수 없다.

3. 북한 비핵화 협상에서의 트럼프 대통령의 영향

1) 영향 정도의 평가

(1) 회담의 결정

싱가포르 회담은 전적으로 트럼프 대통령의 개인적 판단이 작용하여 추진되었다. 그는 정의용 실장의 갑작스러운 방문을 당겨서 받은 후 북한 김정은의 '비핵화 용의'를 전달받자마자 바로 '5월 내' 회담을 하겠다고 결정하였기 때문이다. 통상적인 대통령이라면 장관들이 먼저 만나서 협의하도록 한 다음에 만나거나 면담을 할 것이고, 참모들과 함께 득실을 충분히 따져본 후 정상회담 여부를 결정하였을 것이다. 당시 틸러슨(Rex Tillerson) 국무장관은 아프리카 순방 중이었고, 폼페이오 중앙정보부장도 상의받지 못했다. 맥매스터 안보보좌관이 동석하였는데, 그는 삼촌을 죽인 사람이라면서 김정은의 말을 믿기 어렵다고 조언했지만 트럼프는 무시한 채 정상회담을 결정한 후 정 실장에게 공표하라고 말했다고 한다(Woodward 2020, 91). 2017년에 '화염과 분노'를 비롯한 극단적인 언사로 위협하다가 아무런 상황의 변화가 없는데도 미·북 정상회담을 개최한 것은 트럼프 대통령 개인의 수준으로 볼 수밖에 없다.

지도자가 단독으로 결정하더라도 국익 증진을 위한 지도자의 통찰력과 원모심려(遠謀深慮)가 작용하여 긍정적 결과를 산출할 수도 있다. 트럼프 대통령 스스로는 그 당시 전쟁의 가능성이 커서 그것을 회피하기 위해 협상이 절박했다고 말했지만(Woodward 2020, 81-82), 실제로는 그렇지 않았다. 2017년에는 미국이 군사적 옵션의 사용으로 연일 위협함으로써 전쟁의 위험이 높아졌지만 2018년 들어서 김정은이 신년사를 통하여 대화 용의를 표명한 후 평창 올림픽에 참가함으로써 전쟁의 급박함은 줄어든 상황이었다. 트럼프는 그의 참모들에게 당시의 미·북 정상회담이 "언론용 행사(an exercise in publicity)"라고 말하기도 했다(Bolton 2020, 106). 싱가포르 회담의 결정에는 트럼프 대통령의 개인적 요소가 작용한 면이 크다고 봐야 한다.

하노이 회담의 경우에는 싱가포르 회담과 그 이후의 폼페이오 국무장관의 방북을 통하여 비핵화가 진전된 바가 없음에 따라서 불가피해진 측면이 있었다. "완전한 비핵화"를 위해 서로 노력하기로 합의하였지만, 그를 위한 방향과 일정에는 합의하지 못한 상태였기 때문이다. 그러나 비핵화에 대한 북한의 추가적인 언질이 전혀 없었음에도, 실무자들을 통하여 비핵화에 대한 북한의 의지를 확인하거나 기본방향을 협의하도록 하지도 않은 채 김정은의 신년사를 계기로 트럼프 대통령이 정상회담에 호응한 것은 통상적이지 않다. 외교적 협상을 통해 북핵해결의 성과를 과시하고 싶은 트럼프 개인의 집착이 강하게 작용하였을 수 있다.

(2) 싱가포르 회담

싱가포르 회담의 실제 협상 과정에서도 트럼프의 개인적 의사결정이 지배적이었다. 트럼프는 산책 도중 그의 차량 내부를 김정은에게 보여주면서까지 친밀감을 과시하였고, 국방장관을 비롯한 참모들과 아무런 상의 없이 한 · 미연합훈련 취소를 결정하였다. 실제 합의된 바가 없었으나 트럼프는 어떤 형태로든 합의문을 발표하기를 원하였고, 따라서 참모들이 구속력 있는 내용을 피하면서 악용의 소지를 최소화할 수 있도록 가급적 짧은 문장으로 합의문을 작성하기로 논의하여 그렇게 발표되기도 했다(Bolton 2020, 108).

싱가포르 회담을 통하여 달성하려는 목표도 트럼프의 개인적 욕구가 차지하는 부분이 적지 않았다. 판문점 남북 정상회담의 합의 사항인 "완전한 비핵화를 위하여 노력한다"는 것을 반복하는 데 불과한 싱가포르 합의문을 두고도 아무런 문제의식을 느끼지 않았을 뿐만 아니라 오히려 성공적 회담이었다고 자평한 것은 싱가포르 회담에 대한 트럼프의 주된 목표가 북한의 비핵화가 아니었기 때문일 수 있다. 싱가포르에 도착해서도 트럼프는 회담을 준비한 것이 아니라 국내정치에 관한 수 개의 트윗을 준비하는 데 치중하였다. 폼페이오 국무장관까지도 싱가포르 협상 도중에 "그는 똥밖에 없다(he is so full of shit)"라는 말을 볼튼에게 메모하여 보내기도 했다(Bolton 2020, 110). 아무런 성과 없이 싱가포르 회담을 종료하고도 2시간 가까운 긴 기자회견을 한 것을 개인적 과시욕 외 다른 것으로 설명하기는 어렵다.

싱가포르 회담에서 트럼프는 북한의 칭찬에 감정이 고조되어 있었을 수 있다. 김정은은 "Your Exellency!"라는 존칭어가 들어간 친서를 다수 전달하여 트럼프 대통령의 마음을 사로잡았고, 회담장에서도 김정은은 트럼프 대통령의 협상력을 이전 미국 대통령과 비교하면서 계속하여 칭찬하였다. 이를 바탕으로 김정은은 비핵화에 반대하는 자국 내 강경파들을 무마시키려면 한 · 미연합훈련 축소와 같은 선물이 필요하다는 논리로 트럼프를 설득하였고, 이것을 진실로 받아들여 트럼프는 한·미연합훈련을 취소하고, 경제제재의 해제의 논의 가능성까지 언급하였다(Bolton 2020, 110-111). 북한은 트럼프 대통령 개인이 결정권을 갖고 있음을 알았고, 이것을 최대한 활용한 셈이다.

(3) 하노이 회담

싱가포르 회담을 통하여 핵무기를 폐기하지 않으려는 북한의 입장을 어느 정도 파악했기 때문이겠지만, 하노이 회담에서는 트럼프 개인의 수준이 상당부분 줄어들었다. 싱가포르 회담 직후부터 트럼프 대통령은 핵무기 폐기가 전제된 '빅 딜'이어야 한다는 점을 강조하기 시작하였다. 하노이 회담을 준비하면서도 트럼프 대통령은 볼튼을 비롯한 참모들의 의견을 경청하는 태도를 보였고, 김정은에게 보내는 친서의 내용도 점점 짧아지면서 사무적으로 변화하는 모습을 보였다(Woodward 2020, 171-174).

싱가포르 회담과 달리 트럼프 대통령은 하노이 회담과 관련하여 세 번의 준비회의를 개최하였는데, 이로 인하여 국가 수준과 국제체제 수준의 사항을 복합적으로 고려하게 되었다. 트럼프 대통령은 세 번의 준비회의에 모두 참가하였을 뿐만 아니라 참모들과 진지하게 협의하였고, 그 과정에서 스스로가 결렬을 하나의 대안으로 제기하기도 했다. 싱가포르 회담과 달리 하노이 회담 이후에는 폼페이오 국무장관과 함께 기자회견을 하는 모습을 보이기도 했다.

실제로 하노이 회담에서의 협상과정에서도 트럼프 대통령은 독단적인 진행이나 결정의 모습을 보이지 않았다. 트럼프 대통령은 경제제재의 일부를 해제해주는 대신에 북한이 갖고 있는 5개의 핵시설 전체를 폐기해야 한다는 점을 김정은에게 분명하게 강조하였는데, 김정은이 영변 핵시설 하나만 폐기하겠다면서 그것이 가장 크다고 말하자 트럼프 대통령은 그것이 가장 오래된 것이라고 답하면서 수용하지 않았으며, 결국 김정은이 타결을 할 준비가 되지 않았다면서 회담장을 떠났다.

반면에 김정은은 싱가포르 회담의 성공에 따른 자만, 김영철과 김혁철 라인의 전문성 부족, 실무협상을 활용하지 않는 톱다운(top-down) 방식의 지속적 적용으로 인하여 트럼프 대통령의 변화에 제대로 대응하지 못하였다. 북한은 아무런 '플랜 B' 없이 하노이 회담에 임하였다고 한다(Bolton 2020, 332). 따라서 김정은은 트럼프 대통령의 결렬 선택에 당황하였던 것이다. 김정은이 회담 후 관련자들 상당수를 처벌하였다는 것은 그들이 예상했던 것과 다르게 하노이 회담이 진행되었다는 것이고, 그만큼 트럼프 대통령 개인이 아닌 미국이라는 국가의 요소가 하노이 회담에서 크게 기능하였다는 말이 된다.

2) 평가

전반적으로 봤을 때 북한의 비핵화를 위한 미국과 북한 간의 협상에서는 트럼프라는 개인수준에 의하여 결정된 사항이 많았다. 회담을 결정한 것도 그의 개인적 판단이었고, 그는 CVID라는 미국 정부의 전통적 정책도 무시하였으며, 국방장관과 상의 없이 한 · 미연합훈련 취소를 김정은에게 약속하였다. 하노이 회담에서는 참모들의 의견을 수렴하였고, 추가적인 양보 없이 결렬시키기는 하였으나 그것 자체도 사안 자체에 대한 합리적인 판단이라기보다는 개인변호사였던 코헨(Michael Cohen)의 의회청문회 등으로 국내정치적 입지가 불리해짐에 따라 어쩔 수 없이 선택했을 가능성도 배제할 수 없다.

개인수준을 중심으로 접근한다고 해서 무조건 잘못되었다고 할 수는 없다. 그가 남다른 통찰력을 가질 경우 오히려 더욱 성공적인 결과를 달성할 수도 있다. 그러나 미국이라는 세계 최강의 국가 지도자가 불량국가(rogue state) 중 하나로 분류되어 있는 약소국의 지도자와 두 번이나 정상회담을 개최하고도 핵무기 폐기는커녕 동결도 보장받지 못한 것은 트럼프가 개인수준에서 내린 결정들이 잘못되었다고 봐야 한다. 트럼프가 합리적이었다면 회담 자체도 쉽게 성사되지 않았을 것이고, "완전한 비핵화"라는 추상적 약속만으로 합의문을 작성하지는 않았을 것이기 때문이다. 개인-국가-국제정치의 수준을 복합적으로 고려해야 하는 국제관계에서 개인수준이 지나칠 경우 실수할 가능성이 크다는 것을 트럼프가 보여줬다고 할 수 있다.

이번 비핵화 협상에서는 트럼프 대통령의 개인적 감정도 어느 정도 개입된 것으로 보인다. 트럼프 대통령은 개인적인 우정을 형성하였다고 할 정도로 처음에는 김정은을 믿은 것으로 보인다. 두 사람은 서로의 우정을 확인하는 친서를 27차례나 교환하였다. 김정은은 외삼촌 장성택을 총살하여 목을 자른 후 그 시체를 계단에 두어서 북한 고위인사들이 보도록 했다는 것도 트럼프에게 말할 정도로 친밀감을 과시하기도 했다(Woodward 2020, 184). 통상적인 국가지도자 간의 관계보다 훨씬 강한 사적인 감정이 존재한 것은 사실로 보인다.

역사적 사건의 주인공으로서 언론의 주목을 받고 싶다는 트럼프 개인의 감정도 비핵화 회담의 성사와 진행에 상당한 영향을 끼친 것으로 보인다. 미·북 정상회담을 결심한 순간 배석했던 맥매스터 당시 국가안보보좌관은 미·북 지도자 간의 첫 번째 정상회담이면서, 그의 협상기술을 발휘할 수 있는 기회라고 생각하여 트럼프 대통령이 정상회담을 그 자리에서 수락하였다고 기술하고 있다(McMaster 2020, 380). 싱가포르 회담에서 트럼프 대통령은 세계 언론의 주목에 우쭐해져서 우드워드 기자에게 수백 대의 카메라 세례를 공짜로 받았다면서 자랑하기도 했다(Woodward 2020, 192). 2019년 6월 판문점에서 갑작스럽게 김정은을 만난 것도 언론의 주목을 받기 위한 측면이 컸다고 한다(Woodward 2020, 183).

트럼프 대통령이 어떻게든 북한의 비핵화를 달성하고자 하는 마음에서 김정은과의 개인적 친분을 돈독히 하였을 수 있다. 그러나 이것 자체가 국제정치의 복합적 수준을 이해하지 못한 것이다. 그동안 국제정치 연구에서 개인수준에 대한 관심이 계속 약화되어온 것처럼, 지도자의 개인적 친분이나 감정이 외교적 결정으로 연결되어서도 안 되고, 그렇게 되기도 쉽지 않은 것이 현실이기 때문이다. 오히려 트럼프 대통령의 감정을 자극해서 양보를 얻어내고자 하는 김정은의 책략에 트럼프 대통령이 빠졌을 수 있다. 이번 비핵화 협상은 트럼프라는 '흥정꾼'과 김정은이라는 '사기꾼'의 대결이었고, 그러한 대결에서 사기꾼이 승리하였다고 평가되기도 한다(이동복 2018, 20-21).

3) 함의

왈츠의 세 가지 수준을 싱어가 두 가지로 통합하였듯이 일반적으로 국제정치적 사안에는 국가수준과 국제체제 수준이 차지하는 비중이 크다. 그럼에도 불구하고 개인수준이 차지하는 비중이 특별히 큰 사안도 분명히 존재할 것인데, 이번 북한의 비핵화는 그러한 사안으로 판단된다. 북한의 비핵화를 둘러싼 협상의 추진 여부, 진전과 결렬에 있어서 트럼프와 김정은, 그리고 이들의 관계와 같은 개인수준의 요소를 제외하고 설명하기는 어렵다.

동시에 이번 북한의 비핵화 협상에서 드러난 교훈은 트럼프라는 개인수준이 회담 결과를 바꾸지는 못했다는 것이다. 두 번의 화려한 회담에도 상황은 결국 그 이전으로 되돌아갔을 뿐만 아니라 오히려 상황만 더욱 악화시킨 결과가 되었기 때문이다. 협상의 개시나 개별 협상의 진전과 후퇴는 의사결정자의 개인수준에 의하여 결정 및 변화될 수도 있지만, 핵무기 포기나 핵보유국 인정과 같은 중요한 사항은 국가수준과 국제체제 수준이 허용하지 않을 경우 결정될 수 없기 때문이다. 트럼프라는 개인이 중심이 된 북한 비핵화 협상은 어느 정도의 폭으로 변화시키다가 결국 원래의 국제정치 방향으로 되돌아온 것이다. 미 · 북 두 지도자 사이의 우호적인 감정은 협상의 테이블을 차리기는 하였으나 서로 동의할 만한 결과를 만들어내지는 못하였다.

문제는 비핵화 협상이 진행되는 동안 북한은 아무런 간섭을 받지 않은 채 핵전력을 증강하였고, 미국과 한국의 입장에서는 회담 전보다 후가 더욱 나쁜 상황이 되었다는 사실이다. 북한은 핵무기 생산을 지속하고, 신형 ICBM과 신형 SLBM을 과시할 정도가 되었기 때문이다. 북한의 전략적 위상은 싱가포르와 하노이 회담 전보다 훨씬 유리해졌고, 그렇다면 비핵화 협상은 미국이 아닌 북한에게 유용하였다고 봐야 한다. 처음부터 국가수준과 국제체제 수준에 합당한 비중을 두어 접근했다면 북한의 핵무기 폐기는 여전히 어려웠을지라도 현재처럼 아무런 약속도 받은 게 없으면서 한 · 미연합훈련만 중지하고, 북한의 핵전력 증강을 방치하게 되지는 않았을 것이다.

4. 결론

2018년 3월 8일 한국의 정의용 안보실장으로부터 북한의 김정은이 "비핵화 용의"를 갖고 있다는 전달을 받음으로써 시작된 미 · 북 협상에서는 트럼프라는 개인수준이 지나치게 관여하였고, 결국 시행착오를 거쳐 중단되었다. 트럼프 개인의 오인식과 감정적 요소가 개입하여 정상회담의 실시, CVID의 무시, 내용 없는 합의서 발표, 한 · 미연합훈련 취소 등이 결정되었고, 북한에게 이용당한 결과가 되었다. 하노이 회담에서는 세 번에 걸친 준비회의를 통하여 트럼프가 개인수준을 자제함으로써 추가적인 양보는 하지 않았지만, 그렇다고 하여 북한의 핵전력 증강을 차단하기 위한 적극적인 조치로 환원한 것은 아니다.

미국은 세계에서 가장 강력한 군사력과 핵전력을 갖고 있을 뿐만 아니라 북한으로부터 이격되어 있어서 이번과 같은 실패가 결정적인 실수로 연결되지 않을 수 있다. 그러나 핵무기를 보유하지 못한 채 미국의 동맹공약에만 의존하고 있는 한국의 입장에서 미국에게는 작은 실패가 전략적 수준의 영향을 끼칠 수 있다. 북한은 앞으로 ICBM과 SLBM으로 미국을 위협하여 주한미군 철수를 강요하거나 미국의 확장억제 이행을 단념시킬 수 있고, 상황이 그렇게 전개될 경우 한국이 동원할 수 있는 대응책은 별로 없다. 한국은 미국의 대통령이 또다시 유사한 실수를 하지 않도록 유의하면서 예방 조치를 강구하지 않을 수 없다.

현재까지 드러난 바에 의하면 바이든 대통령은 개인수준보다는 국제체제나 국가수준을 강조하는 성향으로 보인다. 개인적으로 중국과 이해관계를 갖고 있다고 주장된 바도 있지만 반중 노선을 추구하고 있고, 한 · 미동맹을 비롯한 동맹을 강조하면서 개인적 의견의 개입을 삼가고 있다. 따라서 한국은 바이든과의 개인적 접촉보다는 국제체제 및 국가의 요소를 통하여 북한 문제와 한 · 미동맹 문제를 접근할 필요가 있다. 그럼에도 불구하고 시간이 지나면서 안정을 찾으면 바이든 대통령의 개인수준 영향이 늘어날 개연성도 없지 않다. 따라서 한국은 바이든 대통령에게도 북한의 전략과 실태, 한국의 현실을 정확하게 설명하고자 노력할 필요가 있고, 정부의 요원들도 백악관, 국방부, 국무부 등 미국의 상대역과 긴밀하게 접촉 및 대화함으로써 개인 간의 유대관계 강화에도 소홀하지 않아야 할 것이다.

제 4 부

대책

11
핵공유

핵위협에 대한 억제의 근본은 보복력의 균형 즉 '공포의 균형'인데, 그의 실질적 모습은 '핵균형(nuclear balance)'이다. 상대방의 핵공격보다 더욱 큰 피해를 끼칠 수 있는 무기는 핵무기밖에 없기 때문이다. 한국의 경우도 스스로의 핵무기는 없지만 동맹국인 미국의 핵무기에 의존하여 북핵을 억제해오고 있다. 북한이 핵공격을 할 경우 미국이 한국을 대신하여 대규모 응징보복을 가할 것이다. 이것을 '확장억제' 또는 '핵우산'이라고 한다. 그런데 북한이 ICBM과 SLBM을 거의 완성함으로써 이 확장억제나 핵우산에 근본적인 문제가 발생하고 있다. 미국이 보복을 하고자 하면 북한은 미국의 몇 개 도시를 자살공격으로 초토화할 수 있고, 그로 인하여 미국은 확장억제 이행을 망설일 수밖에 없기 때문이다.

미국의 확장억제가 불안할 경우 한국이 선택할 수 있는 간단명료한 방법은 한국의 자체 핵무장이다. 그러나 핵무기는 개발도 쉽지 않지만 핵확산금지라는 세계적 규범과 조약을 위반하게 되어 상당한 불이익을 각오해야 한다. 특히 비핵산의 주도국이 미국이라서 한국의 핵무기 개발은 한 · 미동맹의 붕괴로 연결될 수밖에 없다. 결국 한국에게는 미국 핵무기를 한반도에 배치하는 등으로 확장억제의 신뢰성을 획기적으로 개선하는 방법이 최선이다. 이것은 유럽의 나토 동맹국이 '핵공유

(nuclear sharing)'라는 개념으로 실천하고 있고, 이 문제에 관해서는 국내는 물론이고 최근은 미국에서도 논의가 활발해지고 있다.

1. 확장억제의 불안정성

1) 확장억제의 한계

핵미사일 공격에 대한 완벽한 방어가 현재로서는 불가능하기 때문에 핵위협 대응은 상대방이 핵무기를 사용하지 못하도록 하는 '억제'일 수밖에 없는데, 그의 기본개념은 "의도하는 행동의 위험(risk)과 비용(cost)이 달성하려는 바를 훨씬 초과할 것이라는 점으로 잠재적인 적국에게 설득"하는 것이다(Pifer, et. al. 2010, 1). 그런데 미국은 동맹국들의 보호를 위해서도 이 억제의 개념을 구현하기로 하였고, 그것을 확장억제라고 불렀다. 그렇게 하면 동맹국들도 보호할 수 있고, 핵무기 확산도 방지할 수 있다고 생각했기 때문이다. 따라서 미국은 동맹국들에게 어떤 상황에서도 확장억제를 이행하겠다는 점을 약속하고 있고, 이를 위한 증거를 수시로 과시하고 있다.

그러나 상식적으로 볼 때 핵강대국이 아무리 공언한다고 하더라도 실제 상황에서 약속대로 확장억제를 이행할 것인지를 확신할 수는 없다. 국제정치에서 동맹관계 즉 확장억제의 약속이 핵전쟁에 연루되는 위험성보다 더욱 강력하기는 어렵기 때문이다. 핵전쟁에 연루되면 국가가 불모지대로 변모할 수도 있는데, 약속했다는 이유로 그러한 위험성을 자동적으로 수용할 수는 없다. 결국 평소의 약속과 상관없이 미국은 당시의 다양한 요소를 복합적으로 고려하여 확장억제 이행 여부를 결정할 것이다. 다시 말하면, 확장억제의 이행 여부는 그때 되어봐야 알 수 있다.

2) 확장억제 이행시 고려사항

핵강대국이 동맹국에 대한 확장억제를 이행하고자 할 경우 최우선적으로 고려할 수밖에 없는 사항은 첫째, 연루(entrapment)의 위험이다. 연루의 위험은 서로의 위기 시 공동대응을 약속하고 있는 동맹관계 자체가 지니는 본질적인 요소라고 할 수 있지만, 핵전쟁에의 연루 위험은 국가의 존망을 걸어야 하는 너무나 심각한 사항이다. 확장억제에 근거하여 응징해야 하는 상대가 핵미사일 반격 능력을 구비하고 있을 경우 핵강대국은 자신의 도시가 핵공격으로 파괴당할 수 있다는 위험을 각오해야 할 것이고, 따라서 주저할 수밖에 없다.

둘째, 핵강대국은 동맹국의 가치를 평가한 후 그 가치가 연루의 위험보다 크거나 차이가 거의 없다고 평가되어야 확장억제를 적극적으로 이행할 것이다. 지켜줘야 할 가치가 낮은 동맹국을 위하여 약속했다는 이유만으로 확장억제를 이행하기는 어려울 것이기 때문이다. 미국은 중요도에 따라 국가이익(national interest)을 사활적(vital), 극히 중요(extremely important), 중요, 덜 중요 또는 2차적 이익으로 구분하는데(The Commission on America's National Interest 2000), 핵전쟁을 각오하면서까지 확장억제를 이행하려면 해당 동맹국이 핵강대국의 "생존을 지키거나 향상시키는 데 매우 필요한(strictly necessary to safeguard and enhance Americans' survival)" 소위 '사활적 이익'에 해당되어야 할 것이다.

셋째, 확장억제의 이행에는 당시 국민들의 여론도 중요하게 고려하지 않을 수 없다. 확장억제의 여파는 국민 전체의 생명을 위태롭게 만들 정도로 위중하고, 선거에 의하여 선출되는 자유민주주의 국가의 지도자가 국민여론을 무시할 수 없기 때문이다. 국민들은 신의보다는 자신 또는 자신의 가족이 불안해지는 것을 두려워할 것이기 때문에 확장억제를 이행하려면 국가지도자는 국민부터 먼저 설득하지 않을 수 없다. 국민들의 대다수가 반대하는데도 약속했다는 이유만으로 동맹국을 공격하는 제3국을 대규모 핵무기로 응징보복하는 결정을 내리기는 쉽지 않다.

넷째, 확장억제를 이행할 경우 핵강대국은 핵무기 사용 시 다른 국가, 특히 유사한 핵강대국의 반응도 고려하지 않을 수 없다. 자칫하면 다른 핵강대국과의 대규모 핵전쟁으로 상황이 악화될 수 있기 때문이다. 미국의 입장에서 러시아나 중국 정부의 의견이나 예상되는 반응을 살피지 않은 채 확장억제를 이행하기는 어렵다. 러시아와 중국은 북한과 긴밀한 우방 및 동맹관계를 체결하고 있어서 북한에 대한 확장억제 이행 시 그들이 어떻게 생각하는지가 중요해질 수밖에 없다.

다섯째, 핵강대국으로 하여금 확장억제를 이행하도록 강요하는 중요한 요소는 다른 동맹관계에 미칠 파급효과이다. 어느 한 동맹국에 대하여 확장억제 약속을 이행하지 않게 되면 다른 동맹국들도 확장억제의 약속을 신뢰하지 않을 것이고, 그렇게 되면 동맹이 와해될 수 있기 때문이다(Fuhrmann ans Sechser 2014, 922). 동맹관계가 약화될 경우 세계 도처에서 도발이 야기될 것이고, 이를 원상회복하려면 더욱 큰 비용을 부담해야 할 수도 있다. 아무리 핵강대국이 확장억제가 반드시 이행될 것이라고 '확증(assurance)'해도 어느 한 동맹국에 대한 약속을 지키지 않으면 동맹 간의 신뢰는 심각하게 훼손될 수밖에 없다.

3) 한 · 미동맹의 경우

다른 미국의 동맹국들과 유사하게 한국은 미국의 확장억제 약속을 믿은 채 북한이 핵무기를 개발하고 있어도 자체적으로 핵무기를 개발하여 핵균형을 달성하고자 노력하지 않았다. 미국의 핵우산 약속이 워낙 확고하였기 때문이다. 문제는 북한이 ICBM과 SLBM을 개발함으로써 미국의 확장억제 이행이 동요될 수밖에 없는 상황으로 변모하고 있다는 점이다. 즉 북한은 미국의 확장억제를 역(逆)억제할 수 있게 되었고, 그러면 미국은 자신의 안전을 보장하는 것이 더욱 시급해질 수밖에 없다. 이것을 알기 때문에 북한은 미국의 확장억제를 역억제하기 위한 능력 구비에 모든 역량을 집중하고 있다. 한반도에서의 핵억제체제가 붕괴되고 있는 것이다.

북한이 체제유지라는 수세적인 목적이었으면 원자폭탄 개발로 충분했을 것이나, 수소폭탄까지 개발한 후 미 본토 공격이 가능한 ICBM과 SLBM 개발에 진력하고 있고, 이에 관하여 성과를 달성할 때마다 미 본토에 대한 공격 가능성을 공언하고 있는 것은 미국의 확장억제를 역억제하는 목적이다. 북한은 2017년에 '화성-12형', '화성-14형'을 다수 시험발사하여 사거리를 연장하는 데 성공한 후 11월 29일 '화성-15형'을 발사하여 미 본토 공격능력을 과시하였는데, 그 이후 북한이 "핵무력 완성"을 선언한 것은 그것으로 역억제 능력을 구비하게 되었기 때문이다. 2018년 1월 1일 신년사에서 북한의 김정은은 미국 공격을 위한 핵단추가 그의 책상에 놓여 있다는 점을 강조하기도 했다. 북한이 세계 최강의 국력, 군사력, 핵전력을 가진 미국과 대등한 입장에서 전쟁을 할 수 없다는 것이 자명하다면 미국 확장억제의 역억제 이외에 북한 핵무력 증강 방향을 해석할 수 있는 논리는 없다. 북한이 2020년 10월과 2021년 1월에 연속하여 열병식을 개최하면서 신형 ICBM과 신형 SLBM을 과시하였고, 그것이 국내외에서 주목받은 것은 그의 역억제효과 때문이다.

특히 북한은 더욱 신뢰성이 높은 반격력으로 공인되고 있는 SLBM의 개발에도 상당한 노력을 경주해왔다. 북한은 2016년 4월 23일 '북극성-3형'의 최초 시험발사에 성공한 후, 2019년에도 시험발사하여 그 성능을 확인하였고, 2020년 10월 열병식과 2021년 1월의 열병식에서는 신형 '북극성-4ㅅ'과 '북극성-5ㅅ'을 과시했다. 북한은 2019년 7월 23일 SLBM용 수직발사관을 3개까지 설치할 수 있을 것으로 추정되는 3,000톤급의 잠수함 건조사진을 공개하기도 했고, 4,000~5,000톤급의 신형 잠수함도 건조하고 있는 것으로 알려지고 있다.

북한이 ICBM과 SLBM을 개발하는 목적은 분명하다. 그것은 미 본토에 대한 자살공격의 가능성을 과시함으로써 유사시에 미국이 확장억제를 약속대로 이행하지 못하도록 하려는 것이다. 트럼프 행정부의 두 번째 국가안보보좌관이었던 맥매스터(H. R. McMaster)는 회고록에서 북한이 미 본토공격으로 위협할 경우 미국은 한국의 안전보다 자신의 영토를 보호하는 데 치중할 수밖에 없다는 점을 밝히고 있다(McMaster 2020, 375). 즉 북한의 수소폭탄, ICBM과 SLBM 보유는 한국의 현 북핵 억제체제를 근본적으로 동요시키고 있다.

4) 자체 억제 및 방어 태세

미국의 확장억제가 동요되더라도 한국의 자체적인 억제나 방어 태세가 확고하다면 다소 안심할 수 있지만, 한국은 비핵국가이기 때문에 북핵의 억제에는 한계가 있을 수밖에 없고, 비핵전력을 통한 비핵 억제 및 방어태세도 상당히 미흡하다. 북한이 제3차 핵실험을 통하여 핵무기를 개발하자 한국군은 '3축(3K)체계'라는 명칭으로 북한의 핵공격이 임박할 경우 선제타격(킬 체인: kill chain)하고, 그것이 발사되면 공중에서 요격하며(한국형 미사일 방어: KAMD), 재래식 전력으로의 응징보복태세를 강화한다는 개념(한국형 대량응징 보복: KMPR, Korea Massive Punishment and Retaliation)을 정립하고, 그를 구현하기 위한 능력을 구비해왔지만, 북한과 비핵화 협상이 진행되면서 이 '3축체계' 구현은 등한시되었고, 결과적으로 의도했던 능력을 구비하지 못하고 있다.

좀 더 구체적으로 설명하면, '3축체계' 중에서 'KMPR'은 문재인 정부 들어서 '전략타격체계'로 통합함으로써 시행의지 자체가 약화되었고, 김정은에 대한 참수작전(decapitation operation) 부대는 유명무실화되면서 지금은 그에 관한 사항을 제대로 논의도 하지 않고 있다. '킬 체인'의 경우 30분 내에 '탐지-식별-결심-타격'의 주기를 완성하도록 계획되어 있지만, 최근 북한이 이동식 발사대(TEL) 거치 후 5분 이내 사격이 가능한 고체연료용 '북극성-2호(KN-15)'나 'KN-23', 'KN-24' 등의 단거리 미사일을 개발함에 따라 그 유효성부터 의심받고 있다. '한국형 미사일 방어체계'는 북한과의 이격거리가 짧아서 근본적 한계가 있을 뿐만 아니라 그나마도 종말(終末)단계 하층방어(lower-tier defense) 위주로만 구축되어 있어 신뢰성이 낮고, 전국적으로 요격미사일이 배치된 상태도 아니다. 2019~2020년 사이에 북한이 집중적으로 시험발사를 실시한 북한판 이스칸데르(Iskander) 미사일(KN-24)이나 전술미사일(KN-23)과 같은 단거리 미사일은 비행고도가 낮아서 요격을 위한 시간과 고도 자체가 보장되지 않는다. 미군의 THAAD는 성주 지역에 배치되어 있어서 수도권 방어에는 한계가 있을 수밖에 없다.

미국의 확장억제와 자체적인 방어력이 미흡한 상황에서 북한의 핵 공격을 억제하고자 한다면 자체적으로 핵무기를 개발하는 수밖에 없지만, 한국은 핵연료 재처리나 농축시설이 없어서 국제적인 모든 압력을 무릅쓰고 개발하겠다고 결정해도 성공을 보장하기 어렵다(노병렬 2017, 187-189). 한국이 핵무기 개발 결심을 할 경우 확장억제를 포함하여 한·미동맹 전체가 근본적으로 흔들릴 수밖에 없다. 따라서 미 본토 공격 능력을 가진 북한의 핵위협에 한국이 효과적으로 대응할 수 있는 방법은 현실적으로 제한되고, 따라서 미국의 핵무기를 한국에 전진배치하여 한반도 내 새로운 핵균형을 이룩하는 등 비상한 대책을 강구하지 않을 수 없는 상황이다.

5) 한 · 미 양국의 동향

한국에서는 북한이 핵무기를 개발함과 동시에 미국의 핵무기를 냉전시대처럼 전진배치하여 이를 억제해야 한다는 논의가 제기되었고, 현재는 이것이 핵공유체제로 격상되어 논의되고 있다. 북한의 ICBM과 SLBM 성공, 자체적인 북핵 억제 및 방어태세의 한계 등을 고려할 때 미국 전술핵무기의 한반도 재배치, 나아가 나토와 같은 핵공유의 도입 없이 북한의 핵공격을 억제하기는 어렵다고 판단되기 때문이다. 다수의 전문가들이 다양한 기회를 활용하여 미 핵무기의 전진배치를 요구하였고, 그것이 반영되어 2019년 10월 당시 제1야당이었던 자유한국당(현 '국민의힘'당의 전신)은 2020년 4월로 예정되어 있던 총선을 대비하여 『민평론(民平論 · 국민중심평화론)』이라는 제목의 정책집을 발간하였는데, 그 속에 북핵에 관한 대응책 중 하나로 한 · 미 간 '핵공유 협정' 체결을 포함시켰다. 최근 들어서도 상당수의 국회의원과 정치인들이 이의 검토와 추진을 요구하고 있다. 그러나 아직 정부 차원에서 공식적으로 검토하고 있는 바는 없다.

그런데 지금까지 한국에서 제기된 핵공유는 미국의 핵무기를 한국에 배치하는 것은 물론이고, 북핵에 대한 공격계획을 한 · 미 양국이 함께 수립하는 것 등 사람에 따라서 생각하는 바가 다양하다. 국방부 정책실장을 역임했던 류제승 예비역 중장은 한 · 미 양국은 이미 '낮은 수준의 핵공유체제'를 시행하고 있고, 이러한 점에서 미국의 핵무기를 한국에 전진배치하는 것을 '높은 수준'의 핵공유체제로 구분하기도 했다(류제승 2019, 100). 이렇게 접근할 경우 핵공유 자체도 매우 다양한 내용을 댈 수 있다. 핵공유의 개념부터 분명하게 설정한 다음에 그의 효과와 실현 가능성을 냉정하게 평가해야 하는 상황이다.

모두가 공개되지는 않겠지만, 미국 내에서도 북핵 대응에 관한 하나의 대안으로서 미 핵무기의 전진배치나 핵공유체제는 논의되고 있다고 봐야 한다. 북핵 위협이 심각해진 것은 바꿀 수 없는 현실이고, 그에 대응하고자 동맹국들의 핵무기 개발을 허용할 수 없다면 핵공유 이외에는 확실한 대안이 없기 때문이다. 미국이 2020년 말부터 W76-2라는 잠수함용 소형 핵무기를 탑재한 것도, 잠수함발사 순항미사일(SLCM)을 개발해 나가기로 결정한 것도 이러한 상황이 반영된 결과일 것이다. 미국의 전략사령부 실무자들은 2019년 말 합참의 군사잡지인 *Joint Forces Quarterly*에 북핵과 관련하여 위기가 고조될 경우 나토에 적용되고 있는 핵공유체제를 동북아시아에 적용하는 방안을 "강력하게 고려할 것(strongly consider)"을 제안하기도 했다(Kort, et. al. 2019, 78).

핵공유와 관련하여 주목할 만한 움직임은 오바마 행정부의 국방장관을 역임했던 헤이글(Chuck Hagel) 등의 제안이다. 헤이글을 중심으로 하는 미국, 영국, 호주 정치인들은 핵위협이 점점 확산 및 심각해지고 있어서 미국의 동맹국들이 핵무기 개발 동기를 가질 가능성이 크다면서 아시아지역에 핵공유의 개념을 부분적으로 시행할 것을 제안하고 있다. 이들은 나토의 경우에도 현재의 핵공유체제를 유지하되 동맹국 간의 사전 협의, 공동의 계획 작성, 핵무기가 포함된 훈련을 강화할 것을 제안하고 있다. 아시아의 경우 핵무기의 전진배치 여부에 대해서는 언급하지 않았지만 미국, 일본, 호주, 한국을 대상으로 나토와 유사한 핵계획그룹(Nuclear Planning Group)을 창설하고, 이를 통하여 미국과 핵무기 운용에 관한 제반 사항을 협의하여 지역 차원의 억제태세를 강화할 것을 제안하고 있다. 그러면서 이들은 현재 미국이 중점을 두고 있는 미국, 호주, 인도, 일본 간의 '4개국회의(QUAD) — 공식적 명칭은 '아시아 4각안보대화(Asia Quadrilateral Security Dialogue) — 에 한국을 포함시키자고 제안하고 있다(Hagel, et. at. 2021). 이렇게 볼 때 정부 차원에서 공식화되지는 않았지만 미국 내부에서도 핵공유의 필요성은 인식되고 있다고 할 것이다.

2. 나토의 핵공유

1) 경과

미국은 1954년 9월부터 유럽의 일부 동맹국들에게 핵무기를 배치해 왔지만 순수한 억제의 목적에 국한되었다. 그러나 1957년 소련이 스푸트니크(sputnik) 달 탐사선을 발사하여 고도의 로켓 기술을 과시하면서 서유럽을 표적으로 하는 중거리 미사일을 배치하자 배치된 핵무기의 실제 사용 필요성도 고민하게 되었다. 결국 미국은 대통령이 승인할 경우 유럽동맹군사령관(SACEUR)이 나토 동맹국들과 협의하여 계획 및 사용할 수 있도록 방침을 설정하였으나(Alberquie 2017, 14), 미국 혼자서 책임져야 하는 상황이 두렵지 않을 수 없었다. 그래서 나토 동맹국들에게 핵전력을 포함하는 '다자전력(MLF: Multi-lateral Force)'을 구성할 것을 제안하기도 했으나, 수용되지 않았다. 그러다가 1965년 맥나라마(Robert McNamara) 당시 미 국방장관이 특별위원회 구성을 제안하였고, 이를 나토 동맹국들이 수용함으로써 나토 국가들이 핵무기를 공동으로 사용하는 체제가 시작되었다. 그 결과 나토는 1966년 '핵계획실무그룹(Nuclear Planning Working Group)'을 구성하였다.

냉전이 심화되자 미국은 나토 지역에 대한 핵무기를 증강하면서 적의 대규모 지상군 진격을 차단할 수 있도록 지대지(地對地) 미사일과 야포 등으로 즉각 발사할 수 있는 핵무기들을 중점적으로 배치하게 되었다. 미국이 유럽지역에 핵무기를 배치해온 추세를 그래프로 나타내면 〈그림 7〉과 같은데, 엄청난 규모로서 1960년대 후반 최고조에 달했을 때 7,000발 정도에 이르렀다. 다만, 그 이후에는 핵전쟁 발발의 위험성

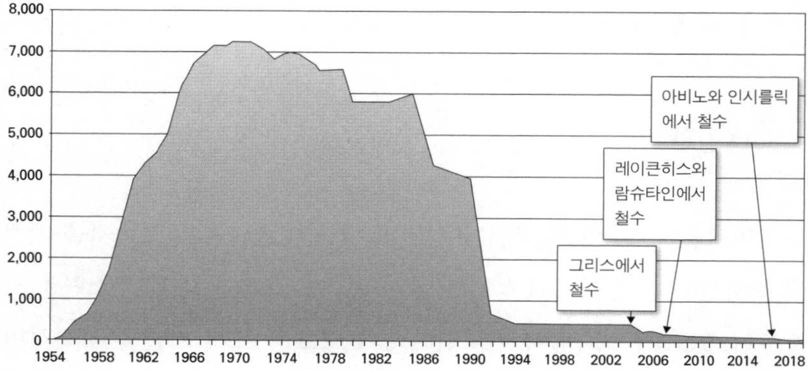

〈그림 7〉 유럽의 미 핵무기 배치수준 변화(1954~2018)

출처: Kristenson 2019, 3.

을 심각하게 생각하여 그 양을 줄이기 시작하였다. 그 결과 1980년대에는 급격히 감소되었고, 1990년대 초반에 소련이 붕괴됨으로써 나토에 배치된 미국의 핵무기 대부분은 철수하였다. 다만, 미국은 벨기에, 독일, 이탈리아, 네덜란드, 터키의 5개국 6개 기지에 소수의 핵무기를 잔존시켰고, 이것이 현 유럽 핵공유의 핵심요소로 기능하고 있다.

나토지역에 배치된 미국의 핵무기는 전시에 미국과 동맹국의 공군기가 함께 투하하도록 되어 있는데, 유럽국가들은 재래식 공격과 핵공격 모두를 수행할 수 있는 이중목적의 항공기(dual capable aircraft)를 지정하여 평소부터 미군과 함께 훈련을 실시한다. 배치된 핵무기는 B61-3/4의 중력투하탄으로서, 지하 저장고에 보관되어 있는데, 추가적인 6개의 기지에 유사시 핵무기를 증강 배치하기 위한 저장고가 마련되어 있다. 배치된 핵무기의 위력은 B61-3은 0.3킬로톤-170킬로톤 정도이고, B61-4는 0.3킬로톤-킬로톤인데, 미군의 F-15E와 F-16, 유럽국가들의 F-16과 PA-200 토네이도에 의하여 투하되도록 되어 있다. 현재 미국과 유럽 동맹국들은 이 B61-3/4 중력투하탄을 정밀공격이 가능하면서 전략적 임무도 수행할 수 있는 B61-12로 개량하는 과정에 있다. B61-12는 2021년에 첫 생산을 시작하여 2024년부터 유럽에 배치될 예정이고, 이의 투하도 F-16이나 토네이도 항공기 대신에 B-2, B-21, F-15E, F-35A 등을 사용한다는 방침이다(Kristenson 2019, 4-6).

2) 나토의 핵정책

나토는 홈페이지에 "핵무기는 재래식 무기, 미사일 방어력과 함께 억제 및 방어에 관한 나토 능력의 핵심적인 부분(a core component)"이라고 평가하면서 핵무기가 존재하는 한 '핵동맹(nuclear alliance)'은 지속될 것이라고 명시하고 있다. 나토의 이러한 정책은 두 가지의 문서를 통하여 공식화되어 있는데, 하나는 "2010년의 전략개념(The 2010 Strategic Concept)"이라는 문서이고, 다른 하나는 "2012년 억제 및 방어태세 검토(The 2012 Deterrence and Defence Posture Review)"라는 문서이다. 간략한 내용이지만 이 문서들을 통하여 나토는 "핵무기가 존재하는 한 나토의 핵동맹은 지속될 것이라는 내용과 핵무기와 재래식 무기의 적절한 조합을 유지할 것"을 강조하고 있고(NATO 2010, 14-15), 핵확산금지조약에 가입한 비핵국가에 대해서는 핵무기를 사용하지 않는다는 원칙도 명시하고 있다(NATO 2012, 3-4).

최근 나토는 핵전쟁 연루의 위험성을 인식하여 미 핵무기 공유에 대한 의존도를 낮추는 방향으로 노력하고 있다. 2016년 나토 정상회의 공동성명에서는 미국의 핵전력이 "부분적으로만(in part)" 나토의 억제에 기여하고 있다고 평가하면서 21세기의 요구에 부합된 새로운 핵무기 활용 지침의 개발 필요성을 제시하기도 했다(Kristenson 2019, 9). 실제로 나토에 배치된 핵무기의 준비태세 수준도 냉전시대에는 수 분(分) 내에 핵무기 공격이 가능한 태세를 유지하였으나 냉전종식 직후에는 수 주(週)로 늦추어졌고, 현재는 수 개월(月) 수준으로 유지하고 있다(Andreasen, et al. 2010, 3). 다만, 러시아나 중국 등의 위협이 강화될 경우 나토의 핵공유태세는 즉각 재강화될 것이다.

유럽에 배치된 미국의 핵무기는 크게 세 가지 기능을 수행하는 것으로 설명되고 있다. 첫째는 유럽의 핵무기 확산을 방지하는 역할이다. 미국의 핵무기가 없다면 유럽 국가들의 핵무기 개발 동기가 증대될 수밖에 없기 때문이다. 둘째는 핵공유를 통하여 나토국가들의 정치적 단결을 도모할 수 있다. 동맹국들이 핵무기 배치에 따른 이점, 책임, 위험을 공유하기 때문이다. 셋째는 핵무기 전진배치를 통하여 나토군의 억제와 방어에 관한 선택 방안을 증대시키고, 따라서 융통성 있는 군사적 대응이 가능해진다(Kristenson 2019, 1-21). 다만, 핵무기가 배치되어 있는 만큼 유럽에서 핵전쟁이 발발할 가능성이 커질 수밖에 없기 때문에 냉전종식에 힘입어 핵전쟁 연루의 위험성이 강조되고 있는 것이다.

3) 나토의 핵무기 운영과 관리

미국과 유럽동맹국 간의 핵공유는 회원국 국방장관을 구성원으로 하는 '핵계획그룹'을 통하여 협의 및 실행된다. 이 조직은 1966년 설치되었는데, 나토의 핵전력에 관한 정책적 사항을 토의 및 결정하는 가장 권위 있는 조직이다. 창설 당시에는 '핵방어사항 위원회(nuclear defence affairs committee)'라는 명칭이었으나 1974년부터 핵계획그룹이라는 명칭을 사용하기 시작하였다. 이 조직은 핵무기의 안전 · 보안 · 생존성, 지휘통제에 관한 사항, 전개에 관한 모든 사항은 물론이고, 핵군비통제와 핵비핵산에 관한 사항과 위협변화에 따른 대응방법의 변화까지도 검토한다(ODASD(NM) 2008, 165). 이 조직을 포함하여 나토는 '합의(consensus: 반대가 없는 것)'를 의사결정 방식으로 채택하고 있어서 어느 한 국가라도 반대하면 안건이 결정되거나 이행될 수가 없다.

나토의 핵계획그룹에는 프랑스(스스로 참가하지 않겠다고 선언)를 제외한 모든 나토 회원국들이 참가하고 있다. 최초에는 미국, 영국, 독일, 이탈리아의 4개국과 1년마다 순회하는 다른 3개 회원국을 포함하는 7개국으로 구성되었고, 회원국의 국방장관으로 구성되면서 미국의 국방장관이 위원장을 맡았다. 1970년대까지는 나토 회원국의 국방장관들이 모이는 방어계획위원회 회의 중 7개국만 따로 모여 핵계획그룹 회의를 개최하기도 했다. 그러나 1979년부터는 방어계획위원회와 핵계획그룹 회의를 동시에 개최함으로써, 모든 회원국이 참여하는 형태가 되었다.

나토는 1968년 핵계획단 회의의 사무국 역할을 담당하는 '참모그룹(staff group)'을 만들었고, 1977년에는 기술적 자문을 위해 '고위급(高位級)그룹(HLG: High Level Group)'을 구성하여 활용하고 있다. 이 고위급그룹은 미국인을 의장으로 한 상태에서 국가별 정책결정자와 전문가들로 구성되는데, 1년에 2회 정도 회합하여 나토의 핵정책, 계획, 전력의 준비태세, 기타 핵무기의 안전 · 보안 · 생존성에 관한 사항을 토의하여 핵계획단에 건의하게 된다. 나토는 1977년 8월 '합동 전역보증관리 그룹(JTSMG: Joint Theater Surety Management Group)'을 설치하였는데, 이 조직은 고위급그룹 부단장의 통제를 받으면서 기술적 조언을 제공하도록 되어 있고, 매년 4회를 만나되 두 번은 공식회의를 개최하도록 되어 있다

(ODASD(NM) 2008, 165-166).

미국과 나토는 유럽에 핵무기를 배치하고 있다는 사실 이외 모든 사항에 대해서는 '시인도 부인도 하지 않는 정책(NCND: Neither Confirm Nor Deny)'을 적용하기 때문에 유럽에 배치된 미 핵무기에 관한 세부적인 사항은 공식적으로 발표되지 않는다. 다만, 알려진 사항을 종합해 보면 배치된 핵무기는 해당 기지에 주둔하고 있는 미군 탄약지원대대(MUNSS: Munitions Support Squadron)가 전적으로 관리 및 통제하고, 워싱턴에서 직접 송신하는 긴급행동메시지(EAM: Emergency Action Message)라는 발사코드가 입력되어야 활성화된다(황일도 2017, 9). 핵무기 배치를 허용하고 있는 유럽의 동맹국은 토지와 시설, 경계에 관한 일부 비용을 부담하고 있지만, 그 외 핵무기 관리에 관한 비용은 미국이 부담하고 있다. 다만, 미 의회에서 핵무기 관리에 관한 비용을 동맹국들이 분담하는 방안을 모색하도록 요구한 바가 있듯이 앞으로 비용의 분담 문제가 쟁점이 될 가능성도 없지 않다.

3. 한반도 핵균형의 변화

1) 미국 전술핵무기 배치

6 · 25전쟁부터 한반도의 핵균형은 한국과 미국의 압도적인 우세로 지속되었다. 북한이 소련의 동맹국이었기 때문에 유사시 소련의 핵우산 지원 가능성이 없었던 것은 아니지만, 미국은 한국에게 '핵우산'을 약속하였다. 아이젠하워 대통령은 뉴룩정책(new look)이라는 명칭으로

핵무기로 전쟁을 억제하는 대신에 재래식 병력과 무기를 감축하고자 하였고, 그 일환으로 1957년 12월 말에서 1958년 1월 초 사이에 한국에 전술핵무기를 배치하였다. 최고 수준에 이르렀던 1977년에는 한반도에 배치된 다양한 종류의 핵무기가 총 660~686기에 이르렀고, 이를 투발할 수 있도록 8인치 포, 155mm 포, 서전트(sergeant) 지대지 미사일, 랜스(lance) 지대지 미사일 등을 추가로 배치하기도 했다(장철운 2015, 478-479).

냉전이 종식되면서 미국은 한국에서 그들의 핵무기를 모두 철수시켰다. 핵무기에 대하여 시인도 부인도 하지 않는 정책이기 때문에 미국이 핵무기 철수 여부를 발표하지는 않았지만, 한국 정부는 1991년 12월 18일 '한반도 핵부재 선언'을 발표하였다. 비록 한국에서 미국의 전술핵무기가 철수했지만, 핵우산으로 인하여 한반도에서의 핵우세는 한국과 미국에게 있었다. 그래서 북한은 주한미군 철수와 미국 핵우산 철폐를 요구하면서 핵무기 개발을 서둘렀다고 볼 수 있다.

2) 북한의 핵무기 개발

1993년 국제원자력 기구에 의하여 북한의 핵무기 개발 의도가 노출되었으나 북한은 1994년 미국과의 '제네바 합의' 그리고 2005년 6자회담 국가들과의 '9 · 19 공동선언' 등을 통하여 핵무기 포기를 기만적으로 약속하면서 핵무기 개발을 지속하였다. 그 결과 북한은 2006년 10월 9일 제1차 핵실험을 실시했고, 2009년 5월 25일 제2차 핵실험에 성공하였으며, 2013년 2월 12일 제3차 핵실험을 통하여 원자탄을 확실하게 보유하게 되었다. 북한은 2017년 9월 3일 제6차 핵실험을 통하여 수소폭탄의 개발까지 성공하였고, 수십 개의 핵무기를 보유한 상태가 되었다.

북한은 인접하고 있는 남한에 대하여 거의 모든 미사일에 핵무기를 탑재하여 공격을 감행할 수 있다. 북한은 2019년 5월부터 2020년 초까지 17번에 걸쳐 북한판 이스칸데르(Iskander)로 불리듯이 요격회피 기동이 가능한 단거리 미사일, 북한판 에이태킴스(ATACMS)라고 할 수 있는 전술미사일, 400mm급의 방사포, 600mm 급의 방사포의 시험발사를 실시하였는데, 여기에도 핵무기를 탑재하여 한국을 공격할 수 있다. 따라서 미국의 핵우산과 북한의 핵무기는 균형을 이루기 시작하였고, 남북한만을 분리하여 본다면 사실상의 핵보유국인 북한과 비핵보유국인 남한과의 핵불균형이 시작된 것이다.

3) 북한의 최소억제 능력 확보

북한은 핵무기 개발에 성공한 이후부터는 미국의 확장억제를 무력화하는 데 집중적인 노력을 기울였다. 미국의 핵우산만 제거하면 남한에 대하여 핵보유국과 비핵국가 간의 절대적 핵우세가 보장되기 때문이다. 그래서 북한은 핵무기를 개발함과 동시에 미국 본토 공격이 가능한 장거리 미사일도 개발해 온 것이다. 북한은 2017년 '화성-12형', '화성-14형'의 시험발사를 통하여 기술을 축적한 후 11월 29일 '화성-15형'을 발사하여 미 본토 공격의 가능성을 과시하였다. 당시 미 국방부는 공식문서에서 수개월만 더 노력하면 북한이 ICBM을 완성할 수 있는 수준이라고 평가하였다(Department of Defense 2018, 11). 그리고 2020년 10월 10일 열병식에서는 그보다 사거리가 늘어나고, 다탄두를 탑재할 가능성도 있는 신형 ICBM을 선보이기도 했다.

ICBM과 함께 북한이 집중적인 노력을 경주해오고 있는 것은 SLBM의 개발이다. 북한은 2016년 4월 23일 해상에서의 SLBM 즉 '북극성-3호'의 시험발사에 성공하였고, 2016년 8월과 2019년 10월에도 시험발사를 실시하였다. 북한은 2019년 7월 23일 SLBM 수직발사관을 3개 정도 설치할 수 있는 3,000톤급 잠수함 건조 장면을 공개하기도 했고, 4,000~5,000톤급의 신형 잠수함도 건조하고 있다. 또한 북한은 2020년 10월 열병식과 2021년 1월의 열병식에서 신형 SLBM인 '북극성-4ㅅ'과 '북극성-5ㅅ'을 선보이기도 했다. 만약 북한이 SLBM을 장착한 잠수함을 완성하여 태평양에 진출하는 데 성공한다면 미국이 한국에 대하여 확장억제를 이행하는 것은 매우 위험해진다. 잠수함은 탐지 및 파괴가 어려워 미국은 본토에 대한 북한 핵미사일 공격의 가능성을 심각하게 고려하지 않을 수 없기 때문이다.

4) 평가

한반도의 현 상황을 평가해보면 북한은 핵무기를 보유하고 있지만 한국은 그러하지 않기 때문에, 남북한 간에는 심각한 핵불균형이 발생한 상태이다. 이러한 불균형은 미국의 확장억제 약속이 보완해주고 있지만, 확장억제의 속성상 불안함이 존재할 수밖에 없다. 특히 남한은 북한과 인접하고 있어서 미사일 요격을 위한 가용한 시간이 충분하지 않고, 북한이 최근 고체연료용 미사일을 확보함으로써 선제타격도 쉽지 않아 방어 자체가 어렵다.

문제는 북한이 ICBM의 성능을 지속적으로 개량하고 있고, SLBM을 개발한 데 이어 잠수함까지 완성함으로써 진정한 핵잠수함(SSBN)을 보유하게 될 가능성도 없지 않다는 것이다. 그렇게 된다면, 미국은 자국의 도시에 대한 북한의 핵미사일 공격을 감수할 각오가 되어 있어야 한국에 약속한 확장억제를 이행할 수 있다. 특히 북한이 SSBN을 완성하여 태평양 해저에서 미국으로 향할 경우 미국은 자국 도시의 안전을 위하여 한국을 포기하겠다는 결정을 내려야 할 수도 있다. 북한이 핵무기를 개발함으로써 걱정을 시작해야 했던 한국 방기(abandonment)의 가능성이(Pifer, et. al. 2010, 31-32) 점점 현실화되고 있는 것이다.

현재 북한이 처해 있는 상황은 핵무기 사용 의지를 강화시키고 있다. 경제적 궁핍을 해소할 방법이 없고, 그렇다고 하여 핵무기를 포기할 수도 없기 때문이다. 북한이 개방과 개혁을 하지 않은 채 생존할 수 있는 유일한 방법은 남한을 병합하는 것밖에 없을 수도 있다. 앞으로 북한은 핵무기 사용을 지렛대로 활용하여 위기를 고조시켜 나갈 것이고, 그러한 과정에서 사용의 가능성도 커질 것이다. 이와 같이 북한이 위기를 고조시킬수록 미국의 확장억제 약속은 더욱 불안해질 수밖에 없다.

4. 한국의 다양한 핵균형 대안 분석

현 상황에서 한국이 선택해야 하는 방안은 명료하다. 북한과의 핵균형을 달성하는 것이다. 그 방법은 스스로 핵무기를 개발하든가, 아니면 나토의 경우처럼 미국의 핵무기를 한국이 전진배치하여 공유해야 한다. 이 두 가지를 통한 핵균형을 추진할 수 없다면 현재의 확장억제를 최대한 강화하는 수밖에 없다. 이 세 가지 방법의 장단점을 평가해보자.

1) 한국의 핵무기 개발

한국의 자체 핵무기 개발은 한반도 핵균형을 위한 가장 상식적이면서 단순한 방법이다. 냉전 시대 미국과 소련, 냉전 이후의 인도와 파키스탄처럼 적대관계에서 어느 일방이 핵무기를 개발하면 다른 일방도 핵무기를 개발해야만 균형이 이루어지고, 전쟁의 억제를 확신하게 되기 때문이다.

이 방안의 장점은 가장 확실한 핵균형의 보장이라는 점이다. 남북한이 동시에 핵무기를 보유하면 한반도에서 확실한 핵균형이 이루어질 것이고, 북한이 핵무기를 증강하면 한국도 상응한 정도로 핵무기를 증강하면 된다. 또한 남한이 핵무기를 보유한 후 북한에게 핵무기를 함께 감축하거나 폐기하자는 방안을 제안할 수 있고, 냉전 시대의 소련처럼 북한이 핵군비경쟁을 감당하지 못하여 그에 합의할 수도 있다. 특히 한국이 핵무기를 보유하게 되면 미국의 확장억제에 절대적으로 의존하지 않아도 되어서 한국의 독자적 · 전략적 입지가 보장될 수 있다.

그러나 이 방안은 구현이 쉽지 않다는 것이 결정적 단점이다. 한국은 사용 후 핵연료 재처리나 우라늄 농축 능력을 구비하고 있지 않고, 핵확산금지조약 회원국이라서 다양한 국제사회의 사찰과 제재를 받을 수밖에 없다. 플루토늄 재처리 또는 우라늄 농축을 위한 시설의 건설에 상당한 시간이 걸릴 것이고, 성공에 이를 수 있을 것인지도 확신하기 어렵다. 한국이 핵무기를 개발하는 데 대하여 미국이 동의하지 않을 가능성이 크고, 그렇게 되면 한 · 미동맹과 확장억제에 결정적인 문제가 발생할 수밖에 없다. 또한 한국이 핵무기 개발에 성공할 가능성이 커질 경우 북한이 예방 차원에서 먼저 공격을 감행할 수도 있다.

이러한 점에서 하나의 절충안을 생각해볼 수는 있다. 핵확산금지 조약이나 미국과의 합의를 준수하는 범위 내에서 핵무기 제조의 잠재력을 강화해 나가는 것이다. 미국과의 협의를 통하여 사용 후 핵연료를 재처리하거나 우라늄 농축 시설을 구축할 수 있고, 그것이 어렵다면 국가 차원에서 비밀 프로젝트로 추진할 수 있다. 한국은 '브레이크아웃 타임(breakout time: 핵무기 1개의 제조에 필요한 연료의 확보시간)에 핵무기 개발에 필요한 시간을 추가한 '핵무장 소요시간'의 개념을 설정하고, 북핵 위협의 상황에 맞춰서 1년, 6개월, 3개월, 1개월 정도로 목표를 선정 또는 단축할 수 있다. 상황이 급박해져서 '핵무장 소요시간'을 단축해야 할 때 필요해지는 조치들을 사전에 설정해두었다가 그의 구현에 집중적인 노력을 기울여야 할 것이다.

2) 미국의 핵무기 전진배치

현재 상황에서 남북한 간 핵균형을 확보하는 가장 편리한 방법은 나토 국가에 대하여 미국이 실시하고 있는 것처럼 한반도 주변에 미국의 핵무기를 전진배치시켜 그것으로 억제효과를 달성하는 것이다. 현장에 핵무기가 배치되면 응징보복의 이행 가능성이 커질 것이고, 북한도 그렇게 생각하여 억제효과가 향상될 것이기 때문이다.

이 방안의 장점은 단기간에 손쉽게 핵균형을 달성할 수 있다는 사실이다. 미국이 보유하고 있는 핵무기를 한반도로 이동시켜 배치하면 되기 때문이다. 핵무기를 사용 가능한 상태로 배치하는 데는 수 일 또는 수 주일이면 충분할 것이다. 또한 미 핵무기의 전진배치는 나토의 '핵동맹'처럼 한 · 미동맹을 한 차원 더 높게 격상시킬 것이다. 미 핵무기를 유지하는 데 필요한 비용을 분담한다고 해도 핵무기의 자체 개발이나 북핵 대응을 위한 대대적인 재래식 전력 증강 비용과 비교하면 훨씬 저렴한 비용으로 북한의 핵사용을 억제할 수 있다.

이 방안의 결정적인 단점은 미국이 배치를 결정해야 가능하다는 것이다. 한국이 아무리 강력하게 요구하더라도 미국이 동의하지 않으면 성사되지 않을 것이기 때문이다. 북한이 ICBM과 SLBM 완성에 근접하고 있는 상태라서 미국은 핵전쟁 연루의 위험을 심각하게 판단한 나머지 핵무기 전진배치에 동의하지 않을 수 있다. 미국이 핵무기를 전진배치한다면 중국과 러시아가 결사적으로 반대할 것인데, 미국이 그러한 상황을 무릅쓰면서까지 무리를 할 가능성은 크지 않다. 또한 미국 국민들 즉 미국의 국내여론이 그들 핵무기의 한반도 전진배치를 지지할지도 확실하지 않다.

다만, 한국, 미국, 일본으로 범위를 넓혀서 핵공유체제를 구축할 경우 미국의 수용 가능성은 커질 것이다. 이러한 핵공유체제라면 미국은 다양한 방법으로 핵무기 배치를 검토할 수 있다. 즉 북핵 대응을 위한 목적으로 일부의 핵무기를 미국의 영토인 괌(Guam)에 전진배치한 후 나토처럼 한 · 미 · 일이 함께 운용계획을 수립하면서 투발용 공군기들을 배치해둘 수 있고, 일본에 대부분의 핵무기를 배치한 후 한 · 미 · 일 공군기로 투발할 수도 있다. 다만, 이러할 경우 한국의 입장에서 보면 한반도에 직접 배치하는 것보다는 억제효과가 낮아지고, 일본과의 안보협력을 위한 국민들의 지지를 획득할 수 있어야 한다.

최근에 가능해진 대안이지만 잠수함의 형태로 미국의 핵무기를 동해에 상시 배치하는 방안도 검토할 수 있다. 현재 미국은 대규모 전략핵무기와 함께 W76-2라는 소형 핵무기를 그들의 전략잠수함에 배치한 상태인데, 이러한 잠수함 4척 정도를 한 · 미 · 일이 공유함으로써 어떤 상황에서도 그중 1척이 동해에서 활동할 수 있도록 하는 것이다. 유사시 공격계획을 한 · 미 · 일이 함께 수립하거나 각국의 잠수함 요원들을 분승시키면서 이 사실을 공개할 경우 지상배치와 동일하거나 더욱 강력한 억제효과를 기대할 수 있다. 잠수함은 은밀하여 북한이 사전에 파괴시킬 수 없고, 북한 연해까지도 쉽게 접근할 수 있어 언제 어디서든 북한을 공격할 수 있으며, 무엇보다 핵무기 전진배치에 대한 주변국, 미국과 한국 내의 반대를 최소화할 수 있을 것이다.

3) 미 확장억제의 강화

한국의 자체 핵무기 개발이나 미 핵무기의 전진배치는 고육지책(苦肉之策)이지, 최선은 아니다. 그에 따른 부작용이나 반대도 만만치 않을 것이기 때문이다. 따라서 한국은 이 두 가지 방안을 검토하면서 동시에 기존의 확장억제를 강화하는 방안도 고심하지 않을 수 없다. 예를 들면, 한 · 미 국방부 사이에 설치되어 있는 '억제전략위원회(deterrence strategy committee)'와 정부 간에 설치된 '확장억제전략협의체(EDSCG: Extended Deterrence Strategy and Consultation Group)'를 더욱 활발하게 운영할 수 있고, 미국의 전략사령부에 한국의 장교를 파견하여 북한에 대한 핵응징보복계획 수립에 참여시킬 수도 있다.

북핵 위협이 고도화된 상황에 부합되도록 확장억제를 강화하자는 한국의 노력이나 제안은 자연스럽고, 미국도 이를 수용하겠다는 태도를 보일 가능성이 크다. 억제전략위원회와 확장억제전략협의체는 한국이 소극적이라서 제대로 가동되지 않고 있는 측면이 커서 한국이 태도를 바꿀 경우 그 기능이 바로 활성화될 수 있고, 이로 인하여 억제의 효과도 높아질 것이다. 방위비분담 차원에서 한때 거론되었듯이 미국의 전략자산 전개 시 한국이 비용의 일부를 분담하는 등으로 확장억제효과 증대를 위한 다양한 방안도 생각해낼 수 있다.

이 방안의 단점은 아무리 노력해도 확장억제 이행의 확실성을 크게 강화시키지는 못한다는 점이다. 다양한 보완조치를 강구해도 실제 북한이 핵무기로 공격할 경우 유사시 미국이 약속을 이행할 확률이 크게 높아지지 않기 때문이다. 따라서 북한의 오판 가능성은 상존하고, 한국은 불안한 상황을 계속 감내해야만 한다. 북한이 ICBM과 SLBM 완성에 근접할수록 이 방안의 실효성은 줄어든다.

4) 평가

북핵과의 균형을 위하여 한국이 동원할 수 있는 방안은 자체적으로 핵무기를 개발하거나 미국의 핵무기를 전진배치시키는 것이지만, 그것을 더욱 세부적으로 구별할 수도 있다. 예를 들면, 자체 개발의 경우 즉각 핵무기 개발에 착수하는 방안도 있고, 유사시 신속한 핵무기 개발을 보장할 수 있도록 핵무기 개발의 잠재력을 강화할 수도 있다. 미 핵무기 전진배치의 경우에도 한국에 배치하는 방안, 일본에 배치하는 방안, 그리고 잠수함에 배치하는 방안이 있을 수 있다. 이 외에도 다른 창의적인 방안이 있을 수 있지만, 아래의 다섯 가지가 가장 기본적일 것이다.

① 핵무기 자체 개발
② 핵무기 개발 잠재력 확보

③ 미 핵무기 한반도 전진배치

④ 미 핵무기 일본 전진배치

⑤ 미 핵잠수함 동해 상시 배치

이 중에서 어떤 방안이 한국에게 가장 적합할 것인가의 평가를 위하여 다양한 기준을 사용할 수 있다. 일반적으로 정책의 타당성을 평가하는 가장 기초적인 기준은 소망성(desirability)과 실행 가능성(feasibility)이다(남궁근 2008, 631; 김행범 · 구행범 2014, 531). 이 중에서 소망성은 논의하고 있는 방안이 부여된 목표를 충족시킬 수 있느냐라는 효과성(effectiveness)인데(남궁근 2008, 631), 핵억제 방안들에 적용하면 억제의 효과일 것이다. 이것은 억제의 근본목적에 해당되는 것이기 때문에 상당한 가중치를 두어서 평가하지 않을 수 없다.

실행 가능성은 정책이 실제로 집행될 수 있느냐의 여부인데, 다소 세분하여 평가할 수 있다. 일반 정책의 경우에는 예산과 기술적인 측면이 중요시되지만 북한과의 핵균형과 같은 중대한 문제의 경우에는 예산이 문제시될 수는 없고, 따라서 군사기술적으로 구현 가능하냐는 것만 중요하게 고려할 필요가 있다. 대신에 세 가지 대안 모두 미국이 주도할 수밖에 없기 때문에 미국의 수용 여부나 정도가 높은 비중을 차지할 수밖에 없다. 또한 한국의 국내여론도 중요하게 고려되어야 할 것이다. 이러한 점에서 실행 가능성 중에서 가장 중요한 사항은 미국의 수용 여부이고, 그다음은 기술적 구현 가능성, 그리고 한국 국민들의 지지 여부로 볼 수 있다.

추가로 위험(risk)의 요소도 고려할 필요가 있다. 위험은 어떤 대안을 선택할 경우 직면할 가능성이 있는 불리한 측면이라고 할 수 있는데, 무시할 수 있는 위험의 수준도 있지만 심각한 위험이 수반되는 대안도 존재할 수 있기 때문이다. 따라서 이미 파악된 효과성이나 실행가능성에서 위험의 요소를 차감하여 대안의 적합성을 평가해야 할 것이다. 즉 효과성과 실행가능성이 크더라도 위험이 크면 채택하기가 어려운 것이다.

다양한 대안을 객관적으로 평가하는 것은 쉽지 않다. 사회과학의 대부분이 그러하듯이 수치로 나타내더라도 그 자체도 결국은 평가자의 주관에 의하여 결정될 수밖에 없다. 따라서 어느 평가든 참고사항일 뿐이다. 이러한 차원에서 앞에서 언급한 각 요소를 적용하여 필자가 시험적으로 점수를 부여하여 비교해보면 〈표 6〉과 같다.

〈표 6〉 대안별 평가 결과

대안		소망성	실행가능성			점수 종합	위험 적용	최종 점수
		효과성	미국 동의	국내 여론	기술 가능성			
가중치		0.5	0.3	0.1	0.1			
자체 핵개발	핵무기 개발	상(5)	하(1)	중상(4)	중(3)	3.5	대(0.2)	2.8
	잠재력 확보	중(3)	중상(4)	상(5)	중상(4)	3.6	-	3.6
핵무기 배치	한반도	상(5)	중하(2)	중(3)	상(5)	3.9	중(0.1)	3.5
	일본	중상(4)	중상(4)	중(3)	상(5)	4.0	-	4.9
	잠수함	중상(4)	상(5)	상(5)	상(5)	4.5	-	4.5
확장억제 강화		중(3)	중상(4)	상(5)	상(5)	4.7	-	4.7

* 소망성 즉 효과성에는 50%의 비중, 실행 가능성 중 미국 동의는 30%, 국내여론은 10%, 기술 가능성은 10%의 가중치를 부여했고, 위험의 경우 클 때는 20%, 작을 때는 10%를 감소시켰음.
* 상, 중상, 중, 중하, 하의 5개 기준으로 평가한 후 각각을 1~5점을 부여하여 계산하였고, 그것을 평균 내어서 비교

〈표 6〉은 필자에 의한 시험적 평가인데, 그 결과를 보면 효과성이 큰 것은 자체 핵무기 개발이지만, 그것은 미국의 동의를 비롯한 실현 가능성 측면에서 문제점이 적지 않다. 또한 핵무기를 개발하는 도중에 북한이 핵무기로 공격을 가할 가능성이나 성공하지 못할 가능성 등 위험요소가 매우 커서 높은 효과성에도 불구하고 대안으로서의 전체적인 점수는 가장 낮다. 반면에 미국 핵무기를 배치하는 방안은 핵무기 개발보다 효과는 적지만 실현 가능성은 크다. 다만, 이 중에서 한반도에 배치하는 것은 북한의 발달된 미사일 능력을 고려할 때 위험성이 크다고 봐야 한다. 따라서 핵무기를 배치할 경우에는 잠수함의 형태로 동해안에 상시 운영하는 것이 가장 효과적인 대안으로 판단하였다. 그리고 현재의 확장억제를 강화하는 것은 효과성은 낮지만, 실현가능성은 높다고 평가하였다. 이렇게 볼 때 필자가 평가한 바에 의하면 현재 상태에서 한국이 채택할 수 있는 최선의 대안은 핵공유체제이고, 그중에서도 일본에 배치하는 것이다. 현재의 확장억제를 강화하는 것도 종합적 평가에서는 나쁘지 않은 대안으로 나왔다.

역시 시험적인 수준이지만 필자는 동일한 항목과 방법을 사용하여 일부 전문가들의 의견을 수렴해봤다. 핵대응 방안에 대한 평가를 위해서는 이 분야에 대한 어느 정도의 지식이 필요하다고 생각하여 군사적 경험이나 지식이 있는 전문가들을 선정하여 의견을 수렴하였는데, 합동참모대학이나 석사과정을 공부하는 현역 군인 59명, 예비역 군인 45명, 안보전문가 17명, 지식인 28명으로 총 149명의 의견을 2020년 7월 23일부터 26일 사이에 문의하여 종합하였다. 종합된 결과를 보면, 가장 타당하다고 생각하는 방안은 현 확장억제의 강화였고, 그다음에는 미 잠수함 공유, 한반도에 미 핵무기 배치, 일본에 미 핵무기 배치였다. 필자와 대체적인 방향은 동일한데, 이들은 현 확장억제의 강화를 더욱 선호하였고, 일본과의 핵공유에 대해서는 다소의 거부감을 보였다(박휘락 2020c, 60-61).

5. 동북아 핵공유체제

1) 기본방향

한국에서는 아직은 미국과 한국 간 1:1의 핵공유를 염두에 두고 토론을 하고 있지만, 이것은 불가능한 것은 아닐지라도 현 나토의 경우와 다르고, 이전의 전례도 없다. 나토에서 시행되고 있는 것은 미국과 다수 동맹국 간의 핵공유체제이기 때문에 나토의 핵공유체제를 동북아시아에 적용한다는 것은 한 · 미 양국 간 핵공유가 아니라 최소한 한국, 미국, 일본, 나아가 호주나 필리핀 등을 포함시키는 범위일 수밖에 없다. 미국에서 간헐적으로 제시되는 내용도 아시아 또는 동북아시아 차원의 핵공유이다.

핵공유는 미 핵무기가 최소한 동북아시아 지역에 배치되는 것을 전제로 한다. 핵무기를 전진배치하지 않은 채 미국 전략핵무기의 사용계획을 함께 협의하거나 작성한다는 것도 핵공유의 한 형태로 볼 수 없는 것은 아니나, 미국의 전략핵무기 사용을 동맹국과 함께 협의하는 것은 쉽지 않고, 어떤 제도를 만들더라도 상황에 따라 유명무실해질 우려가 없지 않다. 나토의 경우에도 핵무기가 배치되어 있기 때문에 핵공유체제가 실질적이 되고, '핵동맹'이라고 스스로가 평가하는 것이다. 핵무기 전진배치로 이행하는 과정에서 핵사용 계획을 협의할 수 있도록 헤이글 전 국방장관의 제안처럼 '핵계획그룹'을 형성할 수는 있으나 거기에서 중단될 경우 핵공유라고 부르기는 어렵다.

핵무기를 배치할 경우도 냉전시대처럼 미국이 한국이나 일본에 그들의 핵무기를 일방적으로 배치하는 형태는 실현되기 어렵다. 그 운용에 대하여 아무런 권한도 갖지 못하는 핵무기를 한국과 일본 등이 허용할 가능성은 작기 때문이다. 미국의 핵무기가 전진배치 된다고 하면 어떤 형태로든 공유되는 모습일 것이고, 그 공유의 정도와 형태만 상황과 협의 결과에 따라 달라질 것이다. 다만, 그동안의 군사기술이나 동북아시아의 특별한 상황을 고려하여 다양한 공유방법이 모색될 수는 있다. 즉 지상에 배치하는 것이 기본이겠지만, 해상의 함정에도 배치해 둘 수 있고, 수중의 잠수함을 이용하여 배치할 수 있다. 상황이 위급할 경우에는 공중에 폭격기 형태로 이용하여 교대로 상시 배치하여 즉각적인 투하가 가능하도록 조치할 수도 있을 것이다.

이러한 차원에서 가장 가능성이 큰 것은 한 · 미 · 일 또는 한 · 미 · 일+호주 수준의 핵공유이고, 일본이 미 핵무기 전진배치의 중심이 되는 것이다. 일본은 북한으로부터 어느 정도 이격되어 있고, 미사일 방어체제의 수준도 상당하며, 국토도 충분히 넓기 때문이다. 반면에 한국은 북한에 지나치게 근접한 상태이고, 국토가 좁아서 핵무기의 생존성이 위태로울 수 있다. 서태평양 상 미국 영토인 괌에 핵무기를 전진배치해둔 상태에서 한 · 미 · 일 전투기가 유사시 투발준비를 할 수도 있다. 중국과 러시아를 비롯한 주변국들의 반대를 최소화한다는 차원에서 전술핵무기를 탑재한 미국의 잠수함을 관련 국가들이 공유하는 방안도 충분히 검토해볼 수 있다. 이 외에도 미국이 괌 등에 중거리 핵미사일을 배치한 후 이를 공유하는 등 미국의 핵무기이지만 동맹국들이 함께 운영하는 다수의 창의적인 방법이 있을 수 있다.

핵공유의 형태와 운영방식에는 지역의 특수성이 반영되겠지만 기본적인 골격은 나토 체제를 참고할 수밖에 없다. 나토처럼 '핵계획그룹'을 설치할 수 있고, 이의 상시 활동을 보장하기 위한 참모조직과 자문조직을 구성할 수 있다. 핵무기 관리 역시 미군기지에서 미군이 담당하는 형태일 것이다. 다만, 비용문제의 경우 나토와 다르게 한국과 일본의 적극적 분담이 필요할 수 있다. 나토의 경우도 냉전시대가 아니라 지금 배치된다면 비용분담이 적용되었을 것이다. 한국과 일본은 나토에 비해서 훨씬 호전적인 핵위협에 직면하고 있고, 이미 재래식 군사력의 주둔에도 상당한 비용을 분담하고 있다. 비용분담에 대하여 민감하게 반응하는 사람도 없지 않겠지만 북핵으로부터 국가의 생존을 보장하기 위한 절박한 조치라는 점에서 한 · 일 양국의 경우 비용문제를 결정적인 요소로 인식하지는 않을 것이다.

2) 효과와 실행가능성 평가

동북아시아에 핵공유 체제가 구축될 경우 억제효과는 높아질 수밖에 없다. 주한미군이나 주일미군의 경우처럼 전진배치되는 만큼 사용 가능성은 커질 것이고, 사용 가능성이 커지는 만큼 억제효과도 커질 것이기 때문이다. 특히 북한이 한국과 일본에게 핵공격을 가하거나 위협할 경우 한 · 일 양국은 자위권을 발동해야 하는 상황에 처하게 될 것인데, 그렇게 되면 핵무기 사용의 정당성이 높아질 것이고, 그러한 사실이 북한에게 전달되면 억제효과는 커진다. 한 · 일 양국의 폭격기들이 유사시 핵투발을 위한 훈련을 실시하면서 대기할 경우 북한은 응징보복의 가능성과 신속성을 심각하게 인식하게 될 것이고, 그렇게 되면 핵무기 공격을 결심하는 것이 더욱 어려워질 수밖에 없다. 미국은 핵전력이 막강하여 북한의 핵수준에 맞춰서 전진배치 핵무기의 양이나 형태를 수시로 조정할 수 있고, 미국의 핵무기는 비교가 되지 않을 정도로 질이 높을 뿐만 아니라 유도기술을 활용하여 정밀타격까지 가능할 것이기 때문에 전진배치된 미 핵무기의 억제효과는 매우 높을 것이다.

동북아 핵공유체제 실행가능성에서 가장 중요한 사항은 미국의 의지인데, 이것을 확신하기는 어렵다. 배치하는 만큼 미국이 핵전쟁에 연루될 위험성이 높아질 것이라서 주저할 가능성이 크다. 그 정도의 조치까지 강구해야 할 정도로 북핵 위협이 심각하지 않다고 생각할 수 있고, 중국과 러시아의 반대가 워낙 자명하여 확실한 상황이 도래하기 전에는 거론하기가 어려울 것이다. 일부 나토식의 핵공유 필요성이 제기되고 있기는 하지만 미국 정부 차원에서 공식적으로 검토한 바가 공개되지 않는 이유이다. 그럼에도 불구하고 북핵 위협이 계속 강화될 경우 이 방안 이외에는 유효한 대책이 없을 것이라서 미국도 이 방안을 계속 무시하기는 어렵다.

동북아 핵공유체제가 구현될 경우 기대되는 북핵 위협의 억제효과가 워낙 결정적이기 때문에 북핵 위협이 심각해지는 만큼 핵공유에 대한 한국과 일본의 찬성 정도는 높아질 수밖에 없다. 한국의 경우 어떤 성향의 정부가 등장하느냐에 따라서 정책방향이 달라질 수 있으나, 보수정당은 이미 핵공유를 공식적으로 주장하고 있다는 점을 고려할 때 미국이 결심할 경우 핵공유를 수용할 가능성은 매우 크다. 2017년 9월 북한이 제6차 핵실험으로 수소폭탄을 개발하는 데 성공하자 한국 국민들의 53.5%가 핵무기 개발 또는 도입에 찬성(반대는 35.1%)한다는 의견이 조사된 바 있다(리얼미터 2017). 일본의 경우 핵무기의 제조, 보유, 반입을 허용하지 않는 '비핵 3원칙'이 존재하지만, 2010년에도 반입은 허용하는 방향이 검토된 바가 있다. 북핵 위협이 심각해져서 다른 대안이 없을 경우 미 핵무기의 배치를 허용할 가능성은 낮지 않다.

6. 결론

핵무기에 대한 억제와 방어는 핵무기가 없이는 어렵기 때문에 궁극적으로 한국은 자체적인 핵무기를 개발하거나 미국의 핵무기를 전진배치함으로써 한반도 내에 핵균형을 이룩할 수밖에 없다. 이 중에서 전자는 기술적인 측면은 물론이고, 세계적인 비확산 정책과 미국의 입장을 고려할 때 추진이 쉽지 않다. 대신에 나토의 핵공유 개념과 체제를 동북아시아에 적용하는 방안은 실현이 전혀 불가능하지는 않다. 따라서 한국은 핵공유에 대한 나토의 실태, 미국의 입장, 관련 국가들의 예상되는 반응, 국내 여론 등을 면밀하게 파악하고, 이의 추진을 둘러싼 제반 사항을 적극적으로 토론해볼 필요가 있다.

다만, 한국은 냉전기간이나 나토의 사례처럼 미국의 핵무기를 지상에 단순히 배치하는 데서 벗어나 함정, 잠수함, 항공기 등을 활용한 다양한 창의적 배치방법을 검토할 필요가 있다. 이 중에서 유용성이 크다고 판단되는 것은 잠수함을 통한 핵공유로서, 미국은 이미 동북아시아 지역에 다수의 핵잠수함을 배치하고 있을 뿐만 아니라 W76-2라는 소형 핵무기도 탑재시키고 있다. 미국은 핵탄두를 탑재한 SLCM도 개발해 나가고 있어 이것을 실전화하는 데 성공할 경우 잠수함을 활용한 억제효과는 무척 높아질 수 있다. 이 외에도 미국 영토인 괌(Guam)에 한국의 전투기를 상주시키는 등으로 국제적 및 국내적인 반발을 최소화하면서도 북한에 대한 억제효과를 극대화할 수 있는 다양한 방안들을 지속적으로 개발 및 논의해나갈 필요가 있다.

동북아시아 핵공유체제의 구현을 위해서는 일본과의 협력이 중요하고, 필수적이다. 1958년 한국에 전술핵무기를 배치하기 위한 결정도 일본의 방어를 위한 목적이 있었다는 분석도 있듯이(김민식 2020, 245) 일본이 제외되는 핵공유체제를 미국이 추진할 가능성은 없다. 한국과 일본은 북핵 위협은 물론이고 미국과의 동맹을 공유하고 있다는 점에서 북핵 위협이 심각해질 경우 과거사와 감정적 문제는 내려두지 않을 수 없다. 북한의 핵위협이 더욱 심각해져서 미국에게 핵무기의 전진배치 등 보강조치를 요구할 경우에도 한국 단독보다는 한 · 일 양국이 함께 할 경우 미국이 수용해줄 가능성은 커질 것이다.

당연히 중국과 러시아의 반대를 감안하지 않을 수 없다. 그러나 북핵 위협에 의하여 국가의 생존이 위협받는 상황에서도 다른 국가의 입장만을 고려할 수는 없다. 국가의 생존이 우선이기 때문이다. 이들이 한 · 미 · 일 3국 간의 핵공유체제를 두렵다고 한다면 북한에게 핵무기를 폐기하도록 압박할 것을 요구하면 된다. 나아가 잠수함이나 항공기 등의 형태로 공유함으로써 그들의 반대를 약화시킬 수 있는 방안도 없지 않다. 결국 동북아 핵공유체제의 추진 여부는 앞으로 북한이 어느 정도로 위협적인 핵능력을 확보하느냐와 한국 정치지도자들이 얼마나 확고한 의지를 갖느냐에 의하여 좌우될 것이다. 다만, 결정적인 순간에 최선의 결심을 하기 위해서는 사전에 충분한 논의가 전개되어야 하고, 현재의 상황은 논의의 시작을 요구하고 있다고 할 것이다.

12

예상자위

북한이 한국을 핵무기로 공격하겠다고 위협할 경우 한국은 어떻게 대응해야 할 것인가? 현재는 북한의 핵공격 징후가 발견되면 발사 이전에 타격한다는 개념이지만, 그의 현실성은 높지 않다. 한국이 그동안 추진해온 선제타격, 즉 '전략적 타격체계'는 30분 내 '탐지-식별-결심-타격'의 '킬 체인(kill chain)'을 완료하는 개념이라서 고체연료를 사용하여 즉각적 발사가 가능하거나 비밀 장소에서 기습적으로 발사하는 북한의 핵미사일을 파괴시킬 수 없기 때문이다. 한국의 미사일 방어는 도시들을 방어하는 개념이 아니고, 그 능력도 매우 미흡하다. 현재로서는 북한의 핵공격을 막을 수 있는 방법이 없다.

더욱 심각한 문제는 핵무기와 같은 치명적인 무기에 의하여 공격을 받을 경우 반격 자체가 불가능하다는 사실이다. 핵심적인 무기체계를 포함한 대부분이 초토화되어 버릴 것이기 때문이다. 그래서 핵무기가 등장한 이후 국제사회에서는 '예상자위권(right of anticipatory self-defense, 일부에서는 '예방' 또는 '선제' 자위권으로 번역하지만, 그렇게 되면 'preventive'나 'preemptive'와 혼동되어 직역하였다)'의 개념을 논의해 왔다. 공격을 받기 이전에라도 자위권을 허용할 필요가 있다는 문제의식에서 비롯된 개념이다. 적의 핵공격 징후를 발견한 후 선제타격하는 것이 불가능하거나 의미가 없다면 그보다 더욱 조기에 타격해서라도 국민을 보호하는 것이 국가가 존재하는 목적에 부합된다고 할 것이다.

1. 예상자위권

1) 관련 개념

(1) 자위권

자위권(right of self-defense)은 국가가 "생존을 계속할 권리"로서(김정건 외 2010, 193), 개인 수준의 정당방위 개념과 마찬가지로 국가의 생존이 위협받는 절박한 상황에서는 생존을 위한 모든 방법과 수단이 허용되어야 한다는 개념이다. 존망이 위협받는 상황에서 국가가 가용한 모든 수단을 사용할 수 있는 권리가 자위권이라고 할 것이다.

자위권은 유엔 헌장에도 보장되어 있다. 유엔 헌장 제51조에서는 "이 헌장의 어떤 규정도, 유엔 회원국에 대하여 무력공격(armed attack)이 발생할 경우, 안전보장이사회가 국제평화를 유지하기 위해 필요한 조치를 취할 때까지, 개별적 또는 집단적 자위의 고유한(inherent) 권리를 침해하지 아니한다"라고 규정하고 있다. 특히 여기에서 "고유한"이라는 단어를 사용함으로써 유엔 헌장의 규정과 상관없이 국가의 자위권은 원래부터 보장되어 있다는 인식을 드러내고 있다.

개념적 논의와 달리 현실에서 국가의 어떤 조치가 자위권인지 아닌지를 판단하는 것은 쉽지 않다. 국제사회에는 국가 행동의 정당성 여부를 권위적으로 심판해주는 절대적인 기관이 없기 때문이다. 현재 상황에서 그러한 기관이라면 유엔 안보리일 것인데, 미국, 영국, 프랑스, 중국, 러시아의 상임이사국을 비롯한 이사국들도 자국의 이해를 기준으로 판단할 가능성이 크고, 자위권을 행사한 국가와 그로 인하여 피해를 입은 국가의 주장이 엇갈려서 분명한 결론을 내기는 어려울 것이며, 결론이 내려져도 양쪽이 승복하지 않을 가능성이 크다.

(2) 예상자위권

핵무기 등장으로 인하여 자위권의 행사는 더욱 복잡해졌다. 유엔 헌장 제51조에 의거할 경우 자위권은 '무력공격'을 받은 후 대응하는 권리인데, 핵무기는 위력이 워낙 커서 선공을 받으면 초토화되어 반격할 기회 자체가 주어지지 않을 가능성이 크기 때문이다. 그래서 대두된 것이 '예상자위(anticipatory self-defense)' 개념으로서, 치명적인 공격이 가해지기 전에 자위권을 행사함으로써 반격이 불가능해지는 상황을 예방해야 한다는 주장이다. 예상자위는 "어떤 공격이 개시되기 전 그 공격자에 대하여 군사력을 사용하는" 방식이다(Eenmaa 2005, 49). 예상자위와 유사한 개념으로 사전주의 자위(precautionary self-defense), 예방자위(preventive self-defense), 선제자위(preemptive self-defense), 차단자위(interceptive self-defense) 등 다양한 명칭이 논의되고 있지만, 가장 포괄적인 의미이면서 일반화되어 있는 것이 예상자위이다. 국내에서도 북한의 핵무기 개발 성공 이후 이에 대한 논의가 전개되어 대량살상무기 공격에 대응해서는 예상자위를 적용해야 한다는 주장이 없지 않다(이창위 2018, 117-118; 이성훈 2014, 28).

예상자위의 개념은 한때 미국의 안보정책으로 명시되기도 했다. 미국의 부시(John W. Bush) 대통령은 2001년 9 · 11 테러 이후 테러를 모의하고 있다는 사실을 발견할 경우 선제적으로 행동할 수 있다는 점을

2002년 9월 발간된 '국가안보전략서'에 명시하였다(The White House 2002, 15). 테러를 당한 후 반격해봐야 입은 피해를 없던 것으로 원상회복할 수 없다는 이유였다. 최근에는 사이버 공격에 대해서도 예상자위의 필요성이 논의되고 있다(Gill and Ducheine 2013, 438-471: 이종현 2016, 89-118). 그렇다면 테러나 사이버 공격보다 더욱 심각한 핵무기 공격에 대한 예상자위는 당연히 수용되어야 한다. 예상자위를 시행하겠다는 공언이나 논의 자체가 핵전쟁의 예방에 기여할 수 있다는 주장도 있다(Renshon 2006, 162).

예상자위는 이론적으로는 그 필요성이 상당할 정도로 인정되고 있지만, 현실에서는 남용의 위험이 커서 아직은 국제사회에서의 토론에 그치고 있는 수준이다. 찬성하는 측은 핵공격에 대한 사전 대응이야말로 유일한 자위권 행사의 방법이라고 주장하고 있고, 반대하는 측은 남용의 위험이 유용성보다 더욱 크다고 주장한다. 반대 측은 유엔 헌장 제51조에 명시되어 있는 자위권 발동의 조건, 즉 "무력공격이 발생하였을 경우"를 고수할 것을 주장하고, 찬성 측은 핵전쟁의 시대에는 그것이 맞지 않다고 주장한다(Van 2003, 73-90). 아직은 예상자위의 필요성도 인정하는 의견이 소수지만, 핵무기의 위력이 강화되는 만큼 예상자위권 인정의 필요성이 강화될 수밖에 없다.

(3) 선제 · 예방 · 차단 자위권

예상자위권은 일반적으로 두 가지 방식으로 구현되는데, 하나는 '선제(preemptive)'이고 다른 하나는 '예방(preventive)'이다. 전자는 "적의 공격이 임박하였다는 논란의 여지가 없는 증거에 기초하여 시작하는 공격(타격)"으로서(Department of Defense 2010, 288) 적의 선공(先攻)을 허용하면 패배는 물론이고 반격조차 할 수 없기에 내가 먼저 공격한다는 개념이고, 적의 분명한 공격 징후가 발견될 때 행동한다. 후자는 적의 공격이 "임박하지는 않지만 무력충돌이 불가피하고, 지체될 경우 상당한 위험이 있을 것이라는 믿음 하에서 시작하는 공격(타격)"으로서(Lykke 1993, 386), 선공의 시점을 앞당김으로써 성공의 가능성을 키우면서 위험을 줄이는 개념으로서, 적의 공격 징후가 없는 상태에서도 공격을 결심하게 된다.

선제와 예방은 실제 수행되는 공격의 방법이나 내용은 동일하면서 공격의 시점만 다를 뿐인데, 그 시점이 해당 공격의 정당성 여부를 판가름하는 데 매우 중요하다. 현재의 국제사회에서는 예상자위권이 공인되지 않고 있기 때문에 원론적으로는 선제와 예방 어느 것도 허용되지 않는다. 그러나 국제사회에서 어떤 행위가 발생하면 그 정당성 여부는 결국 유엔 안보리에서 판단할 수밖에 없는데, 이 경우 적이 먼저 공격하고자 하는 움직임을 보여서 어쩔 수 없이 미리 공격한 선제의 경우는 그 불가피성과 정당성이 인정될 가능성이 클 수밖에 없다. 다만, 선제는 적 공격의 명백한 징후를 식별한 직후부터 적이 공격을 가할 때까지의 짧은 시간 동안에 공격하여 상대방의 공격무기를 파괴시켜야 하기 때문에 성공이 쉽지 않고, 예방은 사전에 충분히 준비하여 기습적으로 실시할 수 있기 때문에 성공의 가능성이 크다.

선제와 예방의 구분을 회피하면서 융통성을 보장하기 위하여 제시된 것이 "차단자위(interceptive self-defense)"이다. 이것은 말 그대로 상대의 공격을 사전에 차단하기 위한 목적 하에서 자위권을 미리 행사한다는 점을 강조하는 용어로서, 공격의 '명백한 징후'가 없더라도 상대가 공격준비를 하고 있다면 미리 타격할 수 있다는 개념이고, 선제와 예방의 중간 정도를 표방한다고 볼 수 있다. 이를 주창한 이스라엘의 딘스타인(Yoram Dinstein) 교수는 1941년 태평양 전쟁을 예로 들면서 일본의 항공모함이 진주만을 공격하고자 항구를 출발하였다는 것은 공격이 임박했다는 것이고, 그렇다면 함재기 출격과 같은 공격의 명백한 징후가 없어도 그 항공모함을 미리 타격하여 기습공격을 방지해야 한다고 강조하고 있다(2011, 202). 그에 의하면 차단타격은 "초기단계에 불과할지라도 무력공격이 진행되고 있다면 대응한다(counters an armed attack which is already in progress, even if it is still incipient)"는 개념이다(2011, 205). 예방에 비해서는 더욱 구체적인 정황을 가정하고 있고, 선제보다는 융통성이 넓은 개념이라고 할 수 있다.

이러한 다양한 자위의 개념이 제시되는 것은 핵무기 공격이 워낙 치명적이라서 공격을 받은 후 반격해봐야 소용이 없고, 정당성을 확보하고자 지체하다가 그러한 공격을 받아버리면 반격의 기회 자체가 사라져 버리기 때문이다. 그래서 다수의 학자들은 핵공격 위협에 대해서는 선제의 핵심 요건인 '적 공격 임박성'을 완화시킬 것을 주장한다(Walzer 2000, 74). 차단자위와 유사하게 "사전주의 자위(precautionary self-defense)"라는 용어도 제안되어 사전주의 차원에서 선제타격에 얽매이지 않을 것을 주장하기도 한다(Louka 2011, 409).

2) 사례

핵위협에 대한 예상자위의 사례는 이스라엘이 시행한 것들인데, 모두 핵무기 개발의 아주 초기 단계에 시행되었다. 이스라엘이 1981년 6월 7일 공군기를 동원하여 이라크의 오시라크(Osirak)에 건설 중인 핵발전소를 타격하여 파괴한 것과 2007년 9월 6일 시리아가 건설하는 도중에 있었던 데이르 에조르(Deir ez-Zor) 지역의 핵발전소를 파괴시킨 사례이다. 당시 이스라엘이 적용한 논리는 핵발전소를 가동하게 되면 결국 핵무기를 개발할 것이고, 그렇게 되면 이스라엘의 생존이 극단적으로 위협받을 수밖에 없으며, 따라서 사전에 조치했다는 논리였다. 이것은 국제법 위반이었지만, 이스라엘의 논리가 어느 정도 수용되어 유엔안보리에서는 이라크 폭격으로 인한 국제사회의 제재는 결정하지 않았다. 시리아 폭격의 경우는 워낙 비밀리에 시행되었고 자신의 불법 핵무기 개발 노력이 폭로될 것이 두려워 시리아 자체가 문제를 제기하지 않음으로써 논의 자체가 이루어지지 않았다(Arend 2003, 96). 미국도 2003년 이라크의 핵무기 개발 여부가 의심된다면서 유엔안보리 승인을 받지 않은 상태에서 이라크를 무력으로 공격하였지만, 이로 인하여 국제제재를 받지는 않았다.

개발된 핵무기에 대하여 예상자위를 시행한 사례는 아직 없다. 실패할 경우 핵전쟁을 초래할 위험성이 커서 검토하다가 포기한 것이 대부분이다. 미국의 경우 1950년대에 소련이 핵무기를 개발한 직후, 1960년대에 중국이 핵무기를 개발한 직후 이들을 미리 파괴하는 방안을 검토하긴 했지만, 위험이 크다고 판단하여 포기했다고 한다(Herbst 1995, 9-13). 이집트도 1960년대에 이스라엘의 핵무기 개발을 차단하고자 예방공격을 검토하였으나 이스라엘이 핵무기 개발에 성공해버림에 따라 결행하지 못했다고 한다(Herbst 1995, 15).

한국에서는 'anticipatory self-defense'를 '예방적 자위권' 또는 '선제적 자위권'으로 의역(意譯)하여 논의함으로써 예방타격이나 선제타격과 혼동되었고, 따라서 관련 개념들이 분명하게 정리되지 못하였을 뿐만 아니라 활발하게 토의되지도 않았다. 이에 관한 일부 논의도 한국 스스로 시행하겠다는 전제 하에 추진된 것이 아니라 미국의 선제타격(실제는 예방타격이면서 그 정당성을 보장하기 위하여 선제타격이라는 용어를 사용했다) 시도에 대한 찬성과 반대의 논란 와중에 제기된 것이어서 절박성이 약했다. 이러한 점에서 관련된 용어와 개념에 대한 명확한 정리가 우선될 필요가 있는데, 핵위협의 임박성을 기준으로 필자가 습득한 지식을 동원하여 정리해보면 〈그림 8〉과 같다.

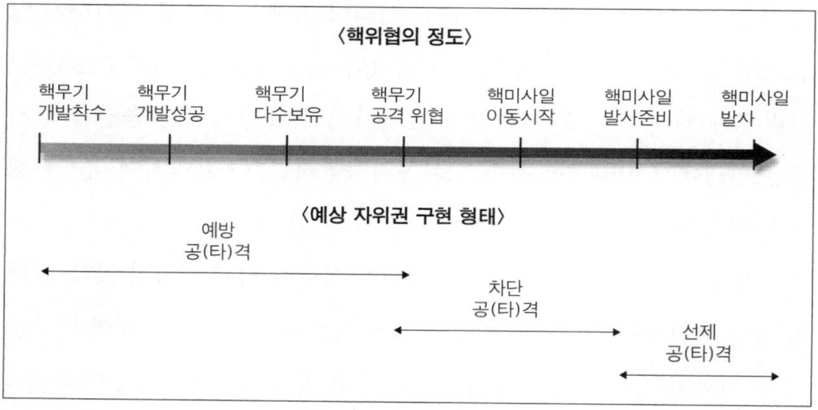

〈그림 8〉 핵위협 정도에 따른 예상자위권 구현 형태

〈그림 8〉을 설명하면, 핵보유국이 지금 당장 아무런 공격적 의도를 보이지 않고 있음에도 나중에 공격을 가할 것이 두려워 선공하여 파괴시키는 것은 예방공격 또는 예방타격이다. 상대방이 핵미사일 발사대를 거치하거나 연료를 주입하는 등 핵공격을 위한 것이라고 분명히 인정되는 조치를 취할 때 미리 공격하여 파괴하는 것은 선제공격 또는 선제타격이다. 그리고 이 두 가지 사이에 존재하는 것이 차단 공격 또는

타격이다. 개념적으로는 이렇게 구분할 수 있지만 현실에서 그처럼 명확하게 구분하기는 쉽지 않고, 중복되거나 애매한 부분이 적지 않다. 다만, 상대방이 위협을 가하여 절박해진 정도에 따라서 예방, 차단, 선제로 구분되는 것은 분명하다고 할 것이다. 예상자위의 시행 시기를 당길수록 성공의 가능성은 높아지지만 정당성은 약해지고, 반대로 늦출수록 정당성은 높아지지만 성공의 가능성은 낮아진다.

3) 시행 시 고려사항

예상자위는 미묘한 사항이기 때문에 그의 시행 여부는 당연히 다양한 요소를 복합적으로 적용하여 결정할 수밖에 없다. 이러할 때 가장 핵심적으로 고려해야 할 요소는 앞에서 언급한 성공 가능성과 정당성이다. 그런데, 여기에서 성공 가능성은 성공을 보장하기 위하여 조기에 미리 자위권을 행사할 수밖에 없는 상황이냐의 문제, 즉 절박성 여부라고 할 수 있다. 미리 공격할수록 성공의 가능성이 커지기 때문이다. 다만, 그의 반향이 매우 심각하여 절박하지 않으면 미리 공격하는 것이 무척 어렵다. 그래서 예상자위권의 행사를 위해서는 ① 절박성과 ② 정당성을 최우선적인 요소로 고려해야 한다.

예상자위권의 발동과 관련하여 절박성과 정당성에 못지않게 중요한 요소는 ③ 위험의 정도이다. 예상자위는 상대에게 선공을 가함으로써 일어나지 않을 수도 있는 전쟁을 유발하는 결과를 초래하게 될 것이기 때문이다. 그래서 핵위협에 대한 예상자위는 조기에 조치하지 않으면 나중에는 속수무책이 될 수 있다는 위험과 잘못된 정보나 과도한 반응으로 인하여 상황을 불필요하게 악화시킬 수 있는 두 가지 위험 사이에서 균형을 달성해야 한다(Waxman, 2010, 4). 앞에서 설명한 사례에서 이집트가 이스라엘에 대하여, 미국이 소련이나 중국의 핵무기 개발에 대하여 예상자위를 시행하지 못한 것은 상대방이 이미 핵무기를 다수 보유하여 실패 시의 위험이 너무 커졌다고 판단하였기 때문이다. 상대방의 핵능력이 강화될수록 이러한 위험은 커질 것이기 때문에 1981년과 2007년의 이스라엘과 2003년의 미국은 초기 단계에서 과감한 예방적 조치를 강구한 것이다.

모든 군사행동이 그러하듯이 예상자위의 시행에는 ④ 군사적인 실행 가능성(feasibility)도 중요하게 고려되지 않을 수 없다. 아무리 예상자위가 필요하더라도 그것을 성공시킬 수 있는 역량이 없다면 결행할 수 없을 것이기 때문이다. 예를 들면, 한국의 경우 예상자위를 시행하고자 한다면 '킬 체인'으로 조직화해둔 '탐지 → 식별 → 결심 → 타격'의 제반 과정이 주어진 시간 내에 완료될 수 있어야 한다. 즉 한국이 예상자위를 시행하려면 한국군이 충분한 '탐지'역량을 구비하고 있는지, 표적을 정확하게 '식별'할 수 있는지, 적시 적절한 '결심'이 가능한지, 그리고 확실하게 표적을 '타격'하여 무력화시킬 수 있는지를 면밀하게 평가한 후 시행 가능하다는 결론이 내려져야 한다는 것이다.

예상자위 조치는 국가를 전쟁의 상황으로 몰고 갈 수도 있다는 점에서 ⑤ 국내적인 정당성 확보 없이 시행되기는 어렵다. 국민들의 선거에 의하여 선출되는 민주주의 국가의 지도자가 국민여론의 지지 없이 예방타격이나 차단타격을 감행하기는 어려울 것이기 때문이다. 핵전쟁과 같이 위험한 방책일수록 심각한 책임과 후유증이 예상되어 국민적 지지가 필수적이고, 위험한 방책일수록 국민들의 지지를 획득하는 것이 쉽지 않을 가능성이 크다.

다만, 핵위협과 같은 심각한 상황의 경우 국민여론보다 국가의 장래를 더욱 중요시해야 할 수도 있다. 국민들은 일상생활에 바쁜 나머지 핵위협의 심각성을 제대로 인식하지 못하거나 현재 무사한 것을 선호할 수 있기 때문이다. 즉 국가의 생존 또는 백년대계를 위하여 불가피하다고 판단될 경우 국민여론이 지지하지 않은 가운데서도 ⑥ 정치지도자의 의지에 따라 선공을 감행할 수도 있다는 것이다. 기습적인 선공을 성공시키고자 한다면 비밀을 유지해야 할 필요성이 클 것이고, 그러할 경우에는 국민의 지지 여부를 물어보지 못할 수도 있다.

2. 예상자위에 관한 논의 경과

1) 한국

한국에서도 다양한 용어로 예상자위에 관한 사항을 논의하였는데, 다른 국가들에 비해서 정당성 여부를 중요시하는 경향을 보여 왔다. 2013년 2월 북한이 제3차 핵실험을 감행할 가능성이 커지자 당시 정승조 합참의장은 북한의 핵무기 사용에 대한 "명백한 징후"가 발견될 경우 선제타격하겠다는 개념을 제일 먼저 제시하였고, 지금도 공격을 위한 분명한 증거를 강조하고 있다. 정승조 합참의장의 개념은 나중에 '킬 체인' 즉 북한의 핵미사일을 30분 이내에 '탐지 → 식별 → 결심 → 타격'한다는 개념으로 구체화되었다. 다시 말하면, 북한의 핵공격에 대한 명확한 징후를 탐지해야 킬 체인이 가동된다는 개념이다.

킬 체인의 능력으로서 한국군은 현재 F-15, 다양한 정밀탄약, 그리고 F-35의 새로운 도입 등 타격능력은 상당할 정도로 구비하게 된 상태이다. 그러나 선제타격의 성공에 더욱 필수적일 수 있는 탐지-식별-결심을 보장할 수 있는 정보와 지휘통제 — 북한의 핵무기 사용 징후를 정확하게 파악하거나 확정하고, 이것을 타격부대에게 적시적으로 전달하여 시행하게 하는 체계 — 측면에서 미흡함이 적지 않다. 또한 북한이 고체연료를 사용한 미사일을 늘려감으로써 사전 탐지가 점점 어려워지고 있다는 것도 심각한 문제이다. 북한이 보유하고 있는 '북극성-2형'이나 'KN-23'과 'KN-24'는 모두 고체연료 단거리 미사일이고, 따라서 발사 장소에 도착한 후 5분 이내에 발사가 가능할 것으로 예상되기 때문이다. 즉 선제타격을 위한 시간 자체가 가용하지 않을 가능성이 커진 것이다.

지금까지 한국군은 예방타격에 대해서는 제대로 논의해오지 않았다. 그것의 정당성이 크지 않고, 핵전쟁을 발발할 위험성이 크다고 판단하였기 때문이다. 이명박 정부 당시 '능동적 억제전략'이라면서 북한이 핵이나 미사일 등 대량살상무기로 도발하려 할 때 사전에 타격하여 제거하는 능력과 의지를 갖추겠다고 언급한 바가 있지만, 이것이 예방타격까지 포함하고 있었다고 보기는 어렵다. 1994년 미국이 영변의 핵발전소를 예방차원에서 '정밀타격(surgical strike)'하는 방안을 검토하였을 때 김영삼 대통령을 비롯한 다수의 한국 국민들이 결사적으로 반대한 것도 그 위험성 때문이었다(조남규 2013, 30). 문 대통령은 2018년 1월 1일 국회 시정연설에서 "어떠한 경우에도 한반도에서 무력충돌은 안 된다. 대한민국의 사전 동의 없는 군사적 행동은 있을 수 없다"며 모든 공세적 타격을 대안에서 배제하는 의도를 드러내기도 했다.

북한의 비핵화를 위한 협상이 전개되면서 한국에서는 예방타격은 물론이고, 선제타격도 제대로 논의되지 않는 상황이 되었다. 비핵화에 대한 기대도 있었겠지만, 북한을 자극하지 않아야 대화를 지속할 수 있다고 생각하였기 때문이다. 북한이 2020년 10월 노동당 창건기념일과 2021년 1월 당대회를 통하여 신형 ICBM과 SLBM을 공개하면서 무력을 통한 남북통일을 앞당기겠다고 공언하는 상황에서도 이러한 경향은 지속되고 있다. 따라서 상황에 부합되는 북핵 대응책이 제대로 논의되지 않고 있는 상태라고 할 것이다.

2) 미국

미국의 경우 정당성보다는 성공 가능성에 더욱 큰 중점을 두어 선제와 예방을 논의해오고 있다. 미국은 '선제타격'이라는 용어를 사용하지만 북한의 핵공격 징후가 명백한지를 논의하기보다는 필요하다고 판단되면 언제라도 군사적 수단을 사용할 수 있다는 입장이어서 실제로는 '예방타격'을 염두에 두고 있다. 1994년 페리(William Perry) 당시 국방장관이 북한의 영변 핵시설에 대한 정밀타격을 검토한 것, 2009년 북한의 제2차 핵실험 후 '레드라인(red line: 금지선)'을 언급하면서 타격 가능성을 시사한 것, 트럼프 행정부가 수시로 '군사적 옵션'을 언급하고 있는 것은 모두 예방타격의 성격이다. 북한이 핵확산금지조약이나 유엔결의안을 위반했다고 하더라도 미국을 공격하지 않은 한 어떤 타격도 국제법에서는 불법이라고 봐야 하지만(Rojas 2017, 15-25), 미국은 그러한 점에는 별로 구애받지 않는다는 태도이다.

조기에 실시할수록 성공 가능성이 커짐에도 미국이 예방타격의 시행을 주저하고 있는 것은 한국에 가해질 위험 때문이다. 휴전선을 중심으로 대규모의 남북한 군사력이 일촉즉발의 사태로 대치하고 있는 상황이라서 전면전쟁으로의 확산 가능성이 클 것이기 때문이다. 1994년 영변 핵발전소에 대한 정밀타격 방안에서도 이 계획을 총괄했던 카터(Asheton Carter) 당시 국방차관보는 전면전쟁으로의 확전 가능성 때문에 포기하였다고 기술하고 있다(Carter and Perry 1999, 129). 북한이 핵무기까지 개발하자 전면전쟁의 위험성이 더욱 커졌고, '전략적 인내(strategic patience)'라면서 소극적인 정책을 선택함에 따라 오바마(Barack Obama) 행정부에서는 군사적 행동이 거의 논의되지 않았다.

동시에 미국에서도 예방타격을 시행하기 위한 정치적 어려움으로 인하여 상대방의 핵미사일이 발사되기 직전에 파괴하는 개념을 중요시하고 있다. 이것은 "발사의 왼편(left of launch)" 개념으로서 중 · 단거리 미사일 공격의 경우 발사 후 요격을 위한 시간이 적고 확률이 높지 않기 때문에 발사되기 전에 타격해야 한다는 문제의식에서 제기된 공격의 방식이다(Kemp 2017). 이것은 선제타격과 유사한 개념이지만, 발사의 임박성이 더욱 큰 상황을 상정하고 있다. 다만, 이를 위해서는 우주 또는 공중에 정밀한 정찰체계가 존재해야 하고, 결심이 내려지는 순간 즉각 타격할 수 있는 타격 수단이 준비되어야 하는데, 이 준비의 현실성이 크지 않다. 따라서 이것은 지향목표로서는 의미가 있지만, 현실적인 대안으로 강조하기는 어렵다.

트럼프 대통령이 취임한 직후부터 북한이 미사일 시험발사를 실시하자 "모든 대안을 고려한다(Put all options on the table)"라는 말로 군사적 행동 즉 예방타격의 가능성을 시사하기 시작하였다. "화염과 분노(Fire and Fury)"라고 말하면서 군사적 대결도 불사하겠다고 위협하기도 했다. 북한이 핵탄두를 장착한 ICBM을 갖도록 허용해서는 안 된다는 것이 미국 정부의 근본적인 입장이었기 때문이다(McInnis, et al. 2017, 11). 그러나 트럼프 대통령의 경우 실제 군사적 행동에 나설 의도는 별로 없었던 것으로 보인다. 그만큼 위험성이 크기 때문이다. 그러던 차에 북한이 협상을 제의하자 트럼프 대통령은 이를 수용하였고, 따라서 재임기간 동안 군사적 옵션은 더 이상 논의되지 않았다.

바이든 대통령은 트럼프 대통령보다는 원칙적인 입장이어서 북한과 헛된 비핵화 협상에는 나서지 않겠지만, 그렇다고 하여 군사적 옵션을 적극적으로 사용하기는 쉽지 않다. 북한의 핵능력이 강해져서 한 번의 공격으로 모두 파괴시키기도 어렵지만, 북한이 미 본토에 보복공격을 가할 위험성도 무척 커졌기 때문이다. 1994년에는 북한에 의한 남한 공격을 유발함으로써 발생하는 대량살상을 두려워했지만, 지금은 미 본토의 도시에 북한의 핵미사일이 발사될 위험성까지 고려해야 한다. 결국 북한은 비핵화 협상 기간 동안 핵능력을 강화함으로써 미국이 군사적 옵션을 검토할 수 없는 상황을 조성하는 데 성공하였고, 이러한 점에서 상당한 전략적 성과를 달성했다고도 볼 수 있다.

3) 함의

북한이 수십 개의 핵무기를 개발하였을 뿐만 아니라, ICBM과 SLBM을 개발하여 미국의 확장억제 이행을 어렵게 만들고 있고, 한국을 공격하기 위한 전술핵무기까지 개발하고 있으며, 핵무력을 중심으로 하는 국방력을 증강하여 남북통일을 조기에 달성하고자 하는 상황에서 한국이 정당성에만 초점을 맞춘 나머지 선제타격에만 고착되어서는 곤란하다. 북한이 한국을 핵미사일로 공격하겠다고 위협하는 상황에서 핵공격을 회피하면서 국가와 국민을 보호할 수 있는 유일하면서도 현실적인 방안은 그것을 지상에서 파괴하여 제거하는 것이기 때문이다. 예방타격은 하지 않아도 될 전쟁으로 상황을 악화시킬 수 있는 위험이 있지만, 아무런 사전조치도 강구하지 않다가 핵공격을 당하거나 핵위협에 굴복해야 하는 위험보다는 작다. 예방타격은 최선이라서 결행하는 것이 아니라 예방해야 할 결과가 감당할 수 없을 정도로 위험하고, 예방타격으로 인한 이점이 비용을 훨씬 상회하기 때문에 실시하는 것이다.

예방과 선제의 개념적 구분에 얽매이는 것이 무의미하다는 차원에서 제기된 것이 차단타격이나 사전주의 타격이다. 국가의 지도자들이 적의 공격을 사전에 파괴시킬 수밖에 없다고 판단될 경우 개념적인 제약없이 결정을 내려서 시행하도록 하는 것이 중요하기 때문이다. 정당성을 확보하고자 조치를 지체하다가 핵공격을 당하여 초토화됨으로써 반격도 하지 못한 채 굴복해야 되는 것은 너무나 어리석은 결말일 것이기 때문이다. 한국은 선제타격과 같은 개념에 지나치게 구애받지 않은 채 주어진 상황이 어느 정도로 절박한 것인가를 냉정하게 판단하여 그에 맞춰서 필요한 행동을 결심 및 시행할 수 있어야 한다.

이러한 점에서 딘스타인이 제시한 '차단타격'이라는 용어는 한국에게 매우 유용할 수 있다. 북한의 적극적 핵무기 개발로 한국은 선제타격을 위한 명백한 징후를 발견할 때까지 기다릴 여유가 적어진 상태가 되었기 때문이다. 이러한 점에서 한국과 이스라엘의 여건에도 유사성이 클 수 있다. 실제 시행에 있어서는 한국군 나름대로 독창적인 용어를 만들어 사용하더라도 일단은 '차단타격'의 개념을 활용하여 북한이 핵공격으로 위협하는 상황에서 적극적으로 조치하여 파괴시키는 데 필요한 결정과 조치의 융통성을 증대시킬 필요가 있다.

3. 차단타격의 적절성 평가

예방타격은 그 시점이나 상황의 제약이 적지만, 차단타격은 상대방의 공격 의도가 어느 정도 드러나는 등 최소한의 시행 명분을 필요로 한다. 예를 들면, "북한이 남한에 대하여 핵무기 공격을 가하겠다고 위협하는 상황" 정도는 주어져야 할 것이다. 그러한 상황이 도래하였을 경우 한국 정부가 차단타격을 감행해야 할 것인가를 평가해보자.

1) 절박성

한국의 현 능력으로는 북한이 고체연료용 단거리 미사일을 이동식 발사대로 발사하고자 하는 것을 발견한 이후부터 그것이 발사될 때까지 5분 이내에 전략타격을 감행하여 파괴하기는 어렵다. '킬 체인'의 '탐지 → 식별 → 결심 → 타격'의 과정을 순환시키는 데 30분 가까운 시간이 소요될 것이기 때문이다. 특히 탐지와 결심의 부분에서 예상하지 못한 상당한 지체가 발생할 가능성이 크다. 또한 한국의 미사일 방어체제가 공격해오는 북한의 핵미사일을 요격할 수 있을 가능성은 크지 않다. 요격미사일의 숫자도 모자라지만, 요격을 위한 시간과 고도가 확보되지 않을 것이기 때문이다. 그렇다고 하여 국민보호를 위한 의무를 포기할 수는 없다. 유일한 방법은 북한의 핵미사일 공격이 가해지기 30분 전에 전략타격을 위한 '킬 체인'을 가동시키는 것이고, 이를 위해서는 적의 명백한 공격 징후가 드러났을 때가 아니라 그보다 빠른 시점에서 '탐지 → 식별 → 결심'의 과정이 행해져야 한다. 다른 말로 하면, 북한의 고체연료용 단거리 미사일이 5분 이내에 발사된다고 가정할 경우 그 미사일의 발사 준비를 탐지하기 25분 전에 킬 체인의 가동이 시작되어야 한다.

문제는 북한이 핵미사일 공격을 실제로 감행할 가능성이 어느 정도이고, 그 정도를 어떻게 판단할 것이냐는 것이다. 북한이 핵공격으로 위협하더라도 대화나 다른 수단으로 상황을 해결하고자 의도한 상태에서 위협하는 수준일 수도 있을 것이기 때문이다. 다만, 그러한 해결 가능성을 기대하다가 결심의 순간을 놓칠 경우 차단타격을 위한 킬 체인의 가동시간이 주어지지 않아서 아무런 조치도 강구하지 못한 채 핵공격을 받고 말 위험성이 있다. 정확한 절박성의 정도는 국가 및 군 수뇌부들이 당시에 가용한 정보를 바탕으로 판단할 수밖에 없지만, 북한이 노골적으로 핵공격을 가하겠다고 위협하는 상황이라면 차단타격을 위한 절박성이 존재한다고 봐야 한다.

2) 정당성

현재의 국제법으로는 차단타격이 허용되지 않지만, 북한이 핵미사일로 공격하겠다고 위협하는 상황이라면 차단타격이 결행된 후 유엔을 비롯한 국제사회가 한국의 조치를 무조건 불법적인 것으로 규정하거나 강력한 제재를 가할 가능성은 크지 않다. 북한이 핵공격의 의도를 분명히 노출시켰기 때문이다. 이스라엘이 1981년 이라크의 핵발전소를 예방타격으로 파괴하였을 때도 국제사회는 이스라엘의 설명에 어느 정도 수긍하여 제재에 이르지 않았다. 미국이 유엔안보리의 상임이사국으로서 제재를 막아줄 가능성도 작지 않다.

남북한의 특수성도 북핵에 대한 차단타격을 정당화하는 데 도움이 될 수 있다. 남북한은 서로를 국가로 인정하지 않고 있을 뿐만 아니라 현재도 6 · 25전쟁의 휴전상태이기 때문이다. 북한이 핵미사일 공격으로 위협하였다는 것은 북한이 휴전상태를 먼저 파기한 것으로 볼 수 있다. 한국이 먼저 행동한 것으로 평가된다고 해도 한국의 차단타격은 남북 한의 휴전협정 위반이지 유엔 헌장의 위반은 아닐 수 있다. 1981년 오시라크 공격 후 이스라엘은 자신과 이라크가 서로를 국가로 공인한 적이 없다는 점에서 전시상태이고, 그 이유로 타격이 합법하다고 주장하기도 했다(Ford 2004, 30).

3) 위험성

예방타격과 차단타격은 도박이라고 할 정도로 위험성이 큰 방안이다. 성공하면 북핵 위협을 일거에 제거하게 되지만, 실패하면 남한에 대한 북한 핵미사일 공격을 자초할 수 있기 때문이다. 차단타격은 일어나지 않을 수도 있는 핵전쟁을 발발시키는 결과가 될 수도 있다는 것이다. 북한이 핵공격으로 위협하는 상황이라고 할지라도 평화적 해결의 가능성이 전혀 없다고 볼 수는 없을 것이라서 차단타격의 이러한 위험성은 매우 크게 인식될 수 있다.

차단타격을 통하여 북한이 보유하고 있는 모든 핵무기를 파괴시키지 못할 가능성도 작지 않다. 북한은 다수의 은밀한 장소에 핵무기를 숨겨두었을 것이고, 공격하겠다고 위협하는 상황이라면 보안의 정도를 더욱 강화하였을 것이기 때문이다. 실패할 경우 차단타격은 북한에게 핵공격 감행의 명분을 제공하게 될 수 있다. 이러한 점에서 차단타격은 한 번의 타격으로 종료될 수 없고, 1차 타격 후 항공기들이 공중에 대기하면서 추가로 발견되는 표적을 계속 타격할 수 있어야 한다. 그런데, 그렇게 하면 전면전쟁으로 악화될 가능성은 매우 커진다. 따라서 차단타격의 실행을 위해서는 한 번 또는 연속적인 공격으로라도 북한의 핵미사일을 모두 파괴시킬 수 있다는 자신이 있어야 하고, 나아가 북한이 더 이상 확전을 감행할 수 없을 것이라는 판단이 전제되어야 한다.

4) 실행가능성

한국군은 차단타격 실행을 위한 충분한 능력을 구비하고 있다. 한국 공군이 보유하고 있는 F-15와 F-16 전투기, 스텔스 전투기인 F-35, 공중급유기를 총동원하면 상당한 정밀성과 파괴력이 보장될 것이기 때문이다. 북한의 공군력이 미약하여 남한의 공군기들은 최대의 활동을 보장받을 수 있다. 현무계열의 탄도 및 순항미사일의 정확도도 낮지 않다. 따라서 일거에 필요한 표적의 대부분을 동시에 타격할 수 있고, 공중에 대기하면서 출현하는 표적도 수시로 타격하여 파괴시킬 수 있다. 미국이나 일본의 공군력을 활용할 수 있다면 실행 가능성은 훨씬 커질 수 있다.

다만, 한국군의 정보역량이 차단타격을 충분히 지원하지 못할 가능성이 크다. 한국은 고도도 무인정찰기 등 상당한 기술정보 능력은 어느 정도 보유하고 있지만, 그의 정확성을 보완 및 확증해줄 수 있는 인적정보 자산은 매우 부실하기 때문이다. 아직 군사위성도 확보하지 못한 상태이다. 그리고 기습성과 정밀성이 필수적인 차단타격일수록 강도 높은 훈련의 반복이 필요한데, 한국과 같은 좁은 지형에서는 훈련 자체가 어렵다. 따라서 평소부터 충분한 정보수집과 훈련이 보장되지 않을 경우 차단타격은 예상치 못한 다양한 어려움에 부딪쳐서 혼란만 야기한 채 실패로 끝날 수 있다.

5) 국내여론

북한이 핵공격으로 위협하는 상황이더라도 국민여론이 차단타격을 지지할 것으로 확신하기는 어렵다. 1994년 미국이 북한의 영변 핵시설을 정밀타격하여 제거하겠다는 계획이 공개되었을 때도 대다수 국민들은 반대하였다. 2017년 북한의 연속적 핵실험과 미사일 시험발사에 대응하여 미국이 선제타격 가능성을 거론하였을 때도 "나도 죽고 너도 죽고 모두 죽자는 말"이라면서 반대하는 국민들이 많았다. 2017년 9월 북한이 수소폭탄 실험에 성공한 직후의 여론조사에서도 선제타격에 대한 국민의 여론은 찬성 33%, 반대 59%였다(한국갤럽 2017). 비핵화 협상이 전개되기 직전인 2018년 1월 동아일보가 실시한 여론조사에서도 찬성 34.5%, 반대 60.7%였다(신진우 · 신나리 2018, 5).

차단타격에 대해서는 국내법적인 제약도 예상할 수 있다. 법적으로는 휴전상태이지만 평시로 인식되는 현 상황에서 북한을 공격하는 것은 헌법 정신에 부합되지 않기 때문이다. 한국의 헌법 5조에서는 "침략적 전쟁을 부인한다"라고 되어 있는데, 북한의 핵미사일 공격 위협을 구실로 차단타격을 실시하는 것은 침략적 행위라고 평가될 수 있다.

6) 지도자 의지

차단타격과 같은 위험한 조치는 결국 국가지도자가 고독하게 결정해야 할 가능성이 크다. 대한민국 헌법 제66조에서 대통령에게 "국가의 독립과 영토의 보전, 국가의 계속성과 헌법의 수호"라는 책무와 국군통수권자로서의 권한을 부여한 것도 그러한 역할 때문이다. 그런데, 국민의 선거에 의하여 선출되는 제한된 임기의 대통령이 차단타격과 같은 위험한 결정을 혼자서 내리기는 쉽지 않다. 마지막 순간까지 대화를 통하여 해결해야 한다면서 지체하다가 적정시기를 놓칠 가능성이 오히려 크다.

차단타격과 같은 위험한 결정을 내리려면 국가지도자가 군사에 관하여 상당한 안목을 지니고 있어야 할 것인데, 한국의 정치풍토에서 그러한 사람이 국가지도자로 선출될 가능성은 크지 않다. 군사전문가나 충분한 안보 및 국방의 경험을 가진 사람이 정치지도자로 변신하는 것이 어려운 현실이기 때문이다. 정치인의 경우 안보나 국방에 관한 지식이나 경험이 적어서 차단타격을 지체할 경우의 위험을 제대로 인식하지 못할 것이고, 군사전문가의 조언을 적극적으로 수용하지 않을 가능성도 크다.

7) 평가

"북한이 남한에 대한 핵무기 공격을 위협하는 상황"에서 차단타격 시행에 관한 앞의 검토를 종합해보면 〈표 7〉과 같은데, 현 상황에서 실현될 가능성은 크지 않다고 평가된다. 절박성과 정당성은 존재하지만, 위험, 실행 가능성, 국내여론의 지지, 지도자의 의지 등은 미흡하기 때문이다. 북핵 위협이 현재처럼 심각해지는 동안에 한국에서 예방타격은 물론이고, 선제타격에 대해 한 번도 제대로 토의하지 않았던 이유이기도 하다.

〈표 7〉 차단타격에 대한 요소별 평가 결과

	절박성	정당성	위험성	실행가능성	국내여론	지도자 의지
평가결과	○	○	×	△	×	△

그러나 객관적으로 한국이 처한 상황을 평가해보면 차단타격의 필요성은 무척 커졌다. 현재 상태대로는 북한이 고체연료용 미사일로 기습적인 핵무기 공격을 가할 경우 한국은 아무런 조치도 강구하지 못한 채 초토화 또는 항복하는 상황이 전개될 수 있기 때문이다. 따라서 차단타격에 대한 활발한 논의를 통하여 그의 장단점을 국민들에게 정확하게 인식시킬 필요가 있고, 확전에 대한 위험과 우려를 감소시키기 위한 다양한 대책을 개발해 나가야 한다. 무엇보다 국가지도자부터 북핵의 억제와 방어에 관한 제반 사항을 충분히 숙지할 필요가 있고, 국가지도자 선출 시 북핵에 대한 대응방안 보유 여부도 중요한 평가요소로 고려해야 할 것이다.

현재 한국의 킬 체인이 30분으로 구축되어 있기 때문에 문제는 북한이 남한에 대하여 핵무기로 공격하겠다고 결정할 경우 그것을 최소한 30분 전에 파악하여야 차단타격 결행이 가능하다는 것이다. 또한 북한이 아무런 위협도 하지 않은 상태에서 기습적으로 핵공격을 감행할 경우에는 대책이 없다. 이러한 점에서 한국은 북한 지도부에 대한 정보수집능력을 강화하여 핵공격에 관한 명령의 하달 여부를 정확하게 파악할 수 있어야 할 것이다. 차단타격의 결행을 위한 '징후목록'을 사전에 만들어둠으로써 발견되는 징후의 급박성 정도에 근거하여 준비조치를 강구하다가 '킬 체인' 소요시간보다 더욱 빠른 시점에서 차단타격의 결심을 내릴 수 있는 체제를 구축해두어야 한다. 당연히 다양한 논의와 시뮬레이션을 통하여 이 체제의 적절성을 지속적으로 향상해 나가야 할 것이다.

4. 결론

한국은 현재 북핵이라는 심각한 국가안보 위협에 직면하고 있다. 휴전상태로 대치하고 있는 북한이 수십 개의 핵무기를 보유하고 있을 뿐만 아니라 ICBM과 SLBM까지 거의 완성하여 동맹국인 미국의 확장억제 이행을 어렵게 만들고 있기 때문이다. 북한은 2021년 1월 당대회에서 통일을 앞당기겠다고 공언하기도 했다. 특히 2022년 9월에는 작전적 필요성에 의하여 핵무기를 사용할 수 있다면서 그 다섯 가지 상황을 명시하기도 했다. 외교적인 북핵 폐기 노력도 지속해야 하고, 미국의 확장억제 강화책도 논의해야 하지만, 최악의 상황에서 북한이 핵무기 공격을 가하겠다고 위협할 경우 이것을 제거하여 국민의 안전을 보장하기 위한 방안도 검토 및 대비하지 않을 수 없다.

지금까지 한국군은 전략타격이라는 명칭 하에 북한의 핵공격이 임박하다는 '명백한 징후'가 존재할 경우 타격한다는 입장을 견지해오고 있다. 북한이 미사일에 핵연료를 주입하는 데 30분 정도의 시간이 걸릴 것이라는 전제 하에 그 시간 내에 '탐지 → 식별 → 결심 → 타격'의 '킬 체인'을 완료한다는 개념을 설정하고, 그를 위한 역량을 강화해왔다. 그러나 북한이 고체연료용 엔진을 개발함으로써 연료주입 시간 없이 바로 핵미사일 발사가 가능해져 '킬 체인'을 완료할 시간이 주어지지 않게 되었다. 아무리 노력해도 '탐지 → 식별 → 결심'을 위한 시간의 단축에는 한계가 있기 때문에 '킬 체인'의 가동 시점을 앞당길 수밖에 없다. 따라서 "북한이 남한에 대하여 핵무기 공격을 가하겠다고 위협하는 상황"이 도래할 경우 북한의 핵무기를 사전에 제거하기 위한 작전을 전개하지 않을 수 없고, 이러한 점에서 '차단타격'의 개념에 대한 적극적 논의가 필요하다고 할 것이다.

현 상황에서 "북한이 남한에 대하여 핵무기 공격을 가하겠다고 위협하는 상황"이 도래할 경우 한국의 차단타격 시행 여건은 높지 않다. 절박성, 정당성, 위험성, 실행가능성, 국내여론, 지도자의 의지라는 6가지 요소를 적용해볼 때 절박성과 정당성 이외에는 차단타격의 시행이 어려운 상황이다. 그렇다고 하여 차단타격을 시행하지 못할 경우 북한의 핵공격을 받아서 초토화되거나 항복할 수밖에 없기에 한국은 차단타격의 시행 여건을 개선해 나가지 않을 수 없다. 한국은 차단타격의 위험성을 최소화하고, 실행가능성을 높이며, 국내여론의 지지도를 높이고, 지도자가 필요한 결심을 내릴 수 있도록 필요한 사전 조치를 강구해 나가야 한다. 북핵 위협이 악화될수록 차단타격 이행을 위한 여건을 서둘러 개선해 나가야 할 것이다. 결국 차단타격의 결행 여부는 지도자가 고독하게 결정할 수밖에 없다는 차원에서 북핵 위협이 심각해질수록 핵위협의 억제와 방어에 관하여 충분한 지식을 가진 국가지도자를 선출해야 할 필요성도 부정할 수 없다.

한국이 차단타격을 결행하고자 할 경우 미국의 탁월한 정보력과 정밀군사력을 활용한다면 그 성공의 가능성은 무척 커질 것이다. 다만, 미군의 도움을 요청하는 만큼 미국의 간섭을 수용해야 할 것이고, 그 결과로 차단타격의 결행은 더욱 어려워질 수 있다. 1970년대 남베트남의 사례에서처럼 아무리 동맹국이라도 미국이 한국의 안보를 끝까지 책임

지지는 않을 것이고, 자국의 안보를 우선시할 것이기 때문이다. 결국 자국의 안보에 대한 최종적인 책임은 자국이 갖는 것이고, 따라서 한국은 필요하다고 판단할 경우 독자적으로 차단타격을 결행하겠다는 각오를 가져야 한다. 다만, 미국의 결행 의지가 크다고 판단될 경우 한국은 미군과 차단타격의 필요성과 유사시 이행방안을 적극적으로 토의하고, 공동으로 계획을 수립하며, 가능하다면 역할분담까지 검토할 수 있을 것이다.

13
미사일 방어

대부분의 핵무기가 탄도미사일로 발사되기 때문에 구체적으로는 '탄도미사일 방어(BMD)'라고도 하는 미사일 방어는 상대방이 발사한 핵미사일을 공중에서 요격하여 파괴하는 방어의 방법이다. 이것은 기술적인 실현 가능성이 문제이지만, 개념 자체는 방어적일 뿐만 아니라 노력한 바가 누적되기 때문에 대부분의 국가들이 선호하면서 꾸준히 추진하고 있다. 미국이 이의 선도적이고, 미국의 다른 우방국은 물론이고 중국과 러시아도 적극적으로 추진하고 있다. 다만, 한국의 경우 북한과 인접하여 서울과 같은 남한 북부지방의 경우 효과적인 미사일 방어를 위한 사거리와 고도가 보장되기 어렵다는 근본적인 한계가 존재한다. 그럼에도 불구하고 미사일 방어는 진전되는 만큼 억제와 방어효과가 높아질 수 있고, 예상자위 실패 시 피해를 줄일 수 있다.

한국은 1990년대부터 미사일 방어에 관심을 갖고 노력하였지만, 아직도 그 능력이 매우 미흡한 수준이다. 앞에서 언급한 원초적인 한계도 있지만, 미사일 방어에 대한 한국의 이해와 접근방법이 잘못된 원인도 작지 않다. 동일한 북한의 핵위협에 대하여 동일한 기간에 일본이 노력해온 바와 비교하면 그동안 한국이 구축한 바는 매우 미흡한 수준이다. 유사한 여건인 한 · 일 간의 비교를 통하여 한국 미사일 방어의 현주소를 냉정하게 인식 및 반성하고, 교훈을 도출하여 미사일 방어의 질을 높여 나갈 필요가 있다.

1. 미사일 방어의 개념과 실태

1) 기본개념

미사일 방어는 항공기 방어의 개념을 미사일에 적용하는 방식으로서, 공격해오는 상대방의 미사일을 직격파괴(直擊破壞, hit-to-kill), 즉 미사일의 몸체를 직접적으로 타격하여 파괴시킨다는 개념이다. 미사일에는 로켓을 지속적으로 분사하면서 비행하는 순항미사일(cruise missile)과 로켓의 1~3회 집중적 분사 후 그 추진력으로 비행하는 탄도미사일(ballistic missile)이 있는데, 후자가 속도가 빠르고 탑재중량이 커서 핵무기 운반에 주로 사용된다. 그래서 핵미사일 방어는 후자에 대한 방어이고, 통상적으로 Ballistic Missile Defense(BMD)라고 부른다(한국에서 '미사일 방어'를 'MD(Missile Defense)'라는 영어 약어로 표시하는 것은 타당하지 않다).

소련이 1949년 원자폭탄과 1953년 수소폭탄 개발을 성공시키자 미국은 '대량보복전략'을 정립하여 억제에 노력하면서도, 소련이 핵미사일로 공격해오는 최악의 상황까지 대비하고자 노력했다. 당시에는 빠르게 비행하는 핵 탄도미사일을 공중에서 요격하는 것이 불가능하다고 생각하였기 때문에 미국은 1956년부터 '나이키 제우스(Nike Zeus)'라는 명칭으로 소련의 핵미사일을 북극 상공에서 다른 소규모 핵폭탄을 폭파시켜 파괴한다는 개념으로 접근하였다. 미국은 '센티넬(Sentinel)' 또는 '세이프가드(Safeguard)'로 명칭을 변경하면서 이의 구현에 노력했지만, 이 방법은 핵폭발의 부작용이 커서 결국 포기하게 되었다. 그러면서 미국은 소련과 대탄도탄조약(Anti-Ballistic Missile Treaty)을 체결하여 서로가 방어체제를 구축하지 않기로 약속하고 말았다.

그럼에도 불구하고 소련이 핵미사일로 공격할 경우 마땅한 방어책이 없다는 사실은 미국을 항상 불안하게 만들었다. 미국과 소련 간에 '직통선(hot-line)'을 설치하여 실수나 우연으로 인한 핵전쟁의 확전을 막고자 노력했듯이, 어떤 예상치 못한 원인으로 핵미사일이 발사될 우려도 없지 않았다. 그러던 상황에서 소련이 대피소 구축 등 대대적인 민방위 활동을 통하여 '전략적 방어(strategic defense)'를 적극 추진하였고, 그런 상태에서 미 · 소 양국이 대량보복 개념에 근거하여 서로의 보복력을 교환한다면 미국이 더욱 큰 피해를 입을 수밖에 없다고 판단하였다. 결국 1983년 레이건(Donald Reagan) 대통령은 대량보복이라는 '전략적 공격(strategic offense)'에만 중점을 둔 방법을 바꿔서 소련처럼 '전략적 방어'도 가미하지 않을 수 없다고 판단하였다. 다만 소련과 달리 대대적인 민방위 활동보다는 공격해오는 상대방의 핵미사일을 공중에서 직격파괴, 즉 요격(邀擊, interception)하는 개념을 구현하도록 지시하였다. 이에 따라 미군은 이 방법을 BMD로 명명하면서 그 구현에 노력하였고, 결국 20년 정도가 지난 부시(George W. Bush) 대통령 때 직격파괴 기술에 성공하여 2004년 최초의 요격미사일을 배치하게 되었다. 이로써 핵전쟁과 관련하여 미사일 방어가 중요한 요소가 되었고, 이후부터 기술이 더욱 발달되면서 그 비중이 지속적으로 높아지고 있다.

아직까지 공격해오는 미사일에 대한 직격파괴는 완벽하지 못하다. 다양한 형태의 미사일을 요격해야 할 뿐만 아니라 고도에 따라서 공기의 밀도와 온도 등 환경이 무척 달라서 정밀한 요격을 보장하기가 어렵기 때문이다. 따라서 미군은 다층방어(multi-layer defense) 개념을 설정하여 수차례에 걸친 요격으로 파괴 확률을 높이는 방식을 적용하고 있다. 그 방어의 층은 ICBM에 대한 방어와 중·단거리 미사일의 경우가 다소 다른데, ICBM의 경우 공중에 머무는 시간이 많아서 높은 고도에서 요격할 수 있지만, 중·단거리 미사일은 단시간 내에 지표면 가까이에서 요격해야 해서 단계의 구분이 어렵기 때문이다.

미국은 ICBM으로부터 본토를 방어할 때는 그것이 발사되는 부스트 단계(boost phase), 대기권 바깥을 비행하는 중간경로 단계(midcourse phase), 표적을 향하여 돌진하는 종말 단계(終末段階, terminal phase)로 구분하여 단계별로 요격기술을 개발하고, 단계별로 적절한 무기체계를 개발하여 배치하고 있다. 다만, 이 중에서 부스트 단계의 무기는 레이저를 활용하여 발사되는 도중 또는 상승하는 미사일을 파괴시킨다는 개념이었는데, 순간적 집중으로 미사일을 파괴할 수 있는 정도의 에너지 산출에 성공하지 못하였을 뿐만 아니라 우주를 무기화한다는 미 의회의 반대로 제대로 추진되지 못하고 있는 상태이다.

현재 미국은 '지상배치 중간경로방어(GMD: Ground-based Midcourse Defense)' 무기로 지칭되는 ICBM 요격용 미사일을 캘리포니아와 알래스카에 44기 정도 배치하여 본토를 방어하고 있다(MDAA 2021). 이것은 모두가 완벽하게 요격한다고 해도 44기 이상의 핵미사일은 요격할 수 없다는 것이고, 따라서 미국은 그들의 미사일 방어체제가 러시아나 중국의 ICBM을 요격하기 위한 것이 아니라 불량국가들의 소수 핵미사일로부터 미 본토를 방어하기 위한 것이라고 주장하고 있는 것이다. 미국은 중간경로 방어 요격미사일 배치를 추가한다는 개념이고, SM-3 Block

II에서 보듯이 해상에서도 ICBM을 요격하는 방안을 발전시키고 있다.

2) 중 · 단거리 미사일 방어

1991년 걸프전쟁에서 이라크가 발사한 미사일에 의하여 수십 명의 미군이 사망 및 부상을 당하자 미국은 해외주둔 미군 보호를 위한 미사일 방어의 중요성도 실감하게 되었다. 이것은 중간경로 단계가 없는 중 · 단거리 탄도미사일을 공중에서 요격하는 개념으로서 초기에는 BMD와 구별하여 "전구(戰區)미사일 방어(TMD: Theater Missile Defense)"로 불렸고, 부스트 단계와 함께 종말 단계를 상층방어(upper-tier defense)와 하층방어(lower-tier defense)로 구분하여 3단계에 걸쳐 요격한다는 방식이었다.

이 중에서 부스트 단계의 방어를 위하여 미국은 2000년대 후반부터 '네트워크 중심 공중방어요소(NCADE: Network Centric Airborne Defense Element)'라는 명칭으로 요격미사일을 장착한 항공기를 체공시켰다가 부스팅하고 있는 상대의 탄도미사일을 요격하는 방안을 추진하였다. 그러나 이것 또한 현실성이 높지 않은 것으로 드러나 2010년경에 중단하였다. 부스트 단계의 효과적 대응을 위해서는 레이저의 위력을 강화해야 하는데 그것도 쉽지 않고, 그에 성공하더라도 레이저 무기를 탑재한 채 체공하는 항공기를 상대가 요격하려고 할 경우 마땅한 방어책이 없었기 때문이다. 따라서 미국의 중 · 단거리 미사일 방어는 종말 단계 상층방어와 종말 단계 하층방어로 2회 요격하는 형태로 추진되고 있다.

종말 단계 상층방어는 고도 150km 정도에서 요격하는 개념인데, 이곳은 공기가 희박하여 명중률이 높을 뿐만 아니라 하나의 포대로서 넓은 범위를 방어할 수 있다는 장점이 있지만, 요격하기 어려운 최저교전고도(minimum engagement altitude)가 있어서 그보다 낮게 비행하는 단거리 미사일의 방어에는 한계가 있다. 종말 단계 상층방어를 위하여 개발된 전형적인 무기가 THAAD(Terminal High Altitude Area Defense)인데, 이것은 대기권 내외에서 요격하는 무기로서, 이동형으로 제작되었고, 요격고도는 150km이고, 200km의 범위를 방어하며, 최저교전고도는 40km 정도이다. THAAD에 부착되어 있는 레이더(AN/TPY-2)는 600~1,000km까지 탐지가 가능하다. 미국은 2008년에 최초의 THAAD 포대를 배치하였고, 2013년에는 괌, 2017년에는 한국에도 전개시켰다. 중동지역의 경우 아랍에미리트(UAE)와 사우디아라비아가 미군의 THAAD를 구매하여 배치해 나가고 있다. 최근 미군은 THAAD 발사대를 레이더나 지휘소와 이격하여 발사함으로써 방어범위를 넓힐 수 있도록 개량하고 있다.

적과 해양으로 이격된 국가는 해상 종말 단계 상층방어 무기를 활용할 수 있는데, 이를 위하여 개발된 무기는 SM(Standard Missile)-3 요격미사일이다. 이것은 구축함에 탑재되는데, 중간경로 방어도 어느 정도 가능하여 ICBM 요격에도 활용될 수 있다. Block I은 고도는 500km이면서 사거리는 900km 정도이고, 이를 개량한 Block II의 경우 고도 1,500km에 2,500km의 사거리를 보유하고 있다. 미국은 일본 등에 해상용 SM-3를 판매하였고, 이것을 지상용으로 개량하여 2015년 루마니아와 2018년 폴란드에 배치하기도 했다.

종말 단계 하층방어는 고도 15km 정도에서 요격하는 개념인데, 이 정도의 고도에서는 공기저항이 적지 않아 공격해오는 미사일이 불규칙하게 비행하기 때문에 요격률이 높지 않고, 고도가 낮은 만큼 방어범위가 좁아서 다수의 요격미사일이 필요해진다. 이를 위하여 미국이 개발한 무기는 PAC-3로서 이것의 사정거리는 15~22km이고, 레이더는 100km 정도의 탐지거리를 갖고 있다. 미국은 PAC-3 MSE(Missile Segment Enhancement)로 개량하여 속도와 기동성을 증대시켰을 뿐만 아니라 방어범위를 확장하고 있다. 현재 세계에서 10여 개의 국가들이 PAC-3를 구매하여 자국 방어에 활용하고 있다.

종말 단계 상층방어와 하층방어의 범위는 해당 국가의 상황과 여건에 따라서 조정될 수 있다. 예를 들면, 상대와 인접하여 단거리 미사일 위협이 클 경우에는 상층방어를 이등분하여 2회의 요격을 보장하고자 노력할 수도 있다. 그럼에도 불구하고 현대의 미사일 방어는 미국이 주도하고 있다는 점에서 위에서 설명한 미국의 개념과 무기체계가 중 · 단거리 미사일 방어의 기본으로 작용하는 것은 분명하다.

3) 세계적 사례

중 · 단거리 미사일에 대한 방어는 미국, 러시아, 중국과 같은 강대국을 제외한 대부분의 국가들에게 필수적인 과제인데, 핵심은 종말 단계 방어를 위한 요격미사일의 확보로서 대부분 미국과의 협력을 통하여 추진해 나가고 있다. 알파벳 순서로 볼 때 오스트레일리아, 바레인, 체코, 덴마크, 프랑스, 독일, 그리스, 이스라엘, 이탈리아, 일본, 요르단, 쿠웨이트, 나토, 네덜란드, 오만, 폴란드, 카타르, 한국, 루마니아, 사우디아라비아, 스페인, 타이완, 터키, 우크라이나, UAE, 영국이 미국과 미사일 방어를 위하여 협력하고 있는 국가들로서, 이들의 대부분은 PAC-2 또는 PAC-3 지상요격미사일을 미국으로부터 구매하거나 THAAD

나 SM-3 미사일을 구매하거나 미국의 이들 배치를 허용하고 있다(MDAA 2021).

미국의 상당한 재정적 지원을 받으면서 자체적으로 중 · 단거리 미사일 방어 구축에 노력해온 국가는 이스라엘로서, 기본적으로는 미국과 유사한 종말 단계 상층방어와 종말 단계 하층방어로 구분하여 조직하고 있지만, 독특성도 없지 않다. 이스라엘은 종말 단계 상층방어 개념으로 1986년부터 애로우(Arrow)를 미국과 공동개발하여 1988년에는 애로우-1, 2000년에는 애로우-2를 배치하였다. 이스라엘은 사거리를 더욱 연장한 애로우-3를 개발하여 2017년부터 배치하였고, 2019년 7월 미국 알래스카에서 시험을 실시하여 성공하기도 했다. 종말 단계 하층방어를 위하여 이스라엘은 미국의 PAC-3를 보유하고 있을 뿐만 아니라 '데이비즈 슬링(David's Sling)'이라는 고유한 요격미사일도 개발하여 추가하였다. 이것은 2018년부터 배치되었는데, 사거리가 160km로서 PAC-3와 THAAD 중간 정도의 성능으로 볼 수 있다. 이스라엘은 또한 로켓이나 포탄 공격을 요격할 수 있도록 아이언 돔(iron dome)을 개발하여 2011년부터 배치하고 있다.

이렇게 볼 때 각국의 위협과 국내적 여건에 따라서 그 개념과 형태는 다소 상이할 수 있지만, 전 세계는 미사일 방어의 비중을 점점 높여나가고 있다. 다만, 그 기술을 적극적으로 공개하지 않아서 잘 알려지지 않은 러시아와 중국, 다른 어떤 나라보다 미사일 방어에 강하게 의존하고 있는 이스라엘을 제외하고는 대부분 미국의 무기체계를 도입하는 경향을 보이고 있다. 결국 대부분 국가의 미사일방어 수준은 미국과 어느 정도 긴밀하게 협력하고 있느냐에 따라서 결정된다고 할 것이다.

2. 한국의 일본의 미사일 방어 수준

1) 한국의 경우

한국은 1983년 미국의 레이건 대통령이 '전략적 방어'를 제안하면서 협조를 요청하자 조사단을 파견하기도 했고, 1991년 걸프전쟁에서 이라크의 탄도미사일이 다수의 미군을 사망시킨 사건을 목격한 이후 미사일 방어를 적극적으로 추진한다는 방침을 설정하였다. 그러나 김대중 정부 출범으로 북한과의 화해협력이 우선시되면서 미사일 방어에 관한 사항은 순위가 뒤처지기 시작했고, 미국과의 협력을 망설이는 입장을 선택하게 되었다.

노무현 정부가 출범하면서 한 · 미동맹에 관하여 자주를 중시하는 시각이 확산되는 와중에 반미성향을 가진 일부 지식인을 중심으로 "한국의 미사일 방어체제 구축 = 미국 MD 참여"라는 등식이 대두되었다 (당시 이를 주장하는 인사들은 미국의 미사일 방어를 꼭 'MD'라는 약어로 호칭하였는데, 이 호칭은 미국 부시 행정부의 럼스펠드 국방장관이 BMD와 TMD를 통합한다는 명분으로 잠시 사용하였을 뿐이고, 그 이전이나 지금까지 미국이 사용하고 있는 공식 명칭은 BMD이다). 이것은 진실이 아닌 루머였지만 미사일 방어에 생소하던 다수의 지식인, 언론, 국민들에게 그럴듯하게 수용되었고, 이로써 미사일 방어는 자주의 문제와 결부되었다. 따라서 미사일 방어에 관해서는 미국과 협력하지 않아야 한다는 잘못된 인식이 미사일 방어에 관한 한국 내 토론장을 지배하게 되었다.

국방부는 이러한 루머를 적극적으로 해명하는 대신에 논란을 회피하는 방향으로 미사일 방어 개념을 축소하였다. "한국형 미사일 방어

(KAMD: Korea Air and Missile Defense)"라는 용어를 만들면서 미국과 협력하지 않을 뿐만 아니라 미군과 협력 소지가 큰 종말 단계 상층방어는 추진하지 않는 방향, 즉 종말 단계 하층방어만 추진하는 방향으로 정책을 결정하였다. 이로써 한국의 미사일 방어는 미국이 발전시킨 '다층방어(multi-layered defense)'를 소홀히 하게 되었다. 또한 당시에는 북한과의 대화가 추진되면서 북한의 핵위협에 대한 심각성 인식도 약해져서 한국은 탄도미사일 요격용이 아닌 항공기 요격용인 PAC-2 지상 요격미사일과 SM-2 해상 요격미사일을 구매하기로 결정하기도 했다.

이명박 정부와 박근혜 정부에서는 미사일 방어의 필요성을 점점 강하게 인식하기 시작하였다. 그러나 일부 지식인, 언론, 국민들의 반미의식을 바탕으로 한 거부감이 워낙 커서 제대로 추진하지 못하였다. 결국 국방부는 미국이 아닌 이스라엘로부터 그린 파인(green pine) 레이더 2식(式, 시스템의 단위)을 구입하였고, 미군과 협력하지 않는다는 개념하에 한국의 독자적인 미사일 방어 작전통제소를 구축하기도 했다.

2014년 6월 3일 당시 스캐퍼로티(Curtis Scaparatti) 한·미연합사령관이 북한이 고(高)고도로 미사일 공격을 가할 경우 주한미군이 보유하고 있는 PAC-3로는 요격이 어렵다는 이유로 한국에 THAAD(사드)를 배치해 줄 것을 미 국방부에 요청하였다고 언급하였고, 이것이 언론을 통하여 발표되었다. 그러자 조야에서 THAAD가 배치되면 한국은 미국 미사일 방어망의 일부가 되고, 그로 인하여 중국이 한국에 대하여 군사적 조치를 가할 수도 있다는 주장이 제기되면서 강력한 반대 운동이 전개되었다. 결국 한국의 미사일 방어 논의는 THAAD 배치를 둘러싼 논란으로 전환되었고, 그러한 논란이 수년을 지속하면서 미사일 방어는 제대로 추진되지 못하였다.

다만, 북한의 핵미사일 위협이 가중되자 국방부는 한국형 미사일 방어의 범위를 다소 확대하였는바, 『2014 국방백서』에서는 종말 단계 상층방어를 미사일 방어 개념도에 포함시켜 제시함으로써 다층방어를 공식화하였다. 또한 한국군은 항공기 요격용으로 구매한 PAC-2를 직격파괴가 가능한 PAC-3로 개량하기로 결정하였고, 장거리 대공무기(L-SAM)를 미사일 요격을 위한 종말 단계 상층방어용으로 자체 개발하고, 중거리 대공무기(M-SAM)도 자체개발하여 미사일 공격에 대한 종말 단계 하층방어를 담당하면서 PAC-3를 대체한다는 방향을 제시하였다(국방부 2014, 59). 2018년에는 2028년까지 3척을 건조하고자 하는 차세대 이지스함에 SM-3 요격미사일을 장착하는 것으로 결정하기도 했다.

2018년부터 북한과의 비핵화 협상이 시작됨에 따라 미사일 방어에 대한 관심은 다시 약화되었다. 과거에는 국방백서를 통하여 미사일 방어의 개념도를 비롯하여 수 쪽에 걸쳐 그 개념을 상세하게 설명하였으나 『2018 국방백서』에서는 이에 대해 1개 문단만 기술하면서 그 내용도 "다층방어", "한국형 미사일 방어체계의 지속 발전", "미국의 미사일 방어체계와 상호운용성 강화" 등의 원론적 기술에 머물고 말았고, 이러한 경향은 『2020 국방백서』에서도 그대로 유지되었다. 북한의 핵위협 증대에 따라 가장 우선적으로 강화되어야 할 미사일 방어가 가장 무시당하고 있다고 할 것이다.

한국의 미사일 방어는 탐지, 지휘 · 통제, 요격의 세 가지 체계로 구분하여 추진되어 왔는데, 탐지체계는 그린파인 레이더를 중부지역에 배치하고 있고, 지휘 · 통제체계로는 공군작전사령부 내 탄도탄작전통제소(KTMO-cell: Korea Theater Missile Operation)가 구성되어 있다. 다만, 미군의 작전통제소(TMO-cell)와 한국군의 작전통제소가 별도로 존재함으로써 유사시 지휘의 이원화에 따른 문제점이 우려되고 있다. 또한 탐지체계는 중부지역에 배치된 그린파인 레이더와 해상의 이지스 구축함에 장비되어 있는 AN/SPY-1 레이더가 감시 및 추적하도록 되어 있는데, 이것이 다소 부족하여 한국군은 그린파인 레이더를 추가로 도입해 나가고 있다.

미사일 방어에서 가장 결정적인 요소는 요격체계인데 한국은 기존 PAC-2를 PAC-3로 개량하여 부분적인 종말 단계 하층방어를 제공하고 있지만, 서울 이외에는 도시방어를 위하여 배치되어 있지 않고, 주로 공군비행장을 방호하고 있다. 또한 한국이 자체적으로 추진하는 M-SAM과 L-SAM의 경우 성능이 제대로 공개되지 않은 상태이고, 아직 항공기 요격무기로 분류되어 있듯이(MDAA 2021), 그것이 공격해오는 상대의 미사일을 정확하게 직격파괴할 수 있는지 여부가 입증된 것은 아니다. M-SAM의 경우는 개발이 완료되었으나 이제 전력화를 추진해 나가고 있고, L-SAM은 개발 자체가 지연되고 있다. 따라서 한국군 자체의 요격능력은 무척 제한되는 상태이다. 추가로 경상북도 성주군에 미군의 THAAD 1개 포대가 배치되어 있는데, 지역 주민들의 지속적인 반대로 효과적으로 가동되지 못하는 상황이고, 가동된다 하더라도 대한민국 영토의 1/3~1/2 정도의 지역에 대하여 종말 단계 상층방어를 제공할 뿐이다. 미군이 이 THAAD의 발사대와 레이더를 이격시키거나 PAC-3와의 연계를 보장하는 방향으로 성능을 개량하고 있어서 그 방어범위는 다소 확대될 전망이다. 주한미군이 다수의 PAC-3를 보유하고 있지만, 그것은 미군부대 방어용이고, 작전통제소가 분리되어 있어서 한국 보호를 위해 사용하기는 어렵다.

2) 일본의 경우

1993년 북한이 핵확산금지조약을 탈퇴하자 일본은 북한의 핵미사일 위협이 도래할 것을 우려하여 "전구미사일 방어 실무단(TMD-WG: Theater Missile Defense-Working Group)"을 미군과 함께 구성하였다. 그러다가 1998년 8월 31일 북한이 발사한 '대포동 1호'가 일본 영토 상공을 거쳐 1,600km 정도 비행하자, 일본은 미사일 방어를 서둘러 추진해야겠다고 판단한 후 일본의 상황에 부합되는 미사일 방어의 청사진을 미군과 공동으로 연구하기 시작했다. 그리고 이들이 공동연구하여 제시한 건의안을 바탕으로 일본은 2003년 12월 안전보장회의와 각의의 결정을 통하여 PAC-3 지상배치 요격미사일, SM-3(Block IA) 해상배치 요격미사일을 중심으로 한 미사일 방어의 기본방향을 결정하였다. 당시 계획은 SM-3를 구비한 4척의 이지스함을 확보하고, PAC-3 4개 대대(대략 12개 포대), 지상 X-밴드 레이더(FPS-5) 4식, 레이더 체계(개량된 FPS-3) 7식 등을 확보한다는 계획이었다(Takahashi 2012, 10-11). 처음부터 일본은 종말단계 상층방어와 하층방어를 체계적으로 조직한 포괄적인 미사일 방어망을 구축하기로 계획하였다고 할 것이다.

2005년 10월 일본은 미국과 미사일 방어 작전에 관한 양국의 노력을 통합하기 위한 미 · 일 통합운용조정소(BJOCC: Bilateral Joint Operation Coordination Center)를 구축하기로 결정하였고, 2005년 12월 중국의 대륙간탄도미사일 요격이 가능한 SM-3 Block IIA를 미국과 함께 개발하는 것으로도 결정하였다. 특히 2006년 7월 5일 북한이 '대포동 2호'를 포함한 7기의 중 · 장거리 미사일을 발사하자 일본은 PAC-3 획득 일정을 앞당겨 2007년부터 배치하기 시작하였고, 2010년부터는 일본 해상자위대와 미 해군 간에 미사일 방어 연합훈련을 실시하기 시작하였다.

일본은 2005년 결정한 미사일 방어의 기본방향을 일관성 있게 계승하면서 상황에 따라 보강하는 모습을 보였다. 최초에는 SM-3 구축함 4척 정도면 충분할 것으로 판단하였으나 나중에는 6척으로 증대시켰고, 지상에서 종말 단계 상층방어를 1회 추가할 필요성이 제기되어 2017년 12월 내각에서 SM-3 지상용을 구매하는 것으로 결정하기도 했다. SM-3 지상용은 기술적 문제로 중단되고 말았지만, 당시 일본은 지상용 상층방어 무기를 확보하게 되면 요격의 기회도 증대시키지만 SM-3 구축함의 임무를 경감시킴으로써 운용의 융통성을 강화할 수 있다고 판단하였다.

일본 미사일 방어의 기본개념은 SM-3 구축함과 지상용 상층방어 무기가 종말 단계 상층방어를 담당하고, PAC-3 지상요격미사일이 종말 단계 하층방어를 담당하는 다층방어체제(multi-layered defense system)로서, 일본이 제시하고 있는 개념도는 〈그림 9〉와 같다.

〈그림 9〉에서 보듯이 일본의 탐지체계는 자체적으로 개발한 FPS-5, FPS-3 개량형, 더욱 첨단의 FPS-7이 배치되어 있어서 상당한 실정이다. 그리고 미사일 방어 작전에 대한 모든 지휘통제는 JADGE(Japan Aerospace Defense Ground Environment)가 담당하도록 되어 있고, 이 JADGE 예하에서 실제적인 요격작전을 시행하는 것은 일본군 방공사령관을 중심으로 하는 미사일 방어 합동특수부대(Joint Task Force-BMD)이다.

요격체계의 경우 종말 단계 상층방어를 위하여 일본은 2020년 SM-3를 탑재한 구축함을 6척 운영하고 있고, 2021년부터는 2척이 추가되어 총 8척을 운영할 수 있게 되었다. 이로써 일본은 언제나 2척 이상의 SM-3 구축함이 해상에서 임무를 수행할 수 있는 태세가 되었다.

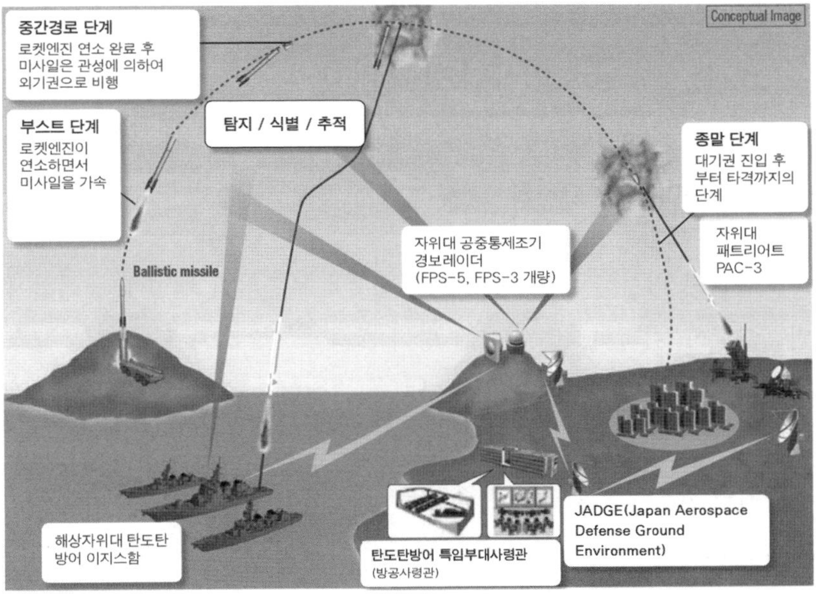

〈그림 9〉 일본의 미사일 방어 개념도

출처: JMOD, 2020, 257.

그리고 일본은 상층방어보다 더욱 높은 고도(중간경로 단계)에서 타격 가능한 SM-3 Block IIA도 2021년까지 전력화한다는 계획이다. 이렇게 되면 일본은 북한의 핵미사일을 훨씬 먼저 탐지 및 타격할 수 있고, 이로써 상대방은 기만체(decoy)나 고(高)고도를 사용하여 요격을 회피하지 못하게 된다고 믿고 있다(JMOD 2020, 258).

종말 단계 하층방어의 경우 일본은 PAC-3 요격미사일 포대들을 도쿄를 비롯한 주요 도시를 방어하도록 배치해둔 상태이다. 현재 PAC-2가 20여 개 포대, 그리고 PAC-3가 7개 포대 배치되어 있다. PAC-3 포대의 경우 PAC-3 MSE로 개량하여 요격고도를 현재의 20km에서 10여km 추가함으로써 현재보다 2배 정도의 범위를 방어할 수 있을 것으로 기대하고 있다((JMOD 2020, 259).

3. 한 · 일 양국 미사일 방어 비교

1) 미사일 방어 청사진

일본의 미사일 방어 청사진은 세계의 보편적인 개념에 근거하여 만들어졌다. 미국의 전구미사일 방어 개념에 기초하여 종말 단계 상층 방어와 종말 단계 하층방어로 2단계 방어개념을 수립하고, 각 단계별로 필요한 무기체계를 확보하는 개념이었다. 그 개념 하에서 해양으로 이격되어 있는 이점을 극대화할 수 있도록 SM-3 요격미사일을 탑재한 구축함으로 상층방어를 담당하도록 하였고, PAC-3 요격미사일을 주요 도시별로 배치하여 하층방어를 담당시켰다. 중단되기는 하였으나 지상용 SM-3 미사일을 획득하여 지상에서도 상층방어를 실시함으로써 해상 상층방어의 부담을 줄여준다는 개념이었다.

일본과 대조적으로 한국은 "한국의 미사일 방어체제 구축=미 MD 참여"라는 루머에 선동된 일부 지식인, 언론, 국민들의 반대로 인하여 처음부터 다층방어를 실시하지 못한 채 종말 단계 하층방어만 추진하였고, 이로써 미사일 방어의 청사진 자체가 잘못 그려졌다. 미사일 방어는 다층으로 무기를 편성하여 요격의 기회를 증대시킴으로써 요격의 확률을 증대시키는 것이 핵심인데, 그것을 제대로 반영하지 못하였고, 결국 심각한 한계를 가질 수밖에 없다. 2014년경부터 한국형 미사일 방어 개념도에 종말 단계 상층방어를 포함시켰으나 이를 위한 무기체계는 대공무기를 자체적으로 개량 및 개발하여 충당하는 것으로 계획하여 실효성을 보장하기 어려운 상태였고, 실제로 지금까지 확실한 성과를 나타내 보이지 못하고 있다.

이렇게 된 근본적인 원인은 미사일 방어에 대한 한국군의 전문성 부족이지만, 직접적으로는 미군과 협의하지 않은 탓이 컸다. 일본은 미군과 공동연구를 실시하였기에 이론에 부합되는 청사진을 구비하여 체계적으로 미사일 방어를 추진해 왔는데, 한국은 그렇지 못하였다. 또한 한국이 미사일 방어를 추진하면 미국의 탄도미사일 방어 체제에 편입된다는 근거 없는 루머를 한국 사회가 수용 및 확산함에 따라 한국군은 미사일 방어를 제대로 추진할 수가 없었다. 국방부가 이 루머를 해명하기보다는 우선 회피하고자 하는 마음으로 미국이나 미군과의 미사일 방어 협력을 추진하지 않음으로써 제대로 된 미사일 방어 청사진을 마련하지도 못하였고, 미국이 개발한 기술도 활용하지 못하였으며, 동일한 남한지역에 위치하면서도 주한미군의 미사일 방어와 한국의 미사일 방어가 제대로 통합되지 못하는 결과를 초래하였다. 이 루머로 인하여 주한미군의 THAAD 배치 시에 엄청난 반대가 일어났고, 그것은 한·중관계, 나아가 한미관계까지도 잘못되도록 만들었다. 북핵 대비에 관한 가장 핵심적인 요소 중 하나인 미사일 방어가 루머의 영향을 받아서 제대로 추진되지 못하고, 국가전략에도 나쁜 영향을 끼친 셈이다(박휘락 2016, 5-36).

2) 요격미사일 확보

일본은 현재 전국 단위에서 종말 단계 상층방어와 하층방어 즉 2회의 방어를 제공할 수 있는 요격미사일을 확보한 상태이지만, 한국은 종말 단계 상층방어는 미국의 THAAD에 일부 의존하면서 자체 능력으로는 종말 단계 하층방어만 가능한 상황인데, 이것은 서울과 주요 공군기지만 방어하고 있다. 따라서 요격미사일의 종류나 수도 일본에 비교해서 매우 부족하다.

일본은 해상에서의 종말 단계 상층방어를 위하여 SM-3 해상요격미사일을 장착한 이지스 구축함을 8척 구비한 상태이고, 3단 로켓을 장착하여 그보다 더욱 높은 고도(중간경로 단계)에서 타격할 수 있는 SM-3 Block IIA를 미국과 공동개발으로 개발한 후 전력화해 나가고 있다. 종말 단계 하층방어를 위해서는 약 30개 정도의 PAC-2/PAC-3 포대를 도쿄를 비롯한 주요 도시를 방어하도록 배치해둔 상태이고, 이 중에서 PAC-3는 북한의 노동미사일에도 대응할 수 있도록 PAC-3 MSE로 개량하였다. 따라서 일본은 전국을 대상으로 2회의 방어를 제공하고 있는 수준이다.

한국은 일본에 비하여 요격미사일 확보가 매우 지체되고 있는바, 최초에 항공기 요격을 위한 PAC-2 미사일을 구입함에 따라 그것을 미사일 요격이 가능한 PAC-3를 혼합한 형태로 개량하는 데 상당한 시간과 재원을 투자하였고, 종말 단계 상층방어를 위해서는 기존의 항공기 요격용 미사일 개량사업을 탄도미사일 요격도 가능하도록 M-SAM과 L-SAM 사업을 조정하여 추진하였다. 그러나 이 사업들이 계속 지체되어 왔을 뿐만 아니라 시험결과 등을 공개하지 않아서 그 성능이 과연 공격해오는 상대 미사일에 대한 종말 단계 하층방어와 상층방어를 담당할 수 있는지도 분명하게 확인되지 않은 상황이다. 미군의 THAAD 1개 포대가 배치되어 있으나 이 하나의 포대만으로는 한반도 전체에 대한 종말 단계 상층방어를 제공할 수는 없고, 그나마도 주민들의 반대로 원만한 가동이 지장받고 있다.

요격미사일 확보에 관한 한 · 일 양국 군의 수준을 비교해볼 때, 일본은 미군의 도움을 받아 만든 미사일 방어 청사진을 바탕으로 처음부터 체계적인 확보 일정표를 작성하여 차근차근 추진하였고, 그 결과 필요한 요격미사일을 상당할 정도로 확보하였으며, 현재는 그 질을 향상해 나가는 수준이다. 반면에 한국은 PAC-2를 잘못 구입하여 그것을 PAC-3로 교체하는 데 상당한 시간과 재원을 낭비하였고, 그 규모도 8개 포대에 불과하여 도시방어 중심으로 재배치한다고 해도 일부에 대해서만 1회의 요격기회를 제공할 수 있다. 더군다나 아직도 "한국의 미사일 방어체제 구축 = 미국 MD 참여"라는 루머를 믿는 사람들이 적지 않아서 미국과 미사일 방어 협력을 추진하지 못하고 있고, 결과적으로 미사일 방어의 보강은 계속 지체될 가능성이 크다.

3) 지휘통제

미사일 방어를 위한 지휘통제를 위하여 일본이 국가적으로 구성한 체제는 JADGE(Japan Aerospace Defense Ground Environment)이다. JADGE를 최상위의 지휘기구로 설정해둔 상태에서 일본은 탄도미사일 위협이 출현하면 방공사령관이 지휘관이 되는 '탄도탄방어 합동특수임무부대'를 구성하고, 실질적인 미사일 요격작전은 그 사령관이 지휘하도록 규정하고 있다.

일본은 미사일 방어를 미군과 연합으로 통제하도록 되어 있다. 일본군과 주일미군이 일본이라는 동일한 지역에서 미사일 방어 작전을 실시해야 하기 때문이다. 미 · 일 양국은 2005년 10월 도쿄 근처의 요코타(Yokota) 공군기지에 '미 · 일 통합운용조정소'를 설치하였는데, 이것이 일본지역에 대한 미군과 일본군의 미사일 방어 작전을 일원적으로 지휘하고 있다. 또한 2015년 4월 미 · 일 양국 군은 새로운 방위지침에 합의하면서 미사일 방어는 물론이고 양국의 전반적인 군사작전을 조정할 수 있도록 "동맹조정 메커니즘(ACM: Alliance Coordination Mechanism)"을 구성함으로써 상황이 악화될 경우 더욱 포괄적인 차원에서 미 · 일 양국 군의 작전을 조정할 수도 있다. 일본은 2010년부터 미 · 일 양국 해군 간 미사일 방어에 관한 연례적인 지휘소 연습을 실시해오고 있다.

한국은 아직 미사일 방어를 위한 국가 또는 전군 수준의 지휘체제를 별도로 정립해두지 않은 상태이다. 2012년 12월 북한의 탄도미사일 요격 명령을 수행하는 '탄도탄 작전통제소'를 공군의 방공미사일 사령부 예하에 편성하였을 뿐이다. 이 조직은 그린파인 레이더를 통하여 수집한 정보에 근거하여 요격미사일 기지에 명령을 내리는 역할을 수행하는데, 미군과 동일한 건물 속에 위치함으로써 필요시 연계된 임무를 수행할 수는 있지만, 별도의 공간에서 별도의 지휘체제를 유지하고 있다. 한반도라는 단일 작전지역에서 단시간에 북한의 핵미사일을 요격해야 함에도 불구하고, 한 · 미 양국 군이 별도의 미사일 방어 작전을 수행하고 있는 셈이다.

탄도미사일은 워낙 빠르게 공격해오기 때문에 이에 대한 방어 작전은 긴박하게 조치되어야 하고, 따라서 다른 어느 사안보다 지휘체제의 일원화(unity of command)가 필요한 사안이다. 일본은 해양으로 이격되어 조치시간이 한국보다 훨씬 많음에도 불구하고 최초부터 미군과 미사일 방어에 관한 지휘통제체제를 통합하였고, 연합훈련까지 실시하고 있다. 한국은 한 · 미연합 차원은 물론이고 합참 차원에서도 전체 탄도미사일 방어 작전을 효과적으로 지휘통제할 수 있는 조직이 구축되지 않은 상태이고, 따라서 실제 북한의 탄도미사일 공격이 가해질 경우 한국군 자체 및 한 · 미 양국 군 간 대응에 있어서 상당한 혼란이 발생할 수밖에 없다.

미사일 방어에 대한 작전통제의 2원화 역시 "한국의 미사일 방어체제 구축=미 MD 참여"라는 루머와 연관되어 있다. 이 루머로 인하여 어떻게 하면 북한의 핵미사일을 효과적으로 방어하느냐가 아니라 미국과 협력하지 않아야 한다는 전제 하에 미사일 방어 논의가 전개되었고, 결과적으로 미군과의 통합된 지휘체제는 엄두를 내지 못하도록 잘못되어 버렸기 때문이다.

4) 미국과의 협력

앞에서도 설명되었지만 한 · 일 양국 미사일 방어의 질적 차이는 미군과의 협력 여부와 정도에 의하여 결정되었다. 일본은 미국 및 미군과의 적극적 협력을 통하여 처음부터 체계적인 미사일 방어체제를 구축해왔지만, 한국의 경우 전반적인 방어태세는 한 · 미연합으로 유지하면서도 미사일 방어에 관해서는 루머에 휘둘려 미국 또는 미군과 전혀 협력하지 못하였고, 결과적으로 동일한 시간을 투자하고도 미사일 방어 능력이 일본에 비해서 크게 뒤진 결과를 초래하고 말았다.

1991년 걸프전쟁에서 미사일 공격으로 수십 명의 미군이 사망한 것을 목격한 직후 한국은 당시 운영되었던 미국의 요격미사일을 구매하는 문제까지 검토할 정도로 미국과의 협력에 적극적이었다. 그러다가 김대중 정부가 들어서면서 미국의 전구미사일 방어(TMD)에 "참여하지 않는다"는 입장이 제시되었고, 그것이 노무현 정부에서는 "한국의 미사일 방어체제 구축 = 미 MD 참여"라는 루머로 악화되었다. 당시 천용택 국방장관은 1999년 3월 5일 외신기자와의 간담회에서 "TMD 전력화는 북한 미사일에 대한 효과적 대응 수단이 아니며, 주변국의 우려를 불러일으킬 수 있다"며 "한국은 TMD에 참여할 경제력과 기술능력이 없다"고 반대한다는 입장을 보였었다(고승일 1999).

보수적인 이명박 정부와 박근혜 정부가 들어섰지만 미사일 방어에 관한 루머를 시정하지 못하였다. 대신에 국방부는 한국이 추진하는 미사일 방어 조치가 미국의 미사일 방어와는 무관하다는 점만 강조하였다. 따라서 국방부와 주한미군이 북한의 핵미사일 방어를 위한 조치를 언급하거나 협조적인 동향을 보이기만 하면 언론에서는 미 MD에 참여한다는 의혹을 제기하였고, 여기에 대하여 국방부는 '미 MD 불참'이라는 입장을 강조하기에 바빴으며, 결국 미군과 제대로 접촉하지도 못했다. 이와 같은 한국군의 소극적인 대응으로 인하여 미군의 THAAD 배치를 둘러싸고도 온갖 루머가 난무하였고, 결국 아직도 완전하게 가동되지 못하고 있다. 처음부터 국방부가 미사일 방어에 관한 사항을 정확하게 설명하여 루머를 해소하였다면 미사일 방어에 관하여 미군과 협조하는 시늉도 하지 못하는 현재의 불편한 상황은 시정되었을 것이다.

한국과 달리 일본은 처음부터 미국과 긴밀하게 협력하는 가운데 미사일 방어를 추진하였다. 일본은 미사일 방어에 관한 청사진부터 미군과 협동하여 만들었고, 필요한 무기체계의 대부분을 미국으로부터 신속하게 획득하였다. 일본은 2009년부터 SM-3와 PAC-3를 미국으로부터 획득하여 배치하기 시작하였는데, SM-3를 장착한 이지스함은 미국이 우방국을 대상으로 처음 판매한 미사일 방어 체계였다. PAC-3의 경우 미국은 일본이 면허생산하도록 허용하고 있다. 한국에서는 심각한 논쟁이 벌어지기도 했지만, 일본은 큰 논란 없이 THAAD에 사용하는 AN/TPY-2 레이더를 2006년과 2014년에 배치하였다. SM-3 Block IIA 사업은 미국이 예산을 투자하고 일본은 기술만 제공하는 방식으로 공동개발하였다. 그리고 일본은 세계에서 유일하게 미사일 방어에 관한 실제 연합훈련을 미국과 실시하고 있다. 일본은 미국을 효과적으로 활용하여 단기간에 상당한 미사일 방어 능력을 구비하게 되었다.

4. 결론

한국의 현 미사일 방어 수준은 북한의 핵미사일 위협으로부터 국민을 제대로 보호할 수 없다. 북한의 핵위협이 가중되는 속도에 비하여 한국이 미사일 방어를 구축해 나가는 속도도 매우 늦다. 시간이 흐를수록 북한 핵무기의 위협과 한국 미사일 방어 수준 사이에 존재하는 격차가 커질 수밖에 없다. 외교적 비핵화는 물론이고 미국의 확장억제를 중심으로 한 억제노력도 적극적으로 강구해야 하지만, 최악의 상황에서 북한이 핵무기를 사용할 경우 국민을 방어할 수 있는 대책도 등한시할 수는 없다. 그를 위한 최후의 방안이 공격해오는 북한의 핵미사일을 공중에서 요격하는 미사일 방어인데, 안타깝게도 이 부분에 대한 한국의 노력 정도는 매우 낮다.

지금까지 한국은 "한국의 미사일 방어체제 구축 = 미 MD 참여"라는 루머에 휘둘려 미국과 미사일 방어에 관한 협력을 제대로 추진하지 못하였고, 그 결과로 제대로 된 미사일 방어 청사진도 구비하지 못한 상태에서 미사일 방어를 추진해왔다. '한국형 미사일 방어'라면서 종말 단계 하층방어에만 의존하는 미사일 방어를 구축하여 왔는데, 이것은 다층방어를 핵심으로 하는 미사일 방어의 기본개념에 부합되지도 않고, 북한의 핵미사일 위협으로부터 국민을 충분히 보호할 수도 없다. 이미 상당히 많은 시간이 낭비되었지만 지금부터라도 미사일 방어에 관한 루머에서 벗어나 이론이나 다른 국가의 사례에 입각하여 올바른 청사진부터 새로이 정립한 다음에 미사일 방어를 추진해야 하고, 그에 근거하여 잘못 추진되어온 부분은 취소하고, 필수적인 부분은 추가함으로써 앞으로의 노력이 낭비되지 않도록 만들어야 한다.

주한미군 미사일 방어와의 유기적인 통합도 중요하다. 한반도라는 좁은 지역에서 동일한 북한의 핵미사일 위협에 대응하면서 한국군의 미사일 방어와 주한미군의 미사일 방어가 별도로 운영되는 것은 말이 되지 않기 때문이다. 한 · 미연합사령부의 통제 하에서 한국군의 미사일 방어와 주한미군의 미사일 방어는 철저하게 통합되어야 하고, 이로써 중복이나 낭비를 예방하면서 유사시 일원화된 대응을 보장할 수 있어야 한다. 한 · 미 양국 군 간의 체계적 분업이 보장될 경우 한국군은 최소한의 비용으로 최단 기간 내에 신뢰할 수 있는 미사일 방어 능력을 구비할 수도 있을 것이다.

동시에 한국은 미사일 방어가 차지하는 업무의 비중을 격상시킬 필요가 있다. 북한 핵미사일 공격으로부터 국민을 방어하는 데 가장 중요한 활동이라고 할 수 있는 미사일 방어가 공군의 부속작전으로 인식 및 진행되어서는 곤란하기 때문이다. 이러한 낮은 위상으로 인하여 미사일 방어를 위한 무기체계의 경우 획득(acquisition) 우선순위가 낮아지고 충분한 예산을 할당받지 못하고 있다. 합동 미사일 방어사령부를 창설하여 공군에 속해 있는 이 분야를 합참에서 직접 관리할 수 있도록 보장할 필요가 있고, 합참 등에 미사일 방어에 관한 전문요원을 확충할 필요가 있다. 미사일 방어에 관한 한·미 양국 군 간의 협력을 강화하는 기구를 설치해야 할 것이고, 양국군의 작전통제소도 통합하며, 북핵 위협이 더욱 심각해질 경우에는 평시부터 한·미연합 미사일 방어사령부를 창설하여 운영해야 할 수도 있다.

이제 한국은 원점에서 미사일 방어의 바람직한 청사진을 재수립하고, 이를 바탕으로 필요한 무기 및 장비의 획득을 위한 현실적인 로드맵을 작성하여, 체계적인 미사일 방어 능력을 구비해 나가야 한다. 주한미군의 THAAD가 보호해주지 못하는 지역을 방호할 수 있도록 한국 자체적으로 추가적인 THAAD를 구매하는 방안도 검토하고, 동시에 휴전선에서부터 40km밖에 떨어져 있지 않은 서울을 효과적으로 방어할 수 있도록 종말 단계 중층(中層)방어 개념을 새롭게 도입하여 자체 개발해 나가는 방법도 검토해볼 필요가 있다. 전국의 주요 도시에 거주하는 주민들을 방호할 수 있도록 하층방어를 제공한다는 개념 하에 필요한 PAC-3 포대의 숫자를 산출해내고, 부족한 부분은 조기에 구매하여 배치할 수 있어야 한다.

미사일 방어 역량을 조기에 향상시킨다는 측면에서는 일본과의 협력이 매우 중요하다. 일본은 미군의 미사일 방어에 관한 개념과 기술을 적극적으로 도입한 결과 그 수준이 매우 높아졌기 때문이다. 특히 북한의 핵미사일 위협에 대응한다는 목적이 동일하기 때문에 상호 협조하거나 지원할 수 있는 부분이 클 수 있다. 따라서 한국군은 미군은 물론이고 일본군과의 협조를 통하여 미사일 방어에 관한 세부적인 문제를 해결할 필요가 있다. 유사시 미사일 방어 작전을 시행하는 경우에도 필요한 정보를 적극적으로 교환하고, 북한의 핵미사일 위협이 더욱 심각해질 경우 연합훈련도 실시할 수 있어야 할 것이다.

14
급변통일

북한 정세는 누구도 정확하게 평가 또는 예측할 수 없지만, 매우 특이한 상황인 것은 분명하다. 유엔의 경제제재 영향이 누적되어오고 있는 상황에서 코로나19 차단을 명분으로 국경을 전면적으로 폐쇄함으로써 북한 경제가 상당한 문제점을 드러내고 있다. 김정은의 통치형태도 점점 독재적으로 변모하고 있고, 무리한 정책이 지시되지만 실패하고 있으며, 무자비한 처벌과 위압이 주된 통치수단이 되고 있다. 수십 년 동안 지속되어온 통치형태라서 북한에서 근본적인 변화가 발생할 가능성이 크지 않은 것으로 보이지만, 모순이 워낙 오래 그리고 깊게 지속되어 예상하지 못한 갑작스러운 변화의 가능성도 배제하기 어려운 상황이다.

북한은 핵무기를 계속 증강하면서 남북통일을 앞당기겠다고 공언하고 있지만, 마땅한 대응책이 없는 한국으로서는 북한의 체제 변화가 어떤 계기를 마련해줄 수도 있다는 기대를 포기하기는 어렵다. 김정은이 남한에 대한 극도의 반감을 표시하고 있어서 남한의 대북지원이나 화해협력을 수용하기도 어렵다. 현 정권보다 합리적인 정권이 들어선다는 보장은 없지만, 어떤 변화가 기회를 제공해줄 가능성을 무시할 수는 없다. 북한의 내부적 모순이 극에 달하여 분출될 가능성도 없지 않다. 그동안 김정일을 비롯한 지도자의 건강과 사망을 중심으로 논의하여 오던 북한의 '붕괴(collapse)' 소위 '급변사태'를 북한 체제 전반의 동요로 범위를 확대하여 논의해볼 필요가 있다.

1. 북한 급변사태

1) 개념과 원인

지금까지 한국에서는 북한에서 갑작스러운 정치적 변화가 발생할 수 있다는 기대를 바탕으로 '급변사태'를 지속적으로 논의해왔다. 북한과 같은 사회가 지금처럼 오래 지속되는 것이 특이한 현상임은 분명하다. 다만, 급변사태가 무엇을 의미하느냐에 대해서는 학자별로 다소간의 차이를 보였다. 그러한 내용에서 기본적인 요소는 북한에 "심각하면서도 급격한 변화가 발생하여 혼란이 지속되는 상태"이다. 여기에서 '지속'이 강조되는 이유는 갑작스러운 변화가 발생하더라도 바로 안정되어 버리면 검토할 의미가 없기 때문이다.

그런데, 북한과 같은 권위주의 국가에서는 지도자가 차지하는 비중이 클 수밖에 없다. 전 세계에서 특이하게 혈통으로 계승되고, 지도자에게 모든 권한이 집중되어 있기 때문이다. 따라서 한국에서는 그러한 절대적인 지도자에게 문제가 발생할 경우 북한사회가 제대로 지탱하지 못한다는 생각을 하게 되었고, 따라서 김일성 사망, 김정일 건강이상, 김정일 사망 등 지도자의 안위에 문제가 발생할 때마다 급변사태를 활발하게 논의하였다. 그러나 실제로 김일성과 김정일이 갑작스럽게 사망했지만 급변사태는 발생하지 않았다. 그리고 현 김정은의 경우 비만하고 건강상 일부 문제가 드러나기도 했지만, 아직 나이가 40세 정도에 불과하기 때문에 갑작스럽게 사망할 가능성은 크지 않다.

실제로는 지도자 유고 이외의 요인으로도 북한체제는 붕괴될 수 있다. 한국에서도 북한 급변사태의 요인으로 경제난으로 인한 북한 정권의 통제력 상실 및 체제 붕괴, 권력 내부의 쿠데타, 외부의 군사적 공격에 의한 붕괴, 자연재해로 인한 불안정 등의 요인을 논의하기도 했다. 어떤 학자는 통치에 대한 엔트로피(entropy), 즉 변화에 대한 불안이나 부담이 증가될 경우 권위주의 정부는 그 엔트로피를 조기에 해소하고자 단기적인 대책을 집중적으로 강구하게 되는데, 그것은 결국 통제와 탄압을 강화하는 조치일 수밖에 없고, 그러한 조치가 누적되면 어느 순간 감당할 수 없는 정치적 동요가 발생하여 붕괴한다고 주장하기도 했다(신진 2002, 159-175). 즉 북한의 독재체제가 지속되는 것 자체가 엔트로피가 계속 증대되는 것이고, 그러다가 어느 순간 체제의 급격한 동요가 발생할 수 있다는 것이다. 그리고 이것이 북한에서 발생할 수 있는 더욱 현실적인 각본일 수 있다.

급변사태를 논의할 때 유념할 필요가 있는 사항은 정권의 붕괴가 반드시 무정부 상태로 연결되는 것은 아니라는 사실이다. 국가의 응집력이 매우 약화되었을 경우에는 그럴 수도 있지만, 대부분의 국가의 경우 정권이 붕괴되더라도 국가의 기본적인 체제와 질서는 유지된다. 그리고 잠시 불안하더라도 금방 또 다른 질서를 만들어내는 복원력을 지니고 있다. 실제로 1990년대 초반에 동구권을 중심으로 권위주의적이었던 공산주의 정부들이 갑작스럽게 붕괴되었지만 그들 국가 중 한 군데도 장기적인 무정부상태에 빠지지 않았다. 단기적으로는 무정부 상태로의 이행이나 그에 준하는 혼란상황이 조성될 수 있지만 곧 새로운 지도자 또는 지도세력이 등장하여 상황을 안정시켰다.

2) 외부 개입

기본적으로 이웃 나라에서 불안정 사태가 발생하더라도 다른 국가가 개입하는 것은 국제법 위반이고, 대부분 그렇게 하지 않는다. 그것은 침략이 되고, 전쟁으로 상황을 악화시킬 수 있기 때문이다. 냉전종식기에 동구권의 다수 국가가 붕괴되었지만 그 이웃 국가들 중에서 붕괴되는 국가에 행정력이나 군대를 보내어 개입한 사례는 없었다. 그러나 분단국의 경우에는 다를 수 있다. 분단 이전의 상태로 되돌리고자 하는 강한 욕구가 존재하기 때문이다. 비정상 상태인 분단을 정상상태인 통일로 되돌림으로써 분단으로 인한 불편을 해소하고자 할 것이기 때문이다. 즉 분단된 2개 국가의 경우 불안하지 않은 국가가 불안해진 국가를 '통합' 또는 '통일'시켜(통합은 별도의 국가로 인정하면서 기능적인 일체성을 강화하는 것에 중점을 두고, 통일은 두 개의 국가를 하나의 국가로 결합하는 것을 말한다) 내부 문제로 전환시키려는 의도가 클 수밖에 없다.

한국 국민의 상당수는 북한에서 급변사태가 발생하면 "대한민국의 영토는 한반도와 그 부속도서로 한다"는 대한민국 헌법 제3조에 근거하여 한국의 행정기관이나 군대가 북한지역으로 진주하여 국토를 접수하면 된다고 생각하지만, 이것은 국제법에 부합되지 않는다. 국제사회에서 남북한은 유엔에 동시 가입한 별도의 국가로 인식되고 있기 때문이다. 유엔 헌장 제2조 7항에는 다른 국가의 "국내 관할권 내에 있는 문제에 간섭할 권한"을 유엔에 부여하거나 회원국에 요구하는 것이 아니라는 점이 명시되어 있다.

특정 국가의 일에 국제사회가 개입하려면 유엔 안보리가 승인한다는 결정을 내려야 하는데, 북한에서 급변사태가 발생할 경우 활용할 수 있는 근거로 현재 가용한 것은 '보호책임(RtoP: Responsibility to Protect)'이다. 이것은 어떤 국가가 국민들을 제대로 보호하지 못할 때 국제사회가 대신 개입하여 사태를 처리해야 한다는 개념으로서, 대규모 학살(genocide), 전쟁범죄(war crimes), 인종청소(ethnic cleansing), 그리고 인도에 반한 범죄(crimes against humanity)의 경우 유엔 안보리에서 결정하면 국제사회가 개입할 수 있다. 실제로 유엔은 이에 근거하여 2011년 3월 리비아 사태에 개입했고, 4월에는 코트디부아르 사태에 개입한 적이 있다. 따라서 북한에서 심각한 불안정이 발생하여 오래 지속되면서 국민들의 불안이 가중되고, 그 가운데서 대규모 학살이나 인도에 반한 범죄가 발생할 경우 유엔 안보리에서 보호책임에 근거하여 개입을 결정할 수 있다.

다만, 보호책임에 근거하여 국제사회가 개입할 경우 한국이 배타적 관할권을 행사하기는 어렵다. 이것은 유엔에서 결정 및 관할하는 사항이고, 따라서 유엔 안보리 결정에 의하여 개입이 결정되고 관리될 것이기 때문이다. 안보리에는 중국과 러시아가 상임이사국이기 때문에 한국의 배타적 관할권이 인정받을 가능성은 매우 낮다. 북한의 사정과 북한 주민의 마음을 살펴 보호책임을 실질적으로 이행할 수 있는 국가가 한국이라는 점을 설득하거나, 북한이 외부에 지고 있는 채무를 모두 대신하여 변제하겠다고 약속하거나, 북한의 건설에 필요한 대부분의 비용을 부담하겠다고 약속하는 등 비상한 방법으로 국제사회를 설득하지 않을 경우 한국이 북한의 심각한 불안정 사태를 주도적으로 해결하기는 어렵다. 이런 점에서 실제 미국에서는 유엔 안보리 상임이사국들을 중심으로 북한 지역을 잠정적으로 분할하여 관리하는 방안을 수립하여 논의한 적도 있다.

결국 내부적으로 불안정 상황을 겪고 있는 특정 국가의 일에 다른 국가가 개입하고자 한다면 해당 국가의 요청에 근거하여 개입하는 것이 가장 효과적이다. 그렇지 않은 상태에서의 개입은 내정간섭이지만, 해당 국가의 정부가 주권에 근거하여 다른 국가의 간섭을 요청하는 것에 부응하는 것은 '적법한 간섭'이 되기 때문이다(김명기 1997, 202). 이러한 점에서 보면 북한이 무정부 상태가 되면 한국의 개입을 요청해줄 주체가 없어지고, 따라서 국제법에 근거한 한국의 개입은 오히려 어려워질 수 있다.

3) 통일 절차의 정당성

절차적 차원에서 2개 국가 간의 통합과 통일이 국제사회에서 정당한 것으로 인정받고자 한다면 "평화적 과정"을 거쳐야 하는 것이 기본적 요건이다. 1928년 파리에서의 소위 '부전(不戰) 조약' 이후로 무력을 사용하는 문제 해결은 불법화되어 있고, 유엔 자체가 제2차 세계대전과 같은 폭력적인 문제해결 방식을 예방하고자 설립되었기 때문이다. 유엔 헌장의 제2조에서는 국제사회의 문제 해결을 위한 "무력의 위협이나 무력행사"를 삼가도록 되어 있고, 유엔 헌장의 제6장과 제7장의 19개조(제33조에서 51조까지)를 통하여 무력을 사용하는 국가가 있을 경우 유엔회원국들이 함께 대응할 수 있는 경제 및 군사적인 조치를 허용하고 있다.

2개 국가 간의 통합과 통일이 국제적인 지지를 얻기 위한 또 다른 중요한 절차는 주민들의 의사 확인이다. 미국 링컨(Abraham Lincoln) 대통령의 "국민의, 국민에 의한, 국민을 위한 정부(government of the people, by the people, for the people)"가 민주주의의 중요한 원칙으로 인식되고 있고, 미국의 윌슨(Woodrow Wilson) 대통령이 식민지 국가의 독립 결정에서 가장 중요한 요소라고 거론한 국민(people: 한국에서는 이를 '민족'으로 번역함으로써 오해가 발생한 점이 있다. 링컨 말의 번역처럼 '국민'이 적절하다)의 자결권(self-determination)'이 중요시되듯이, 해당하는 국가 또는 정치체의 운명을 결정하는 최종권한은 국민에게 있다고 인식되기 때문이다. 대의정치라는 또 다른 특성으로 인하여 정부가 국민을 대표하여 결정을 내릴 수 없는 것은 아니지만, 다른 국가와의 통합이나 통일과 같은 중대한 사안을 국민들의 의사를 직접 확인하지 않은 채 결정할 수는 없다.

두 개 국가 간의 통합이나 통일과 관련하여 절차적 정당성도 국제사회로부터 공인받는 데 중요하다. 평화적인지, 국민의 의사에 기반한 것인지가 절차의 준수 여부로 나타날 것이기 때문이다. 미리 정해둔 절차이든 아니면 당시에 합의하여 만든 절차이든 어떤 절차에 따라 통일을 추진할 경우 우선 내부적으로 반발이 적을 것이고, 국제사회에서도 수용하게 될 가능성이 크다. 나아가 해당 국가들이 다른 국가와 체결한 조약이나 합의가 있을 경우 통일되는 상황에 맞춰 그것을 제거하거나 변경하는 국제적인 절차도 필요할 수 있다.

당연히 국제사회에서는 국가의 주권이 가장 중요하기 때문에 두 개 국가의 합의만으로도 통일은 이룩된다. 그럼에도 불구하고 국제사회의 지지를 받는 것이 유리하거나 어떤 경우에는 필수적일 수 있다는 점에서 평화적 과정을 통하여 국민들의 의사를 확인하며, 소정의 국내적 절차를 준수하면서, 동시에 국제적 합의에 근거하여 통일을 추진하는 것이 효과적이다. 이렇게 할 경우 예상하지 않던 방해 요소가 돌출할 가능성도 줄어든다.

2. 독일 통일 사례

현대에 들어서 분단된 상태였던 두 개의 국가가 어느 한쪽의 불안정을 계기로 통일하는 데 성공한 사례는 동서독이다. 이것은 한국에서 북한에서의 급변사태 발발이라는 가정 하에 논의 및 기대해온 결과와 매우 유사하다. 이 동서독 통일 사례를 통하여 북한의 급변사태를 둘러싼 한국의 정책 수립과 추진에 실질적이면서 유용한 교훈을 습득할 수 있다.

1) 체제의 붕괴

독일 통일의 여건은 1985년 3월 10일 고르바초프(Michael Gorbachev)가 소련 공산당 서기장에 임명된 후 개혁(perestroika)과 개방(glasnost)을 강조하였을 뿐만 아니라, 연방 내 다른 국가들의 내정간섭을 허용했던 브레즈네프 독트린을 폐기함으로써 조성되기 시작하였다. 이러한 변화가 동독 주민들의 민주주의에 대한 요구를 증대시키면서 동독을 탈출하는 국민들의 숫자가 급증하기 시작했다. 1989년 5월 2일 헝가리가 오스트리아와의 국경지역에 설치되어 있던 철조망을 제거함으로써 동독 국민의 서독 탈출이 용이해지자, 서독 정부도 이를 지원하였고, 이로 인하여 동독을 탈출하는 국민의 숫자는 급격히 늘어났으며, 동독 정부의 통제력이 동요되기 시작하였다.

증대된 동독 국민들의 민주주의 욕구는 당시 집권당이었던 사통당(SED)에 대한 불만으로 연결되었다. 동독 국민들은 사통당에 대한 불만을 표출하였을 뿐만 아니라 다수의 정당까지 창설하였다. 결국 사통당의 해체를 요구하는 시위가 시작되었고, 그 결과로 1989년 10월 18일 호네커 당 서기장이 사임하였다. 이로써 동독의 정부는 국민들을 체계적으로 통제할 수 있는 의지와 역량을 상실하였고, 동독의 국내정치는 표류하기 시작하였다. 동서독은 그렇게 부르지 않았지만, 남북한 간에 논의해오던 소위 '급변사태'가 동독에 발생한 셈이다. 이러한 상황에서 11월 9일 베를린 장벽이 무너져 다수의 동독 국민이 서독으로 이동하게 되자 동서독의 국경이 의미가 없어지게 되었고, 따라서 동독 체제의 정통성은 급격히 무너졌다.

2) 통일의 논의와 성사

베를린 장벽 붕괴 이후 발생된 동독의 유동적 상황이 오래 지속된 것은 아니다. 4일이 지난 1989년 11월 13일 동독이 인민회의를 소집하였고, 새 의장과 새 총리를 선출하였기 때문이다. 동독은 한스 모드로(Hans Modrow) 신임 총리에 의하여 안정을 회복하게 되었다.

그런데 모드로 총리는 동독 스스로의 힘으로는 문제를 해결할 수 없다는 인식 하에 서독과의 통합이나 통일을 추구하였고, 이것이 통일의 단초가 되었다. 그는 서독과 "계약공동체(Vertragsgemeinschaft)" 관계를 수립하겠다고 선언하면서 서독 콜(Helmut Kohl) 수상과의 회담을 요청하였다. 오히려 서독이 섣부른 통일이 위험하다면서 온건한 국가연합(confederation)을 제안하였을 정도였다(염돈재 2012, 114). 동독 정부의 움직임에 동독 국민들도 가세하여 "우리는 하나의 통일된 독일 국민(Wir sind ein Volk)"이라는 구호를 내세우면서 통일을 요구하기 시작하였다. 결국 통일에 대한 이러한 국민적 여론이 반영되어 1989년 12월 19일 동서독은 독일 통일을 목표로 하는 "협력 및 근린 공동 협정"을 체결하게 되었고, 이것을 계기로 통일에 관한 구체적인 방안이 논의되기 시작하였다.

통일에 대한 동독 국민들의 의사는 1990년 3월 18일 실시된 동독에서의 인민의회 선거를 통하여 확인되었다. 이 선거에서 서독 기민당(CDU)의 후원을 받으면서 서독에 편입되는 방식으로 통일을 추진하겠다고 천명한 독일동맹(AFD: Allianz fur Deutschland)이 48.1%를 얻어 승리하였기 때문이다. 그 후 구성된 동독 인민의회는 1990년 4월 12일 데 메지에르(Lothar de Maizière)를 수상으로 하는 정부를 구성하였고, 이 정부는 동독을 서독에 편입시키는 통일을 추진하기 시작하였다. 서독과 동독의 재무장관이 '경제 · 화폐 · 사회연합(일명 '국가조약')'에 서명하여 서독 마르크화를 공통의 화폐로 사용하도록 합의함으로써 동서독의 경제부터 통합되었다. 1990년 8월 23일 동독 의회가 서독으로의 편입을 승인하였고, 이를 바탕으로 1990년 8월 31일 동서독이 '통일조약(Einheits vertrag)'에 서명한 후 10월 3일 통일 독일이 공식적으로 선포되었다.

독일의 경우 제2차 세계대전의 패전국으로서 전승국들이 주둔하고 있었기 때문에 통일을 위한 국제적인 절차도 필요하였다. 서독으로의 편입이라는 통일의 방식을 동독이 결정하자 1990년 5월부터 '2+4'라는 별칭으로 불렸듯이 전승국인 미국, 영국, 프랑스, 러시아는 동서독과 함께 독일 통일과 그로 인한 국제적인 문제의 해결방안을 협의하기 시작하였다. 그리고 1990년 9월 12일 6개국이 최종합의에 서명함으로써 독일 통일은 국제적으로도 공인되었다.

3) 독일 통일의 특징

동독 국민들이 서독으로 대거 탈출함으로써 동독에서 일시적으로 불안정 상황이 발생하였지만 그 혼란의 정도는 크지 않았다. 사통당의 해체를 요구하는 시위가 발생하여 호네커 당 서기장이 사임함으로써 지도체제에 공백이 발생하는 데 그쳤다. 이러한 기간 동안에 베를린 장벽이 붕괴되었지만 4일 만에 인민회의를 소집하여 새 의장과 새 총리를 선출하게 되었다. 다시 말하면, 동독의 경우 20일 정도 무정부 상태가 지속되었으나 혼란스러운 상황은 아니었고, 새 정부가 들어서는 데도 어려움이 없었다.

동독의 불안정을 통일로 연결하고자 서독이 적극적으로 노력했다고 보기는 어렵다. 모드로 총리가 먼저 서독과 '계약공동체' 관계를 수립한다면서 서독 콜 수상과의 회담을 제의하였고, 서독 정부가 아니라 동독 국민들이 통일을 강하게 요구하였기 때문이다. 서독에 편입되는 방식으로 통일하겠다는 '독일연맹'이 서독 기민당의 후원을 요청하여 콜 총리가 동독에서 유세하게 되었을 뿐이다. 동독 국민들의 통일 요구에 서독이 응해줬다고 봐야 한다.

무엇보다 동서독의 통일은 국내외적으로 간섭할 소지를 제공하지 않았다. 기본적으로는 소련의 고르바초프가 동독 주둔 소련군의 시위 개입을 자제시키고 유혈진압에는 반대한다는 의사를 표명한 것에 기인했지만, 시위나 진압 과정에서 무력이 사용되지 않았고, 베를린 장벽이 무너져 동독 국민들이 서독으로 질주하는 순간에도 동독군은 발포하지 않았다. 서독과의 편입을 공언한 독일동맹이 다수표를 얻어서 승리함으로써 통일 여부와 방향에 대한 국민들의 의사가 분명히 확인되어 세계에 공표되기도 했다. 독일 통일에 유보적이었던 소련도 통일에 대한 동독 국민의 확고한 의사가 공개됨에 따라 협조하는 방향으로 태도를 전환하게 되었다는 분석도 있다(양창석 2011, 152).

1990년 3월 18일 동독 선거는 통일에 대한 국내적 절차를 결정하는 선거로서, 독일의 헌법 제23조(1949년 제정 당시 독일 헌법의 적용을 받는 지역(서독 지역) 이외 지역이 독일 헌법이 적용되는 지역으로 가입할 수 있다는 조항)을 적용할 것인지 아니면 새로운 통일헌법을 만들어 통일할 것인지를 결정하는 투표였다. 이 투표에서 동독 국민들은 헌법 제23조를 적용하여 서독으로 편입되겠다는 정당을 선택한 것이다. 이것이 결정되자 동서독 정부는 바로 통일조약을 협의하여 서로의 국무회의와 의회에서 통과시켰고, 연방 대통령이 비준함으로써 발효시켰다. 따라서 국내적인 절차에서도 독일 통일은 흠잡을 데 없었다.

독일 통일의 경우에는 국제적 절차가 결정적인 걸림돌로 작용할 수도 있었다. 제1, 2차 세계대전을 발발한 독일의 통일에 대하여 영국과 프랑스는 물론이고, 소련도 바람직하게 생각하지 않았고, 미국만 지지한 것으로 평가되었을 정도이기 때문이다(양창석, 2011: 190). 그러나 미국의 적극적인 지원으로 전승 4개국과 동서독 간의 '2+4회담'이 개최되었고, 여기에서 독일의 나토 가입을 소련이 양해하였으며, 독일은 제2차 세계대전 과정에서 소련이 획득한 영토에 대한 권리를 포기하였고, 독일의 군대 규모도 37만 명 이하로 유지하기로 양보함으로써 전승국들로 하여금 독일 통일을 허용하도록 만들었다. 통일 이후에도 독일은 1990년 11월 9일 소련과 '우호 · 친선 협력 조약'을 체결하면서 동독의 채무를 인수하였고, 소련군 철수에 따른 비용을 부담하는 등 약속을 철저히 이행하였다.

독일 통일의 사례를 보면 정당한 통일에 필요한 조건을 충족시키고 있다고 평가하지 않을 수 없다. 평화적 통일이었을 뿐만 아니라 주민들의 의사를 분명하게 확인하였고, 국내적 및 국제적인 절차까지도 철저하게 이행하였기 때문이다. 서독 헌법 제23조에 의하여 독일 연방으로 동독이 편입되는 절차를 따랐다고 하여 동독이 서독에 흡수통일된 것으로 인식하기도 하지만, 메르켈 독일 총리가 동독 출신이었듯이 통일 후 동독인들이 차별받거나 어떤 불이익을 받지 않았다는 점에서 편입의 절차를 따랐다고 하여 전적인 흡수통일이었다고 평가할 수는 없다.

3. 북한 급변사태의 가능한 결말

1) 발생 가능성

지금까지의 경험에 비추어 보면 북한 지도자의 유고로 인한 급변사태가 북한에서 발생할 가능성은 높지 않다. 한국 내에서는 상당한 기대감을 갖고 있었지만 김일성과 김정은의 급사 이후에도 급변사태의 기미는 전혀 나타나지 않았기 때문이다. 일부에서는 쿠데타 발생의 가능성을 강조하기도 하지만, 지금까지 북한에서 의미 있는 쿠데타 시도가 없었다는 사실과 김정은을 중심으로 한 지배계급의 공생관계를 고려할 때 그 가능성은 크지 않다.

오히려 권위주의 정권 붕괴 시 나타나는 현상이 북한에서 발생할 가능성이 더욱 클 수 있다. 국제사회의 지속적인 경제제재와 김정은의 권위주의적 통치로 인하여 북한 정권의 엔트로피가 계속 증가해왔기 때문에 어느 시점에서는 그것이 폭발할 수도 있다는 것이다. 북한이 단기적인 처방에 치중하면서 권력의 집중을 강화해온 것도 사실이다. 간부들에 대한 즉흥적인 처형 또는 숙청도 만연하고 있다. 코로나 등으로 국민들의 건강이 문제가 되자 김정은은 2020년 3월 17일 평양종합병원 착공식을 몸소 실시하여 10월 10일까지 완료하도록 지시하기도 했고, 예산을 제공하지 않으면서 무조건 책임자를 처벌하기도 했으나, 병원은 제대로 가동되지 못하고 있다. 북한의 김정은은 경제난 타개를 위하여 공무원들을 연일 채근하고 있으나 전력 등 기본요건이 불비하여 성과가 달성될 가능성은 낮다. 강력한 통제와 탄압을 통한 체제유지 노력은 언젠가는 한계를 드러낼 수밖에 없다.

더욱이 국제사회의 지속적이면서 철저한 경제제재로 인하여 북한 경제의 회생은 쉽지 않다. 북한 공업의 상징인 김책제철소와 무산광산의 폐쇄처럼 주요 산업시설이 가동을 중단한 상태이고, 전력이 부족 및 불안하며, 밀수를 통한 외화 획득도 불가능해진 상황이고, 외화벌이의 직접적 수단인 관광도 거의 중단되었으며, 해외 노동자의 대부분도 복귀하였다. 코로나 사태로 국경이 봉쇄되면서 북한 경제가 더욱 피폐해지고 있다. 그런데 북한은 유일한 지원처인 남한의 지원을 받지 않겠다는 방침을 공표하였고, 따라서 합리적인 회생의 방책을 찾기는 더더욱 어려워졌다. 만약, 이러한 상황에서 북한이 군사적 도발까지 감행한다면 북한 정권의 엔트로피는 더욱 증대될 것이다.

북한은 워낙 독특한 체제 및 국가라서 위와 같은 취약성에도 불구하고 현 체제가 예상보다 오래 지속될 수 있다. 그러나 언젠가는 체제의 한계를 드러낼 수밖에 없고, 이미 북한 정권의 내구성을 의심하는 정황과 시각이 증대되고 있다. 또한 경제 등 기본적인 사항에서 문제점이 워낙 많아서 내부적으로는 해결이 어려울 수 있고, 동독의 경우처럼 새로운 지도세력이 등장할 경우 남한과의 통일 이외에는 마땅한 대안이 없다고 판단할 가능성도 없지는 않다.

2) 남한의 개입

북한에서 급변사태가 발생할 경우 한국은 다양한 외교적 · 경제적 · 사회적 지원을 제공할 수는 있지만, 이것으로 북한의 사태를 한국이 주도적으로 해결하는 데 충분한 명분이나 영향력을 확보하기는 어렵다. 한국이 북한의 정세에 직접적인 영향을 주고자 한다면, 한국의 행정력이나 군사력을 북한 지역으로 보낼 수 있어야 하는데, 이것은 주변국들이 반대할 뿐만 아니라 유엔 헌장에도 배치된다. 남북한은 유엔의 회원국이고, 유엔 헌장 제2조 7항에서는 내정간섭을 분명하게 금지하고 있기 때문이다.

한국 내부에서는 "대한민국의 헌법과 법률은 휴전선 남방지역뿐만 아니라 북방지역에도 적용되어야 한다"면서 헌법 제3조에 근거하여 북한은 "미수복 불법 점유지역"이라서 수복되는 대로 한국의 영토와 국민이 된다는 주장이 적지 않다. 1991년 남북이 체결한 남북기본합의서에도 남북관계는 "나라와 나라 사이의 관계가 아닌 통일을 지향하는 과정에서 잠정적으로 형성되는 특수관계"라고 명시하고 있듯이 남북 쌍방이 서로를 별도의 국가로 인정한 것은 아니다. 그러나 이러한 설명이나 이에 근거한 통일의 추진이 국제사회에서 수용될 가능성은 크지 않다.

북한에서 불안정 사태가 발생하였을 때 한국이 행정력이나 군사력 전개를 포함하여 적극적으로 개입하고자 한다면 주변 강대국들이 허용하거나 묵인해줘야 할 것인데, 그러할 가능성은 크지 않다. 미국의 경우에는 동맹관계라서 부분적으로는 지지할 수 있다고 하더라도, 중국의 경우에는 반대하거나 오히려 자신이 개입할 가능성이 크고, 러시아와 일본도 한국의 개입을 적극적으로 지지해주기는 어렵다. 주변 국가들이 지지하지 않는 가운데서 한국이 개입할 경우 유엔안보리를 중심으로 제재나 간섭이 결정되거나 주변국 중 어떤 나라는 직접 군사적으로 개입하여 한국의 일방적 개입을 차단하게 될 것이다.

한국의 국내여론이 북한의 불안정 사태에 대한 한국의 행정적이거나 군사적 개입을 전폭적으로 지지할 것이라고 단정할 수도 없다. 군사적 개입은 워낙 위험한 조치라서 국민들이 지지를 망설일 수도 있고, 북한과 통일되면 남한의 경제력을 북한 주민과 나눠야 한다는 등의 이유로 그에 반대하는 국민도 적지 않을 것이기 때문이다. 군대를 북한 지역으로 파견할 경우 국회의 동의가 필요할 수 있고, 그것이 토론에 붙여질 경우 그에 관한 결정이 늦어지면서 적절한 시기를 상실하거나 예상하지 못한 반대에 부딪칠 가능성도 없지 않다. 러시아 출신으로서 국내에서 북한 전문가로 활약하고 있는 란코프 교수도 "중국과 미국은 북한에 위기가 발생하였을 경우 남한이 국내 문제에 마비돼 신속한 대북조치를 취하기 어려울 것이라고 판단하고 있다"(란코프 2009, 275)고 설명한 바 있다.

종합하면, 북한에 소위 급변사태가 발생하였을 경우 한국의 적극적 개입은 국제법적 근거, 주변 강대국들의 태도, 국내여론 등을 고려할 때 쉽지 않다. 결국 남한은 북한 스스로가 안정을 찾도록 지원해 주면서 북한을 대표하는 정부의 요청을 받아서 필요한 조치를 취하거나 개입하는 수밖에 없다. 동독의 경우처럼 북한을 대표하는 새로운 정부와 남한 정부가 합의를 이루어 통합이나 통일을 추진하는 방법이 최선이면서 현실적이라고 할 것이다.

3) 가능성 있는 결말

실제로 북한에서 급변사태가 발생할 경우 예상되는 사태의 결말을 생각해보면 가장 일반적이면서 가능성이 큰 것은 북한에 의한 자체적 해결이다. 초기에는 다소의 불안정을 겪더라도 시간이 지나면서 북한 스스로가 새로운 지도자를 찾거나 새로운 체제를 만들어 안정을 되찾게 된다는 것이다. 동독에서도 그러했지만, 공산주의 체제의 응집력과 내구성이 큰 북한에 외부의 세력이 개입하는 것은 매우 어려울 것이고, 어떤 식으로든 내부에서 해결책을 찾아낼 가능성이 크다.

북한의 급변사태가 자체적으로 수습되지 못할 경우 중국이 개입하여 대신 안정시킬 가능성도 낮지 않다. 중국은 북한과 동맹관계이고, 지리적으로 인접해 있으며, 북한에 대한 영향력을 지속적으로 행사하기를 바랄 것이기 때문이다. 중국은 북한과의 상호우호 조약을 근거로 삼거나 국경지역 대량탈북자 통제를 명분으로 북한 지역으로 군대를 투입시킬 수 있다. 중국은 군대의 규모가 커서 최단 시간 내에 상황을 종료시킬 수 있고, 유엔안보리 상임이사국이기 때문에 거부권 행사를 통하여 국제사회의 간섭도 배제할 수 있다. 한국 내부에서도 중국의 개입 가능성을 우려하는 의견이 적지 않고, 중국이 개입한 후 북한을 분할하여 통치하는 다수의 방안이 언론에 발표된 바도 있다(중앙일보 2020, 24).

유엔에 의한 개입과 분할통치의 가능성도 작지 않다. 실제로 미국은 2009년경 북한이 붕괴될 경우 미국, 중국, 러시아, 일본, 한국이 분할

하는 방안을 구체화하기도 했다(헤럴드경제 2020). 북한이 핵무기까지 보유한 상황이라서 유엔을 중심으로 한 강대국의 분할통치 가능성은 더욱 커졌다. 단독으로 북한에 개입할 경우 예상되는 부담 때문에 중국도 유엔에 의한 사태 처리에 동의할 것이라는 분석도 없지 않다(우평균 2013, 236-237). 이렇게 되면 유엔이 신탁통치 방식으로 북한을 관리하여 일정한 수준으로 발전시킨 후 독립시키게 될 것이다.

4) 함의

우선 한국은 지도자 유고에 의한 북한의 급변사태 발생 가능성이 낮다는 점을 인정할 필요가 있다. 지금까지의 경험에서 입증되었듯이 지도자가 유고되었다고 하여 북한 내부가 반드시 불안해지지는 않는다. 오히려 북한의 권위주의 체제가 그 권력을 유지하기 위한 목적으로 무리한 조치를 지속적으로 강화하는 과정에서 증가된 엔트로피를 더 이상 감당하지 못하여 불안정해지는 사태의 가능성이 더욱 크다.

북한에서 급변사태가 발생하더라도 무정부 상태나 내란으로 상황이 악화되는 것이 아니라 새로운 지도체제가 들어설 가능성이 더욱 크고, 한국이 그렇게 되도록 지원하는 것이 더욱 타당하다는 점도 이해할 필요가 있다. 현재와 유사한 권위주의적 체제로 대체될 가능성이 더욱 크겠지만, 개혁적인 지도세력이 등장할 가능성도 배제할 수는 없고, 그러할 때 그 새롭게 등장한 북한의 정권과 통일을 비롯한 남북 간의 제반 문제를 우호적이면서 생산적으로 논의해야 변화가 가능할 것이기 때문이다. 이러한 점에서 북한이 불안정해졌을 때 한국은 그것을 부추길 것이 아니라 최고인민회의를 조기에 개최하여 새로운 지도부를 구성하도록 지원하거나 새로운 대표들과 상호 신뢰하는 관계를 형성하는 측면을 중요시해야 한다.

더욱 중요한 것은 북한에서 심각한 불안정 사태가 발생하더라도 한국의 행정력이나 군사력을 북한 지역으로 전개시키는 것은 국제법적으로도, 그리고 국제정치의 현실에서도 허용되기 어렵다는 사실을 분명하게 인식하는 것이다. 북한은 유엔의 회원국이고, 유엔의 결정없이 어느 회원국이 다른 회원국의 내부적 불안정 사태에 개입하는 것은 내정간섭으로서 위법이기 때문이다. 오히려 유엔을 배경으로 미국, 중국, 러시아 등의 강대국이 북한의 장래를 결정할 가능성이 크다는 점을 인정해야 한다.

결국 북한에서 급변사태가 발생한 상황을 통일로 연결하고자 한다면 동서독의 방식을 따르는 것이 현실적이다. 평화적이었을 뿐만 아니라 성공한 사례이기 때문이다. 한국은 흡수통일이 아닌 합의통일에 더욱 높은 비중을 두어서 급변사태를 논의 및 대비해 나가야 할 것이다.

4. 한국의 노력 방향

한국이 독일 통일의 전례를 참고하여 합의통일을 달성하고자 한다면 더욱 철저한 사전 준비가 필수적이다. 동서독과 달리 남북한은 휴전상태로 오랫동안 대치해 왔고, 기능적 통합이나 협력이 훨씬 미흡하기 때문이다. 그를 위한 몇 가지 과제를 제시해보면 다음과 같다.

1) 합의통일로의 방향 전환

북한의 급변사태와 관련하여 한국은 지금까지 일반적으로 추구하였던 흡수통일에 대한 기대에서 벗어나 합의통일의 불가피성과 현실성을 인정할 필요가 있다. 강대국들의 태도나 국제법을 고려할 때 한국이 자체의 행정력이나 군사력을 일방적으로 북한으로 진입시키기는 어렵고, 북한 주민들이 동의할 가능성도 크지 않기 때문이다. 한국의 국력이 강하여 내용상이거나 결과적으로 흡수통일로 평가될 수는 있겠지만, 과정에서는 철저히 합의에 의한 통일을 추구해야 하고, 결과로서도 북한 주민들이 흡수당했다는 생각을 갖지 않도록 철저하게 배려해야 한다.

이제 한국은 북한에 급변사태가 발생할 경우 합의통일을 염두에 두면서 북한에 새로운 정부가 들어설 때까지 한국이 어떤 노력을 해야 하고, 새로운 민주적 정부가 들어서도록 어떻게 지원하며, 그 새 정부와 평화적 합의통일을 어떻게 협의해 나갈 것인가에 대하여 충분히 논의하고 대비해둘 필요가 있다. 북한에서 급변사태가 발생할 경우 남북연합의 정신을 갖는 어떤 기구를 만들어서 호혜적인 의사결정을 보장하면서 외세의 개입을 차단하자는 제안도 검토할 필요가 있다(김근식 2009, 69).

합의통일의 방법에 있어서는 동서독 통일의 사례를 적극적으로 반영할 필요가 있다. 한국의 공식적 통일방안인 '민족공동체 통일방안'에서는 통일헌법 초안을 만든 후, 이것을 남과 북이 '민주적 방법과 절차'를 통하여 확정한 다음에 총선거를 실시하여 정부를 구성하는 것으로 되어 있다(통일부 2020). 그러나 통일헌법 초안을 작성 및 토론하는 과정에서 심각한 이견이 발생할 수 있고, 그 과정에서 다양한 사안을 두고 의견과 이견이 분출하면서 오히려 통일을 어렵게 만들 수 있다. 국호,

국기 등 국가의 상징에 합의하는 것도 어려운 문제라고 예상되고 있듯이(이공주 2019, 225-226), 정치나 행정 제도 전반에 대하여 신속한 합의가 가능할 것이라고 보기는 어렵다. 독일의 경우 서독의 헌법 제23조를 수용한다는 간편한 통일절차를 선택함으로써 통일과정에서 발생할 수 있는 다양한 장애를 사전에 예방했다는 점을 참고할 필요가 있다.

현재의 상태에서라면 한국은 대한민국 헌법 제3조를 북한 주민들이 수용할 것이냐를 물은 다음에 이에 동의하는 것을 통일의 절차로 적용할 필요가 있다. 즉 동독의 경우와 유사하게 수권을 지향하는 북한의 새로운 정당이 나서서, 남북한이 대등하면서도 호혜적인 방식으로 통일에 관한 제반 사항을 협의 및 합의해 나가되 형식에 있어서는 "대한민국 영토는 한반도와 그 부속도서로 한다"는 조항에 대해 북한 주민들이 인정하는 방식을 채택하겠다고 제안하고, 이것의 수용 여부를 북한 주민에게 물어서 통일 방식을 결정한다는 것이다. 그렇게 되면 통일을 위하여 새로운 헌법을 제정할 필요가 없어지고, 이로써 예상하지 않은 통일의 장애물이 발생할 가능성도 무척 줄어들 것이다. 이를 주창하는 정당이 다수의 지지를 받아서 집권하게 된 후 법률을 통하여 남북한 간에 조치되어야 할 사항을 결정 및 시행해 나가면 된다. 다만, 이것은 현재 상황에서 편의적으로 적용할 수 있는 방안이기 때문에 한국은 앞으로 헌법을 개정할 경우 합의통일을 위한 조항, 다른 말로 하면 대한민국의 일부임이 다소 애매해진 상태라서 그것을 재확인하거나 새로운 영토나 주민을 편입할 경우를 위한 조항을 미리 규정해두는 방안도 검토할 필요가 있다.

이 외에도 동서독의 통일 사례를 참고하면 통일과정에서 남북한 간에 절차적으로 합의해야 할 사항이 적지 않다. 독일의 경우처럼 화폐를 통일하는 문제를 비롯하여 경제통합을 신속하게 협의 및 합의해야 할 것이고, 군사통합의 개략적인 방향에 대해서도 타협을 모색해야 할 것이다. 이러한 과정에서 남한 정부는 양보하는 자세를 견지함으로써 북한의 새로운 정부가 불안하게 생각하거나 피해의식을 갖지 않도록 배려해야 할 필요가 있다. 남북한 수뇌부가 긴밀하면서도 솔직하게 협의할 뿐만 아니라 독일보다 더욱 평화롭고 더욱 부작용이 작은 합의통일을 성사시키겠다는 각오로 국민들을 설득해 나가야 할 것이다.

2) 북한의 협력 확보

남북한 합의통일을 위해서는 북한의 협력이 결정적인데, 그의 관건은 북한 주민이 한국과의 통일을 바란다는 의사를 명시하는 것이고, 다른 하나는 당시의 북한 정권이 그러한 북한 주민의 뜻을 따르는 것이다.

우선, 북한 주민을 설득하기 위해서는 통일 후의 모습과 혜택에 대한 분명한 비전이 제시되어야 한다. 남한 국민들이 누리는 모든 자유를 북한 주민들에게 보장할 것이고, 무엇보다 경제적 측면에 중점을 두어서 북한 주민의 생활수준을 남한 국민의 생활수준으로 동등하게 향상시키겠다는 점을 분명히 할 필요가 있다. 또한 북한의 토지는 일정한 규칙을 제정하여 북한 주민들에게 분배하고, 남한 국민들은 관여하지 못하도록 해야 할 것이다. 한시적 법을 만들어 북한 주민들의 생활 안정을 보장하면서 남한으로 이주할 경우 그 정착을 지원하겠다는 점도 밝혀야 한다. 이로써 북한 주민들에게 통일로 인하여 얻을 것은 많지만 잃을 것은 거의 없다는 점을 설득해야 한다

북한의 엘리트들에 대한 설득 노력도 매우 중요하다. 그들이 주민

들의 여론을 좌우할 것이기 때문이다. 북한 주민들이 자유민주주의 사회에 정착될 때까지 북한지역의 정치와 행정은 북한의 엘리트들이 담당할 것이고, 통일 이전에 한 행동에 대해서는 그것이 반인도적 범죄가 아닌 한 사후 조사나 처벌이 없을 것임을 공표해야 한다. 군과 경찰 등 공무원의 계속 복무나 전역 여부는 개인의 의사도 충분히 고려하겠다는 점을 천명할 필요가 있다.

민주적이면서 평화적인 방법으로 북한에 새 정부가 들어서도록 지원하는 사항도 중요하다. 우선은 북한에서의 불안정 사태가 평화적이면서 민주적으로 진정되어야 한다는 원칙을 제시하고, 북한 주민 스스로 새 정부를 조기에 구성하도록 필요한 모든 지원을 제공할 것이라는 원칙을 천명해야 한다. 필요하다면 미국 등 국제사회와 함께 북한에서의 선거를 지원 및 감시할 필요가 있다. 흡수통일은 없을 것이라는 원칙을 천명하면서 새 정부에게 북한의 안정을 위한 지원소요를 통보해주도록 하여 적극 지원하되 북한 주민들의 의사를 충분히 수렴한 시행이 되도록 조언해야 할 것이다. 다양한 시민단체나 개인들이 무분별하게 북한 지원에 나서지 않도록 통제하면서 북한의 새 정부가 합의할 경우 북한의 부흥을 위한 남북한 협력기구를 구성하여 함께 논의하고 이를 대북지원을 위한 창구로 일원화할 필요가 있다. 당연히 유엔을 비롯한 국제사회와도 긴밀하게 협력하되 남북한의 주도권을 지나치게 훼손하지 않도록 유의해야 할 것이다.

3) 남한 내부 여건 조성

북한과의 합의통일을 위해서는 남한 국민들이 충분히 동의해야 할 것인데, 이것도 현실적으로는 쉽지 않다. 국민들의 의견이 북한과의 통일을 지지하는 방향으로 모아질 것이라는 보장이 없기 때문이다. 통일에 대한 남한의 민의 결집을 위해서는 국가지도자가 통일을 위한 확고한 의지, 비전, 그리고 상황처리에 대한 단호함을 국민들에게 적극적으로 과시할 필요가 있다. 콜 총리를 비롯한 서독 수뇌부들은 통일에 대한 확고한 신념을 바탕으로 동독과의 통일과정을 체계적으로 추진하였을 뿐만 아니라 전승 4개국을 설득하는 데 성공하였다. 정부는 북한에서 불안정 사태가 발생할 경우 이를 평화적 합의통일로 연결시키기 위한 기본적인 방향과 계획을 수립하고, 지속적인 논의를 통하여 계속 그 타당성을 높여 나가야 할 것이다. 당연히 북한과의 평화적 합의통일에 관한 비전을 국민들에게 설명하고, 언론과 지식인들도 이에 관한 제반 사항을 적극적으로 토의하여 합리적 내용 위주로 국민들에게 전파시켜야 할 것이다.

북한의 급변사태를 합의통일로 연결시키는 데 결정적으로 중요한 요소는 평소부터 북한 지도층 및 주민들과 우호적인 관계를 유지 및 증진하는 것이다. 그들이 남한을 우호적으로 생각하지 않으면 통일에 합의하지 않을 것이기 때문이다. 이러한 점에서 한국은 다방면에 걸쳐 북한과의 접촉을 늘려나가고, 북한 주민에 대한 인도적 지원을 확대해 나가야 할 것이다. 독일도 평소에 동독의 권력 엘리트들과 다양한 대화 창구를 구축하여 통일에 활용하였다. 한국도 개혁 성향의 북한 인사들을 잘 식별하여 유대관계를 구축해두면서 통일이 될 경우 그들에게 상당한 혜택이 돌아갈 것이라는 점을 전달하여 안심시켜야 할 것이다.

지금부터 정부는 합의통일에 관한 제반 사항을 체계적이면서 현실적으로 검토 및 준비해야 한다. '민족공동체 통일방안'도 그에 맞게 수정해야 할 것이고, 기존의 헌법 조항을 활용하여 신속하게 통일을 추진할 수 있는 방안을 검토해야 할 것이며, 헌법 개정 시에는 북한 편입을 위한 조항을 마련해둘 필요도 있다. 통일부는 물론이고 학계에서도 북한 새 정부와의 합의통일에 관한 세부적인 사항을 논의하고, 그 과정에서 한국이 유념하거나 사전에 대비해두어야 할 사항을 도출하여 조치시켜야 한다. 유사시 남북한 간에 구성할 새로운 기구의 필요성과 임무수행 방향도 설정해야 한다. 이로써 북한에서 심각한 불안정 사태가 발생하였을 경우 혼란이 없는 가운데 통일과정이 진행되도록 보장해야 하고, 모든 관련요원들이 공통의 청사진과 방향 하에서 움직이도록 만들어야 한다.

4) 주변국의 지지와 협력 획득

동서독 통일과 다르게 남북한의 합의통일에서는 국제적 승인의 절차가 필수적인 것은 아니다. 남북한은 패전국이 아니기 때문이다. 다만, 한국은 미국, 북한은 중국과 동맹관계를 맺고 있다는 점에서 이들의 입장을 존중하지 않을 수 없다. 또한 러시아와 일본의 의견까지 수렴할 때 합의통일은 더욱 자연스럽게 추진될 것이다.

한국은 평소부터 주변국들에게 한국 주도 평화적 합의통일의 필요성과 그를 달성하기 위한 구체적 방안을 적극적으로 설명할 필요가 있다. 특히 남북한 통일로 인하여 주변국들이 얻게 되는 편익을 적극적으로 설명함으로써 그들의 지지를 획득해야 할 것이다. 남북한 통일에 이들이 부담을 느낄 수 있기 때문에 북한의 난민, 경제, 재건에 관한 모든 문제를 한국이 담당하겠다고 약속할 필요도 있다. 서독이 동독의 부채를 인수하였듯이 북한의 모든 채무를 남한이 부담해야 할 것이고, 통일 이후 남북한이 방어적인 최소한의 군대만 보유할 것이라는 점도 약속하여 이들의 우려를 불식시켜야 할 것이다.

남북한 합의통일에 대한 주변국들의 동의를 획득하는 방편으로 북핵 처리를 주변국에게 위임할 필요성이 적지 않다. 핵무장한 통일한국을 묵인하거나 허용해줄 주변국은 없을 것이기 때문이다. 북한에 불안정 사태가 발생할 경우 일부 충성심이 강한 북한군이 핵무기를 장악하여 위협할 수 있다는 점에서 미국은 물론이고 중국도 북한의 핵무기를 우선적으로 장악하고자 할 것인데, 이때 한국의 동의 여부도 의미가 없지는 않을 것이다. "북핵 통제와 폐기는 국제관리로, 북한 위기의 안정화 문제는 남북한 내부 문제로 분리해 대응하는 지혜가 필요하다"는 주장을 유념할 필요가 있다(황병무 2015, 8).

남북한의 합의통일이 여의치 않을 경우 차선책으로 한국은 유엔 주도의 해결방안을 수용한다는 유연한 자세를 가질 필요가 있다. 현실적으로는 유엔 주도 해결이 가장 바람직한 방안이라고 평가하는 전문가도 없지 않다(우평균 2013, 242-244). 유엔이 주도할 경우 한반도 관련 결정에 중국이나 러시아가 거부권을 행사할 수도 있지만, 역으로 중국이 추구하는 바가 있어도 미국, 영국, 프랑스가 거부권을 행사하여 차단할 수 있다. 형식적으로는 유엔이 주도하더라도 집행력의 대부분을 한국이 담당한다면 한국이 바라는 형태의 결말로 유도할 수 있는 기회의 창을 확보할 수 있다.

5) 한 · 미동맹 관리

독일 통일에 반대하는 다른 국가들을 미국이 적극적으로 설득하였듯이 남북한의 합의통일에 대한 미국의 지지와 지원은 다른 어떤 사항보다도 중요하다. 미국만이 그의 강력한 국력과 군사력, 영향력으로 한반도 주변에 있는 중국, 러시아, 일본을 압박하거나 설득할 수 있기 때문이다. 한국은 전쟁억제나 유사시 방어를 위한 한 · 미 연합의 제반 결속장치를 남북한 통일에도 적용할 수 있도록 한 · 미동맹을 강화해 나갈 필요가 있다.

무엇보다 한국은 북한의 급변사태와 관련한 제반 논의와 준비사항, 그리고 실제 발생하였을 경우의 상황 평가, 처리 방향, 국제사회와의 협력방안 등 모든 사항을 미국과 협의한다는 자세를 가질 필요가 있다. 이러한 적극적인 협의를 통하여 한 · 미 양국 간의 신뢰를 강화하고, 다른 국가에게도 이를 과시함으로써 협력을 유도해야 한다. 합의통일을 추진하겠다는 원칙, 통일 이후 자유민주주의 국가의 정체성을 유지함은 물론 한 · 미동맹을 지속하겠다는 점을 미국에게 약속해야 할 것이다.

북한의 급변사태를 처리하는 과정에서 한국과 미국이 적절한 역할 분담을 협의할 수도 있다. 미국은 북한의 핵무기 처리를 주도하고, 한국은 통일을 주도하는 방식이다. 이 경우 미국에게는 중국, 러시아, 특히 유엔 등 국제사회와의 협의를 통하여 원만하게 북한핵을 처리할 것을 요청해야 할 것이다. 북한 지역에 미국의 군인이나 민간인이 최소한만 전개하도록 협조함으로써 중국 및 러시아가 불필요한 의혹을 갖지 않도록 조심하는 것도 중요하다. 나아가 미군이 북한 주민을 지원하더라도 가능한 한 직접지원보다는 한국을 경유함으로써 한국의 주도성을 존중하도록 요청할 필요도 있다.

5. 결론

지금까지 한국에서는 북한 지도자의 유고를 급변사태의 핵심요인으로 인식한 나머지 그러한 사태가 발생하거나 예상되는 시기에는 활발한 논의를 벌이다가 그 시기가 경과되어 버리면 중단하곤 하였다. 그러나 지금까지의 경험으로 보면 지도자 유고를 통한 급변사태의 가능성은 크지 않고, 김정은의 연소함을 고려할 때 더욱 그러하다. 반면에 북한의 권위주의적 정권이 누적된 엔트로피를 견디지 못하여 붕괴될 가능성이 커지고 있다. 국제사회의 지속적인 경제제재로 민생이 파탄나 있고, 코로나19로 더욱 상황이 심각해지고 있기 때문이다. 현 북한 정권이 단기적이면서 권위주의적인 해결책에 의존하여 북한 주민들에 대한 무자비한 압제를 계속하고 있어서 그 가능성은 더욱 커지고 있다.

지금까지 한국에서는 북한에 급변사태가 발생하면 한국이 자연스럽게 북한 지역을 인수하여 통일시키는 것으로 생각하였지만, 이것이 국제적으로 용인되기는 어렵다. 국제법적으로 별도의 국가인 한국이 북한의 내정에 간섭할 수 없고, 강대국들도 한국의 주도적 처리를 허용하지 않을 것이며, 북한을 대표하는 새로운 정부가 한국의 그러한 역할을 지지할 가능성도 낮기 때문이다. 결국 한국은 동서독 통일의 경우와 같이 새롭게 등장할 북한의 정부와 통일을 협의 및 합의하여 추진하지 않을 수 없다. 당연히 남북한과 동서독 상황에는 차이점이 크지만, 그 차이점을 핑계로 독일 모델을 거부해버릴 것이 아니라 차이점을 잘 감안하여 한반도 상황에 맞는 새로운 합의통일의 모델을 만들어 나가야 한다.

북한에서 발생한 급변사태를 합의통일로 연결하려면 정부와 국민 모두가 일방적 흡수통일의 어려움을 이해하는 가운데 북한의 새로운 정부가 남한과의 통일을 통한 문제해결을 선택하도록 설득해야 한다는 점을 유념해야 한다. 정부의 담당자들은 북한의 급변사태를 남북한 합의통일로 연결하는 데 관한 제반 사항을 심층 깊게 토론하여 분명한 방향을 설정하고, 계획을 발전시키며, 국민들에게도 설명하여 공감대를 갖도록 해야 할 것이다. 북한이 불안정해졌을 때 그것을 부추길 것이 아니라 새로운 정부가 조기에 구성되도록 지원하고, 그 새로운 정부로 하여금 남한과의 협의를 통하여 그들의 문제를 해결하도록 유도할 수 있어야 한다. 그럼으로써 원만한 통일과정도 보장하고, 통일에 대한 국제적 지지도 확보할 수 있어야 한다.

북한 급변사태 시 남북한 합의통일과 관련하여 진지한 논쟁이 필요한 부분은 한국의 현행 헌법 제3조의 수용 여부로 할 것이냐, 아니면 새로운 '통일헌법' 초안으로 할 것이냐는 것이다. 현재 정립되어 있는 한국 정부의 통일방안은 후자로서, "남북평의회에서 통일헌법 초안 마련 → 민주적 방법과 절차를 거쳐 통일헌법 확정 · 공포 → 통일헌법에 의한 민주적 총선거 실시 → 통일정부와 통일국회 구성(1체제 1정부)"으로 명시되어 있다(통일부, 2020). 그러나 독일 통일의 과정에서도 쟁점이 되었듯이 후자의 경우 자칫하면 통일헌법 논의 과정에서 통일의 모멘텀을 상실하거나 이견으로 분열이 가중될 수 있다. 한국의 헌법 개정이 얼마나 어려웠던지를 회고해보면 이 위험성은 충분히 예상할 수 있다. 동서독의 경우처럼 한국도 통일절차의 간소화를 위한 다양한 방안을 폭넓게 논의하고, 향후 한국에서 헌법을 개정할 경우 북한의 편입을 위한 근거조항을 마련해 두어야 할 것이다.

북한에서 급변사태가 발생하여 합의통일을 논의하게 될 경우 독일 모델을 준용하겠다는 점을 대내외에 천명하는 것도 유용할 수 있다. 그렇게 되면 모든 사람들이 통일이 어떻게 진행될 것인지 또는 무엇을 준비 또는 처리해야 할 것인지를 분명하게 예상 및 대비할 것이기 때문이다. 흡수통일을 배제한다는 측면에서 북한 지도층과 국민들을 안심시킬 수 있고, 국제적인 지지를 확대할 수도 있다. 한국의 입장에서는 독일의 통일 경험자나 그 분야를 연구한 전문가들로 자문단을 구성하여 그들로 하여금 상황별로 구체적인 대안을 제시하도록 할 수도 있다.

북한 급변사태 시 합의통일을 달성하고자 한다면 통일에 관한 사항은 정권의 교체와 상관없이 필요한 사항을 계속 인계 및 발전시켜 나가야 한다. 그래야 일관성과 효과성이 보장될 것이기 때문이다. 정권 교체와 상관없이 동일한 통일방안이 지속되어야 하고, 다양한 모든 대안들을 폭넓게 논의하면서 현실에 부합되는 방향으로 필요한 실행방안을 지속적으로 구체화하고, 점검하며, 개선해 나가야 할 것이다. 또한 통일방안의 내용 중에서 일부는 공개하여 국제적인 지지도를 강화하고, 국민적인 공감대도 형성해야 할 것이다. 이제부터는 염원이 아닌 실행계획으로서의 통일논의를 일상화해 나가야 할 것이다.

에필로그: 이 또한 지나가리라!

이상한 나라

필자를 비롯하여 한국의 안보를 걱정하는 적지 않은 학자와 전문가들은 당연히 정부와 군대가 국가안보를 위해 최선의 노력을 경주할 것으로 생각하여, 북핵 위협 상황에서 국가의 안전을 보장하기 위한 나름대로의 건의안을 개발하고, 다양한 기회를 통하여 그것들을 제시해 왔다. 이전의 정부들은 그러한 의견들을 적극적으로 수렴하였고, 따라서 더욱 신이 나서 연구하곤 했다.

지금까지 경험했던 대한민국의 정부와 군대는 국가의 안전과 번영을 가장 우선시했고, 그를 위하여 필요한 모든 외교적 · 군사적 · 경제적, 사회적 노력을 통합하기 위하여 노력했다. 한 · 미동맹을 안보의 근간으로 생각하여 그의 강화에 매진하였고, 북한의 핵무기 개발 상황을 예의주시하면서 나름대로 적정한 대응방법을 모색하고, 구현해왔다. 미국과의 확고한 연합방위태세와 '핵우산'으로 북한의 도발을 억제하면서 자체적인 대비노력도 게을리하지 않았다. '3축 체계'라면서 북한이 핵공격을 시도한다는 징후가 발견될 경우 미리 북한 지역에서 타격하고, 그것이 실패하면 공중에서 요격하며, 핵공격을 가할 경우 북한 지도부들을 기필코 사살하겠다고 공언함으로써 북한의 지도자가 핵공격 결심을 하지 못하도록 만들고자 노력했다.

그런데, 어느 순간부터 분위기가 이상해졌다. "우리 정부가 이상해졌어요!" 정부는 국가안보를 걱정하는 대신에 북한과의 대화와 미국에 대한 자주만을 강조하기 시작했다. 군에게 북핵 대비를 강조하지도 않았고, 안보와 군사에 관한 학자들의 제안들을 기피하기 시작했다. 국민들에게도 전쟁 얘기는 하지 않게 되었고, 따라서 국민들도 전쟁을 걱정하지 않게 되었다. 과거와 전혀 다른 정부의 모습이 전개되기 시작하였다. 정부와 국민들이 전쟁을 걱정하지 않는 것이다.

필자는 어느 순간 전혀 다른 나라로 갑자기 옮겨진 듯한 느낌에 사로잡히기 시작했다. '남가지몽(南柯一夢)'의 이야기에 나오는 순우분(淳于棼)처럼 '괴안국(槐安國)', 필자의 생각으로는 '괴상한 안보를 추구하는 괴안국(怪安國)'에 살게 된 것 같았다. 〈이상한 나라의 앨리스〉에 비유하면 '원더랜드(Wonderland)'가 아니라 적에게 먼저 굴복하는 '서렌더랜드(Surrenderland)'에 온 것 같다는 생각을 하게 되었다.

이상한 현상

순우분이나 엘리스가 그러했던 것처럼 필자는 갑자기 달라진 이 나라에서 매일 이상한 현상들을 목도하면서 놀라기에 바쁘다. 지금까지 읽은 책이나 배운 이론과는 정반대로 정책이 결정되고, 추진되고 있다. 북한이 핵무기를 계속 증강하여 남북통일을 앞당기겠다고 해도 이 나라 정치인들은 걱정하지 않는다. 북한의 '완전한 비핵화' 약속이 우리를 기만한 것으로 드러나고 있고, 최근에는 작전적 필요성에 근거한 핵무기 사용 가능성까지 명시 및 공개하고 있지만, 일부 국민들은 아직도 속은 것을 인정하지 못하고 있다. 일부 국회의원들은 북한이 하지 말란다면서 한 · 미연합 훈련을 연기하자는 성명서를 버젓이 발표한다. 동맹공약을 반복하면서 지켜주겠다는 미국보다는 걸핏하면 안하무인으로 갑질을 하는 중국을 더욱 가깝게 생각한다. 북한 위협과 한 · 미동맹을 공유하면서 동일한 자유민주주의 체제를 구현하고 있는 일본과의 안보협력은 생각조차 하지 않는다. 순우분과 엘리스에 비춰서 자문해본다. 혹시 내가 꿈이나 다른 어떤 요인에 의하여 전혀 다른 나라로 날아와 살고 있나?

이 나라는 전문가를 별로 중요하게 생각하지 않는다. 누구나 직책을 맡으면 다 잘할 수 있다고 생각하는 것 같다. "아류(亞流)의 시대"가 열리고, 엘리트 집단이 치환(置換)되었다. 대부분의 분야에서 최고가 오히려 배척된다. 그 결과 정부의 정책은 아류들의 치기와 실험에 의하여 이리저리 표류한다. 장기보다는 단기, 근원보다는 증상 치료, 효과보다는 인기가 정책 평가의 기준이다. 미봉만 잘하면 문제를 해결한 것이 된다. 그런데, 이 나라의 구성원들은 이것을 지지한다. 내가 살던 나라는 이렇지 않았는데!

지성인과 지성인의 지조는 사라졌다. 아무도 그러한 기준으로 사람을 평가하지 않는다. 끝까지 고고함을 지키겠다고 다짐하던 지식인들도 결국 항복하게 된다. 밥벌이에 연연하거나 영혼을 파는 것을 모두 양해하게 된다. "지록위마(指鹿爲馬)"는 당연하고, 바람이 불기도 전이 아니라 바람의 냄새만 나도 눕게 된다. 누가 먼저 눕느냐의 경쟁이 있을 뿐이다. 내가 살던 나라는 정말 이렇지 않았었는데!!

이 나라라는 배가 움직이고 있기는 하다. 그러나 어디로 가는지, 바르게 가는지는 누구도 모르고, 알고자 하지도 않는다. 배에 물이 들어오고 있지만, 퍼내는 사람만 바보다. 그 시간에 낚시라도 해서 고기 한마리 더 챙기는 게 이익이다. 배에는 물이 계속 차올라 오지만 경고하는 사람은 적다. 물을 퍼내는 사람은 더욱 적다. 분명 이 나라는 나라가 아니야!!!

어떤 이유에서인지는 알 수 없으나 이 나라의 일부 정치인들과 인사들은 북한이나 북핵 자체를 걱정조차 하지 않는다. 그들에 의하면, 북한은 자신의 체제를 수호하거나 협상에서 유리한 조건을 획득하기 위한 목적으로 핵무기를 개발했을 뿐이다. 북한은 조만간 핵무기를 포기할 것이고, 한국에 대해서는 절대로 핵무기를 사용하지 않을 것이다. 그들은 김정은의 마음을 명경 보듯이 알고 있다고 생각한다.

국제정세가 아무리 요동쳐도 그들은 걱정하지 않는다. 미국, 중국, 러시아, 일본의 지도자들이 무슨 생각을 하는 지를 손바닥 보듯이 다 알고 있기 때문이다. 바야흐로 한국의 몸값이 올라간다고 생각한다. 한국이 어떤 행동을 해도 미국은 한국을 지원할 수밖에 없단다. 덩치는 작지만 한국은 '균형자'로서 그들을 멋대로 요리할 수 있단다. 왜 그리 걱정하느냐고 반문한다. "♪그대여 아무 걱정하지 말아요. 우리 함께 노래합시다♬."

이 또한 지나가리라

이 나라의 안보방식에 대하여 필자는 "베짱이 안보"라는 이름을 붙여 봤다. 초등학교 시절 학교에서 배운 동화 속의 베짱이와 흡사하다고 생각하였기 때문이다. 겨울이 올 것은 전혀 걱정하지 않은 채 햇볕을 만끽하면서 노래하고 있는 그 베짱이처럼 이 나라의 관리들은 북핵 위협의 심각성이나 미 · 중 대결의 위험성에 대해서 전혀 걱정하지 않는다.

이 나라 관리와 전문가들의 사고방식에 대하여 "제갈공명 놀이"라는 이름을 붙였다. 모두가 제갈공명처럼 똑똑하다는 것을 자랑하는 데 몰두하고 있기 때문이다. 그들은 정보를 수집하거나 논문을 읽을 필요가 없다. '삼국지연의' 속의 제갈공명처럼 하나의 작은 단서로 전체를 알고, 가만히 앉아서 천 리를 내다볼 수 있다고 생각하기 때문이다. 그 정도는 되어야 진정한 전문가일 수 있다고 생각한다. 그들의 예상은 언제나 틀리지만 누구도 점검하지 않기 때문에 계속하여 소설같이 미래를 전망하고, 그중 한 가지라도 일시적으로 맞으면 짜릿해한다.

이 나라 국민들에 대해서도 "소주잔 국제정치학" 또는 "소주잔 군사학"이라는 이름을 붙여 봤다. 누구든 소주만 한잔 들어가면 20~30년 연구한 전문가 못지않은 자신감으로 국제정치, 군사 문제를 열강하기 때문이다. 국제정치나 북핵 문제에 관한 책 한 자 읽지 않고, 뉴스 기사 한 줄 보지 않아도 소주만 한잔 들어가면 앞으로의 전개 방향을 일사천리로 전망할 수 있다. "소주잔 경제학", "소주잔 경영학"은 말할 필요도 없고, "소주잔 예술", "소주잔 체육"도 가능할 기세이다. 이들에게 소주는 지식의 묘약이다.

보수정권으로 바뀌었다. 북핵 위협을 심각하게 인식한다거나 한미동맹을 중요시하는 등의 근본적 방향은 바르게 이행되는 것 같다. 그러나 현실적으로 달라진 것은 별로 없다. 여전히 천하태평이고, 미국의 핵우산만 있으면 모든 게 해결된다는 인식이다. 북핵에 관하여 지금까지 노력해왔던 우국지사들이 설 자리는 여전히 없다.

필자가 배워왔고, 익숙했었고, 노력해왔던 나라는 분명 이 '괴안국(怪安國)'이나 '서렌더랜드(Surrenderland)'가 아니었다. 안보가 강한 '강안국(强安國)'이었고, 승리자들의 국가 '위너랜드(Winnerland)'였다. 지금은 꿈이고, 실제의 나라는 따로 있을 것이다. 이 꿈만 깨면 모든 것이 정상이 되어 있을 것이다. 이 또한 지나가리라! 이 또한 지나가리라!!

은퇴

가난 탓에 대학 갈 생각을 하지 못하다가 학비 없이 의식주 보장받으면서 공부할 수 있다는 말에 이끌려 태릉의 육군사관학교를 지원하였다. 세뇌의 결과라고 평가할 사람도 있겠지만, 백지상태의 시골 청년에게 각인된 것은 국가와 민족을 위한다는 사명감이었다. 능력은 모자랐지만, 군에서 열심히 근무했다. 안타까운 일이 없을 수는 없었겠지만, 후회는 없다.

생각지도 않던 인연에 이끌려 일찍 전역을 하고, 국민대학교에서 교수 생활을 시작하게 되었다. 만학도임에도 학교에서 정년트랙 전임교수로 선발해주었다. 정치대학원장의 임무도 부여하였다. 감사했다. 동료 교수들도 따뜻하게 도와줬다. 학교에서의 하루하루는 정말 보람찼다. 국민대학교를 '나의 대학교'라고 생각했다. 공부도 재미있었다. 내가 남보다 잘하는 게 공부인가라는 생각까지 했다. 일일이 이름을 거론하지는 못하지만, 나를 알아주신 총장님과 도와주신 교수님들께 이 자리를 빌려서 감사드린다. 인연을 맺은 교직원들, 학생들에게 고맙다는 말씀을 드린다. 올해 정년을 맞아서 학교를 떠나게 되었다. 아쉽지만 이 역시 후회는 없다.

정말 다행스럽게 생각하는 게 있다. 어떤 계기로 논문을 쓰는 습관을 갖게 된 것이다. 처음에는 나도 논문을 쓸 수 있다는 것을 입증하고자, 나중에는 재미가 있어서, 최근에는 이상한 나라를 바르게 하겠다는 마음으로, 그리고 내가 할 수 있는 것이 유일한 그것이라서 논문을 썼다. 늦게 배운 도둑이 밤새는 줄 모른다고, 50대에 늦게 논문 쓰니 싫증 날 시간이 없었다. 안보분야 특히 북핵에 관하여 논문을 쓰는 사람이 적으니 나라도 써서 보태야지라는 생각도 있었다. 질은 자신할 수 없지만 발표한 논문의 숫자는 상당히 많다. 논문검색 프로그램에서 한번 검색해 보시라. 국민대학교에서 연구 우수교수로 표창도 받았다.

북핵, 한 · 미동맹, 주변국 정세 등을 중심으로 집중적으로 논문을 썼다. 영어로도 1년에 한 편은 발표하고자 노력했다. 논문을 제출하면 모두 쉽게 통과되는 것은 아니었다. 사안을 보는 시각이 나하고 매우 다른 심사위원도 적지 않았고, 당장 필요한 현안을 연구하고자 했기에 주관성이 강하다는 지적도 많이 받았다. 그래도 자세하게 지도해주는 심사위원들에게 감사하면서 각오를 다지고, 심사내용을 반영하여 논문을 수정하면서 많은 것을 배웠다. 필자는 논문을 쓰면서 깊은 공부를 한 것 같다. 이 자리를 빌려서 심사위원들에게 감사드린다. 그렇게 국민대학교에서의 12년이 흘러갔다.

정년 퇴임을 한 후 미국으로 건너갔다. Fletcher School이라는 보스턴의 유명한 외교정책 대학에서 1년 동안 방문학자로서 연구에 매진했다. 저명 영문 학술지에 북핵 관련 논문도 세 편을 게재했다. 북핵에 관하여 영문 책도 발간했다. 내가 아는 게 이거니까 조금이라도 더 많은 논문과 책을 써서 국가를 안전하게 만들어야지라고 노력했다. 그러나 1년 후 돌아와 본 한국은 너무나 실망스러웠다. 여전히 북핵은 뒷전이고, 여전히 군인들은 핵전략이나 북핵대응 정책을 논의하지 않는다. 힘이 빠진다. 어떻게 해야 하나, 어떻게 해야 하나, 어떻게 해야 하나….

부록

1

한 · 미 연합지휘체제

1. 지휘 단일화

군대는 생명까지 희생하는 것을 전제로 하는 집단이기 때문에 명령에 대한 무조건적인 복종이 강조되어 왔고, 될 수밖에 없다. 위험하다고 생각하여 개인이나 부대가 명령을 수행하지 않게 되면 군대의 임무 수행은 불가능하고, 적에 의해 패배할 수밖에 없기 때문이다. 군대의 가장 대표적인 특징은 일사불란한 명령의 하달과 수행이라고 표현될 정도로 지휘관, 지휘권, 지휘계통 등의 용어가 강조되고, 이것을 지휘의 단일화(unity of command, 한국군에서는 '지휘통일'로 번역하고 있는데, 국민들에게는 그 뜻이 금방 전달되지 않을 것 같아서 이 책에서는 '지휘 단일화'로 번역하고자 한다)라고 한다.

육군의 경우 소대-중대-대대-연대-사단과 같이 평소부터 하나의 조직으로 편성되어 있는 부대에서는 상명하복(上命下服)이 자연스럽게 보장된다. 다만, 편제되지 않은 다른 부대와 함께 임무를 수행해야 할 경우에는 상명하복이 준수되기가 어려울 가능성이 크다. 각 부대는 편제된 자신의 지휘관으로부터 지침을 받아서 행동하려고 할 것이기 때문이다. 특히 국적이 다른 국가들 간 작전 즉 '연합작전(combined operations, 육 · 해 · 공의 구분이 다른 것은 합동작전(joint operation), 정부 내의 다양한 요소들이 결합하는 것은 통합작전(interagency operations)이라고 한다)의 경우에는 더욱 상명하복을 보장하기가 어렵다. 그래서 제1차 세계대전에서 다수의 유럽국가들이 독일에 대항하여 전쟁을 수행하게 되었을 때 지휘 단일화를 달성하지 못하여 어려움을 겪었고, 결국 프랑스의 포쉬(Ferdinand Foch) 장군을 최고사령관에 임명함으로써 승리할 수 있었다. 제1차 세계대전의 경험을 참고하여 제2차 세계대전에서는 처음부터 지휘 단일화를 중요시하여 영국군과 미군 장군을 최고사령관으로 하는 연합사령부를 창설하는 등으로 다수 국가 군대의 노력을 결집시키고자 노력하였고, 이것이 연합국 승리의 핵심요인으로 분석되고 있다.

이러한 교훈을 반영하여 미군은 전쟁승리에 필수적인 원칙 중 하나로 '지휘 단일화'를 포함시켜 강조하고 있다. 미군은 '지휘 단일화'를 모든 부대들이 "적절한 권한을 가진 단일의 지휘관 하에서" "공동의 목표"를 추구할 수 있도록 운영되는 것이라면서, 군사작전은 "단일 사령부"(a single command)의 권위에 근거한 "일사불란한 지휘체제 하에서" 수행되어야 승리할 수 있다고 강조하고 있다. 이를 위하여 '지휘관계(command relations)'라는 용어를 사용하여 부대 간에 행사되는 권한의 정도를 적절하게 규정함으로써 감정적인 충돌을 최소화하면서도 지휘 단일화의 효과를 획득하는 다양한 방법을 강구하고 있다.

미군의 경우 명령-복종 정도가 강한 순서에 따라서 전투지휘(COCOM: Combatant Command), 작전통제(OPCON: Operational Control), 전술통제(tactical control), 지원(support) 4가지 지휘관계를 설정해두고 있다(Joint Chiefs of Staff 2017, III-3). 여기에서 '전투지휘'는 지역 및 통합사령관만이 행사하고 하는 권한으로서 임무 창출이 가능한 포괄적인 권한이고, 전술통제는 작전지역 내에서의 이동 혹은 기동에 관한 제한적인 통제권이며, 지원은 다른 부대를 자발적으로 도와주는 활동으로서 강제성이 없다. 한국군도 미군의 교리를 적극 수용하여 'unity of command'를 '지휘통일'로 번역하여 사용하면서 전쟁승리에 필수적인 9개의 '합동작전 원칙' 중 하나로 포함시켜 강조하고 있다. 지휘관계의 경우에도 한국군은 전통적으로 사용해오던 '예속'과 '배속'에 추가하여 미군으로부터 '작전통제'와 '전술통제'를 도입하여 4가지를 사용하고 있다.

위 지휘관계 중에서 연합작전에서 가장 일반적으로 사용하는 것은 작전통제이다. 부여된 임무수행에만 국한하여 통제하는 것이기 때문에 주권침해의 소지가 적으면서도 임무수행은 보장할 수 있는 지휘관계라고 판단되기 때문이다. 작전통제는 부여된 "특정 임무나 과업"을 수행하도록 하기 위하여 "특정 기간에" 한하여 해당되는 지휘관이 행사하도록 되어 있는 권한으로서(합동군사대학교 2014, 517) 전반적인 강제성은 '지휘'보다 작지만 부여된 임무수행에 관해서는 지휘와 유사한 권한을 행사한다. 작전통제에는 행정 및 군수, 군기, 내부편성 및 단위부대 훈련 등에 관한 책임이나 권한 즉 주권적인 요소는 포함되지 않는다.

최근 연합작전에서는 '작전통제'도 선뜻 수용하지 않는 분위기이다. 결사적으로 단결하여 수행해야 할 대규모 전쟁이 없고, 국가들이 자존심이나 자긍심에 민감해졌기 때문이다. 따라서 미군은 관련된 임무수행에 참가하는 조직이나 사람들이 서로의 행동을 조정하여 공동의 목표를 달성해 나가는 방법이라고 할 수 있는 '노력 단일화(unity of effort)'를 강조함으로써 상대방의 반감을 최소화하고 있다(Joint Chiefs of Staff 2017, A-2-A-3). 지휘 단일화는 명령-복종관계를 기반으로 하는 개념이지만, 노력 단일화는 자발성을 바탕으로 하는 개념이기 때문이다. 다만, 노력 단일화는 합의한 대로 이행되지 않을 경우 강제하거나 책임을 물을 수 없다는 점에서 지휘 단일화를 대체하기는 어렵다. 따라서 전쟁과 같은 심각한 임무에서는 작전통제 등을 통한 지휘 단일화를 보장하지 않을 수 없다.

2. 유엔군사령부

유엔군사령부(UNC: United Nations Command, 유엔사)는 남한을 기습적으로 공격한 북한을 격퇴하고자 한국에 파견된 유엔회원국 군대들에 대한 지휘 단일화를 달성하기 위하여 창설되었다. 즉 1950년 6월 25일 새벽 북한의 기습적인 남침에 대하여 유엔은 안보리를 소집하여 북한에게 적대행위를 즉각 중지한 후 38선 이북으로 철수할 것을 요구하였고(안보리 결의안 제82호: S/1501), 이것을 북한이 수용하지 않자 6월 27일 북한이 감행한 무력공격을 격퇴함으로써 국제적인 평화와 안전을 회복하도록 회원국의 지원을 촉구하였으며(안보리 결의안 제83호: S/1511), 다수의 회원국이 군대를 파견함에 따라 7월 7일 유엔 깃발의 사용을 허가하면서 이들 군대들을 통제하도록 미국을 중심으로 단일의 지휘부를 구성하도록 결정하였다(안보리 결의안 제84호: S/1588). 이에 근거하여 미국은 7월 8일 당시 극동군사령관 임무를 수행하고 있었던 맥아더(Douglas MacArthur) 장군을 유엔군사령관으로 임명하였고, 7월 24일 동경에서 당시 미 극동군사령부의 참모진과 구성군사령관을 겸직하는 형태로 유엔사를 창설하였다.

유엔사가 부여받은 임무는 북한의 무력공격을 격퇴한 후 한반도의 평화와 안전을 보장하는 것이었다. 이것은 유엔군 구성의 직접적 근거 결의안인 1950년 6월 27일의 안보리 결의안(s/1511)에서도 명시되어 있고, 유엔사 창설의 근거 결의안인 7월 7일의 결의안(s/1588)에서도 6월 27일의 결의안을 재확인하면서 무력공격을 방어하고 있는 한국을 지원하고, 한반도에서의 국제적 평화와 안전을 회복해야 한다는 점을 명시하고 있다. 즉 북한 공격을 격퇴한 후 한반도의 평화와 안전까지 회복시켜야 유엔사의 임무가 종료된다고 할 수 있다. 나아가 이 임무는 1950년 9월 15일 유엔군이 인천상륙작전 성공 이후 38도선 이북으로 작전지역을 확대한 것을 10월 7일 유엔총회에서 사후 추인함으로써 다소 확대되었다. 유엔총회의 권고안이 법적인 구속력을 갖는 것은 아니지만, 유엔사가 북한 지역까지 군사작전을 실시하거나 통일정부를 수립하는 데 필요한 최소한의 근거는 확보되어 있는 셈이라고 할 수 있다.

또한 1953년 7월 27일 정전협정이 체결됨에 따라 유엔사에게는 그 협정을 유지 및 준수해야 하는 임무도 추가되었다. 정전협정 제2조 17항에는 이 협정의 준수와 집행의 책임이 당시 정전협정에 서명한 사령관과 그 후임 사령관들에게 귀속된다고 명시하고 있기 때문이다. 따라서 지금도 정전협정에 관한 모든 사항은 유엔사가 관리하고 있고, 비무장지대 내에서의 활동도 유엔사의 승인을 받아야 한다.

나아가 유엔사는 한국전쟁에 참전한 16개 유엔회원국이 재파병을 할 경우를 대비한 준비를 갖추어 두어야 한다. 참전 16개국은 1953년 7월 27일 휴전협정이 체결되자, "한국에 관한 참전 16개국 선언문"을 발표하여 무력공격이 재개될 경우 즉각 저지할 것이라고 결의하였는데, 이를 위해서는 재참전하는 유엔 회원국 군대의 수용과 전투력 발휘를 보장할 수 있도록 유엔사가 준비해 두어야하기 때문이다. 특히 유엔사는 한국전쟁 중인 1951년 9월 미국과 일본이 체결한 "애치슨-요시다 교환공문"과 전쟁 후인 1954년 2월 19일 유엔과 일본 간 체결된 군 지위협정(SOFA: Status of Forces Agreement)에 근거하여 유엔활동에 참가하는 군대들에 대한 지원을 일본으로부터 받을 수 있고, 일본 내 7개 유엔기지를 사용할 권리를 보유하게 되었다.

3. 한 · 미연합사령부

유엔사는 휴전 이후 그 임무를 무난하게 수행해왔으나 1975년 제30차 유엔총회에서 소련을 중심으로 한 공산측이 이의 해체를 요구함으로써 변화를 겪게 된다. 반대하는 서방측의 주장도 함께 통과시킴으로써 해체는 막았지만, 해체의 요구가 지속될 것을 걱정하지 않을 수 없었고, 따라서 한 · 미 양국은 유엔사의 해체를 대비하여 한 · 미 양국 군으로 구성되는 새로운 사령부를 구축하기로 하였다. 3년에 걸친 협의의 결과로 한 · 미 양국은 1978년 11월 7일 한 · 미연합사령부(CFC: ROK-US Combined Forces Command, 한미연합사)를 창설하여 한반도 방어를 위한 책임을 수행하도록 하면서 유엔사는 정전협정 관리만 담당하도록 조정하였다. 한국군에 대한 유엔군사령관의 작전통제권도 한 · 미연합사령관에게 위임하였다. 다만, 한 · 미연합사령관이 유엔군사령관을 겸임함으로써 한미연합사의 참모들이 유엔사의 참모 기능을 수행하도록 하여 유엔사의 임무와 권한을 그대로 유지하였고, 명칭도 "유엔군사령부/한 · 미연합사령부"로 함께 사용하도록 하였다.

한미연합사 창설로 유엔사의 기능은 줄어들었다. 한미연합사 창설 이후 유엔사는 협정 자체를 유지하는 데 국한하여 활동하도록 조정되었기 때문이다. 특히 정전협정에 있는 군사정전위와 중립국 감독위원회가 북한 측의 비협조로 가동되지 못하고 있어서 유엔사의 평시활동은 무척 줄어들었고, 따라서 조직도 축소된 상태이다. 현재 가동되고 있는 유엔군사령부 조직은 〈그림 10〉과 같다.

〈그림 10〉 중에서 군사정전위는 원래 유엔군과 공산군 측 대표로 구성되어 정전협정의 이행 및 준수 문제를 논의해야 하지만, 공산 측이 대표를 철수시킴에 따라 무실화되었고, 1991년 한국군 소장이 그 수석대표를 맡은 이후 북한이 이를 인정하지 않음에 따라 현재는 제대로 가동되고 있지 않다. 유엔사 후방기지는 일본에 존재하는데, 후방지휘소인 자마 육군기지 등 7개의 다양한 기지가 유엔의 활동을 위하여 사용

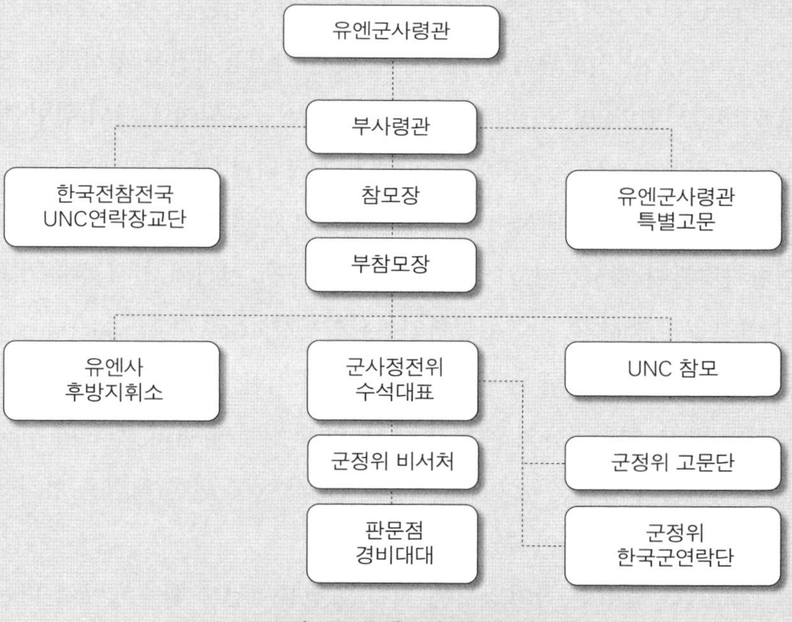

〈그림 10〉 유엔군사령부 조직

되도록 준비되어 있다. 일본에 있는 유엔사 후방기지 요원들은 일본 내에서 유엔군을 대표하면서 유엔군사령관의 지시에 근거하여 일본에서 유엔군 관련 사항을 조치하고, 일본과 유엔군과의 다양한 협정을 관리하며, 유엔사 활동에 필요한 첩보를 수집 및 보고하고, 유엔군 기지의 방문과 유엔군 예하 인원의 일본 출입에 관한 사항을 관리하는 임무를 수행하고 있다.

4. 전시 작전통제권 환수

1994년 12월 1일부로 평시에 한 · 미연합사령관이 행사하는 작전통제권을 한국군이 환수함으로써 한 · 미연합사령관은 "방어준비태세(DEFCON)-3"이 선포되어야 한국군에 대한 작전통제권을 행사하는 것으로 변경되었다. 방어준비태세는 1~5단계로 구분되어 북한의 위협 정도에 따라 격상되는데, 현재는 4단계가 선포되어 있고, 대체적으로 3단계부터 전쟁준비에 들어가기 때문에 "전시 작전통제권"을 한 · 미연합사령관이 행사한다고 말하는 것이다. 다만, 평시와 전시의 유기적인 연결을 보장하기 위하여 연합권한위임사항(CODA: Combined Delegated Authority)이라면서 연합 차원의 위기관리, 전시를 위한 작전계획 수립, 교리의 발전, 연합연습의 계획과 실시, 연합 정보의 관리, 한 · 미 양국군 통신체계의 상호운용성(interoperability) 보장 등에 관한 책임은 평시에도 한 · 미연합사령관이 수행하도록 하였다.

2003년 출범한 참여정부는 전시 작전통제권도 환수해야 한다는 방향을 설정하였다. 그것이 "군사주권"을 침해한다는 이유였다. 당시 노무현 대통령은 한국군이 어떤 시설을 폭격할 것인지도 자체적으로 결정하지 못하면서 중국이나 북한을 상대로 대화하는 것이 가능하겠냐면서 이의 환수 필요성을 강조하였다. 따라서 한국은 미국과 전시 작전통제권 환수 문제를 협의하여 2007년 2월 개최된 한 · 미 국방장관회담에서 2012년 4월 17일 전시 작전통제권을 한국이 환수하는 것으로 날짜를 확정하였다. 이렇게 되면 행사할 권한이 없는 한미연합사는 해체되고, 한국군은 한국 합참이, 미군은 주한미군사령부가 통제할 것이기 때문에 한 · 미 양국 군은 제대별, 기능별 군사협조기구를 설치하여 서로의 작전을 조정한다는 복안을 협의하였다.

예비역 장교들이 이에 반대한다는 천만 명 서명운동을 벌였듯이 한미연합사를 해체하면 한국 방어에 대한 미국의 의지가 약화될 것이라는 우려가 적지 않았다. 이런 상황에서 2010년 3월 북한 어뢰정이 한국의 군함인 천안함을 폭침시킴으로써 북한의 위협이 상존함이 입증되자 이명박 정부는 전시 작전통제권 환수의 일정을 연기해야겠다고 결정하였고, 그 결과 미 측과의 협의를 거쳐 2015년 12월 1일로 일정을 재조정하였다. 이를 이은 박근혜 정부는 대통령 공약에서는 일정대로 전시 작전통제권 환수를 추진한다고 약속했지만, 북한이 제3차 핵실험을 실시하여 핵무기 개발에 성공한 것이 확실해지자 입장을 변경하지 않을 수 없었다. 따라서 미군과 협의하여 환수의 시기를 정하지 않는 대신에 ① 한국군이 한 · 미 연합방위를 주도할 수 있는 핵심적인 군사능력을 확보하고, ② 북한의 핵과 미사일 위협에 대하여 한국군이 초기 대응을 위한 필수능력을 구비하며, ③ 한반도 및 지역 안보환경이 전시 작전통제권 전환에 부합될 때 추진한다는 방식, 즉 "조건에 기초한" 방식으로 변경하였다. 또한 전시 작전통제권을 환수하더라도 "미래사령부"

라는 명칭으로 한국군 주도의 새 연합사령부를 창설하여 현 한미연합사를 계승하도록 함으로써 '전시 작전통제권 환수=한 · 미연합사령부 해체'의 등식을 변경시켰다.

문재인 정부가 2017년 출범하게 되면서 전시 작전통제권 환수를 신속하게 추진하는 방향으로 전환하였다. 다만, 미래사령부를 새로 창설하는 것이 아니라 현 한미연합사를 유지하면서 한국군이 사령관을 담당하고 미군이 부사령관을 담당하는 방향으로 전환함으로써 변화의 소지를 최소화하기로 하였다. 이러한 내용으로 한 · 미 양국 군이 협의하여 2018년 10월 한 · 미 양국 국방장관은 현재의 한미연합사를 유지하되 국군이 "연합방위를 주도"하고 미군은 "보완 및 지속능력"을 제공하고, 한미연합사의 사령관은 한국군, 부사령관은 미군으로 교체한다는 데 합의하였다.

5. 한국군 연합사령관 임명이 유엔군사령부에 미치는 영향

1) 연합사령관과 유엔군사령관의 분리

한국군을 한 · 미연합사령관으로 임명할 경우 예상되는 가장 근본적인 위험은 지휘의 2원화 즉 지휘 단일화의 훼손이다. 한국군 한 · 미연합사령관과 미군 유엔군사령관이 분리될 수밖에 없기 때문이다. 지금처럼 한 · 미연합사령관과 유엔군사령관이 동일인일 때는(이 동일인이 주한미군사령관도 겸직) 한 사람의 사령관이 한국군, 미군, 기타 유엔참전국 군대를 작전통제하여 한반도에서 전쟁을 억제하고, 북한이 도발할 경우 승리하는 데 필요한 모든 노력을 일원적으로 결집시키는 데 문제가 없었다. 그러나 한국군 한·미연합사령관은 유엔참전국의 일원이 아니기 때문에 유엔참전국 군대를 작전통제할 수 없고, 미국이 허용하지 않을 경우 미군도 작전통제하지 못할 것이며, 결과적으로 한국군 또는 한국군과 일부 미군부대만을 작전통제하게 될 가능성이 크다. 그렇게 되면 한국군 지휘계통과 미군을 포함한 유엔군 지휘계통이라는 두 개의 지휘계통이 형성될 수밖에 없고, 따라서 지휘 단일화를 달성하기 위한 별도의 조치들이 강구되어야만 하는 상황이 된다.

2019년 8월에 실시된 한국군 한·미연합사령관 체제로의 전환을 위한 최초운용능력 점검 연습에서 당시 한·미연합사령관인 에이브람스 미군대장이 유엔군사령관으로서 작전통제권을 행사하겠다고 언급하였다는 것이 한국 언론에 보도되었듯이, 이러한 지휘 2원화의 문제는 한국군 한·미연합사령관 임명으로 불가피해진 측면이 있다. 유엔군사령관은 유엔의 위임을 받아서 한반도의 평화와 안전을 보장해야하기 때문에 한반도에서 발생하는 대부분의 작전이 그의 임무 범위에 포함된다고 볼 수 있어 한·미연합사령관과 중복이 발생할 수밖에 없고, 한·미 양국의 협의에 의하여 권한이 부여되는 한·미연합사령관에 비해서 유엔의 권한위임(mandate)에 의한 유엔군사령관의 권한이 더욱 강력할 수밖에 없다. 유엔군사령관이 자신의 권한을 최대한 행사해야겠다고 할 경우 미군은 물론이고 한국군도 유엔군사령관의 지침을 수용해야 할 수 있고, 그러한 상황에서 한국군 한·미연합사령관이 수용할 수 없다고 판단하면 불협화음이 발생할 수밖에 없다.

특히 유엔군사령관은 1950년 한국군에 대한 작전통제권을 한국 정부로부터 이양받은 주체로서 1978년 한미연합사 창설 시 그것을 한 · 미연합사령관에게 위임하였으나 법적인 근거를 변경한 것은 아니다. 아직도 1954년 유엔군사령관에게 한국군을 작전통제하도록 명시한 한 · 미 양국 합의의사록이 유효하다는 것이다. 따라서 법리적으로만 보면 유엔군사령관은 한국군에 대한 작전통제권까지 행사하겠다고 고집할 수 있다. 유엔사가 유엔에 등록되어 있거나 유엔의 재원을 지원받지 않는다면서 유엔 소속의 기관이 아니라는 주장도 없지 않지만, 유엔결의안에 의하여 창설되었을 뿐만 아니라 유엔의 깃발을 사용하도록 허가되어 있다는 점에서 유엔을 대표한다고 봐야 하고, 그렇다면 한 · 미 양국의 합의에 의하여 창설된 한미연합사에 비하여 그 위상이 높다고 봐야 한다.

2) 지휘의 3원화 우려

한국군 한 · 미연합사령관이 미군을 제대로 작전통제하지 못할 경우 미군은 유엔사나 주한미군사의 지휘를 받게될 것이고, 그렇게 되면 지휘의 3원화(三元化)도 발생할 수 있다. 한미연합사, 유엔사, 주한미군사가 한국군, 유엔군, 그리고 미군을 작전통제하는 체제이다. 특히 한국군의 반대로 인하여 유엔사를 강화하지 못할 경우 미군은 유엔군과도 통합하기 어렵고, 그렇게 되면 3원화가 극도로 심각해질 수 있다. 이를 해소하려면 한 · 미연합사령관이 미군을 작전통제할 수 있어야 하는데, 현실적으로 이것이 이행되기는 어렵다. 미국은 외국군 지휘관에 의한 미군의 통제를 허용하지 않는다는 원칙을 보유하고 있고, 지금까지 일시적이거나 비(非)전투임무 상황에서 자국군에 대한 외국 지휘관의 통제를 허용한 적이 있지만 장기적인 전투작전에서는 그렇게 하지는 않았고, 최근에는 그러한 사례가 거의 없는 것이 사실이다.

한 · 미 양국이 협의하여 한국군 연합사령관이 일부의 미군부대를 작전통제할 수는 있겠지만, 대부분의 미군들이 태평양사령관이나 유엔군사령관 휘하에서 작전을 수행한다면 한국군 한 · 미연합사령관의 권한은 제한적일 수밖에 없다. 또한 미군을 통제하지 못하면서 연합사령부에 미군 참모들만 편성될 경우 역으로 한국군이 미군의 간섭을 받는 상황이 될 수도 있다. 이러한 이유로 2018년 안보협의회의에서 향후 한 · 미연합사령관을 한국군으로 보임한다는 사실이 발표되자 언론에서는 '퍼싱 원칙(미군이 다른 국가 지휘관의 통제를 받지 않는다는 원칙으로 제1차 세계대전 시 미국의 John J. Pershing 장군이 제시하였다고 함)'의 예외가 가능할 것인지에 대하여 의문을 표시했던 것이다.

3) 유엔군사령관의 정전협정 유지 실행력 문제

한국군이 한 · 미연합사령관으로 임명되어 유엔군사령관이 분리되면 발생할 수 있는 실질적 문제는 정전협정 유지를 위하여 유엔군사령관이 활용할 수 있는 군대가 없어진다는 사실이다. 유엔군사령관은 북한 및 중국군의 최고사령관과 체결한 정전협정의 서명 당사자로서 이를 이행할 책임을 부여받은 상태이지만 그 임무를 수행할 예하부대를 보유하고 있지 않기 때문이다. 한 · 미연합사령관은 정전협정 유지 및 준수와 관련하여 유엔군사령관의 지시에 따르도록 되어 있지만, 한국군 한 · 미연합사령관이 이를 이행하지 않을 경우 유엔군사령관은 병력을 사용하기가 어려워진다. 그래서 2000년대 초 한국이 전시 작전통제권 환수를 요구하였을 때 유엔군사령관 겸 한 · 미연합사령관이었던 벨

대장은 유엔군사령관의 정전협정 유지를 위한 실행력 부재를 걱정하였다. 한국군이 정전협정 유지에 관한 책임의 상당한 부분을 인수받아 수행하는 방안도 있지만, 군사정전위원회의 수석대표를 한국군이 담당한 이후 북한이 이를 존중하지 않듯이 한국군의 정전협정 임무수행을 북한이 존중하지 않을 확률이 높아서 현 정전체제가 오히려 불안해질 우려가 없지 않다.

4) 일본의 유엔군기지 활용 문제

한국군이 한 · 미연합사령관을 담당함으로써 유엔군사령관이 분리될 때 예상되는 또 다른 실질적인 문제점은 일본에 있는 유엔사 후방기지에 대한 한국군의 접근이 곤란해진다는 사실이다. 유엔군은 일본에 있는 7개의 미군기지를 사용할 수 있을 뿐만 아니라 유엔군의 활동과 관련하여 일본의 시설이나 지원을 받을 수 있는데, 한국군이 한미연합사에만 속하게 되면 유엔군이 누리는 혜택을 받을 명분이 없어지기 때문이다. 엄밀하게 보면 한국군은 유엔군이 아니어서 일본에 있는 유엔군 후방기지를 자유롭게 사용할 수 없지만, 지금까지는 유엔사/연합사에 소속되어 있다는 명분으로 일본 내에 있는 유엔군 기지를 사용할 수 있었다. 그러나 한미연합사에만 소속되면 한국군은 사전의 협조나 신청을 통하여 승인을 받기 이전에는 유엔사 후방기지를 사용할 수 없고, 그렇게 되면 참전 16개국 군대나 추가적으로 지원되는 유엔군과 관련하여 한국군 한 · 미연합사령관이 취할 수 있는 조치는 점점 제한되면서 그만큼 한 · 미연합사령관의 활동 범위도 줄어들 것이다.

2
나토 연합지휘제체

1. 설립 배경

나토는 1949년 4월 소련과 동유럽의 군사적 위협으로부터 서유럽과 북아메리카의 안전을 지키기 위한 목적으로 미국, 영국, 캐나다, 프랑스 등 12개국이 설립하였다. 다만, 소련이 붕괴된 이후에도 나토는 해체되지 않은 채 과거 동구권 국가들을 회원국으로 수용하는 등 그 범위를 확대해 나가고 있다. 나토 회원국은 2021년 3월 현재 알바니아, 그리스, 폴란드, 벨기에, 헝가리, 불가리아, 포르투갈, 아이슬란드, 루마니아, 캐나다, 이탈리아, 슬로바키아, 크로아티아, 라트비아, 슬로베니아, 체코, 리투아니아, 스페인, 덴마크, 룩셈부르크, 터키, 에스토니아, 몬테네그로, 영국, 프랑스, 네덜란드, 미국, 독일, 노르웨이 등 29개국이다.

나토의 회원국들은 모두 동맹관계인데, 그 핵심은 나토헌장의 제5조이다. 그것은 "유럽이나 북미에 있는 어느 일국에 대한 무력공격을 모든 회원국에 대한 공격으로 간주하고, 그러한 공격이 있을 경우 유엔 헌장 제51조에서 인정한 독자 또는 집단방위 권한을 행사하여 각 회원국들은 집단적 또는 독자적으로 공격받는 국가를 지원한다".라는 내용이다. 외부의 무력침공이 있을 경우 "당사국은 서로 협의한다"라고 규정하고 있는 한 · 미동맹이나 미 · 일동맹에 비하여 나토는 명문상으로는 훨씬 강력한 동맹관계라고 할 수 있다.

아직까지 나토헌장 제5조를 발동해야 할 회원국에 대한 대규모 공격은 없었지만, 2001년 9 · 11 테러 후 미국이 "대테러 전쟁(war on terror)"을 선언하자 나토는 역사상 처음으로 위 제5조를 적용하여 미국을 지원하였다. 나토 회원국들은 나토의 조기경보기를 파견하여 미국의 영공을 보호함으로써 미국 조기경보기의 작전지역 전용을 보장했고, 2003년부터 2014년까지는 국제안보지원군(International Security Assistance Force)이라는 명칭 하에 최고 130,000명에 이를 정도로 대규모 군대를 파견하여 아프가니스탄 전쟁을 지원하였다.

2. 군사지휘구조

나토의 최고 의사결정기관은 북대서양이사회(NAC: North Atlantic Council)이다. 이것은 회원국의 상임대표들로 구성되는데, 나토 본부에서 매주 대사급 회의를 개최하고, 매년 2회 이상의 장관급(외무장관 및 국방장관) 회의를 가지며, 정상들 간의 회의를 개최하기도 한다. 이사회의 의장은 나토 회원국들이 교대로 담당하는 나토 사무총장이다. 나토 이사회는 합의제(consensus)로서 모두가 동의해야 결정이 가능하기 때문에 모든 회원국이 거부권을 갖고 있다고 할 수 있다.

북대서양이사회의 정치적 결정을 군사적 지침으로 전환하는 기관은 나토의 군사위원회(military committee)이다. 이것은 회원국의 국방총장, 합참의장 또는 군사 대표들로 구성되는데, 매년 2회 정례회의를 실시한다. 또한 나토는 핵무기의 대응과 사용에 관한 사항을 계획 및 시행할 수 있도록 핵계획그룹(nuclear planning group)을 편성하고 있다. 나토의 군사 관련 조직들을 도표화하면 〈그림 11〉과 같다.

나토는 회원국 군대의 운영에서 지휘 단일화를 보장할 수 있도록 두 개의 최고 사령부를 구성하고 있는데, 동맹작전사령부(ACO: Allied Command Operation)와 동맹변혁사령부(ACT: Allied Command Transformation)가 그것이다. 전자는 회원국이 제공하는 군대의 운용(運用, employment)을 책임지는 조직이고, 후자는 나토 회원국 군대들의 전쟁준비 노력을 통일시키기 위한 조직으로서 미래전 대비를 위한 개혁, 개념과 교리의 발전, 군사력 건설을 위한 정책과 소요 판단, 교육훈련에 관한 발전과 표준화를 추진한다.

군사력의 직접적인 운용을 책임진다는 점에서 나토의 가장 핵심적

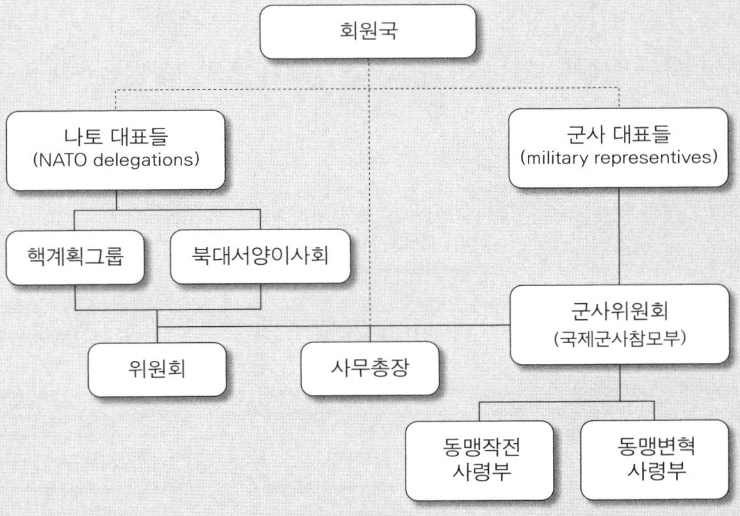

〈그림 11〉 나토의 군사조직

인 기구라고 할 수 있는 동맹작전사령부는 “동맹의 정치적 목표를 달성하기 위한 군사작전을 준비 · 계획 · 수행”하는 임무를 부여받고 있고, 미 4성 장군이 ‘유럽동맹군 최고사령관(SACEUR: Supreme Allied Commander Europe)’으로서 지휘하고 있다. 1949년 나토 결성 당시에는 이러한 군사조직이 없었으나 1951년 “동맹유럽사령부(ACE: Allied Command Europe)”를 구성하였고, 1952년에는 해군을 중심으로 하는 “동맹대서양사령부(ACLANT: Allied Command Atlantic)”를 추가하였는데, 2002년 프라하 정상회의에서의 결정을 바탕으로 2004년 위 2개 사령부 체제로 변화시켜 오늘에 이르고 있다. 동맹작전사령부의 조직은 〈그림 12〉와 같다.

나토는 창설 직후부터 군사적 대응 능력을 지속적으로 확충시켜 왔는데, 90일 내에 활용 가능한 고(高)준비군사력(HRF: High Readiness Forces)과 180일 내에 활용 가능한 저(低)준비군사력(FLR: Forces of Lower Readiness)으로 구분한 후 그에 맞도록 준비태세를 구비하고 있다. 그리고 나토는 유사시 군사작전 수행을 지휘할 수 있는 다양한 사령부들을 구성하여 회원국에게 분산시켜 두고 있다. 예를 들면, ‘동맹신속대응군단

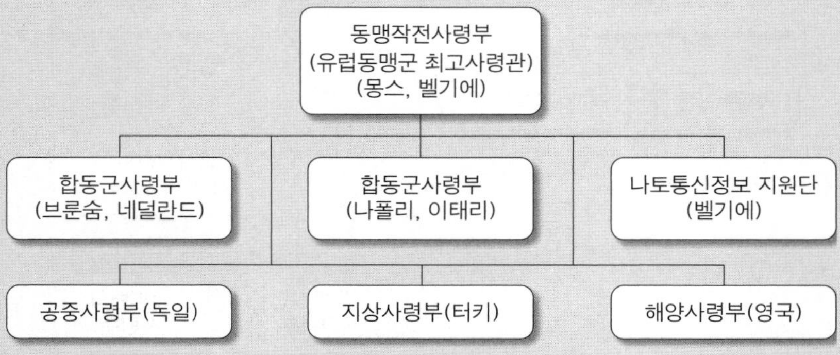

〈그림 12〉 동맹작전사령부

(ARRC: Allied Rapid Reaction Corps)'의 본부는 영국 글로스터(Gloucester)에 있고, '신속대응 독일-네덜란드 군단' 본부는 독일의 뮌스터(Munster)에 있으며, 이탈리아, 그리스, 스페인, 터키, 프랑스에도 다수의 사령부가 존재한다. 해군과 공군의 경우에도 다양한 사령부들이 분산된 상태로 조직되어 있다.

나토가 평시에 사용하고 있는 군대는 '나토대응군(NRF: NATO Response Force)'이다. 이것은 긴급사태에 신속하게 대응하기 위한 목적의 군대로서 2002년 창설되었고, 육군, 해군, 공군, 특수전부대로 구성되어 있다. 이 나토대응군은 총 4만 명 정도의 규모로서 유사시 지휘조직, 고(高)준비 특임부대(VJTF: Very High Readiness Joint Task Force), 초기 후속단(initial follow on forces group), 대응군 풀(response forces pool)로 구성된다. 이 중에서 VJTF가 가장 중요한데, 이 부대는 2014년에 창설되었고, 2만 명의 규모로서, 회원국을 매년 순환하면서 주둔하는 개념으로 운영하고 있다. 이 전력의 전개에 관한 최종적인 결정은 북대서양이사회가 내리지만 전개된 나토군사력을 운용하는 책임은 유럽동맹군 최고사령관에게 있고, 현장에서의 지휘는 네덜란드와 이탈리아에 있는 합동군사령부가 교대로 담당하도록 되어 있다. 이렇게 볼 때 나토는 2만 명 정도의 병력은 언제든지 전투를 수행할 수 있도록, 나머지 2만 명은 금방 후속할 수 있도록 준비해두고 있고, 상황에 따라 추가적인 병력을 회원국으로부터 제공받아 임무를 수행하도록 계획되어 있다고 봐야 한다.

3. 지휘관계

나토가 사용하고 있는 지휘관계는 6가지이다. 권한이 큰 순서대로 배열하면 작전지휘(OPCOM: Operational Command), 작전통제(OPCON: Operational Control), 전술지휘(TACOM: Tactical Command), 전술통제(TACON: Tactical Control), 조정권(coordinating authority) 그리고 통합 지시 및 통제권(integrated directing and control authority)이다. 이 중에서 '통합 지시 및 통제권'은 '독일-네델란드 군단'에서만 사용하는 지휘관계로서 협의를 전제로 하는 권한이고, 전술지휘와 전술통제는 과제를 할당하거나(TACOM) 그 임무수행을 위한 세부적인 조치를 통제하는(TACON) 권한으로서 소부대 급에서 일시적으로 지휘 또는 통제하는 데 사용한다. 전략적이거나 작전적인 제대에서 주로 사용하는 것은 작전지휘와 작전통제이다.

나토는 나름대로의 용어로 지휘관계의 내용을 정의해두고 있다. 나토에 의하면 작전지휘는 "예하부대 지휘관에게 임무나 과제를 할당할 수 있도록 지휘관에게 부여된 권한으로서, 부대 전개, 군사력의 재할당, 지휘관이 필요하다고 판단할 시 작전통제 또는 전술통제권을 보유하거나 위임하는 것이다. 이것은 행정에 관한 책임을 포함하지 않는다"라고 정의하고 있다(NATO Standardization Office 2017, LEX-7). 또한 작전통제는 "지휘관이 할당된 군사력을 지도할 수 있도록 위임된 권한인데, 이를 통하여 지휘관은 대체적으로 기능, 시간, 위치가 제한된 구체적인 임무 또는 과제를 달성하며, 관련 부대들을 배치하고, 그러한 부대들에 대하여 전술통제하거나 전술통제를 위임하게 된다. 이 권한은 관련된 부대의 구성부분을 별도로 운용하는 권한을 위임한 것은 아니다. 이 권한도 자체로는 행정적이거나 군수적 통제는 포함하지 않는다." 나토에서는 북대서양이사회와 군사위원회로부터 유럽동맹군 최고사령관이 부여받고 있는 권한이 작전지휘이고, 그 예하의 지휘관들이 행사하는 권한이 작전통제이다. 즉, 나토에서는 작전지휘가 더욱 상위의 권한이면서 포괄적, 지속적인 반면에, 작전통제는 작전지휘권을 가진 지휘관으로부터 위임된 범위 내에서 할당된 임무수행을 위하여 일시적으로 행사하는 권한이다.

나토에서는 위와 같은 지휘관계의 내용과 한계를 세부적으로 설명하고 있지 않다. 제2차 세계대전 등에서의 경험을 통하여 어떤 회원국이 동맹작전사령부에 부대를 제공한다는 것은 작전통제를 수용하는 것으로 공감대가 형성되어 있다고 봐야 할 것이다. 동시에 나토는 교리의 내용을 통하여 해당 국가의 지휘권에 대한 존중을 강조하고 있듯이(Schiller 2006, 106), 작전통제로 명시되어 있다고 하더라도 연합작전의 기초는 상호 협의와 조정이라는 점을 인식하고 있다. 그래서 유럽동맹군 최고사령관의 경우 공식적으로는 '작전지휘'의 권한을 갖고 있지만, 실제로는 "OPCOM-" 또는 "OPCON+" 즉 작전지휘가 원래 보장하고 있는 권한에는 미치지 못하고(-), 통상적으로 적용되는 작전통제보다는 조금 더 권한이 강화되어 있는(+) 수준이라고 평가되고 있다(Young 2001, 41).

4. 나토와 한 · 미동맹 군사지휘체제 비교

나토의 군사조직을 모델로 하여 한미연합사가 창설되었기 때문에 당연히 나토와 한 · 미동맹은 회원국이 파병한 병력으로 편성된 연합군을 연합군 최고사령관이 단일 연합군사령부를 통해 지휘통제한다는 점에서 유사성이 클 수밖에 없다. 두 동맹 모두 단일의 사령부가 군사위원회의 전략지침을 받아서 군사력을 운용하도록 되어 있고, 그 예하에 육군, 해군, 공군의 구성군사령부를 보유하고 있으며, 연합참모를 편성하여 임무를 수행한다. 동맹을 주도하는 미국에게 최고사령관의 직위를 부여하고, 다른 회원국이 부사령관을 담당하는 것도 동일하다.

나토와 한 · 미동맹의 군사조직에서 차이가 나는 것은 2003년 나토가 설치한 '동맹변혁사령부'이다. 이것은 나토의 미래전 수행개념, 교리, 훈련 등에 있어서 표준화를 추진함으로써 유사시 지휘 단일화 또는 노력통일에 문제가 발생하지 않도록 하는 조직으로서, 미국의 노퍽(Norfolk)에 위치하고 있으나 사령관을 포함한 수뇌부는 미국외 나토의 회원국이 담당한다. 한 · 미동맹의 경우에는 '연합권한위임사항'이라고 하여 한 · 미연합사령관에게 이 임무를 위임하였고, 나토처럼 별도의 사령부를 편성하고 있지 않다.

한 · 미동맹과 달리 나토는 핵위협으로부터의 방어를 위하여 '핵계획단'을 운용하고 있다. 이것은 미국이 나토지역에 배치해둔 핵무기를 회원국들이 함께 운용한다는 차원에서 설치한 조직으로서, 평소에 핵무기 사용계획을 함께 발전시키고, 핵무기를 수용하고 있는 국가들의 공군기에게 핵무기 투하에 필요한 훈련을 실시하고 있다. 비록 핵무기의 소유권은 미국에게 있으면서 최종적인 결정은 미국 대통령이 내리도록 되어 있지만 나토의 경우 '핵공유(nuclear sharing)'라고 불리고 있듯이 미국의 핵우산을 함께 이행하는 체제라고 볼 수 있다. 반면, 한 · 미동맹의 경우 억제전략위원회(DSC), 확장억제전략협의체(EDSCG), 한 · 미통합국방협의체(KIDD) 등을 통하여 핵우산에 관한 사항을 협의하도록 되어 있지만, 미국의 핵무기가 한국에 배치되어 있지 않을 뿐만 아니라 실제적인 사용에 대한 계획은 전적으로 미국이 담당하고 있는 체제이다.

한 · 미동맹과 달리 나토의 동맹작전사령부에는 평시부터 '나토대응군'이 편성되어 운영되고 있다. 이것은 유럽외 지역 분쟁에 군대를 투입할 필요성에 대비하여 준비한 부대로서 한반도 내의 위기대응에만 집중하고 있는 한 · 미동맹의 경우와 직접적으로 비교하기는 어려우나, 사령관이 평시부터 부대를 통제한다는 측면에서 의미가 적지 않다. 나토대응군은 총 4만 명 정도의 규모로서, 고(高)준비 특임부대(VJTF), 초기 후속단(IFFG), 대응군 풀(RFP)로 구성되어 있을 뿐만 아니라 2만 명 정도의 VJTF는 나토동맹사령관의 예하에 편성되어 즉각 투입할 수 있는 태세를 유지하고 있다.

나토의 경우에는 작전지휘이고, 한 · 미동맹의 경우에는 작전통제라서 용어만으로는 나토와 한 · 미동맹의 최고사령관이 갖는 권한은 다르다. 작전통제에 비해서 작전지휘는 훨씬 견고하면서도 지속성이 있는 권한이기 때문에 용어로만 보면 나토의 최고사령관이 갖는 권한이 더욱 강력한 것으로 해석될 수 있다. 그러나 국적이 다른 국가에 대하여 실제 상황에서 작전통제 이상의 권한을 행사하는 것이 어렵다는 연합작전의 본질적 한계를 고려할 때 현실 상황에서 행사되는 권한은 다르지 않을 수 있다. 그렇기 때문에 나토에서도 최고사령관의 권한을 작전지휘(-) 또는 작전통제(+)라고 해석하는 것이다.

나토와 한 · 미동맹의 최고사령관 권한에서 차이가 있는 것은 평시의 권한 행사이다. 나토의 최고사령관은 현재도 다국적군으로 구성된 나토대응군을 작전지휘하고 있듯이 전평시를 막론하고 소속되는 부대를 통제한다. 그러나 한 · 미연합사령관의 경우 방어준비태세-3이 되기 이전에는 어떤 부대에 대해서도 작전통제권을 행사할 수 없다. 평시를 기준으로 할 경우 나토사령관은 해야 할 임무가 다양하지만, 한 · 미연합사령관은 작전계획을 발전시키고, 이를 기준으로 한 · 미연합 연습을 계획하거나 시행하는 것으로서 상대적으로 단순하다고 할 수 있다.

연합지휘체제에서 지휘 단일화를 어느 정도 보장하는 것이 적절하냐에 대한 판단은 상황에 따라 달라질 수밖에 없다. 위협이 다소 약하면 양국 군이 별도의 지휘체제를 갖는 병행사령부 체제로도 문제가 없지만, 위협이 즉각적이거나 심각하면 지휘 단일화를 더욱 강화하여 강력한 단일사령부를 보장해야 한다. 현재 한국은 북한의 심각한 핵위협에 노출되어 있고, 이에 대처하기 위해서는 미국의 확장억제와 핵우산이 필수적이기 때문에 군사지휘체제에서 독립성이나 자율성을 강화해야 할 상황이라고 평가하기는 어렵다. 북한의 핵문제가 해결될 때까지는 미군 중심의 지휘체제를 유지할 필요가 있다.

3
평화협정과 종전선언

1. 평화와 평화체제

대부분의 추상적인 용어가 그러하지만 '평화'에 관해서도 보편적이면서 명확한 정의가 존재하기는 어렵다. 대부분 국가는 자신이 지향하는 것을 평화로 포장하여 제시 또는 선전하고, 거기에 상대가 동의하도록 유도하려고 한다. 그래서 국제정치학에서는 최소한의 요건이라고 할 수 있는 "전쟁의 부재(absence of war)"라는 설명으로 평화를 정의하고 있다(Webel and Galtung, ed. 2007, 6-7).

전쟁이 없는 상태로만 평화를 인식하기에는 인간의 이상이 커서 대두된 개념이 '적극적 평화(positive peace)'이다. 이것은 노르웨이의 갈퉁(Johan Galtung)이 창안하였는데, '전쟁의 부재'로 정의되는 현실주의적 평화를 '소극적 평화(negative peace)'로 보고, 그에 추가하여 국가 내에서 정치적 · 사회적 · 문화적 폭력 등이 모두 사라지는 상태를 '적극적 평화'로 규정하였다(Galtung 2003, 69). 전쟁의 부재에 그치지 말고 평화의 수준을 높이고자 지속 노력할 것을 촉구하는 개념이고, '소극적 평화+'라고 할 수 있다.

평화체제는 평화에 '체제'를 추가한 것으로서, 상식적으로 해석하면 평화가 지속적으로 유지되도록 하는 구조나 장치를 구비한 상태를 말한다. 다만, 평화체제를 확립하고자 한다면 서로가 평화를 유지하기로 약속하는 문서가 있어야 하고, 그것을 이행하는 데 필요한 세부적인 조치, 기구, 기타 사항들이 구축되어 평화의 상태를 지속시킬 수 있어야 한다. 따라서 출발의 시각에서 보면 평화협정이 중요하지만, 과정에서 보면 평화보장 장치의 실질성이 중요하고, 결과로 보면 평화상태의 지속이 중요해진다.

2. 평화협정과 종전선언

'평화협정' 또는 '평화조약'('조약'은 국가 또는 국제기구가 국제법에 근거하여 체결하는 약속이라는 제한적이면서 공식성이 강한 용어이고, 협정은 그러한 제약이 없는 일반적인 약속 모두를 총칭한다. 최근에는 조약과 협정을 엄격하게 구분하지 않은 채 사용되는 경향을 보이고 있는데, 한국에서는 '평화협정'이라는 말을 보편적으로 사용하고 있다)은 평화체제 구축을 약속하는 문서인데, 정해진 형식이나 내용이 존재하는 것은 아니다. "당사국 간 전쟁 및 분쟁을 공식적으로 종결하고, 모든 당사자가 합의의 조건에 따라 의무를 준수하도록 하는 공식적인 협정(조약)"을 포괄적으로 지칭한다(황수환 2016, 65). 평화협정은 전쟁을 공식적으로 종료하는 협정이기 때문에 당연히 종전에 관한 언급을 포함하여 재발 방지를 위한 다양한 조치들이 열거된다.

평화협정은 주로 군인들이 일단 전쟁을 중단하게 되면 이것을 정치적으로 종결지으면서 재발을 방지하기 위한 합의를 포함하여 국가 차원에서 체결하게 된다. 예를 들면, 제1차 세계대전의 경우 1918년 11월

7일 군사지휘관들이 정전협정을 체결하였고, 이로부터 7.5개월 경과한 1919년 6월 28일 관련국 대표들이 파리에서 "베르사유 조약(treaty of Versailles)"이라고 불리는 조약을 체결하여 정치적으로도 전쟁이 종식되었음을 선언하였으며, 이것을 보통명사로는 '평화협정'이라고 말한다. 제2차 세계대전 시 태평양 전쟁의 경우에도 1945년 9월 2일 일본군이 항복문서에 서명한 후 1951년 8월 13일 미국에서 "샌프란시스코 조약(treaty of San Francisco)"이라는 평화협정을 체결하였다. 다만, 이스라엘과 팔레스타인 간에 평화를 고양하기 위하여 체결해온 다양한 협정들을 포괄적으로 평화협정이라고 언급하듯이, 평화협정이 반드시 전쟁 이후에만 체결된다고 볼 수는 없고, 평화를 고양할 수 있는 내용이 포함되면 평화협정이라고 말할 수 있다.

평화는 약속 자체보다는 그것을 준수하여 평화상태를 지속되도록 하는 것이 중요하기 때문에 평화협정은 평화의 절대적 요소가 아니다. 제2차 세계대전 시 유럽 전역에서도 공식적인 평화협정이 체결되지 않았지만, 유럽은 평화상태를 유지하고 있다. 미국도 1991년과 2003년 이라크를 상대로 두 번이나 전쟁을 수행했지만 그의 종식과 관련하여 어떠한 정치적 협정도 체결하지 않았다. 제2차 세계대전 후 평화협정을 체결하지 않은 유럽의 평화상태가 그것을 체결한 아시아에 비해서 나쁘지 않듯이 평화협정보다 더욱 중요한 것은 평화상태의 지속이고, 이런 이유로 평화협정의 중요성은 점점 낮아지고 있다. 정전협정(armistice agreement)을 예비적 평화조약으로 인식하기도 하고, 승전국에 의한 일방적인 종전선언이 정전협정이나 평화협정을 대체하기도 한다.

전쟁의 재발 방지나 평화의 보장장치가 없이 전쟁의 종료만을 선언하는 것이 실효성을 갖기가 어렵기 때문에 국제사회에서 종전선언은 의미 있게 논의되지 않았다. 양측이 진정으로 평화를 원한다면 전쟁의 재발 방지를 위한 대책과 그것을 어겼을 경우의 처벌 등을 포함한 포괄적인 문서를 만들어 교환하게 될 것이고, 그러면 종전선언이 아니라 평화협정이나 조약이 될 것이기 때문이다. 그래서 한국에서도 종전선언은 독립적 개념이나 의미보다는 평화협정과 연관하거나 그의 부분으로 설명되는 경향을 보이고 있다. 평화협정의 경우 합의해야 할 사항이 워낙 많아서 체결이 어렵거나 시간이 걸리기 때문에 그에 앞서서 전쟁을 종료하고 평화의 시대를 열자는 의지부터 밝히자는 제안이 종전선언이라고 할 것이다.

3. 종전선언의 사례

어떤 국가가 국내적인 필요성에 의하여(예를 들면, 평화조약의 발효에 부응하거나, 전쟁의 승리를 선언하거나, 어떤 전시에 적용되는 국내법이나 규정을 중단해야 하거나, 군인들의 전시 복무와 평시 복무를 구분해야 할 필요성 등) 종전을 선언한 사례는 없지 않다. 다른 국가들에게도 있었겠지만, 미국의 경우 1947년 9월 15일 트루먼(Harry S. Truman) 대통령이 이탈리아, 루마니아, 불가리아, 헝가리와의 전쟁이 종료되었음을 일방적으로 선언하였는데, 이날은 이들 국가와 미국 간의 평화조약이 발효하는 날이었다. 이어서 미국은 독일에 대해서도 10월 24일 종전을 선언하였다. 트루먼 대통령은 1952년 4월 28일 일본과의 전쟁종료도 선언하였는데, 이날 역시 일본과의 평화조약이 발표되는 날이었다. 1991년의 걸프전쟁에서도 당시 부시 대통령(George H. W. Bush)은 1991년 2월 27일 상 · 하원 합동회의에서 "전쟁의 종료(The war is over)"를 선언한 바 있다. 다만, 2003년의 이라크 전쟁에서 부시 대통령(아들)은 5월 1일 테러와의 전쟁(war on terror)은 계속되어야 한다면서, "이라크에서의 주요 전투작전이 종료되었다(Major combat operations in Iraq have ended)"라는 말로 사실상 전쟁을 종료시키는 데 그쳤다.

분쟁 상태에 있는 2개 국가가 "전쟁이 종료되었다"라는 사항만 선언한 사례는 찾기 어렵다. 다만 유사한 사례로서 한국에서는 몰타 정상회담(Malta summit)이 언급된 적이 있다. 이 정상회담은 1989년 12월 2~3일간 미국의 부시(아버지) 대통령과 소련의 고르바초프(Mikhail Gorbachev) 총서기장 간에 열린 정상회담으로써, 이 회담에서 두 정상은 어떤 합의문에도 서명하지는 않았지만 대화를 통하여 냉전의 종식을 선언한 것으로 평가받고 있다. 몰타에서 냉전종식의 의사가 충분히 개진 및 언론에 보도된 것은 사실이고, 이를 계기로 미국과 소련이 냉전의 해체에 본격적으로 나섰다고 볼 수 있으며, 그래서 종전선언의 사례로 원용할 수 있다는 해석일 것이다.

실제로 몰타회담이 있은 1년 후인 1990년 11월 19~21일 사이에 파리에서 미국, 캐나다, 소련을 포함하는 유럽국가들이 '파리헌장(Charter of Paris)'을 체결하였는데, 이것은 평화협정 수준이고, 그렇다면 몰타에서의 종전선언이 평화협정으로 연결되었다고도 해석할 수 있다. 이 헌장에서 관련 국가들은 "대결과 분리의 유럽시대는 종료되었다. 우리는 지금부터 존중과 협력에 기초한 관계임을 선언한다"라는 원칙 하에 인권 · 민주주의 · 법치, 경제적 자유와 책임 등 10가지의 원칙과 미래를 위한 지침까지 제시하고 있다. 실제로 이 헌장이 채택된 이후 동구권 국가에서 자유선거를 보장하기 위한 기구도 구성되었고, 외교장관 간의 회담도 정례화되었다.

그럼에도 불구하고 종전을 위한 선언이 종전이나 평화를 보장하는 것으로 인식해서는 곤란하다. 종전이나 평화를 향한 강력하면서도 실제적인 의지가 없이는 의미가 없기 때문이다. 의지만 확실하다면 굳이 종전선언이나 평화협정을 맺을 필요가 없다. 바로 평화를 위한 조치를 구현하면 될 것이기 때문이다. 구체적 행동보다 어떤 '선언'을 강조할수록 기만일 가능성이 크다.

4

대피

1. 요점

방사선은 직선으로 방사(放射)되고, 조밀한 물질일수록 투과하지 못한다. 따라서 자신과 낙진 사이에 조밀한 물질이 많이 존재하도록 만들면 방사선을 차단할 수 있다. 이를 위해서는 방사선을 차단할 수 있는 공간을 미리 만들어두었다가 유사시에 이동하여 들어가든가 자신이 사는 공간을 방사선을 차단할 수 있는 물질로 에워싸는 두 가지 방법이 가능하다. 방사선에는 감마선 이외에 베타선(옷을 투과하지 못함)도 있기 때문에 피부를 노출하지 않도록 옷과 모자를 착용하는 것이 중요하고, 필요할 경우에는 마스크를 착용해야 한다. 당연히 방사선에 오염된 옷은 벗어서 상자 등에 넣거나 버리고, 비누로 몸을 씻어내야 한다.

핵공격이 임박하였거나 발생하였다고 하여 황급히 대피소로 이동하는 데만 급급해서는 곤란하다. 핵폭발 후 방사능이 현저하게 감소되는 시간까지, 즉 대체로 2주 정도 대피소에서 생활할 수 있는 준비를 갖추어 이동해야 한다. 주어진 짧은 시간에 필요한 물품을 효과적으로 휴대하고자 한다면 좁은 공간에서 다수의 인원이 2주간 생활할 때 필요로 할 것을 미리 판단하여 환기, 물, 음식, 수면, 위생, 공동생활 규칙 등에 관한 것을 준비해두어야 한다. 노약자나 어린이가 있을 경우에는 더욱 세심한 준비가 필요하다.

사전에 대비하지 못했더라도 방사선 차단이 가능하면서 2주 정도 생활할 수 있는 공간을 신속하게 마련하면 된다. 지하실을 활용하는 것이 최선이지만, 그것이 가용하지 않을 경우에는 빌딩의 한가운데 있는 방, 아파트나 집의 내실이나 화장실 등의 취약부분을 신속하게 보완하여 임시대피소로 사용할 수 있다. 방 속에도 탁자 등으로 새로 공간을 만들어 추가적인 차단벽을 설치할 수 있다. 시간이 가용할 경우 집이나 근처의 땅을 파서 임시대피소를 만들 수도 있다. 다수의 인원이 협력하면 생각보다 신속하게 대피소를 만들 수 있다.

평소에 집이나 직장 근처에 있는 공공대피소나 대피소로 활용할 수 있는 곳을 확인해두는 것이 중요하다. 가까워야 준비물의 운반, 왕래가 용이하고, 심리적으로도 안정된다. 직장에서는 가까운 빌딩의 지하실, 집에서는 아파트의 지하주차장이나 단독주택의 지하실이 유리하다. 특히 상가가 있는 대형빌딩의 지하공간은 핵폭발 보호, 방사선 차단, 2주 생활 측면에서 매우 효과적일 수 있다. 한국인의 가족 사랑을 고려할 때 핵폭발에서도 가족의 안부를 몰라 전전긍긍할 수 있으나 그러다가는 모두 생존이 어려워질 수 있다. 각자가 일단 대피하여 생존하는 것이 중요하고, 다른 가족도 그렇게 할 것으로 믿어야 한다.

아무리 좋은 대피소도 평소에 사용하지 않으면 문제점이 발생한다. 사람이 사용하면 생활에 필요한 물품이 구비되어 있을 수밖에 없고, 유사시에는 그러한 것들을 매우 요긴하게 활용할 수 있다. 잦지 않더라도 평소부터 일정한 용도로 사용하다가 최소한만 보완하여 대피소로 전환하는 것이 최선이다. 지하실을 대피소로 어느 정도 보완해둔 상태에서 휴식 및 오락을 위한 공간이나 취미생활 작업실로 사용할 수 있을 것이다. 가끔씩 대피소로의 전환을 연습해보고, 미흡한 부분을 보완할 수도 있다.

원점과의 거리나 바람속도에 따라서 달라지지만, 핵폭발이 발생하였다고 하여 바로 낙진이 떨어지는 것은 아니다. 하늘로 올라간 먼지가 다시 떨어지는 것이기 때문에 수 분의 여유는 있다. 시간적 여유를 가진 상태에서 준비할 것은 준비하고, 조치할 것은 조치해야 한다. 다만, 지나치게 신중할 경우 실기할 우려가 있다. 따라서 방송에 귀를 기울여 정부의 안내와 통제에 적극 따라야 한다.

2. 대피소의 종류와 형태

대피는 핵폭발의 피해를 덜 받을 수 있는 시설로 이동하는 활동을 말한다. 이것은 핵폭발과 관련하여 평시에 대비하거나 유사시 조치하는 사항 중에서 가장 실질적인 사항이다. 그래서 대피소는 첫째로 방사선을 차단할 수 있는 물질로 사방에 둘러싸인 형태여야 한다. 밀도가 높은 물질로 둘러쌀수록 안전하다. 지하실의 경우에는 지붕과 문의 강도를 보장하는 것이 우선적이다. 유리창은 핵폭발에서 매우 취약하므로 핵위협이 높아지면 교체해야 한다. 방사선 차단을 위해서는 콘크리트는 30cm, 벽돌벽은 40cm, 흙은 60cm 이상의 두께가 되어야 한다. 미흡한 부분이 있을 경우 흙마대 등을 활용하여 보강하여야 할 것이다. 둘째로, 수용인원들이 2주 동안 건강하게 생활할 수 있는 제반 여건을 보장하여야 한다. 환기, 식수, 음식, 용변, 수면, 위생의 기본적인 사항에 문제가 없어야 하고, 생활의 불편요소를 사전에 추측하여 최소화할 수 있어야 한다. 셋째로 인적인 요소로서 질서를 유지해야 한다. 서로 협동하지 못하여 다투게 되면 단 며칠도 제대로 지낼 수 없다. 질서 있는 공동생활을 위하여 공간에 있는 인원들 모두에게 적용할 생활의 규칙을 확립해 두어야 하고, 대표자를 지정하여야 한다. 갈등 발생 시 해소할 수 있는 의사결정기구를 구성해야 할 필요도 있다.

이상적인 대피소는 핵무기 폭발 시 발생하는 폭풍으로부터도 안전을 보장할 수 있는 폭발대피소(blast shelter)이다. 폭발 시 발생하는 폭풍, 초기 방사능, 열, 화재에 대한 전면적인 방호를 제공해주는 시설이다. 다만, 폭발대피소를 구축하고자 하면 강력한 압력과 바람을 견딜 수 있는 지붕, 벽, 출입문을 설치해야 하고, 관리하는 데 상당한 비용을 투자해야 한다. 모든 국민들에게 이 정도의 대피소를 제공하기는 어렵다. 따라서 대부분의 국가에서는 낙진의 방사선으로부터 인간을 보호해줄 수 있는 '낙진 대피소(fallout shelter)' 구축에 중점을 둔다. 이것은 방사선을 차단할 수 있도록 벽, 지붕, 입구 등을 방사선을 차단할 수 있는 두께로 구축하고, 낙진의 방사능이 상당한 수준으로 감소되는 2주 정도를 수용인원이 생활할 수 있도록 공간과 물자를 제공한다. 대부분의 대피소는 낙진 대피소이면서 폭발의 폭풍으로부터도 어느 정도 보호받도록 지붕, 벽, 출입문을 다소 강화하는 형태가 된다.

대피소는 구축의 주체에 따라 '공공대피소', '가족 및 개인대피소', '공동대피소' 등으로 구분해볼 수 있다. 공공대피소는 국가나 지방자치단체가 구축하는 시설로서, 별도로 구축하거나 지하철, 터널, 대형빌딩 지하시설을 보강하여 사용할 수도 있다. 공공대피소의 경우 모든 것이 구비되었을 경우에는 최선이지만, 미흡할 경우에는 낯선 사람들끼리 상당한 갈등이 발생할 수 있다. 공공대피소가 가용하지 않을 경우에는 가족이나 개인 단위의 대피소를 구축 및 사용해야 한다. 다수의 가족, 즉 아파트 단지별로 공동의 대피소도 구축할 수 있다. 사전에 준비가 미흡할 경우 기존 공간의 벽을 가용한 물질로 채우거나 땅을 굴토하여 '간이 대피소'도 구축할 수 있다.

아파트의 경우 지하주차장을 대피소로 쉽게 전환할 수 있고, 그렇게 하면 편리한 점도 많다. 출입문과 창문만 평소에 조금 보강하면 낙진 대피소로 충분히 활용할 수 있고, 지하로 깊게 들어갈 경우 출입문만 보강하면 핵폭발로부터의 생존도 가능하다. 각자가 사는 아파트 지하이기 때문에 이동이 용이하고, 평소에 주차장으로 사용하여 관리도 잘된다. 특히 다수의 자동차가 항상 주차된 상태라서 언제 대피하더라도 자동차의 배터리, 라디오 등을 사용할 수 있고, 자동차 안에서 취침할 수도 있으며, 자동차 시트 등을 떼어서 침대로 사용할 수도 있다. 다만, 2주 동안 생활하기 위한 환기, 식수, 음식, 용변, 수면, 위생에 관해서는 사전에 준비해둘 필요가 있다. 공기여과기나 환기통은 차량배터리로 가동시킬 수 있는 것으로 사전에 설치하고, 용변 장소도 미리 만들어 두며, 식수, 음식, 수면은 대피 시 각 세대가 준비하도록 할 수 있다. 지하수를 펌핑할 수 있는 시설을 사전에 준비해두면 식수 확보가 용이할 것이다. 동 대표를 중심으로 단결해야 하고, 세대별로 생활공간을 공정하게 할당하며, 합리적인 생활규칙을 정립하고, 분담된 사항을 착오 없이 이행하며, 유사시 훈련을 실시하는 등의 대비가 필요하다.

아파트 이외의 가족 대피소로는 주택의 지하실이 효과적이다. 이 역시 아파트 지하주차장처럼 출입문과 창문을 보강할 필요가 있다. 아파트에 비해서 지상에 노출된 벽은 흙마대로 두께를 보완해야 할 부분이 있을 것이고, 지붕(1층 바닥)의 두께도 점검하여 미흡하면 보강해야 할 것이다. 이때 지하실 천정에 지지대를 세워서 무게를 지탱하도록 해야 할 수도 있다. 지하실 내부에 필요한 인원이 2주 정도 생활할 수 있도록 환기, 식수, 음식, 용변, 수면, 위생을 위한 제반 시설이나 물품을 미리 설치해두는 것이 최선이다. 평소에 음악 감상실, 게임방, 헬스실, 창고 등으로 활용하면서 식수와 음식을 일부 저장해두면 최선이다. 식수를 위하여 펌프시설을 사전에 설치해둘 수도 있다.

지하실이 없는 주택의 경우에는 마당에 굴토하여 대피소를 만들 수도 있다. 이 경우 처마 밑을 사용함으로써 비도 피하면서 작업도 최소화할 수 있다. 처마 밑을 기초 슬라브 깊이까지 어느 정도 길이로 판 다음 옆으로 파고 들어가서 대피소 공간을 만들면 된다. 집의 기초를 지붕으로 삼아 임시 지하실을 만드는 개념이라고 할 수 있다. 그런 다음에 몇 차례 꺾어서 들어가도록 입구를 만들고, 대피소의 지붕에 해당되는 집의 1층에 충분한 물질을 쌓아서 방사선 차단 효과를 강화하면 된다.

지하실이나 굴토 대피소도 가용하지 않을 경우에는 집에서 가장 안쪽에 있는 방을 선택하여 취약한 벽이나 창문을 흙이 채워진 마대나 기타 가용한 물질로 쌓아서 보강한 후 사용할 수 있다. 이 경우에도 테이블이나 책상을 놓고, 그 위와 옆을 쇠판, 돌, 흙 채운 상자 등으로 쌓아서 작은 대피소로 만든 다음, 그 밑에 대피하면 방사선 노출을 더욱 줄일 수 있다. 그 속에서 초기의 얼마 동안이라도 대피하면 훨씬 덜 위험해질 것이다.

임시대피소는 시간이 없을 때 황급하게 만드는 대피소로서 가용한 모든 공간을 활용하여 구축할 수 있지만, 가장 일반적인 형태는 야지를 굴토하여 대피소를 구축하는 것이다. 굴토(掘土)대피소는 어디서든 상대적으로 적은 노력으로 구출할 수 있고, 입구를 잘 설치할 경우 핵폭발도 견딜 수 있다. 가족 전체를 수용할 수 있을 정도의 넓이와 깊이로 굴토를 하고, 굴토된 흙으로 벽을 만들며, 긴 나무를 양쪽 벽 사이에 배열하여 흙으로 지붕을 덮으면 된다. 시간이 제한될 경우 굴토한 폭의 공간 위를 자동차로 덮은 다음에 그 안과 위에 흙을 채워 지붕을 만들 수도 있다. 지하로 깊게 들어갈수록 안전하지만 시간이 걸리거나 배수에 문제가 발생할 수 있고, 지상으로 쌓아서 만들 경우에는 배수에는 강하나 폭풍 등에 약할 수 있다. 굴토 대피소의 경우에도 환기를 보장하고, 배수를 고려하여 지붕을 경사지게 하거나 비닐로 덮어야 한다.

굴토대피호는 이상적인 장소를 골라서 굴토할 수 있고, 사람의 수에 맞추어 구축할 수 있다는 융통성이 있으며, 임무를 잘 분담할 경우 단기간에 완성할 수 있다는 장점이 있다. 다만, 시간, 사람, 도구가 충분하지 않을 수 있고, 비가 많이 내리거나 얼었을 경우에는 굴토가 어려울 수 있다. 흙으로 만든 대피소이기 때문에 2주간 생활하는 측면에서 예상하지 않은 불편함이 다수 발생할 수 있다.

산악이 많은 한국의 경우 평평한 지역에 굴토하여 대피소를 구축하는 것보다는 경사지에 옆으로 굴토하는 것이 효과적이다. 핵폭발 지점으로부터 산이나 능선으로 차단된 경사면을 옆으로 파고 들어가 공간을 만들면 된다. 이것은 수평으로 들어가기 때문에 작업량이 적을 수 있고, 배수와 출입이 간편하다는 장점이 있다. 생활하면서 조금씩 굴을 넓힐 수 있다는 장점도 있다.

3. 대피소로의 이동과 생활

이론상으로는 핵공격이 임박할 경우 가장 안전한 장소는 공공대피소이다. 국가나 지방자치단체에서 낙진은 물론이고, 핵폭발까지도 어느 정도 견딜 수 있도록 설계할 것이고, 2주간 생활하는 데 필요한 물품 등도 사전에 비축해두고 있을 것이며, 추가행동에 대한 교육을 받거나 응급환자가 발생하였을 경우 조치받는 것도 용이할 것이기 때문이다. 공공대피소를 이용하기 위해서는 그 위치를 사전에 알아두어야 하고, 유사시 접근할 수 있는 통로, 그리고 이동에 소요되는 시간도 계산해둘 필요가 있다. 대피소에 구비되어 있는 물품 이외에는 가족 및 개인들이 별도로 준비 및 휴대하여 공공대피소로 이동하는 것이 유리하다. 다만, 공공대피소의 경우 사전 준비 정도에 따라 그 수준이 다양할 가능성이 크다. 제대로 구축 및 준비되지 않은 공공대피소일 경우에는 환기, 식수, 음식, 위생 등 모든 분야에 문제가 발생할 수 있고, 다수인이 밀집할 경우 질서유지의 문제 등 예상외의 사태가 발생할 가능성이 크다.

신뢰할 만한 공공대피소가 없다고 판단할 경우 개인의 입장에서는 가족대피소나 개인대피소를 구축하지 않을 수 없다. 공공대피소가 가용하더라도 신속한 대피와 가족단위의 생활 측면에서 가족 및 개인별 대피소를 선호할 수도 있다. 가족의 경우 가장 유대감이 큰 단위로서 서로의 배려와 희생이 가능하고, 이방인과의 생활에 의한 스트레스를 견딜 필요가 없다는 것이 큰 장점이다. 또한 가족대피소를 사용할 경우 가족의 생사를 서로 몰라서 애태우는 상황도 줄어들고, 도중에 가족이 함께 안전한 다른 지역으로 소개하는 데도 유리하다. 아파트의 경우 다수의 가족이 협심하여 공동의 가족대피소로 보강할 수도 있다.

1) 환기

미리 생각하는 것이 쉽지는 않지만, 2주 정도 다수의 인원이 밀폐된 공간에서 생활할 경우 환기를 통한 온도 및 공기의 질 조절은 중요하다. 낙진이 도달하면 외부공기 유입을 막도록 모든 틈을 막아야 하지만, 그렇게 할 경우 공기가 탁해지면서 기온이 상승하여 급격히 더워지고, 결국 대피한 사람들의 기력이 금방 쇠잔해질 수 있기 때문이다. 여름일 경우 환기와 온도조절은 치명적일 수 있고, 지하로 깊게 들어갈수록 어려움이 발생할 수 있다. 대피소를 구축할 때 배터리나 인력으로 가동시킬 수 있는 공기여과기와 환기도구를 설치해두는 것이 최선이다. 그렇지 못할 경우에는 낮은 곳에는 공기 유입구를 만들어 두고, 높은 곳에는 더운 공기가 자연적으로 유출되도록 굴뚝을 만들 필요가 있다. 당연히 덮개나 여과물질을 사용하여 낙진이 직접 들어오지 못하도록 해야 할 것이다. 환기가 제대로 되지 않을 경우에는 나무와 베 등으로 큰 부채를 만들어서 수동으로 공기를 유입 및 배출시킬 필요도 있다.

2) 식수

대피소에서의 생활에서 결핍될 가능성이 크고, 그렇게 되었을 때 결정적으로 위험할 수 있는 것은 식수이다. 식수는 사전에 준비하거나 보관하는 것이 쉽지 않기 때문이다. 보통 사람은 최소한 하루에 2리터 정도의 물은 마셔야 하고, 그 외에 요리에 쓰거나 씻을 물도 필요하다. 수돗물은 나오지 않거나 오염되었을 가능성이 크고, 펌핑시설을 구축해두지 않을 경우 지하수는 가용하지 않을 가능성이 크다. 최선의 방안은 대피소로 이동할 때 수용인원들이 2주일 소요할 양의 식수를 준비하는 것이다. 플라스틱 병으로 보관할 수 있으면 최선이지만, 대량의 물은 큰 플래스틱통에 채워 뚜껑을 덮은 채 보관할 수도 있다. 대피소 준비 시에 큰 물통을 따로 묻어둔 후 호스를 이용하여 사용할 수도 있다. 물이 오염되어 있을 경우 정수제나 소독제를 사용하여야 한다. 그렇지 않을 경우 천으로 오물을 걸러 내거나 하루 정도 가라앉힌 다음 끓여서 먹어야 한다.

수용인원보다 식수의 양이 적을 경우 효과적으로 분배해야 한다. 확보하고 있는 식수의 양이 적을 경우 기간별로 나눠서 분배하는 대신에 일단 최소 섭취량을 제공하면서 추가적인 식수를 확보하고자 노력해야 한다. 음식과 달리 식수는 최소 섭취량 이하일 경우 인체에 문제가 발생하여 더욱 문제가 심각해지기 때문이다.

추가식수로는 샘물이나 지하수, 뚜껑이 덮힌 우물물을 사용할 수 있고, 물 옆의 흙을 파서 여과되도록 만들어 사용할 수 있다. 깊은 호수의 경우 낙진이 밑으로 가라앉아서 도랑의 물보다는 안전하다. 도시의 경우에는 근처 아파트나 단독주택에서 가용한 물을 어느 정도 확보할 수 있다. 냉장고에 있는 우유, 얼음, 음료수, 과일, 주스, 보일러 온수통의 물, 변기통 위의 물, 집안 수도관의 물 등이 그것이다. 평소에 지하수를 펌핑할 수 있는 시설을 구축해둘 경우 매우 유용할 수 있다.

3) 음식

대부분의 사람들은 음식의 중요성에 대해서는 본능적으로 이해하고, 어느 정도 준비할 가능성이 크다. 다만, 현대의 가정은 다량의 음식이나 음식재료를 보관하지 않기 때문에 갑자기 대피소로 이동할 경우 음식이 부족할 가능성이 크고, 경보가 내려진 제한된 시간에는 경쟁과 혼란으로 확보 자체가 쉽지 않을 수 있다.

식수와 달리 음식은 2주일을 계산하여 적정량을 효과적으로 배급하고자 노력해야 한다. 보통 사람들은 평소의 1/2 정도만 먹어도 문제가 없고, 먹지 않더라도 수일을 지낼 수 있다. 어린이나 임산부에게는 충분히 공급하여야 할 것이다.

대피소에서의 음식은 냉장고 저장이나 조리할 필요가 없는 통조림이나 진공포장된 음식이 바람직하다. 음식은 기본적으로 가용한 용기에 넣어서 청결하게 보관하고자 노력해야 하고, 상할 수 있는 음식은 지양해야 한다. 유사시 적정한 음식을 보장하고자 한다면, 사전에 준비해 둬야 할 뿐만 아니라 주기적으로 교체하여 상하지 않도록 해야 한다. 상황이 악화될수록 음식의 저장량을 늘릴 필요가 있다. 평시 생활할 때부터 음식 저장고를 대피소에서 접근할 수 있는 곳에 설치해둘 수도 있다. 어린이나 노약자가 있을 경우 음식준비에 더욱 신경을 써야 할 것이다.

한국의 경우 주식이 쌀이어서 음식 준비가 편리할 수 있다. 쌀은 날로 먹어도 되고, 요리도 쉬우며, 많은 사람들이 먹을 양을 쉽게 운반할 수 있기 때문이다. 따라서 위기가 고조될 경우 집에 보관하는 쌀의 양을 증대시킬 필요가 있고, 일정량을 대피소에 미리 보관해둘 수도 있다. 쌀 이외에도 밀가루, 콩 등의 건조된 곡식을 준비해둘 수 있다. 또한 김치의 경우 보관이 용이하다는 점에서 대피 시 휴대하거나 미리 준비해둘 경우 유용할 수 있다. 최소한으로 제한하고자 노력해야 하지만 요리가 불가피할 경우 불을 사용할 수밖에 없다. 부탄가스와 버너를 준비하는 것이 가장 편리할 것이고, 그 외에도 고체연료나 다양한 형태의 버너 등을 준비할 수 있을 것이다.

대피소에서 생활하면서 음식을 추가로 확보할 수 있다. 핵폭발로부터 며칠이 경과하였다면 짧은 시간 노출을 각오하면서 근처의 주택에서 포장된 음식이나 곡식 등을 찾아올 수 있다. 주택의 냉장고 안에 있는 음식은 안전할 가능성이 크다. 동물들은 방사선에 노출되었거나 노출된 풀과 물을 먹었을 것이기 때문에 이것들을 잡아서 식량으로 활용해서는 곤란하다.

음식은 부패하지 않도록 건조 상태로 서늘한 곳에 저장하고, 습기가 차거나 벌레가 발생하지 않도록 유의해야 한다. 매일 음식을 순환시켜 저장하는 것도 하나의 방법이고, 소금을 활용하여 저장하는 것도 편리하다. 요리 및 취식도구도 깨끗하게 관리해야 한다.

4) 위생

2주 동안 대피소에서 생활하는 데는 위생도 중요하다. 식수와 음식을 비롯한 모든 것을 청결하게 유지해야 할 것이다. 물의 경우에는 필요시 정수제를 준비하여 사용할 수 있고, 기타 우려되는 지역은 살균제로 살균할 필요가 있다.

중요하면서도 등한시하기 쉬운 것은 용변의 처리이다. 뚜껑이 확실하게 닫히는 쇠통을 확보하여 변을 본 후 뚜껑을 닫아서 보관하되, 살균제를 뿌려주면 더욱 좋다. 최근에는 캠핑을 위한 휴대용 변기도 개발되어 판매되고 있기 때문에 이것을 미리 구매하여 준비해두는 것도 효과적일 수 있다. 용기가 없을 경우에는 비닐로 작게 싸서 바깥으로 멀리 던지는 방법을 강구할 수도 있다. 대피소를 준비할 때 변을 버릴 수 있는 구멍을 대피소와 조금 떨어진 곳에 마련해 둘 수도 있다. 소변의 경우에는 모우기도 쉽고, 쉽게 부패하지 않으며, 버리는 것도 어렵지 않지만, 대책을 강구하지 않을 경우 여전히 심각한 문제가 될 수 있다.

대부분의 대피소는 제대로 씻지 못한 상태에서 다수가 생활함에 따라 습해지거나 더워질 가능성이 크기 때문에 피부질환이 발생할 수 있다. 수건에 물을 적시거나 맨손으로라도 몸을 자주 닦아줘야 한다. 침구를 깨끗하게 관리하거나 서로 바꿔서 사용하지 않도록 하고, 옷도 깨끗하게 관리하며, 신발을 꼭 신도록 해야 한다. 또한 좁은 공간에 갇혀 있기 때문에 호흡기 질환에 걸리기 쉽고, 한 사람이 걸리면 전염될 가능성이 크다. 이러한 상황을 고려하여 응급처치를 위한 약품도 구비하여야 한다. 소독제, 해열제, 소화제, 지사제, 화상연고, 지혈제, 소염제, 항생제 등을 준비하고, 반창고와 붕대도 준비하며, 방사능 노출 증상을 치료할 수 있는 약품도 구입해둬야 할 것이다. 이 외에 모기와 파리도 번식할 수 있기 때문에 공기 흡입구 및 배출구에 모기장을 설치할 필요가 있다. 오물이나 쓰레기도 잘 모았다가 필요하다면 바깥으로 버려야 한다.

생활하는 도중에 사망자가 발생할 경우에는 바깥으로 버려야 한다. 낙진이 약해지기를 기다리되 냄새가 난다는 느낌이 들 경우에는 문을 열고 나가서 버린 후 되돌아와야 한다. 어떤 방법으로도 내부에 시체를 오랫동안 보관하는 것은 바람직하지 않다.

5) 기타

대피소 생활이라는 극한의 상황에서 편리성을 강조하기는 어렵지만, 불편함이 지나칠 경우 장기간 견디는 것이 어려울 수 있다. 따라서 흙벽은 천이나 비닐로 덮을 필요가 있고, 바닥도 비닐이나 골판지 등으로 덮어야 할 것이다. 개인별 침낭을 준비하는 것이 바람직하고, 2층 침대로 만들면 좋으며, 공중에 해먹을 달아서 잘 수도 있다. 간이의자도 만들어 사용할 수 있을 것이다. 유아나 노약자가 있을 경우에는 더욱 그들의 불편이 크지 않도록 준비 및 배려할 필요가 있다.

취사도구도 냄비, 프라이팬, 칼, 수저, 접시, 컵, 냅킨, 병따개, 통조림따개 등 다양한 도구를 구비해둘수록 편리하다. 배터리를 사용하는 라디오, 플래시, 랜턴, 예비 배터리 등이 필요하다. 초와 성냥으로 불을 밝힐 수 있어야 하고, 기름을 이용한 등불을 만들어 사용하면 편리하다. 지하실이나 지하주차장의 경우 자동차 배터리를 이용하여 불을 밝히는 방법을 강구할 필요가 있고, 초를 준비하거나 병에 식용유를 넣어 램프를 만들 수도 있다. 이 외에도 갈아입을 수 있는 내의, 성냥, 빗자루, 고무호스, 로프, 망치, 드라이버, 못 등도 필요하다. 심지어 화재가 났을 때를 대비해서 흙이나 식수로 사용하지 못하는 물은 소방용으로 준비할 필요가 있다.

언제 대피소를 떠날 것이냐는 것은 바깥의 방사선 농도가 어느 정도냐에 달려 있다. 핵공격 이후 공기 중에 먼지가 보일 경우에는 아직 낙진이 떨어지고 있다고 봐야 한다. 방사능 측정기구가 있으면 측정해 보는 것이 바람직하다. 라디오를 통하여 정부기관에서 바깥으로 나와도 된다고 하는지를 잘 들어봐야 한다.

4. 이탈

적이 언제 어느 곳을 핵무기로 공격할 것이라는 사실이 확실하고, 교통 상황 등 이동하는 데 문제점이 없을 때는 이탈(離脫, evacuation) 또는 군사용어로는 소개(疏開)가 바람직하다. 그러나 핵무기 공격에 관한 정확한 정보가 사전에 주어지기는 쉽지 않고, 주어졌을 경우 다수의 경쟁적 이동으로 극도의 교통혼잡이 발생할 것이다. 또한 핵폭발이 발생한 후에도 공격지점, 낙진의 분포와 이동경로, 방사능의 강도 등과 같은 사항을 파악하기 어렵고, 추가공격의 가능성도 배제할 수 없어 성급한 이탈은 위험할 수 있다. 이탈은 준비된 상태에서 전혀 준비되지 않은 상황으로 이동하는 것이라는 점에서 기본적으로 신중하게 결정해야 한다.

안전하다고 생각하는 지역으로 이탈하였다고 하여 위기가 종료되는 것은 아니다. 머물 지역이 계속 안전하다는 보장이 없고, 추가 핵공격도 있을 수 있으며, 추가공격의 낙진 영향을 받을 수도 있기 때문이다. 이동하는 도중에 핵공격 경보를 듣게 되면 부근의 대피소를 찾아가거나 가용한 여건을 활용하여 임시대피소를 구축해야 한다. 따라서 이탈 자체만 고려해서는 곤란하고, 이탈하는 도중에 임시대피소를 구축하거나 수일 동안 생활할 각오 하에 필요한 다양한 도구와 물품을 준비해야 한다. 허둥지둥 이탈할 경우에는 더욱 큰 낭패를 당할 수 있다.

그럼에도 불구하고 위험한 지역으로부터 안전한 지역으로의 이탈은 핵상황 하에서의 생활을 비핵상황 하에서의 생활로 전환하는 것으로 너무나 효과적이다. 따라서 가장이 중심이 되어 충분한 정보를 파악하고, 정부의 안내에 따라 단호하게 이탈을 결심해야 할 필요도 있다. 대피소로 이동한 상태에서도 필요하거나 불가피하다고 판단될 경우 다른 곳으로 이탈할 수 있다. 따라서 차량을 확보하고, 가족이 함께 행동하는 것이 중요하며, 가장은 핵대피에 관한 충분한 상식을 지녀야 한다. 이탈한 이후에는 정부의 안내와 지시에 더욱 귀 기울이고, 정부가 운영하는 임시 대피소나 수용소를 찾아가는 것이 효과적이다.

이탈은 이동 도중 또는 이동하여 수일 또는 수 주일 생활할 수 있는 준비를 갖추어 이동하는 것이다. 목적지에 도착했다고 하여 완벽한 치안과 구호가 보장된다고 볼 수 없고, 추가 핵공격으로 인하여 이탈 도중에 대피호를 구축해야 할 수도 있다. 따라서 이탈 시에는 충분한 연료를 확보해야 하고, 이탈 후의 생활이나 이탈 도중에 발생할 수 있는 불상사에 대비한 물품도 휴대해야 한다. 예를 들면, 이탈 도중에 대피호를 구축해야 할 상황을 예상하여 필요한 작업도구를 휴대해야 하고, 최소한으로 2주 이상(이탈 과정에서 소모하는 양도 고려)의 생활을 보장할 수 있는 식수, 음식, 의약품을 준비해야 할 것이다. 그리고 이것들을 적절한 용기에 잘 넣어서 잘 보관해야 할 것이다.

참고문헌

국내문헌

고승일. 1999. "〈특집〉 미사일 방위체제 각국 입장 ⑥한국". 『연합뉴스』. 3월 31일. https://news.v.daum.net/v/19990331174700763?f=o

구본학. 2015. "북한 핵문제 전개과정과 해결방안". 『통일정책연구』 제24권 2호.

국기연. 2015. "왕이 '사드는 중국 겨냥한 미국의 칼춤". 『세계일보』. 2월 15일.

국방부. 2010. 『2010 국방백서』. 서울: 국방부.

_____. 2014. 『2014 국방백서』. 서울: 국방부.

_____. 2016. 『2016 국방백서』. 서울: 국방부.

_____. 2021. 『2020 국방백서』. 서울: 국방부.

국방부 편집부. 2016. "한일 군사정보 보호협정 전문". 『국방저널』 제516호(12월).

군사편찬연구소. 2013. 『한 · 미동맹 60년사』. 서울: 국방부 군사편찬연구소.

권경복. 2010. "어뢰 버전 곧바로 당연시 안돼… 철저조사 필요 사실 명백해지면 죄지은 국가 · 세력 처벌 논의". 『조선일보』. 6월 19일.

권영미. 2020. "미국 때문에 한국 존재"… 트럼프 또 한국 비하 발언". 『뉴스1』. 9월 10일.

권혁철. 2013. "북핵 위협에 대비한 한국형 킬 체인의 유용성에 관한 연구". 『政策硏究』 제178호.

금원섭 · 황대진. 2013. "김일성. '더 늙기전에 한번 더 南쪽과 겨뤄보고 싶다'; 中 외교문서에서 드러난 '北의 제2 한국전쟁 준비'". 『조선일보』. 10월 24일.

김기호. 2019. "6 · 25전쟁, 그 때와 지금: 북한의 능력과 전략 비교 평가". 이언주 의원실 · 국방선진화연구회 공동주최 6 · 25전쟁 상기 특별세미나 자료집(6월 20일).

김동욱. 2009. "주한 유엔군사령부의 법적 지위와 전시작전통제권 전환". 『군사』 제71호.

김명기. 1997. "북한 내란상태시 남한 개입의 국제법적 제한". 『군사논단』 제12호.

김민식. 2020. "1958년 한반도 전술핵무기 배치 요인 재고찰". 『군사』 제117호.

김법헌. 2019. "6 · 25전쟁 시 정전협상과 북한 비핵화협상 과정의 상호 협상행태에 관한 비교분석". 『한국군사학논총』. 16권 0호.

김성한. 2019. "미국의 신질서 구상과 한 · 미동맹 2030". 『신아세아』 제26권 3호.

______. 2020. "[동아 시론]한 · 미동맹, 불안하다". 『동아일보』. 7월 8일.

김영일 · 신종호. 2008. "한 · 미 방위비분담의 현황과 쟁점". 『현안보고서』 제4호(국회입법조사처).

김재희 · 남궁영. 2018. "북한과 이란의 핵전략 비교연구: 비핀 나랭의 핵전략 이론을 중심으로". 『세계지역연구논총』 36집 4호.

김정건 외. 2010. 『국제법』. 서울: 박영사.

김진방. 2017. "정부, 中 '3불약속' 표현에 공식항의… 中,'약속→입장표명' 수정." 『연합뉴스』. 11월 2일.

김창수. 2018. 『정책학의 구조와 논리』. 경기: 피엔씨 미디어.

김태현. 2016. "북한의 핵전략: 적극적 실존억제". 『국가전략』 제22권 3호.

김행범 · 구현우. 2014. 『정책학』. 부산: 부산대학교출판부.

김현. 2005. "외교정책분석론의 국내 연구 성과와 동향". 『정치정보연구』 제8권 1호.

남궁근. 2008. 『정책학』. 서울: 법문사.

______. 2017. 『정책학』. 서울: 법문사.

남창희 · 이종성. 2010. "북한의 핵과 미사일 위협에 대한 일본의 대응: 패턴과 전망". 『국가전략』 제16권 2호.

노동영. 2017. "한국문제에서 유엔사의 지위와 역할". 『국방연구』 제60권 4호.

노병렬. 2017. "한국 핵무장론의 안보정책화 가능성". 『평화학연구』 제18권 4호.

노석철. 2018. "시진핑이 김정은에 코치. 북 돌변해 꼬여". 『국민일보』. 5월 24일.

노화준. 2012. 『정책학 원론』. 서울: 박영사.

안드레이 란코프. 2009.『북한 워크아웃』. 서울: 시대정신.

류제승. 2019. "한미 '핵공유 협정'. 어떻게 추진할 것인가?" 자유한국당 토론회 발표문(11월 12일).

리얼미터. 2017. "'핵무기 개발 · 도입' 찬성 54%. 실현 가능 50%". http://www.realmeter.net /%ed%95%b5%eb%ac%b4%ea%b8%b0-%ea%b0%9c%eb%b0%9c%c2%b7%eb%8f%84%ec%9e%85-%ec%b0%ac%ec%84%b1-54-%ec%8b%a4%ed%98%84-%ea%b0%80%eb%8a%a5-50/

무역협회. 2020. "국가 수출입." http://stat.kita.net/stat/cstat/peri/ctr/CtrTotalList.screen

문순보. 2019. "북한의 핵전략과 비핵화 전망: 스톡홀름 비핵화 협상을 전후로".『북한학보』 제44집 2호.

민군합동조사단. 2010.『합동조사결과보고서: 천안함 피격 사건』. 서울: 국방부.

민정훈. 2017. "트럼프의 미국우선주의와 한 · 미 안보 관계의 쟁점".『세계지역연구논총』 제35권 4호.

박병광. 2019. "한 · 중관계 상호인식 및 현황과 협력 방향: 비핵화와 미 · 중분쟁 이슈를 중심으로".『한국국가전략연구』 제4권 3호.

박성용 · 최준영. 2018. "트럼프 행정부 시기 동아시아 해양안보: 미중경쟁 심화와 해군력 증강."『통일전략』 제18권 1호.

박진우. 2014. "여론조사를 통해서 본 한일관계의 상호인식".『일본사상』 제27호.

박철희. 2019. "한 · 일 갈등의 심화와 한일안보협력의 미래".『한국국가전략』 제4권 2호.

박효목. 2020. "文대통령 '천안함, 北소행이라는 게 정부 입장'".『동아일보』. 3월 28일.

박휘락. 2018a. "남북한 군사력 비교에서의 북한 핵무기 영향 판단: 시론적 분석".『의정논총』 제13권 2호.

______. 2018b. "남북 합의서와 안보 · 국방: 한국 안보의 완벽 폭풍(Perfect Storm) 가능성과 대책". 9 · 19 남북군사합의 국민 대 토론회 자료집(11월 21일).

______. 2019a. "북핵 대응에 대한 한국의 비핵(非核) '플랜 B' 검토: 자체 억제 및 방어태세의 보완".『의정연구』 제25권 3호.

______. 2020a.『국가안보론: 이상과 현실의 균형』. 서울: 북코리아.

______. 2020b. "한국과 일본의 대탄도미사일 방어(BMD) 비교: 대미협력 수준 차이를 중심으로". 『세계지역연구논총』 제38권 2호.

______. 2020c. "한반도 '핵균형(Nuclear Balance)'에 대한 탐색적 검토". 『통일전략』 제20권 3호.

서주석. 1997. "한국전쟁의 기원과 원인: 냉전체제 후의 재조명". 『한국정치외교사논총』 제16집.

성지원. 2019. "트럼프, 올해 두번 文에 방위비 50억달러 직접 요구". 『중앙일보』. 11월 8일.

손열 · 김세영 · 이영현. 2019. "한일관계, 정치가 바뀌어야 한다: '제7회 한일 국민 상호인식 조사 결과' 및 '제7회 한일 미래 대화' 논의 분석". 『EAI 이슈브리핑』. 6월 28일.

신동민. 2019. "국제정치 행위자(Agency) 영향력 발휘 가능성 소고: 개인변수와 중견국 논의를 중심으로". 『국제정치연구』 제22권 3호.

신진. 2002. "집단주의적 정책결정과 의정(議政)의 과격화가 권위주의 정치체제의 붕괴에 미치는 영향". 『한국정치학회보』 제36권 4호.

신진우 · 신나리. 2018. "'대북 선제타격 절대 안돼' 60.7%… '검토할 수도' 34.5%." 『동아일보』. 1월 2일.

안광찬. 2002. "헌법상 군사제도에 관한 연구: 한반도 작전지휘권을 중심으로." 박사학위 논문(동국대학교 법학과).

안슬기. 2019. "중국의 공세적 남중국해 정책: 시진핑의 해양사상을 중심으로". 『국제정치연구』 제22권 1호.

안용현 · 이벌찬. 2016. "'사드는 미국의 눈… 유럽 · 이스라엘제 도입한다면 문제없다". 『조선일보』. 3월 4일.

양창석. 2011. 『브란덴부르크 비망록: 독일통일 주역들의 증언』. 서울: 늘품플러스.

염돈재. 2012. "독일통일의 교훈과 한반도 통일". 『한국보훈논총』 제11권 2호.

우평균. 2013. "북한의 내파 및 급변사태 시 국제사회의 개입 가능성". 『평화학연구』 제14권 4호.

원승종. 2018. "일본의 핵무장 제한 요인 연구". 『한 · 일군사문화연구』 제24집.

유철종. 2018. "러 핵전문가 "북한 30~35개 핵탄두 보유…연 7개 생산 능력." 『연합뉴스』. 6월 11일.

윤대엽. 2019. "체제안전보장과 북한의 비핵화 협상 시나리오: 한 · 미동맹과 미중관계를 중심으로". 『국방연구』 제62권 3호.

윤완준 · 구자룡. 2017. "트럼프의 실언? 시진핑 속내?… 한국에 대한 시각 드러내". 『동아일보』. 4월 20일.

윤지원. 2019. "하노이 북 · 미 '핵담판' 결렬. 북핵 해법의 새로운 돌파구 모색인가?" 『국방과 기술』 제481호.

이경미 · 윤형중. 2012. "'비밀부친 을사늑약 망령 떠올라' '일본 영향력 커질 것'". 『한겨레신문』. 6월 29일.

이공주. 2019. "대한민국으로의 흡수통일을 위한 헌법적 검토". 『법학연구』 제19권 2호.

이규배. 2007. "반일감정에 관한 고찰: 임진왜란과의 상관성을 중심으로". 『일본문화연구』 제24권.

이길성. 2016. "왕이 '사드, 변명 안 통한다'". 『조선일보』. 7월 11일.

이동복. 2018. "싱가포르 회담의 Post-Mortem: '홍정꾼'과 '사기꾼'의 한판 대결인가". 『신아세아』 제25권 2호.

이상규. 2020. "북한의 핵무기 실전배치 이후 핵전략 전망". 『국방과 기술』 제494호.

이상우. 2010. "동아시아 외교안보 현황과 한일협력". 『신아세아』 제17권 3호.

이성훈. 2014. "북한 도발 억제를 위한 자위권 적용에 대한 연구: 북핵 위협에 대응위한 선제적 자위권 적용을 중심으로". 『국가전략』 제20권 2호.

이수형. 2010. "북대서양조약기구(NATO)의 지구적 동반자 관계: 유럽 역내외 관련 국가들의 입장과 한 · 미동맹에 대한 함의". 『국방연구』 제53권 1호.

이예경. 2012. "확증편향 극복을 위한 비판적 사고 중심 교육의 원리 탐구". 『교육과학연구』 제43권 4호.

이용수. 2015. "中 '韓 사드(THAAD · 高고도 미사일 방어체계) 배치 우려' 공개적 압박". 『조선일보』. 3월 17일.

______. 2018. "北 '미국의 핵위협 제거가 먼저'… 美일각 '한국 정부가 해명해야'". 『조선일보』. 12월 22일.

이인균. 2014. "북한 잠수함 위협 대응 대잠전 발전방안". 『해양전략』 제161호.

이지용. 2019. "미국의 중국정책 전환과 미중 무역분쟁". 『한국과 국제정치』. 제35권 2호.

이창위. 2018. “예방적 자위권과 비공개적 공작에 대한 국제법적 평가”. 『서울법학』 제26권 1호.

임경한. 2018. “일대일로와 인도-태평양 전략에 대한 인도와 호주의 대응”. 『동서연구』 제30권 4호.

임주영. 2019. “韓국민 한 · 미동맹 지지하지만 美방위비 분담요구엔 부정적”. 『연합뉴스』. 12월 16일.

장요한 · 박효선. 2020. “미국과 중국의 패권전략이 한국 안보에 미치는 영향: 미어셰이머의 공격적 현실주의를 중심으로”. 『군사논단』 제101호.

장일현. 2011. “일 ‘군사협정을 조속히 맺자’ 한 ‘국민정서 감안해 천천히’”. 『조선일보』. 1월 10일.

장철운. 2015. “1953년 이후 한반도 군사력 균형의 역동성 고찰”. 『세계북한학 학술대회 자료집』 제2권 0호.

______ . 2015. “남북한의 지대지 미사일 전력 비교: 효용성 및 대응, 방어 능력을 중심으로”. 『북한연구학회보』 제19권 1호.

전성훈. 2009. 북한의 ‘조선반도 비핵화’에 어떻게 대응할 것인가?” 통일연구원 Online Series. CO 9-15.

______ . 2019. “비핵화외교의 실패와 한국의 전략적 대응”. 『전략연구』 제26권 2호.

전세영. 2011. “정치외교적 측면에서 본 明、淸代 중국의 朝鮮觀 연구”. 『한국정치학회보』 제45권 5호.

전재호. 2019. “한국의 반일(反日) 민족주의 연구: 담론의 변화와 특징”. 『한국과 국제정치』 제35권 2호.

전진호. “북한의 비핵화를 위한 일본의 대응전략 분석”. 『한일군사문화연구』 제29호.

정대웅. 2020. “[여론조사] 미국 바이든 정부 출범 ‘한 · 미관계 긍정 81.7%’”. 『일요신문』. 11월 13일.

정동준 외. 2019. 『2018 통일의식조사』. 서울: 통일평화연구원.

정재호. 2012. “대한민국과 중화인민공화국 간의 외교: 2012년, 1992년 그리고 1972년으로의 회고와 평가”. 『중국근현대사연구』 제56호.

정차근. 2018. “중국 외교의 역사적 관성”. 『통일전략연구』 제18권 2호.

조남규. 2013. 여우가 고슴도치를 길들이는 법. 『세계일보』. 4월 2일.

주용식. 2020. “트럼프 정부의 인도-태평양전략과 미중패권경쟁 전망: 동남아시아를 중심으로”. 『중국지역연구』 제7권 1호.

주용중. 2008. “한중 모든 분야 협력: 정치 · 안보 포함 ‘전략적 동반자’로”. 『조선일보』. 8월 26일.

주인석. 2019. “싱가포르 · 하노이 북미정상회담의 명암: 향후 ‘비핵화’ 회담의 선결조건.” 『통일전략』 제19권 2호.

중앙일보. 2020. “北 급변사태시 중국이 핵시설 접수? ‘한반도 분할안’ 보니”. 『중앙일보』. 1월 9일.

차정미. 2017. “한국인의 대중국 인식 변화와 그 요인”. 『아세아연구』 제60권 2호.

최양선. 2016. “북한 SLBM 개발 및 ‘수소폭탄’ 실험에 대한 대응”. 『KIMS Periscope』 제26호.

통일부. 2020. “민족공동체통일방안”. https://www.unikorea.go.kr/unikorea/policy/Mplan/Pabout/

특별취재단. 2018. “트럼프, 대북군사옵션 묻자 ‘서울에 2천800만… 얘기하기 싫다’”. 『연합뉴스』. 6월 12일.

합동군사대학교. 2014. 『합동작전 용어 해설집』. 합동대 참고교재 14-1. 합동군사대학교.

허홍호. 2019. “중국의 일대일로’(一帶一路) 구상과 전략: 발전과 한계”. 『한국콘텐츠학회논문지』 제19권 7호.

홍기호 · 권태영. 2018. “북한의 핵사용-단기 속전속결 전략 대비 한국의 신 작전개념 수행방안 구상”. 『전략연구』. 제25권 1호.

홍우택. 2017. “북한의 국가성향 분석과 모의 분석을 통한 핵전략 검증”. 『국방정책연구』 114호.

홍주현 · 손영준. 2017. “사드 루머(THAAD rumor) 보도에 나타난 한국 언론의 정파성: 네트워크 분석과 프레임 분석을 중심으로”. 『한국언론정보학보』 제84권.

황수환. 2017. “북아일랜드의 평화구축 과정: 평화협정을 중심으로”. 『국제지역연구』. 제21권 4호.

황인락. 2010. “주한미군 병력규모 변화에 관한 연구: 미국의 안보정책과 한미관계를 중심으로”. 경남대학교 대학원 박사학위 논문.

황일도. 2017. “동맹과 핵공유: NATO 사례와 한반도 전술핵 재배치에 대한 시사점”. 『국가전략』 제23권 1호.

황재호. 2020. "수교 이후 한 · 중관계의 평가와 신형관계(新型關係)를 위한 정책제언". 『아시아문화연구』 제53호.

국외문헌

AIIB. 2020. "Members and Prospective Members of the Bank." https://www.aiib.org/en/about-aiib/governance/members-of-bank/index.html

Alberquie, William. 2017. The "NPT and the Origins of NATO's Nuclear Sharing Arrangements." *Proliferation Papers* (57).

Alden. Chris and Aran, Amnon. 2012. *Foreign Policy Analysis: New Approaches.* New York: Routledge.

Allison, Graham. 1971. *Essence of Decision: Explaining the Cuban Missile Crisis.* Boston: Little, Brown and Company.

______ . 2017. *Destined for War: Can America and China Escape Thucydides's Trap?* New York: Houghton Mifflin Harcourt.

Altfeld, Michael F. 1984. "The Decision to Ally: A Theory and Test." *The Western Political Quarterly* 37(4).

Anderson, Justin V. and Jeffrey A. Larsen. 2013. "Extended Deterrence and Allied Assurance: Key Concepts and Current Challenges for U.S. Policy." *INSS Occasional Paper* 69 (USAF Institute for National Security Studies, September).

Arend, Anthony Clark. 2003. *International Law and the Preemptive Use of Military Force.* The Washington Quarterly (Spring).

Bermudez, Joseph and Victor Cha. 2019. "Punggye-ri Nuclear Test Site: Imagery Supports ROK and U.S. Government Reservations about Permanent Disablement." Beyond Parallel. October 17. https://beyondparallel.csis.org/punggye-ri-nuclear-test-site-imagery-supports-rok-and-u-s-government-reservations-about-permanent-disablement/

Białskóski, Robert, Łkasz Kiczma and Mirosłw Sułk. 2019. *National Power Rankings of*

Cuntries 2019. Warsaw: Powermetric Research Network.

Blanco, Luis Fernando de Moraesy. 2015. "On the Uses and Functions of 'Strategic Partnership' in International Politics: Implications for Agency. Policy and Theory." Phd. Dissertation of Bielefeld University (25 March).

Bolton, John. 2020. *The Room Where It Happened: A White House Memoir.* New York: Sinom & Schuster.

Brennan, Donald G. 1971. "strategic Alternatives: I." *New York Times.* May 24.

Bueno, Bruce De Mesquita. 1985. "The War Trap Revisited: A Revised Expected Utility Model." *The American Political Science Review* 79(1).

Carter, Ashton B. and William J. Perry. 1999. *Preventive Defense: A New Security Strategy for America.* Washington D.C.: Brookings Institution Press.

Cebr. "World Economic League Table 2021: A world economic league table withf orecasts for 193 countries to 2035." https://cebr.com/wp-content/uploads/2021/02/WELT-2021-final-15.01.pdf

Choe, Sang-Hun and Mark Landler. 2018. "North Korea Signals Willingness to 'Denuclearize.' South Says." *The New York Times.* March 6.

Czechowska, Lucyna. 2013. "The Concept of Strategic Partnership as an Input in the Modern Alliance Theory." *The Copernicus Journal of Political Studies* 4(2).

Department of Defense. 2011. *Military and Associated Terms. As Amended Through* 31 January 2011. Washington D.C.: DoD. November 8.

______. 2014. *Quadrennial Defense Review 2014.* Washington D.C.: DoD. March.

______. 2018. *Nuclear Posture Review.* Washington D.C.: DoD.

______. 2019. *MIndo-Pacific Strategy.* Washington D.C.: DoD. June 30.

Dinstein, Yoram. 2011. *War, Aggression. and Self-defence.* 5th ed. New York: Cambridge University Press.

Edward, A. J. 1986. *Nuclear Weapons: The Balance of Terror. the Quest for Peace.* Albany: State University of New York Press.

Eenmaa, Helen. 2005. "The Concept of Anticipatory Self-Defense in International Law after the Bush Doctrine." *Acta Societatis Martensis* 1.

Euelfer, Charles A. and Stephen Benedict Dyson. 2011. "Chronic Misperception and International Conflict." *International Security* 36(1).

Evans, Peter B. et al. 1993. *Double-Edged Diplomacy.* Berkeley: Univ. of California Press.

Evera, Stephen Van. 1999. *Causes of War: Power and the Roots of Conflict.* Itaka and London: Cornell Univ. Press.

FAS(Federation of American Scientists). 2020. "Status of World Nuclear Forces." https://fas.org/issues/nuclear-weapons/status-world-nuclear-forces/

Federal Emergency Management Agency. 1985. *Protection in the Nuclear Age.* Washington D.C.: FEMA. June.

Fisher, Walter T, Melvin C. Ury and William E. Patton. 2011. *Getting to Yes: Negotiating Agreement Without Giving In.* 3rd edition. Penguin Book.

Ford, Peter Scott. 2004. "Israel's Attack on Osiraq: a Model for Future Preventive Strikes." Naval Postgraduate School Thesis.

Fuhrmann, Matthew and Todd S. Sechser. 2014. "Signaling Alliance Commitments: Hand-tying and Sunk Costs in Extended Nuclear Deterrence." *American Journal of Political Science* 58(4).

Galtung, Johan. 2003. "Violence and Peace." in Nicholas N. Kittrie et al. ed. *The Future of Peace in the Twenty-First Century: A Reader and Source Book.* Durham. NC: Carolina Academic Press.

GFP. 2021. "2021 Military Strength Ranking." https://www.globalfirepower.com/countries-listing.asp

Gill, Terry D. and Paul A. L. Ducheine. 2013. "Anticipatory Self-Defense in the Cyber Context." *International Law Studies* 89(2).

Hagel, Chuck. Malcolm Rifkind, Kevin Rudd and Ivo Daalder. "When Allies Go Nuclear: How to Prevent the Next Proliferation Threat." *Foreign Affairs.* February 12, 2021. https://www.foreignaffairs.com/articles/asia/2021-02-12/when-allies-go-nuclear

Harkavy, Robert E. 1998. "Triangular or indirect deterrence/compellence: Something new in deterrence theory?" *Comparative Strategy* 17(1).

Harvard Law School. 2012. *BATNA Basics: Boost Your Power at the Bargaining Table.* Harvard University.

Helman. Joseph Jay. 2002. "The Politics of Patron-Client State Relationships: The United States and Israel, 1948-1992." A Dissertation for Doctor of Philosophy of George Washington University. May 19.

Herbst. Ludmilla Barbara(1995). "Preventive Strikes on Nuclear Facilities: An Analytical Framework." MA Thesis of the Univ. of British Columbia.

Heuer, Richards J. Jr. 1981. "Strategic Deception and Counterdeception: A Cognitive Process Approach." *International Studies Quarterly* 25(2).

Hjerm, Mikael. 1998. "National Pride and Xenophobia: A Comparison of Four Western Countries." *Acta Sociologica* 41(4).

International Panel on Fissile Materials. 2020. "Countries: Non-nuclear weapon states." http://fissilematerials.org/countries/others.html.

Janis, Irving L. 1982. *Groupthink: A Psychological Study of Policy Decisions and Fiascoes.* Second ed. Boston: Yale Univ. Press.

Japan Ministry of Defense. 2020. *Defense of Japan 2020.* Tokyo.

Jervis, Robert. 1976. *Perception and Misperception in International Politics.* Princeton: Princeton Univ. Press.

Joint Chiefs of Staff. 2012. *Military Deception.* Joint Publication 3-13.4. Washington D.C: DoD. 26 January.

______. 2017. *Joint Operations.* Joint Publication 3-0. Washington D.C.: DoD. 17 January.

Kearny, Cresson H. 1979. *Nuclear War Survival Skills.* 1987 edition. Cave Junction. Oregon; Oregon Institute of Science and Medicine.

Kemp, Herbert C. 2017. "Left of Launch: Countering Theater Ballistic Missiles." Atlantic Council Issue Brief. July.

Kim, Sung Chull. 2017. "Endangering Alliance or Risking Proliferation?: US-Japan and US-Korea Nuclear Energy Cooperation Agreements." *The Pacific Review* 30(5).

Kort, Ryan W., Carlos R. Bersabe, Dalton H. Clarke and Derek J. Di Bellol. 2019. "Twenty-First Century Nuclear Deterrence: Operationalizing the 2018 Nuclear Posture Review." *Joint Forces Quarterly* 3rd.

Krauthammer, Charles. 2002/2003. "The Unipolar Moment Revisited." *The National Interest.* Winter.

______. 1990/1991. "The Unipolar Moment." *Foreign Affairs* 70.

Kristenson, Hans M. 2019. "U.S. Nuclear Weapons In Europe." Briefing to Center for Arms Control and Non-Proliferation. November.

Kugler, Jacek and A. F. K. Organski. 1989. "A Retrospective and Prospective Evaluation." *Handbook of War Studies.* Boston: Unwin Hyman.

Kulkirni, Tanvi and Alankrita Sinha. 2011. "India's Credible Minimum Deterrence: A Decade Later." *IPCS Issue Brief* 179. December.

Levy, Jack S. 1983. "Misperception and the Causes of War: Theoretical Linkages and Analytical Problems." *World Politics* 36(1).

Li, Quan and Min Ye. 2019. "China's Emerging Partnership Network: What. Who. Where. When and Why." *International Trade. Politics and Development* 3(2).

Liddell Hart, B. H. 1991. *Strategy.* Second revised edition. New York: Penguin Group.

Louka, Elli. 2011. *Nuclear Weapons. Justice and the Law.* Massachusetts: Edward Elga.

Lykke, Arthur F. Jr. 2001. "Toward an Understanding of Military Strategy." *U.S. Army War College Guide to Strategy.* Carlisle: Army War College.

MacDonald, Paul K. and David A. Lake. 2008. "The Role of Hierarchy in International Politics." *International Security* 32(4).

McInnis, Kathleen · Andrew Feickert · Mark E. Manyin · Steven A. Hildreth · Mary Beth D. Nikitin and Emma Chanlett-Avery. 2017. "The North Korean Nuclear Challenge: Military Options and Issues for Congress." *CRS Report* 7-5700. November 6.

McMaster, H.R. 2020. *Battlegrounds: the Fight to Defend the Free World.* New York: HarperCollins.

MDAA. 2021. "U.S. Partners in Missile Defense." https://missiledefenseadvocacy.org/

missile-defense-systems-2/allied-air-and-missile-defense-systems/allied-countries-coming-soon/

Mearsheimer, John A. 2001. *The Tragedy of Great Powers.* New York: W. W. Norton & Company.

_____ . 2010. *The Tragedy of Great Powers.* Updated Edition. New York: W. W. Norton & Company. 이춘근 옮김. 2016.『강대국 국제정치의 비극』. 서울: 김앤김북스.

Mihalka, Michael. 1980. *German Strategic Deception in 1930's.* Rand. file:///C:/Users/hweer/Downloads/N1557.pdf

Morgenthau, Hans J. 1985. *Politics Among Nations: The Struggle for Power and Peace.* 6th Edition. New York: McGraw-Hill.

Morrow, James D. 1991. "An Alternative to the Capabilities Aggregation Model of Alliances." *American Journal of Political Science* 35(4).

Narang, Vipin. 2014. *Nuclear Strategy in Modern Era: Regional Powers and International Conflict.* Princenton: Princeton Uni. Press.

Narushige, Michishita. 2009. "North Korea's Nuclear Armament and Japan's Response."『전략연구』 제46호.

NATO Standardization Office. 2017. "Allied Joint Doctrine." NATO Standard. AJP-01. Version 1. February.

NATO. 2010. "Active Engagement. Modern Defence: Strategic Concept for the Defence and Security of the Members of the North Atlantic Treaty Organization." Adopted by Heads of State and Government at the NATO Summit in Lisbon. 19-20 November.

_____ . 2020. "NATO's nuclear deterrence policy and forces." https://www.nato.int/cps/ar/natolive/topics_50068.htm

Nickerson. Raymond S. 1998. "Confirmation Bias: A Ubiquitous Phenomenon in Many Guises." *Review of General Psychology* 2(2).

Nyomakwa-Obimpeh, James. 2017. "Examining the Role of BATNA in Explaining EPA Negotiation Outcomes." *Journal of Economic Integration* 32(2).

ODASD(NM) (The Office of the Deputy Assistant Secretary of Defense for Nuclear

Matters). 2018. *Nuclear Matters Handbook 2020.* ODASD (NM).

PewResearchCenter. 2015. "Uncertain, Divided over America's Place in the World." May 5. http://www.people-press.org/2016/05/05/public-uncertain-divided-over-americas-place-in-the-world/

______. 2019. "Large Majorities in Both Parties Say NATO Is Good for the U.S." April 2. https://www.pewresearch.org/politics/2019/04/02/large-majorities-in-both-parties-say-nato-is-good-for-the-u-s/

Pifer, Steven · Richard C. Bush · Vanda Felbab-Brown · Martin S. Indyk and Michael O'Hanlon. 2009. *U.S. Nuclear and Extended Deterrence: Considerations and Challenges.* Brookings Institute.

Press. Daryl G. 2013. "북한 핵무기에 어떻게 대응할 것인가". 『전략연구』 제58호.

Putnam. Robert D. 1988. "Diplomacy and Domestic Politics: The Logic of Two-Level Games." *International Organization* 42(3).

RAND. 2020. "An Interactive Look at the U.S.-China Military Scorecard." https://www.rand.org/paf/projects/us-china-scorecard.html

Renshon, Jonathan. 2006. *Why Leaders Choose War: The Psychology of Prevention.* London: Praeger Security International General Interest-Cloth.

Rojas, Gloria Milena Torres. 2017. "The North Korean Nuclear Crisis: An Assessment of The Legal Justification of the Use of Force by the United States." *Global Journal of Politics and Law Research* 5(1).

Rosenau, James N. ed. 1969. *Linkage Politics.* New York: The Free Press.

Samuel, Henry. 2007. "Soviet Plan for WWⅢ Nuclear Attack Unearthed." *The Telegraph.* September 20. https://www.telegraph.co.uk/news/uknews/1563692/Soviet-plan-for-WW3-nuclear-attack-unearthed.html

Schaub, Gary Jr. 2004. "Deterrence. Compellence. and Prospect Theory." *Political Psychology* 25(3). Special Issue (Part Two): Prospect Theory.

Schweller, Randall L. 1994. "Bandwagoning for Profit: Bringing the revisionist State Back In." *International Security* 19(1).

Shelling, Thomas C. 1960. *The Strategy of Conflict.* London: Harvard University.

Silk Road Fund. 2002. "Overview." http://www.silkroadfund.com.cn/enweb/23775/23767/index.html

Singer, J. David. 1961. "The Level-of-Analysis Problem in International Relations." *World Politics* 14(1).

Snyder, Glenn H. 1984. "The Security Dilemma in Alliance Politics." *World Politics.* 36(4).

Spinner-Halev, Jeff and Elizabeth Theiss-Morse. 2003. "National Identity and Self-Esteem." *Perspectives on Politics* 1(3).

StatisticsTimes. 2021. "Projected GDP Ranking." ttp://statisticstimes.com/economy/projected-world-gdp-ranking.php

Stein, Arthur A. 1982. "When Misperception Matters." *World Politics* 34(4).

Stoessinger, John G. 2011. *Why Nations Go to War.* 11th ed. Boston: Wadsworth.

Takahashi, Sugio. 2012. "Ballistic Missile Defense in Japan: Deterrence and Military Transformation." *ifri Proliferation Papers* 44 (Center for Asian Studies and Security Studies Center).

The Commission on America's National Interest. 2000. "America's National Interest." *A Report from The Commission on America' National Interests.* Rand.

The White House. 2002. *The National Security Strategy of the United States of America.* White House. September.

US Army. 2018a. *The U.S. Army in Multi-Domain Operations 2028.* TRADOC Pamphlet 525-3-1. December 6.

Valenta, Jiri. 1982. "Soviet Use of Surprise and Deception." *Survival* 24(2).

Van, Leo den Hole. 2013. "Anticipatory Self-Defense Under International Law." *American University International Law Review* 19(1).

Walt, Stephen M. 1971. "Why Alliances Endure or Collapse?" *Survival: Global Politics and Strategy* 39(1).

Waltz, Kenneth N. 1959. *Man, the State, and War.* New York: Columbia University Press. 정성훈 옮김. 2007. 『인간, 국가, 전쟁』. 서울: 아카넷.

_____ . 1979. *Theories of International Politic.* llinois. Long Grove: Waveland Press.

Waxman, Matthew C. 2010. "Self-Defense and the Limits of WMD Intelligence." *Columbia Public Law & Legal Theory Working Papers.* Paper 9188.

Webel, Charles and Johan Galtung. ed. 2007. *Handbook of Peace and Conflict Studies.* New York: Routledge.

Wesley, Kevin R. 1999. "Triangular Deterrence: a Formidable Rogue State Strategy." Master's Thesis. Naval Postgraduate School of the US.

Wit, Joel S. and Sun Young Ahn. 2015. *North Korea's Nuclear Futures: Technology and Strategy.* North Korea's Nuclear Future Series. U.S.-Korea Institute at SAIS.

Woodward, Bob. 2002. *Rage.* New York: Simon & Schuster.

Young, Thomas-Durell. 2001. "NATO: Command and Control for the 21st Century." *Joint Forces Quarterly.* Autumn/Winter.

Zagurek, Michael J. Jr. 2017. "Hypothetical Nuclear Attack on Seoul and Tokyo: The Human Cost of War on the Korean Peninsula". 38 *North Informed Analysis of Events in and around North Korea.* October 4.

찾아보기

ㅇ

ㅈ

ㅊ

ㅋ

ㅌ

ㅍ

abc

123